JLPT
新日檢

N2

合格實戰
模擬題

일단 합격하고 오겠습니다 - JLPT일본어능력시험 실전모의고사 N2
Copyright © by HWANG YOCHAN & PARK YOUNGMI
All rights reserved.
Traditional Chinese Copyright © 2025 by GOTOP INFORMATION INC.
This Traditional Chinese edition was published by arrangement with Dongyang Books Co., Ltd. through Agency Liang.

前言

　　JLPT（日本語能力測驗）是由國際交流基金和日本國際教育支援協會共同舉辦的全球性日語能力測驗。這項考試自1984年開始，專為母語非日語的學習者設計，是唯一由日本政府認證的日語檢定考試。JLPT目前每年舉行兩次，成績被廣泛應用於大學升學、特殊甄選、企業錄用、公務員考試等多個領域。

　　至2023年為止，全球報考JLPT人數已超過148萬人，創下歷史新高，其中台灣的報考人口密度更高居全球第二。應試目的包括自我能力測試、求職、晉升、大學升學及海外就業等。近年來，隨著2020年東京奧運會的舉辦及日本就業市場的活躍，JLPT的影響力與日俱增。成績優異者將有利於大學入學的特殊甄選，在國內外企業的就業中也具有絕對的優勢。

　　本書正是為了快速應對這樣的社會需求而編寫，希望考生在考前能透過大量的練習題來積累自信和經驗。我認為熟悉考試題型，是取得好成績的關鍵之一。此外，為了方便自學者，本書的解析部分不僅提供正確答案，還包括同義詞與考試要點的詳細說明，是任何考生在考前必備的參考書籍。

　　透過本書的五回模擬試題，希望所有考生都能增強信心，在正式考試中能取得優異成績。最後，特別感謝出版社相關人士對本書出版的協助，謹此致上誠摯謝意。

作者　黃堯燦　朴英美

關於 JLPT（日本語能力測驗）

❶ JLPT 概要

JLPT（Japanese-Language Proficiency Test，日本語能力測驗）是用於評估與認證非日語母語者日語能力的測驗，由國際交流基金與日本國際教育支援協會共同主辦，自 1984 年開始實施。隨著考生群體的多樣化及應試目的的變化，自 2010 年起，JLPT 進行了全面改版，固定每年舉行兩次（7 月與 12 月）。

❷ JLPT 的級數和認證基準

級別	測驗內容 測驗科目	時間	認證基準
N1	言語知識（文字・語彙・文法）・讀解	110 分鐘	**難易度比舊制 1 級稍難** 【讀】能閱讀且理解較為複雜及抽象的文章，還能閱讀話題廣泛的新聞或評論，並理解其文章結構及詳細內容。 【聽】能聽懂一般速度且連貫的對話、新聞、課程內容，並且掌握故事脈絡、登場人物關係或大意。
	聽解	55 分鐘	
	合計	165 分鐘	
N2	言語知識（文字・語彙・文法）・讀解	105 分鐘	**難易度與舊制 2 級相當** 【讀】能看懂一般報章雜誌內容，閱讀並解說一般簡單易懂的讀物，並可理解事情的脈絡及其表達意涵。 【聽】能聽懂近常速且連貫的對話、新聞，並能理解其話題走向、內容及人物關係，並掌握其大意。
	聽解	50 分鐘	
	合計	155 分鐘	
N3	言語知識（文字・語彙）	30 分鐘	**難易度介於舊制 2 級與 3 級之間（新增）** 【讀】能看懂日常生活相關內容具體的文章。能掌握報紙標題等概要資訊。能將日常生活情境中接觸難度稍高的文章換句話說，並理解其大意。 【聽】能聽懂稍接近常速且連貫的對話，結合談話內容及人物關係後，可大致理解其內容。
	言語知識（文法）・讀解	70 分鐘	
	聽解	40 分鐘	
	合計	140 分鐘	
N4	言語知識（文字・語彙）	25 分鐘	**難易度與舊制 3 級相當** 【讀】能看懂以基本語彙及漢字組成、用來描述日常生活常見話題的文章。 【聽】能大致聽懂速度稍慢的日常會話。
	言語知識（文法）・讀解	55 分鐘	
	聽解	35 分鐘	
	合計	115 分鐘	
N5	言語知識（文字・語彙）	20 分鐘	**難易度與舊制 4 級相當** 【讀】能看懂平假名、片假名或日常生活中基本漢字所組成的固定詞句、短文及文章。 【聽】在日常生活中常接觸的情境中，能從速度較慢的簡短對話中獲得必要資訊。
	言語知識（文法）・讀解	40 分鐘	
	聽解	30 分鐘	
	合計	90 分鐘	

❸ JLPT 測驗結果表

級別	成績分項	得分範圍
N1	言語知識（文字・語彙・文法）	0～60
N1	讀解	0～60
N1	聽解	0～60
N1	總分	0～180
N2	言語知識（文字・語彙・文法）	0～60
N2	讀解	0～60
N2	聽解	0～60
N2	總分	0～180
N3	言語知識（文字・語彙・文法）	0～60
N3	讀解	0～60
N3	聽解	0～60
N3	總分	0～180
N4	言語知識（文字・語彙・文法）・讀解	0～120
N4	聽解	0～60
N4	總分	0～180
N5	言語知識（文字・語彙・文法）・讀解	0～120
N5	聽解	0～60
N5	總分	0～180

❹ 測試結果通知範例

如下圖，分成①「分項成績」及②「總分」，為了日後的日語學習，還會標上③參考資訊及④百分等級排序。

＊範例：報考 N3 的 Y 先生，收到如下成績單（可能與實際有所不同）

① 分項成績			② 總分	④ 百分等級排序（PR值）
言語知識（文字・語彙・文法）	讀解	聽解		
50/60	30/60	40/60	120/180	95

⇩

③ 參考資訊	
文字・語彙	文法
A	B

③ 參考資訊並非判定合格與否之依據。
　A：表示答對率達 67%（含）以上
　B：表示答對率 34%（含）以上但未達 67%
　C：表示答對率未達 34%

⇩

PR 值為 95 者，代表該考生贏過 95% 的考生。

❺ JLPT 證書範例

N2

日本語能力認定書
CERTIFICATE
JAPANESE-LANGUAGE PROFICIENCY

氏名
Name

生年月日 (y/m/d)
Date of Birth

受験地　　　　　台北　　　　　　　Taipei
Test Site

上記の者は　　年　月に、台湾において、公益財団法人日本台湾交流協会が、独立行政法人国際交流基金および公益財団法人日本国際際教育支援協会と共に実施した日本語能力試験 N2 レベルに合格したことを証明します。

　　　　　　　　　　　　　　　　　　　　　年　　月　　日

This is to certify that the person named above has passed Level N3 of the Japanese-Language Proficiency Test given in Taiwan in December 20XX, jointly administered by the Japan-Taiwan Exchange Association, the Japan Foundation, and the Japan Educational Exchanges and Services.

公益財団法人　日本台湾交流協会
理事長　谷崎泰明
Tanizaki Yasuaki
President
Japan-Taiwan
Exchange Association

独立行政法人　国際交流基金
理事長　梅本和義
Umemoto Kazuyoshi
President
The Japan Foundation

公益財団法人　日本国際教育支援協会
理事長　井上正幸
Inoue Masayuki
President
Japan Educational
Exchanges and Services

目錄

前言 3
關於 JLPT（日本語能力測驗）................................ 4

- **實戰模擬試題 第 1 回**
  言語知識（文字・語彙・文法）............................ 11
  讀解 26
  聽解 45

- **實戰模擬試題 第 2 回**
  言語知識（文字・語彙・文法）............................ 63
  讀解 78
  聽解 97

- **實戰模擬試題 第 3 回**
  言語知識（文字・語彙・文法）............................ 115
  讀解 130
  聽解 149

- **實戰模擬試題 第 4 回**
  言語知識（文字・語彙・文法）............................ 167
  讀解 182
  聽解 201

- **實戰模擬試題 第 5 回**
  言語知識（文字・語彙・文法）............................ 219
  讀解 234
  聽解 253

在這裡寫下你的目標分數！

以 ☐ 分通過N2日本語能力考試！

設定目標並每天努力前進，就沒有無法實現的事。
請不要忘記初衷，將這個目標深刻記在心中。希望
你能加油，直到通過考試的那一天！

N2

實戰模擬試題 第1回

N2

言語知識（文字・語彙・文法）・読解

（105分）

注意 Notes

1. 試験が始まるまで、この問題用紙を開けないでください。
   Do not open this question booklet until the test begins.

2. この問題用紙を持って帰ることはできません。
   Do not take this question booklet with you after the test.

3. 受験番号と名前を下の欄に、受験票と同じように書いてください。
   Write your examinee registration number and name clearly in each box below as written on your test voucher.

4. この問題用紙は、全部で31ページあります。
   This question booklet has 31 pages.

5. 問題には解答番号の 1 、 2 、 3 … が付いています。
   解答は、解答用紙にある同じ番号のところにマークしてください。
   One of the row numbers 1, 2, 3 … is given for each question. Mark your answer in the same row of the answer sheet.

受験番号　Examinee Registration Number	

名前　Name	

問題1 ＿＿＿＿の言葉の読み方として最もよいものを、1・2・3・4から一つ選びなさい。

[1] 救急隊員は全力を尽くし、雪に埋もれた人たちを救助した。
　　1　さもれた　　2　うもれた　　3　いずもれた　　4　かずもれた

[2] この国は石油や天然ガスなど、豊富な資源がある。
　　1　ほうふう　　2　ほふう　　3　ほうふ　　4　ほうぶ

[3] 彼は運動選手なので、食物の栄養素を細かくチェックしている。
　　1　えいようそ　　2　えようそ　　3　えいよぞ　　4　えようぞ

[4] 何か身分を証明するものを預ければいいです。
　　1　あずければ　　2　あづければ　　3　あすければ　　4　あじければ

[5] 彼はA社に投資し、膨大な損失をこうむったことがある。
　　1　ばくだい　　2　まくだい　　3　ほうだい　　4　ぼうだい

問題2 ＿＿＿＿＿の言葉を漢字で書くとき、最もよいものを1・2・3・4から一つ選びなさい。

6 なぜ彼が行方不明になったのか、まったくけんとうがつかない。
　　1　健当　　　2　検討　　　3　見当　　　4　権討

7 はたしてその事件の真実は何だろうか。
　　1　巴たして　2　果たして　3　波たして　4　派たして

8 一週間もくしんして報告書を仕上げた。
　　1　苦心　　　2　久真　　　3　句芯　　　4　九進

9 AチームはBチームとのサッカー試合で 0－5とあっしょうを収めた。
　　1　庄膝　　　2　庄勝　　　3　圧勝　　　4　圧膝

10 いまだにその事件に対し、ぎもんが残るのは隠せない。
　　1　偽門　　　2　偽問　　　3　疑門　　　4　疑問

問題3　（　　　）に入れるのに最もよいものを、1・2・3・4から一つ選びなさい。

11　この法案は（　　　）半数の得票をしないと通過できない。
　　1　上　　　　2　下　　　　3　反　　　　4　過

12　（　　　）時点で我々にできることは何もないかもしれない。
　　1　現　　　　2　今　　　　3　次　　　　4　当

13　サッカー大会を迎え、みんな張り（　　　）練習した。
　　1　ついて　　2　つけて　　3　切れて　　4　切って

14　今回の会談では環境の（　　　）問題に対する論議が行われた。
　　1　多　　　　2　諸　　　　3　全　　　　4　重

15　電車の中で居眠りして乗り（　　　）しまった。
　　1　過ぎて　　2　通って　　3　過ごして　4　超えて

問題4 （　　　）に入れるのに最もよいものを、1・2・3・4から一つ選びなさい。

16 急用で彼を訪ねたが、（　　　）席を外していた。
　　1　思いもよらず　　2　あいにく　　3　次第に　　4　まもなく

17 事故の恐れがより大きいので、制限速度は（　　　）守ってください。
　　1　きっかり　　2　しつこく　　3　みっしり　　4　はっきり

18 怪我はちょっとした（　　　）がもたらすから、気を緩めてはいけないと思う。
　　1　判決　　2　判断　　3　油断　　4　区別

19 彼は自分の意見に（　　　）行動を決して許せなかった。
　　1　逆らう　　2　無視する　　3　憎む　　4　抵抗する

20 あなたに（　　　）未来が訪れるように、お祈りいたします。
　　1　懐かしい　　2　賢い　　3　詳しい　　4　輝かしい

21 高速道路でものすごいスピードで他の車を（　　　）と非常に危ない。
　　1　追い出す　　2　追い上げる　　3　追い越す　　4　追い立てる

22 （　　　）を振るうというのは物理的なだけではなく、心理的な問題も含まれる。
　　1　暴力　　2　乱暴　　3　暴走　　4　暴行

問題5 ＿＿＿＿＿の言葉に意味が最も近いものを、1・2・3・4から一つ選びなさい。

[23] 大体の目安をつけて仕事を進めた方がいい。

　　　1　基準　　　　　2　目的　　　　　3　目当り　　　　4　見当り

[24] 飲みすぎで夕べのことはさっぱり覚えていない。

　　　1　ばったり　　　2　まるっきり　　3　すっきり　　　4　あっさり

[25] A：今すぐお茶をお持ちします。
　　　B：どうぞおかまいなく。

　　　1　ご遠慮なく　　2　お心使いなく　3　お気遣いなく　4　お気をつけなく

[26] これは役員の決定なので、一社員が口を出すことじゃない。

　　　1　口を刺す　　　　　　　　　　　2　関わる
　　　3　茶々を入れる　　　　　　　　　4　絡まれる

[27] 彼の意外な行動にみんなが唖然とするのは当たり前でしょう。

　　　1　感動を受ける　　　　　　　　　2　甚だしくなる
　　　3　呆気に取られる　　　　　　　　4　憤る

問題6 次の言葉の使い方として最もよいものを、1・2・3・4から一つ選びなさい。

28 あくび
1 お腹を壊してあくびしてしまう。
2 人は何かに感動したときにあくびが出るものだ。
3 ゆうべ眠れなかったせいなのか、授業中にあくびが出る。
4 驚いてもあくびを出してはいけない。

29 ぶつける
1 かかとの高いヒールは階段でぶつけやすい。
2 いきなり飛んできたボールに頭をぶつけてしまった。
3 大事にしていた焼き物をぶつけてしまった。
4 子供にぶつけられたカメラを修理に出した。

30 しつこい
1 この紐はしつこくて切れにくい。
2 あんな大事故で助かるとは命がしつこい人だ。
3 会社の男の人にしつこく口説かれて困っている。
4 どんなことがあっても諦めないでしつこくがんばりましょう。

31 効く
1 成功しようとする彼の努力は全然効かなかった。
2 医者になろうとする彼女の夢が効いてしまった。
3 仕事は思うままに効いてとても順調です。
4 この薬はのどの痛みによく効きます。

32 手数
1 お手数ですが、よろしくお願いします。
2 手数は来月から始まりますので、ご注意ください。
3 手数を取ってしまい、申し訳ございません。
4 手数になる料理を家で作るのは簡単ではない。

問題7　次の文の（　　　）に入れるのに最もよいものを、1・2・3・4から一つ選びなさい。

33　経営悪化でこの企業が倒れる可能性は（　　　）。
　　1　高まりにかけている　　　　2　高まってばかりだ
　　3　高まりつつある　　　　　　4　高まりに際している

34　散々悩んだ（　　　）、勤務先を変えることにした。
　　1　とたん　　2　あげく　　3　ばかりで　　4　もので

35　壊れた掃除機を修理に出そうと（　　　）、正常に動き出した。
　　1　思ったら　　　　　　　　2　決めてから
　　3　思うが早いか　　　　　　4　決めたところ

36　父親が（　　　）になってから、私は10年も介護を続けてきた。
　　1　寝て以来　　2　寝たきり　　3　寝たこと　　4　寝るだけ

37　それについて確実な結論が（　　　）次第、こちらからご連絡いたします。
　　1　出て　　2　出た　　3　出る　　4　出

38　あんな事故が（　　　）以来、横断歩道では注意している。
　　1　起こって　　2　起こり　　3　起こった　　4　起こらない

39 留学の計画を親に相談した（　　　）、簡単に賛成してくれた。
　　1　ところ　　　　2　ところを　　　　3　ところで　　　　4　ところへ

40 新製品の発売（　　　）、新聞広告を検討しているところだ。
　　1　を際して　　　2　の際して　　　　3　にあたって　　　4　のあたって

41 長時間の会議（　　　）、新しい議長が選ばれた。
　　1　末　　　　　　2　の末　　　　　　3　末で　　　　　　4　の末で

42 この承認（　　　）、国民の皆様からのご意見を集めています。
　　1　の先立って　　2　に先立って　　　3　をきっかけに　　4　にきっかけに

43 子供（　　　）、老いた親の面倒をみるのは当然だ。
　　1　の上　　　　　2　である以上　　　3　のかぎり　　　　4　であるからには

44 最近若者の離婚率は（　　　）一方だ。
　　1　増える　　　　2　増え　　　　　　3　増えつつ　　　　4　増えかけ

問題8 次の文の ＿＿★＿＿ に入る最もよいものを、1・2・3・4から一つ選びなさい。

(問題例)

　　あそこで ＿＿＿ ＿＿＿ ★ ＿＿＿ は山田さんです。

1　テレビ　　　2　見ている　　　3　を　　　4　人

(解答のしかた)

1．正しい文はこうです。

　　あそこで ＿＿＿ ＿＿＿ ★ ＿＿＿ は山田さんです。
　　　　　　1　テレビ　3　を　2　見ている　4　人

2．★ に入る番号を解答用紙にマークします。

　　（解答用紙）　（例）　① ● ③ ④

45 化粧品は ＿＿＿ ＿＿＿ ★ ＿＿＿ よく売れている。

1　女性　　　2　男性にも　　　3　のみならず　　　4　最近では

46 人口が ＿＿＿ ★ ＿＿＿ ＿＿＿ 深刻化している。

1　つれて　　　2　増えるに　　　3　環境　　　4　問題も

[47] わが社は年齢や ＿＿＿ ★ ＿＿＿ ＿＿＿ 採用する予定です。

　　1　人材を　　　2　優秀な　　　3　問わず　　　4　性別を

[48] 病気を治すには ＿＿＿ ＿＿＿ ★ ＿＿＿ 自身の意志も大事です。

　　1　医者の　　　2　患者さん　　3　もとより　　4　治療は

[49] 私が学生だった頃、先生に逆らったり、＿＿＿ ＿＿＿ ＿＿＿ ★ ことだった。

　　1　するのは　　2　警察に　　　3　届けたり　　4　あり得ない

問題9 次の文章を読んで、文章全体の内容を考えて、50からの54の中に入る最もよいものを1・2・3・4から一つ選びなさい。

　私の周りには要らないものが 50 悩んでいる人が大勢います。いつか使えるだろうと思い、もう何年も使わないまま家の中に積んでおくのです。

　小さい子供を育てる母親の場合、子供の着ない服や使わないおもちゃ、食器が増えて悩んでいます。年配の人はもっとひどく、自分の人生 51 買っておいた物をなかなか捨てません。確かに上の世代は物を捨てるのは自分の財産が減るような気がして寂しく感じるかもしれませんね。または今の若い世代は物の大切さが分からず、お金の無駄遣いばかりしていると思われがちです。

　 52 、このような物、本当に使いますか。物に振り回されないで思い切って手放してみましょう。もし家族の誰かが物を 53 習慣があるなら、本人に黙って捨てるのもいい方法だと思います。捨てるのを見られたら、強く反抗するし、大切な物が目の前に消えるようで不安感や人生の 54 まで感じさせるかもしれないので、聞かないで少しずつ処分していきましょう。

50

1 捨て切られなくて　　2 捨て切られないで
3 捨て切れなく　　　　4 捨て切れず

51

1 とともに　2 に従って　3 において　4 の上で

52

1 しかも　2 ところが　3 しかし　4 だからといって

53

1 たまっておく　2 ためておく　3 積もっておく　4 詰めておく

54

1 怒り　2 むなしさ　3 恐怖　4 被害

問題10 次の（1）から（5）の文章を読んで、後の問いに対する答えとして最もよいものを、1・2・3・4から一つ選びなさい。

（1）

　　福岡に本社のある「タルマコンビニ」は、41～54歳の社員のアイディアを採用した弁当を来月から発売することにした。コンビニの弁当の主な買い手といえば、やはり若年層であるが、これからは中年世代にもコンビニ弁当を買ってもらおうという狙いで開発した商品である。

　　まず、ご飯の量を若者向けの商品の7割程度に減らし、おかずも揚げ物など油っこいのを入れずに、大根や白菜など、野菜のおかずを6種類にして、カロリーや栄養バランスなどに配慮した。おかずの種類が多いだけに、価格は800円とやや高めだが、「タルマコンビニ」は「中年世代の好みに合わせて、おふくろの味をイメージして作った弁当」と語る。さらに毎月1種類ずつ、このシリーズの新製品を出していくとのことだ。

55　この弁当について正しいものはどれか。

1　この弁当のおかずに、天ぷらなどは入っていないようだ。
2　ご飯の量は通常の弁当とあまり変わらないが、おかずは多い。
3　会社の若手社員のアイディアで出来上がった弁当だ。
4　この弁当は今月限りのもので、来月からは販売しない。

（2）

　　食事を速くとるほど太りやすいという研究結果が出た。研究によると、肥満の人がやせている人より、男性が女性より早食いであることが分かった。

　　これは、イギリスの研究チームが発表した研究結果で、研究チームのマイケル教授は「男性が女性よりずっと早食いであることに驚いた」とし、「性別による差が明確に現れた」と述べた。

　　研究チームは、食事の速さと食事量の関係を調べるために二つの研究をした。一つ目の研究では、早く食べる人は、1分に88g、普通の速度の人は71g、遅い人は57gを食べていた。また男性は1分につき80カロリーを、女性は52カロリーを摂取していた。教授は「興味深いことに、ゆっくり食べると答えた男性の速さが、速く食べると答えた女性の速さと同じであった」と述べた。また次の研究では、ボディマス指数(注)が高い人ほど、速く食べることも確認。

　　「早食いの癖は直せるか」という問いに教授は、「食事の速さは生まれつきで、直せるのは容易ではない」と述べた。ところが試してみる価値は十分ある。教授は、「食べ物が口の中により長くとどまるようにすれば、満腹感も感じやすくなる」とし「自分が何を食べているか口で把握し、飲み込んだ食べ物が胃袋に届いた後、次の食べ物を口に入れるように」と助言した。

(注)ボディマス指数：体重と身長の関係から算出される、人の肥満度を表す体格指数である。一般にBMI（Body Mass Index）と呼ばれる。

56　この文章の内容として正しくないものはどれか。

1　この研究によると、ダイエットのためにはゆっくり食べるに限るようだ。

2　人間の食事の早さは、生まれ育った家庭環境次第で決まる。

3　女性は男性に比べ、食べるスピードが遅いことが明らかになった。

4　速く食べる人ほど、メタボになりやすいことが明らかになった。

(3)

　日本人の「コメ離れ」が顕著である。一方、小麦の消費量は増えつつある。

　総務省の家計調査では2011年、2人以上の世帯のパン購入額が初めて米を上回った。また農林水産省のデータでは、1965年に1人あたり115キロ食べていたのが、2012年には56キロと、ピーク時の半分以下になっている。その背景には「食のバラエティ化」がある。主食は米だけ、という時代は終わり、パンやパスタなど、日本人の食卓は多様化した。米の需要が減り続けているため、価格も下落の一途をたどっている。

　なぜ日本人は米を食べなくなったのか。全国農業協同組合中央会が調べたところ、朝食にパンを食べる人が最も多かった。その理由を尋ねると、90％が「パンは手軽に食べられるから」と答え、パンの「手軽さ」が受けられていることがわかった。

　さらに調査では、「パン派」よりも「ごはん派」の方が、家族と一緒に食べている人が多いことも分かった。単身世帯は増加を続けており、食の個人化も進んでいる。家族で食卓を囲む風景はもう見られないかも知れない。

[57] 小麦の消費量が増えた原因と考えられるものはどれか。

1　国内の深刻な米不足で、小麦の輸入量を増やしたため
2　食文化の変化で、米以外の食物も好まれるようになったため
3　自給率を増やそうとして、国が小麦の消費を奨励したため
4　国の政策によってパンやめん類などの消費を促したため

（4）

　会社員10人のうち3人は転職の際、最も重要な選択基準として「業務環境」を挙げていることがわかった。転職ポータルサイトの「SHIGOTOジャパン」が会社員3000人を対象に「転職する際、会社選択の基準」についてアンケート調査を行ったところ、最も重要な選択基準として「業務環境」が1位で31.7％を占めた。次に、給料（23.3％）、将来性（20.6％）、安定性（16.3％）、人間関係（12.5％)の順だった。

　「仕事の満足度が最も低いときはいつなのか」という質問には、「仕事に向いていないと感じるとき」が26.3％で最も高かった。また、「仕事に追われてプライベートがない」（22.9％）、「働いても働いても生活が楽にならない」（20.1％）、「いくら頑張っても上司に認めてもらえないとき」（17.8％）の順だった。一方、「人生で最も重要な選択は何か」という質問には、「恋愛、配偶者など結婚関連の選択」が45.1％の割合で最も多く、次いで、「仕事、転職など仕事関連の選択」（37.3％）であった。

[58] この文章の内容に合わないものはどれか。

1　転職を考えるとき、見込みのある会社かどうかも重要な選択の規準となっている。

2　会社員のほとんどは、「業務環境」を一番重要な転職の条件として考えている。

3　適性に合った仕事をしているときこそ、もっとも仕事への満足度の高いときである。

4　近頃の日本の会社員は昔に比べ、会社より個人のプライベートを重んじているようである。

（5）

　　日本電子情報技術産業協会がきのう発表した昨年度のパソコン国内出荷台数は、前年比4.1％減の1275万台だった。昨年度の上半期は、前年同月比で14％増の伸びを記録したが、7月以降からは6か月連続で前年割れとなった。出荷台数が大きく増加と減少を繰り返したのは、昨年4月に米マイクロユニットの基本ソフト「ウィンドウズＡＺ8.0」のサポートが終了したことで買い替え需要が増加したが、それがおさまると今度は、消費税率引き上げ前の駆け込み需要が増加し、下半期はその反動で需要が減少したのが要因である。同協会は「この傾向は当面続く」とみている。

　　一方、パソコンと競合しているタブレット端末は右肩上がりが続いている。ある調査会社によると、昨年度上半期の国内出荷台数は、前年同期比18％増の536万台。昨年度の1年間では前年度比19％増の975万台になっている。

59　昨年度のパソコン国内出荷台数に関して正しいのはどれか。

　　1　1年を通して大きな増減のない、安定した販売量を記録した。

　　2　出荷台数の増減は、日本国内以外の事情とは関係ないようだ。

　　3　昨年度の上半期は、前年同月比で2けたの伸びを記録した。

　　4　タブレット端末に比べて、全体的に見て伸びたと言える。

問題11 次の（1）から（3）の文章を読んで、後の問いに対する答えとして最もよいものを、1・2・3・4から一つ選びなさい。

（1）

　ある大学の教授が学生たちに「①みなさんは小説を読むとき、どんな読み方をしていますか？」と尋ねてみた。感情移入しながらゆっくり読む人もいれば、主人公とかに感情移入しないで、普通に物語を追う感じで読む人もいた。またドラマや映画を観るように情景を思い浮かべながら文体を味わう人もいて、本の楽しみ方はさまざまだった。

　この教授は年間で約100冊の小説を読む。同じく読書好きの知人と話し中、本の読み方の違いに初めて気付いたという。知人は「文章を読む際、ドラマや映画のように情景を思い浮かべつつ文体を味わう」のに対し、教授は「主人公になりきって、感情移入しながら読む。映像や情景はほとんど浮かばない」。

　そこで、他の人はどう本を読むのか興味がわいて、学生たちに質問を投げかけたところ、②情景を思い浮かべながら読むタイプが最も多かった。「登場人物がドラマや映画のように歩き回る」「家の間取りや部屋のレイアウトまで詳細に」と場面を想像して読む人が目立った。「リアルなイメージが浮かぶので、恐怖小説は読めない」という悩みの人もいた。

　また「熱い、軽い、うるさいといった体験」や、「食べ物のにおいや繁華街の騒音」まで思い浮かぶ人もいるなど、映像のみではない。

　同じ本を何度も読む人もいた。「最初は速読で、2回目はじっくり読み直す」という答えも。「子どもの頃に読んだ本を大人になって読み返し、また新しい発見ができるのにびっくりした」という答えもある。経験や年齢を重ねたことで、本の印象も変わってくるようだ。

60 「①みなさんは小説を読むとき、どんな読み方をしていますか」と尋ねるようになったきっかけは何か。

1　他人の本の楽しみ方が気になった。

2　映画の情景を思い浮かべながら小説を読みたかった。

3　もっと小説を楽しめる方法を知りたかった。

4　自分も小説の主人公になりたかった。

61 ②情景を思い浮かべながら読むタイプに見られる特徴ではないものは何か。

1　部屋の詳しい構造まで思い浮かべられる。

2　登場人物がまるで生きているかのように思う。

3　まるでドラマでも見ているかのように感じる。

4　文字そのものが直接心に伝わってくるような気がする。

62 この文章の内容に合わないものはどれか。

1　自分が登場人物になりきって、本を楽しむ人も多いようだ。

2　文章を読むと、映像や情景以外のものは思い浮かばないようだ。

3　具体的な光景を思い浮かべるのも、本の楽しみ方の一つだ。

4　再読して、作品の新しい価値がわかることもある。

（２）

　　お金を使うことは決して「悪」ではない。みんながお金を使わなかったら、経済は回らないし良いサービスも生まれない。だが、意外にも正しい金の使い方を知らない人は多い。特に浪費癖のある奥様のために頭を痛めている家庭も多いようだ。そこで無駄づかいしない方法をタイプ別にいくつか工夫してみよう。

　①浪費しがちな奥様にはいくつかの特徴が見られる。まず、社交的なタイプ。交友関係が広く、交際費がたくさんかかる。交流が多いのはとても良いことだが、毎回定期的に行われる集まりに必ず出席する必要はない。予算内で上手にお付き合いをしていくように気をつけなければならない。

　次は、自分磨きが大好きなタイプ。美容代、習い事など、②自分を高めるものにはついつい支出してしまう。きれいでいることや学ぶことはとても大切だが、これもよく検討して本当に必要なものだけを選択して予算内に収める方がいい。

　そして、子どものモノにはつい甘くなるタイプ。子どもに関する支出には財布のひもがとたんに緩くなってしまう方も多い。だが、かわいい子どものためにかけすぎるのではなく、将来のためにとっておいてあげることがもっと重要だと思う。すなわち子どもの習い事も、予算を決めることが必要なのだ。

　多くの方は、マイホームや子どもの将来、また豊かな老後のためなど、夢や希望、将来のために今、節約しているのではないだろうか。可能性を広げるためにコツコツ蓄えていくべきだ。より幸せになるためのお金の使い方について、一度じっくりと考える時間を作ってみなければならない。

[63] ①浪費しがちな奥様にはいくつかの特徴が見られるとあるが、この特徴に当てはまらない人は誰か。

1　人脈が豊富かつプライベートな親睦会の多い人

2　自分を美しく着飾るなど、自己愛の強い人

3　円滑な人間関係を築くことの苦手な人

4　子供教育のためには、金の糸目をつけない人

[64] ②自分を高めるものの例として適当ではないものは何か。

1　会合などに必ず顔を出す。

2　ネイルアートの講座をとる。

3　ジムに通いながら体をきたえる。

4　エステサロンに通う。

[65] この文章の内容に合うものはどれか。

1　できれば、毎回定期的に行われる集まりには必ず出席した方がいい。

2　子供のために、塾などにお金をたくさんかけるのは仕方ないことだ。

3　自分を高めるために、習い事には金を惜しまず使ってもいい。

4　お金をためることは、将来のために幅広い選択肢を作ることだ。

（3）

　最近エコやファッション、デザイン関連の分野で見かけるようになった、「アップサイクル」という言葉がある。アップサイクルとは、廃物や使わなくなったものを、新しい素材やより良い製品に変換して価値を高めることを指す。廃品利用は古くからあったが、意外な素材の持つ話題性が最近の特徴で、環境保護の観点から新たな文化として定着することも期待されている。

　商品は多彩だ。例えば古くなった洋服のリサイクル。従来だと、雑巾にしていた。すると、雑巾は洋服に比べて価値が下がるようになる。このようにリサイクルで物の価値が下がることを、「ダウンサイクル」と言う。一方で、その古い洋服の布を活用して、おしゃれなバッグやアクセサリーを作ったとする。古くなって洋服としての価値が下がっていたものが生まれ変わり、新たな価値が生まれる。こうしたことを、アップサイクルと呼ぶわけだ。また古着のボタンで作ったマグネットや電源プラグを活用したキーホルダーなども製造されている。説明を読まないと、もとの素材が何なのかわからないものまである。

　欧米の商店にはリサイクルとは思えない、むしろリサイクルだからこそおしゃれでかわいい「アップサイクル」商品が並んでいる。資源を無駄使いせず、環境を守る観点でアップサイクル商品を選ぶことがすでに一般的になっているという。未来のために、日本でももっと広がり、定着してほしい。

66 「アップサイクル」の説明として正しいものは何か。

1 「アップサイクル」は、主に新しい素材を使って製品を作る。

2 「アップサイクル」は、自然環境を損なうからやめるべきである。

3 「アップサイクル」は、リサイクルによって物の価値を上げる。

4 「アップサイクル」は、新品の洋服で雑巾などを作る。

67 「新たな価値が生まれる」とあるが、どういう意味か。

1 もとの商品の価値よりまさるようになる。

2 もとの商品の価値よりおとるようになる。

3 もとの商品の価値とひとしくなる。

4 もとの商品の価値とかわらなくなる。

68 この文章の内容に合うものはどれか。

1 以前は、服をリサイクルしてスーツを作るのが普通だった。

2 廃品利用もいいが、環境保護のためにすすめられない。

3 アップサイクルは、すでに日本に根付いたと言える。

4 リサイクルで、もとの商品以上の価値を作り出すこともできる。

問題12 次の文章は、「電子書籍」に関する主張である。二つの文章を読んで、後の問いに対する答えとして、最もよいものを1・2・3・4から一つ選びなさい。

A

　電子書籍のメリットというと、まず重い本を持ち歩かずにすむことや、保存する時にかさばらないことが挙げられる。そして紙という制約から解放された結果、絶版が意味を持たなくなる。

　また誰でも情報の発信者になれる点。電子書籍が出る以前は、一般の人は発表する場がほとんどなかったため、構想だけで終わってしまうのが普通だった。しかし電子書籍の出現によって、個人で作品を発表する機会が増えつつある。実際、個人が開設しているウェブサイトのアクセスが100万を軽く越え、個人が発行しているメールマガジンの発行部数が1万部を越えることも起こり始めている。

　また電子書籍が本格的に普及すれば、その分、紙の使用量も減り、森林保護ができ、使用済みの紙を燃やすことも減るだろう。

B

　近年、国内外で個人向けの電子書籍が普及し始め、大学図書館においても見かけるようになった。一見大きな規模に成長したように見えるが、実は、その大部分が携帯電話や、若者、マニア向けのコミックなどにとどまっている。

　さらに電子書籍は音楽や映像と同様に再生機器を必要とする。それに対して紙の本は、再生機器が不要である上、自由に書き込みもできて目にもやさしい。

　電子書籍の何よりの問題は、まだ読める本が紙の本に比べ圧倒的に少ないということである。ただ、この問題は電子書籍全体で見た場合、徐々に解消されていくと見られる。電子書籍の数がもっと増え、本格的に普及すれば、むしろ紙のような物理的制約がない電子書籍の方がより多くの書籍が存在するようになると思う。

69 「電子書籍」に対するＡとＢの主張として正しいのはどれか。

1　Aは、「電子書籍」の出現で、専門作家はいなくなるだろうと述べている。

2　Bは、「電子書籍」の出現で、紙の本はなくなると述べている。

3　Aは、「電子書籍」の出現で、情報の一方的な流れはなくなると述べている。

4　Bは、「電子書籍」の出現で、再生機器がよく売れるようになると述べている。

70 ＡとＢの内容として正しいのはどれか。

1　Aは「紙の本」で空間の問題が解決でき、Bは個人が情報の発信者になれると述べている。

2　Aは「電子書籍」で空間の問題が解決でき、Bは「電子書籍」がもっと普及されると述べている。

3　ＡもＢも、「紙の本」は再生機器が不要で、目にもやさしいと述べている。

4　ＡもＢも、「電子書籍」によって森林保護ができ、環境にもやさしいと述べている。

問題13 次の文章を読んで、後の問いに対する答えとして最もよいものを、1・2・3・4から一つ選びなさい。

　旅行の楽しみ方は人によってさまざまである。

　普通旅行というと、とにかく家族や気の合う仲間同士でワイワイしながら、有名な観光スポットをめぐるものと思われがちである。また「食」や「温泉」といったテーマのある旅行もあれば、特にあてのない旅行もある。そして旅行の人数によって、一人旅やカップル旅行、家族旅行、グループ旅行、ツアーのような団体旅行などに分けられるが、とりわけ「一人旅」は、自分の今までの人生を振り返るのに最適だと思う。

　もちろん旅に出なくても自分を見つめ直す機会はたくさんあるが、一人旅は、気をつかう相手がいないため、一人の時間のなかで自分自身とじっくり向き合えるので心身ともに「リセット」でき、一回り成長することができる。この点が一人旅の最たる魅力だと思う。この「心のリセット」のために、ぶらり気ままに一人旅に出てみるのもいい。

　二つ目は、自分の行きたい場所に、好きなスタイルで行ける点である。人に合わせることなく、自分のペースで自分のしたいことができる。居心地のいい場所があれば、気がすむまでそこにいることもできるなど、自分のペースで旅ができる。

　三つ目は、新しい発見ができ、いろいろな人に出会えるということである。ガイドブックなどをあえて見ないで気の向くままに出歩いてみることで、新たな発見ができる。通常の旅行なら見過ごしてしまいがちな景色や感動に気づくことが多くなり、見ず知らずの人と話すきっかけが生まれ、友達になれるケースもある。また現地のバーや個人経営の店などに入り、カウンターに座っていると、たいていお店の人が話し相手になってくれる。これでスタッフともわりと気軽に打ち解けられ、地元の情報を聞くこともできる。

　四つ目は、人ともめることなく日程変更ができる点である。旅先で、その時その時の自分の判断で行動できることも大きなメリットの一つである。

もちろん一人旅にもデメリットもあるだろうが、好きなものを食べ、好きな時間に寝て、好きなように移動できることや、余計なお金がかからないこと、限られた時間を有意義に過ごせることなど、一人旅のメリットはほかにもたくさん挙げられる。

　旅行の楽しみ方は、さまざまであり、きっと人それぞれだと思う。なぜなら趣味や観点が違うはずだから。旅行だからと言って、いつもと違うことをしなくてもいい。自分らしく楽しむのが最高の楽しみ方である。

[71] 筆者が一人旅をすすめている一番の理由と考えられるものは何か。

1　特別な目的がなくても一人で行けるから
2　自分の歩んできた道を顧みるのに適しているから
3　一人だと人に気をつかう必要がないから
4　すてきな景色や食べ物を独り占めできるから

[72] 一人旅のメリットではないものは何か。

1　自由気ままに日程の変更ができる。
2　人に気兼ねすることなく行動ができる。
3　旅行費用の節減ができる。
4　人の顔色をうかがわなければならなくて大変だ。

[73] この文章の内容に合うものはどれか。

1　一人旅を通して、人はいちだんと大きくなることができる。
2　一人旅の一番のメリットは、限られた時間を効率よく使えることである。
3　自分を見つめ直す機会は、旅行中以外にはめったにない。
4　一人旅はいいことずくめであり、みんな行くべきである。

問題14 右のページは、通信販売の利用案内である。下の問いに対する答えとして、最もよいものを1・2・3・4から一つ選びなさい。

[74] ここのサイトで商品を注文するとき、配達日が指定できるのはどれか。

1 5月15日に食べるために5月11日に注文する。

2 7月3日に食べるために6月29日に注文する。

3 9月21日に食べるために9月12日に注文する。

4 12月11日に食べるために12月9日に注文する。

[75] 文章の内容として正しいのはどれか。

1 運送業者に、商品代金や送料を渡して商品を受け取ることができる。

2 返品を希望する場合は4日以降にも応じることができる。

3 このサイトでは、商品の送料は地域ごとに異なる。

4 解凍された商品は長持ちするから一週間以内に食べればいい。

通信販売—うなぎかばやき(国内産)

1. 内容量：うなぎかばやき200g×3、特製タレ(100ml)×3
2. 賞味期限：① 冷蔵もしくは解凍された場合：当日中にお召し上がり下さい。
　　　　　　② 冷凍庫で保存の場合：製造日から10日以内にお召し上がり下さい。

※ お届けご希望日がございましたら、弊社営業日カレンダーをご確認の上、一週間以上先の日にちをご指定下さい。

3. 通常販売価格：10,300円(税込、100ポイント獲得)
4. ご利用ガイド

   (1) お支払方法：お支払い方法は下記のお支払方法をご利用できます。

   　　① 銀行振込（前払い）

   　　② 商品代引

   　　③ クレジットカード決済

   　　④ コンビニ決済（前払い）

   (2) 返品について：

   返品・交換をご希望される場合には下記の注意事項をご確認の上、商品到着後3日以内に電話またはメールにて弊社までご連絡下さい。商品到着後4日以降の返品・交換には、応じかねますのでご注意下さい。その他のご相談につきましては弊社までご連絡下さい。

   (3) 配送について：

   ABC運輸株式会社(クール便)にて商品配送を行っております。**送料は全国一律800円になります。**

5. お問い合わせ

   ◆商品に関するお問い合わせ　TEL：0120-1234-56
   　　　　　　　　　　　　　　Mail：kabayaki@kabayaki.co.jp

   ◆その他のお問い合わせ　TEL：0120-1234-67

N2

聴解

(50分)

注意 Notes

1. 試験が始まるまで、この問題用紙を開けないでください。
   Do not open this question booklet until the test begins.

2. この問題用紙を持って帰ることはできません。
   Do not take this question booklet with you after the test.

3. 受験番号と名前を下の欄(らん)に、受験票と同じように書いてください。
   Write your examinee registration number and name clearly in each box below as written on your test voucher.

4. この問題用紙は、全部で13ページあります。
   This question booklet has 13 pages.

5. この問題用紙にメモをとってもかまいません。
   You may make notes in this question booklet.

受験番号 Examinee Registration Number	

名前 Name	

問題1

問題1では、まず質問を聞いてください。それから話を聞いて、問題用紙の1から4の中から、最もよいものを一つ選んでください。

例

1 ホームページで児童書を検索する
2 ホームページで子供に読ませる本を検索する
3 子供も入館できる図書館を探す
4 子供が読める本がある図書館を探す

1番

1. 会議の開始時間
2. 会議するときの設備
3. 参加者が会場に来る時間
4. 司会者が会場に来る時間

2番

1. 線香
2. 香水
3. キャンドル
4. クラシック音楽CD

3番

1 インタネットでベストセラーの検索
2 話題のエッセイ
3 好きな作家の作品
4 ホームページで勧めている本

4番

1 ティースプーンとフォークセット
2 キーホルダーセットとコーヒーカップ
3 バッジセットとマグカップ
4 バッジセットとタオルセット

5番

1 会社のロゴは目立たなくても、会社が地球を支えるデザイン

2 会社のロゴが裏にあって地球を考える豪華なデザイン

3 会社のロゴは目立たなくても、物を購買する人の心を打つデザイン

4 会社のロゴが右側にあって、会社の重要なイメージが分かるデザイン

もんだい
問題2

問題2では、まず質問を聞いてください。そのあと、問題用紙のせんたくしを読んでください。読む時間があります。それから話を聞いて、問題用紙の1から4の中から、最もよいものを一つ選んでください。

例

1 材料は大きさを合わせて切ること
2 材料がそろった後に、はやく煮ること
3 炒める順番を決めること
4 はやく済ませられるように材料をそろえること

1番
1 急ぎの注文への対応
2 通信機器の性能
3 注文品の在庫量
4 従業員の対応

2番
1 男の人が電気製品に詳しいから
2 男の人がＪネットの社員だから
3 男の人がＪネットの利用者だから
4 男の人が電気製品の修理者だから

3番

1 今やっている仕事からはずすこと
2 病気の社員の仕事を引き継がせること
3 今やっている仕事を途中でやめさせること
4 病気の社員の仕事を中断すること

4番

1 入院手術するため
2 外国留学するため
3 自宅療養するため
4 自宅で仕事をするため

5番

1 受講中に寝てしまう授業
2 自分の学習意欲が高い授業
3 ノートを取る必要がない授業
4 好きな先生が担当する授業

6番

1 バスタブのお湯を時々捨てないこと
2 バスタブのお湯を使って体を洗うこと
3 家族で同じバスタブのお湯につかること
4 家族によってお風呂の入り方が違うこと

問題3

問題3では、問題用紙に何もいんさつされていません。この問題は、全体としてどんな内容かを聞く問題です。話の前に質問はありません。まず話を聞いてください。それから、質問とせんたくしを聞いて、1から4の中から、最もよいものを一つ選んでください。

― メモ ―

問題4

問題4では、問題用紙に何もいんさつされていません。この問題は、まず文を聞いてください。それから、それに対する返事を聞いて、1から3の中から、最もよいものを一つ選んでください。

― メモ ―

問題5

問題5では、長めの話を聞きます。この問題には練習はありません。メモをとってもかまいません。

1番、2番

問題用紙に何もいんさつされていません。まず話を聞いてください。それから、質問とせんたくしを聞いて、1から4の中から、最もよいものを一つ選んでください。

― メモ ―

3番

まず話を聞いてください。それから、二つの質問を聞いて、それぞれ問題用紙の1から4の中から、最もよいものを一つ選んでください。

質問1

1　1番目の時間帯
2　2番目の時間帯
3　3番目の時間帯
4　4番目の時間帯

質問2

1　1番目の時間帯
2　2番目の時間帯
3　3番目の時間帯
4　4番目の時間帯

N2

實戰模擬試題
第2回

N2

言語知識（文字・語彙・文法）・読解

（105分）

注 意 Notes

1. 試験が始まるまで、この問題用紙を開けないでください。
   Do not open this question booklet until the test begins.

2. この問題用紙を持って帰ることはできません。
   Do not take this question booklet with you after the test.

3. 受験番号と名前を下の欄に、受験票と同じように書いてください。
   Write your examinee registration number and name clearly in each box below as written on your test voucher.

4. この問題用紙は、全部で31ページあります。
   This question booklet has 31 pages.

5. 問題には解答番号の 1 、 2 、 3 … が付いています。
   解答は、解答用紙にある同じ番号のところにマークしてください。
   One of the row numbers 1 , 2 , 3 … is given for each question. Mark your answer in the same row of the answer sheet.

| 受験番号　Examinee Registration Number | |

| 名　前　Name | |

問題1 _____ の言葉の読み方として最もよいものを、1・2・3・4から一つ選びなさい。

[1] 地球温暖化への対策として様々な議論が交わされている。
　　1　おんたんか　　2　おうだんか　　3　おんだんか　　4　おうたんか

[2] 最近疲れているせいか、忌まわしい夢を見て飛び起きてしまった。
　　1　いまわしい　　2　いかまわしい　3　ずまわしい　　4　はずまわしい

[3] 失敗を恐れずに挑戦する勇気に拍手を送る。
　　1　おそれずに　　2　おくれずに　　3　こわれずに　　4　うつれずに

[4] 彼への批判は高まり、もはや政権交代は避けられないだろう。
　　1　こうだい　　　2　こだい　　　　3　こうたい　　　4　こたい

[5] 子供を3人も抱えて非常勤で働くのはかなり経済的に苦しい。
　　1　いかえて　　　2　だかえて　　　3　かかえて　　　4　つかえて

問題2 _____ の言葉を漢字で書くとき、最もよいものを1・2・3・4から一つ選びなさい。

6 今のところ、週休二日制を<u>さいたく</u>してない会社はほとんどないと思う。
    1 彩択　　　2 採択　　　3 彩沢　　　4 採沢

7 栄養のバランスをとるため、<u>こくもつ</u>の摂取量も減らさないようにしている。
    1 殻物　　　2 款物　　　3 傲物　　　4 穀物

8 天気がいいから、洗濯物はすぐ<u>かわく</u>だろう。
    1 乾く　　　2 渇く　　　3 勘く　　　4 幹く

9 彼の<u>いだい</u>な功績は永遠に後世に残るはずだ。
    1 違大　　　2 緯大　　　3 偉大　　　4 為大

10 自分の行動を直そうとする改善の<u>よち</u>がない。
    1 様知　　　2 要知　　　3 承地　　　4 余地

問題3 （　　　）に入れるのに最もよいものを、1・2・3・4から一つ選びなさい。

11　あんな行動をするなんてまったく（　　　）常識きわまりない。

　　1　不　　　　　2　悪　　　　　3　逆　　　　　4　非

12　不良品は全額を払い（　　　）ことになっている。

　　1　返す　　　　2　上げる　　　3　戻す　　　　4　出す

13　今回の（　　　）選挙の結果発表は12月12日だそうです。

　　1　総　　　　　2　当　　　　　3　等　　　　　4　統

14　世の中には現代科学では解釈できない（　　　）現象も起こるそうだ。

　　1　偽　　　　　2　諸　　　　　3　御　　　　　4　怪

15　部下の功績を自分の手柄のように威（　　　）なんてみっともない。

　　1　張る　　　　2　掛かる　　　3　続く　　　　4　込む

問題4 （　　　）に入れるのに最もよいものを、1・2・3・4から一つ選びなさい。

16 先週見た映画の（　　　）がどうしても思い出せない。
　　1　題目　　　　2　題名　　　　3　題文　　　　4　題表

17 この製品は若い主婦の間にとても（　　　）がいい。
　　1　評価　　　　2　評判　　　　3　価値　　　　4　価格

18 地震で家がつぶれるのかと思ったら、生きた（　　　）がしなかった。
　　1　機嫌　　　　2　気分　　　　3　心地　　　　4　気持ち

19 母は手術後、医者の指示どおり食事を（　　　）しなければならない。
　　1　制限　　　　2　制止　　　　3　禁物　　　　4　抑制

20 彼は教師として（　　　）服装をしている。
　　1　やわらかくない　　　　　　2　ふさわしくない
　　3　だらしなくない　　　　　　4　あわただしくない

21 彼の部屋には専攻に関する本が（　　　）並べてあった。
　　1　きっかり　　2　ばっちり　　3　ぎっしり　　4　うっかり

22 彼は食事を済ましてから、レジに行って「お（　　　）、お願いします。」
　と言った。
　　1　計算　　　　2　勘定　　　　3　会算　　　　4　既定

問題5 ＿＿＿＿の言葉に意味が最も近いものを、1・2・3・4から一つ選びなさい。

[23] 世界に挑戦できる企業で自らの実力を試してみませんか。

1　実験する　　　2　確かめる　　　3　改める　　　4　試験する

[24] 差し支えがなければその話を詳しく聞かせてほしい。

1　干渉　　　2　不都合　　　3　触り　　　4　不満

[25] 入社してまもなく出張を命じられた。

1　すぐに　　　2　もうすぐ　　　3　いずれ　　　4　この間

[26] どんなことが起こっても動揺しないで落ち着いてください。

1　厳重になって　　　　　　2　安定になって
3　穏やかになって　　　　　4　冷静になって

[27] いい年して泣いたりわめいたりするのはみっともないと思う。

1　慎ましい　　　2　もどかしい　　　3　恥ずかしい　　　4　やかましい

問題6 次の言葉の使い方として最もよいものを、1・2・3・4から一つ選びなさい。

[28] 今にも
1 私のふるさとは今にも年末に小豆もちを食べる習慣がある。
2 彼女は今にも泣き出しそうな顔で座っていた。
3 そんなに大急ぎだったら今にも行きます。
4 まだ遅れてないのなら今にも返事します。

[29] 地味
1 汚れてない地味なところが彼女の魅力だ。
2 彼女はいつも目立たない地味な格好をしている。
3 華やかな花柄でとても地味ですね。
4 私は好きな人の前で気持ちを隠して地味になれない。

[30] 引き返す
1 忘れ物を思い出して途中で引き返した。
2 手術を受けてから健康を引き返した。
3 順番を引き返すミスをしてしまった。
4 彼の論文は従来の学説を引き返してしまった。

[31] 確か
1 送られた書類は確か受け取りました。
2 家を出るとき確か鍵はかけましたか。
3 その事件が起こったのは確か昨年の5月だったと思います。
4 浅田さんのことは確か覚えています。

[32] とんでもない
1 そんなに注意させたのにまた忘れたなんて、もうとんでもない。
2 私は賞を受けてとんでもない気分だった。
3 おっしゃるようなことはとんでもなくございません。
4 友達からとんでもない要求を受けて、断るしかなかった。

問題7　次の文の（　　　）に入れるのに最もよいものを、1・2・3・4から一つ選びなさい。

[33] 会社からの援助は断られた。こうなった（　　　）、自分の力でやり遂げるしかない。

1　上に　　　　2　上は　　　　3　からに　　　　4　以上には

[34] 何でも国産（　　　）むやみに買ってしまうのはよくない。

1　だからとはいえ　　　　　　2　だからといって
3　だからといえば　　　　　　4　だからいうと

[35] この仕事を受け持った（　　　）、すべての責任は私が取ります。

1　からには　　2　からでは　　3　からこそ　　4　からにも

[36] 出生率の低下により子供の数が減っている（　　　）、人口の減少が深刻化している。

1　あまり　　2　あまりにも　　3　ものから　　4　ことから

[37] いつも食事の後、歯を磨いている（　　　）、虫歯が一本もない。

1　だけで　　2　だけにも　　3　だけあって　　4　だけでも

[38] わずかな金を（　　　）、とてつもないことをやってしまった。

1　惜しいばかりで　　　　　　2　惜しいばかりに
3　惜しんだばかりで　　　　　4　惜しんだばかりに

39 あの子に退学を勧めるのは、教育的見地（　　　）望ましくない。
1　からして　　　2　のからして　　3　ことからして　4　ものからして

40 最近は忙しすぎて夏休み（　　　）、週末もろくに休めなくてストレスがたまっている。
1　のどころか　　2　どころか　　　3　のどころに　　4　どころに

41 この自動車は燃費性能（　　　）、デザインも優れた評価を受けている。
1　もちろんで　　2　はもちろんで　3　もとより　　　4　はもとより

42 （　　　）これが失敗しても、いい経験になったと思えばいい。
1　たとえば　　　2　たとえても　　3　たとえ　　　　4　たとえると

43 幼い頃のアパートは狭い（　　　）、みんなでいられて楽しかった。
1　ながらも　　　2　ながらが　　　3　ながらに　　　4　ながらで

44 彼が無免許だと（　　　）、軽い気持ちでバイクを貸したのがいけなかった。
1　知ってつつ　　2　知ってつつも　3　知りつつも　　4　知ったつつ

問題8　次の文の＿＿★＿＿に入る最もよいものを、1・2・3・4から一つ選びなさい。

(問題例)

　　あそこで＿＿＿＿　＿＿＿＿　＿★＿＿　＿＿＿＿は山田さんです。

　　1　テレビ　　　　2　見ている　　　3　を　　　　　　4　人

(解答のしかた)

1．正しい文はこうです。

　　あそこで＿＿＿＿　＿＿＿＿　＿★＿＿　＿＿＿＿は山田さんです。
　　　　　　1　テレビ　　3　を　　2　見ている　　4　人

2．＿★＿に入る番号を解答用紙にマークします。

　　　　　　　　(解答用紙)　(例)　①　●　③　④

45　この地域は大雨の＿＿＿＿　＿＿＿＿　＿＿＿＿　＿★＿＿がある。

　　1　家屋に　　　　2　際　　　　　3　浸水の　　　　4　恐れ

46　あんなに社交的だった人がうつ病で＿＿＿＿　＿＿＿＿　＿★＿＿　＿＿＿＿ことだ。

　　1　がたい　　　　2　という話は　　3　信じ　　　　4　自殺した

47 最近の円高は日本経済に ＿＿＿ ＿＿＿ ★＿＿ ＿＿＿ あると報告されている。

1 かねない　　2 問題で　　3 影響を　　4 与え

48 親の学歴が高ければ ＿＿＿ ★＿＿ ＿＿＿ ＿＿＿ という研究結果がある。

1 高いほど　　2 熱心だ　　3 子供の　　4 教育に

49 食べている ＿＿＿ ＿＿＿ ＿＿＿ ★＿＿ 太るのだ。

1 不足　　2 しているから　　3 わりに　　4 運動が

問題9　次の文章を読んで、文章全体の内容を考えて、50 から 54 の中に入る最もよいものを1・2・3・4から一つ選びなさい。

　　駅の前の駐車場で止めてあった愛用の自転車を盗まれてしまった。会社で初めてもらった給料で買ったもので、ちゃんと名前も書いていた。自転車で毎日通勤していて、私にとって自転車はライフスタイルそのものであり、いいパートナだったのに、取られてしまった。

　　自分は 50 で、たくさんの人が出入りする駐車場だからという安心感で時々鍵を 51 。今まで何回か大事な物を無くしたことがあったが、いつも地元の警察から連絡があり、無事に戻ってきた。そのたびに自分は幸運に恵まれていると思った。

　　あまりにも自分をラッキーな人だと 52 。盗まれたのは悔しいけど、53 これまでの呑気な自分に気づかせてくれた泥棒に感謝しなければ。けれども泥棒にこれだけは言いたい。

　　物を失って悲しかったり悔しかったりするのは、ただ物が無くなって心が傷つくのではなく、54 ということを分かってほしい。

50

1 恥ずかしがり屋　　　　2 うっかりもの
3 心配性　　　　　　　　4 短気な人

51

1 しなくて置いた　　　　2 しなかったきりだ
3 かけずにいた　　　　　4 かけなかったままだ

52

1 大間違いしたのか　　　2 信頼しすぎたのか
3 妄信したのか　　　　　4 思い込んだのか

53

1 むしろ　　　2 なお　　　3 とうとう　　　4 ついに

54

1 盗難された持ち主の気持ちを考えてみるべきだ
2 自分がどれだけ悪いことをしたのか
3 大事なものを盗まれて、やる気を無くすからだ
4 その物と一緒だった大切な思い出が無くなるからだ

問題10 次の（1）から（5）の文章を読んで、後の問いに対する答えとして最もよいものを、1・2・3・4から一つ選びなさい。

（1）

　アメリカのニューヨーク市観光局は本日、観光客誘致を促進するため、東京都のABCビルに日本初の「観光事務所」を設けると発表した。2001年の同時多発テロ以降、減る一方だった観光客数を増やそうという狙いで、団塊世代や若年層などをターゲットにして、細かく分けた観光客誘致戦略を展開していく。9月に都内で開かれる「世界旅行博覧会」への出展なども予定しているという。ニューヨーク市観光局は、すでにロンドンやアムステルダム、パリなどにも代表事務所を設置しており、東京は12ヶ所目になる。近くソウルと上海にも事務所を開設する予定だ。

[55] この文章の内容に合うものはどれか。

1　この「観光事務所」の目的は、アメリカからの観光客を誘致するためだ。

2　2001年以降、アメリカを訪れる各国の旅行者数は増えているようだ。

3　日本には、すでにこの「観光事務所」が開設されている。

4　ニューヨーク市観光局は、「観光事務所」をこれからも広めていく。

（2）

　　国際宇宙ステーションでは各国の宇宙飛行士に「宇宙食」を提供しているが、来年から多数の日本食が含まれることになる。宇宙航空研究開発機構は、おにぎりやカレー、サンマのかば焼きなど、２９品目の日本食を宇宙飛行士に提供すると発表した。

　　来年秋ごろに国際宇宙ステーションに滞在する日本人の宇宙飛行士らが、最初に食べることになる予定という。「宇宙食」に選ばれるためには、まず１年間の常温保存が効くこと、汁が飛び散らないこと、軽量で栄養が豊富であること、などの条件を満たさなければならない。また面白いことに、スペースシャトルで日本人宇宙飛行士が持参したカレーを食べた外国人宇宙飛行士らからも「日本のカレーを持ってきてほしい」との声が出ていたという。

56　「宇宙食」について正しいものはどれか。

　　1　外国人宇宙飛行士らの間では、日本食の評判があまりよくないようだ。

　　2　来年からは、国際宇宙ステーションで和風の食物も提供される予定だ。

　　3　国際宇宙ステーションへ提供する「宇宙食」は、長持ちしなくてもよい。

　　4　国際宇宙ステーションに載せる「宇宙食」は、重さとは関係ないようだ。

（３）

　　労働者が女性で、会社の規模が大きいほど、安全意識と安全行動遵守率が高いことが分かった。厚生労働省は、「労働安全衛生問題のレポート」を通じて、性別や労働時間、安全管理者のリーダーシップなど8つの要素が事業場の安全や労働者の安全意識にどんな影響を及ぼすかを把握、発表した。分析の結果、管理者の労働安全指導レベルが高いほど、事業場の労働安全水準や、労働者の職場での労働安全意識が高いことが分かった。さらに性別からみると、男性よりは女性労働者が、会社の規模が大きいほど、また労働者の年齢が高いほど、労働安全に対する意識レベルと労働者の安全行動遵守率が高かった。労働者の教育水準や、労働時間、勤続年数などは、あまり影響を及ぼさないことも明らかになった。

[57] この文章の内容に合わないものはどれか。

1　労働者の学歴が高いほど、労働安全意識が高いことがわかった。

2　中小企業の労働者の方が、労働安全意識が低いことがわかった。

3　労働者の中で年長者ほど、労働安全意識が高いことがわかった。

4　長年働いていたからといって、労働安全意識が高いとは限らない。

(4)

　朝食が脳と身体の健康に良い影響を与えることはよく知られている。朝食を食べる人は、肥満になる可能性が低く、血糖値も正常である可能性が高いという。また朝食に食物繊維や炭水化物の豊富な食事をとると疲れがたまりにくいという研究結果もある。このように朝食をちゃんと食べた方が健康に良いという研究結果は無数にある。

　ところが「米国臨床栄養ジャーナル」に掲載された研究によると、朝食は新陳代謝の促進とはあまり関係ないことがわかった。新陳代謝とは、生物体が摂取した栄養物質を体の中で分解して、合成して生体成分や生命活動に使う物質やエネルギーを生成し、必要としない物質を体の外へ送り出す作用をいう。この新陳代謝を促進すると、脂肪を燃やすようになるなど、体重調節とも密接に関連している。300人の肥満の成人を対象とした16週間のダイエット実験で、朝食をとる人ととらない人とでは、ほとんど差がなかった。

　さらに研究チームは、「たん白質や食物繊維などの栄養素が豊富な食品なら朝食にいいが、ドーナツのようにカロリーだけ高く栄養のない食品なら食べない方がよい」と述べた。

[58] ほとんど差がなかったとあるが、その理由と考えられるのは何か。

1　朝食に食物繊維の豊富な食事をとると、太りにくいため
2　朝食に栄養たっぷりの食事をとると、かえって太るため
3　朝食に炭水化物の豊富な食事をとると、太りにくいため
4　朝食は新陳代謝の促進に、あまり影響を及ぼさないため

（5）

　人は新年を迎えるたびに、気分を新たにして何かに挑戦しようとする。今年こそはと思いつつも、結局は三日坊主に終わり、なかなか続かないのが多い。たとえば、禁煙や禁酒、運動、ダイエットなどがあるが、その中の一つが日記だと思う。では、どうして日記は続かないのだろう。それはおそらく、紙の日記帳に日々の出来事を書き込むのは、意外と手間などがかかるためだろう。

　そんな人には、スマホやタブレット端末用の日記アプリをおすすめしたい。スマホやタブレットなら、空き時間にその日の出来事を手軽に書き記すこともできるし、また撮影した写真も簡単な操作だけで挿入できるなど、スマホやタブレットならではの便利な機能が使える。日記アプリは、機能の豊富さもさることながら、複雑な操作を必要としない、手軽さの方がもっと重要だ。

　また、個人ブログやＳＮＳで日記をつけているから、別に要らないと思う人もいるだろうが、誰も見られない自分だけの日記があってもいいと思う。

59　日記関連のアプリの説明として当てはまるのはどれか。

1　日記関連のアプリで１日の出来事を書き込むのは、手数がかかる。

2　日記関連のアプリでは、撮影した動画なども簡単に挿入できて便利だ。

3　日記関連のアプリで最も重要な要素は、書き込むのが容易なことだ。

4　日記関連のアプリを選ぶ際、一番重要な要素になるのは機能の豊富さだ。

問題11　次の（1）から（3）の文章を読んで、後の問いに対する答えとして最もよいものを、1・2・3・4から一つ選びなさい。

（1）

　　ワインといえばやはりフランス。
　ところがこのワインの本場で最近、若者のワイン離れが顕著になっているという。ビールやカクテルに好みが分散されていることが主な原因のようだが、この状況を打開するため、フランスのあるワインメーカーが、コーラ味のワイン「Rouge Sucette(赤いロリポップ)」の発売に踏み切る模様だ。コーラ味のワインを開発したのは、ワインメーカーのHausmannFamille。フランス人のワイン離れを食い止めることを目的に、特に若い顧客をターゲットにして開発されたそうだ。「Rouge Sucette」は75%はワイン、残りの25%は砂糖・水・コーラ風味でできているという。いわばワインベースのカクテルのようなものだ。アルコール度数はワインとほぼ同じ9%で、冷蔵庫で冷やして飲むのがお勧め。
　ワインの本場フランスで、この「Rouge Sucette」が開発されるに至った背景には、ワインを飲む人の割合が激減しているという事情がある。1980年当時のフランスには、ワインをほぼ毎日堪能する人が、成人全体のおよそ半分近くもいたが、現在その割合は17%にまで落ち込んでいる。一方で、ワインをまったく飲まないというフランス人の割合は以前の2倍に増加し、38%に上るという。このようにワイン離れが特に著しい若者をターゲットに開発された飲料が、今回発売される「Rouge Sucette」。若い人にも気軽に購入してもらえるよう価格も日本円にしておよそ400円ぐらいに抑えたという。メーカーは、"「Rouge Sucette」でワインに親しんだ若者が、将来本物のワインを飲むようになってほしい"と言っている。

60 若者のワイン離れが顕著になっている理由として考えられるものは何か。

1 最近、ワインの価格が大幅に値上げされたため

2 ワインを毎日飲むと、体に悪いと思うようになったため

3 ワイン以外の酒もよく飲むようになったため

4 本物のワインが75％しか入っていないため

61 ワインメーカーが、「Rouge Sucette」を発売するようになった理由は何か。

1 最近のフランスの若者が、ワインを遠ざけるようになったため

2 フランスの若者のアルコール依存症の拡散を防ぐため

3 お手頃価格のワインを、誰でも気軽に購入できるようにするため

4 最近のフランスの若者はコーラ味が好きで、よく売れると見込んだため

62 「Rouge Sucette」に関して正しいものはどれか。

1 フランスで、もっとも人気のあるワインは「Rouge Sucette」だ。

2 「Rouge Sucette」は温めるといっそうおいしく飲むことができる。

3 「Rouge Sucette」のアルコール度数は、ワインよりやや高めだ

4 「Rouge Sucette」は、将来のワインの消費を促すために作られた。

（2）

> 拝啓
>
> 新緑の候、ますますご盛栄のこととお喜び申し上げます。
>
> さて、私事ですが、3月末日をもって(株)丸山工業を円満退職し、知人の紹介で5月1日から(株)森永電機に勤務することになりました。(株)丸山工業に在職中は、公私にわたり多大なご厚情を賜り、誠にありがとうございました。心より御礼申し上げます。
>
> 新しい勤務先では、前職同様、人事制度の企画を行うことになっております。微力ではありますが、今までの経験を活かしていきたいと思っております。今後とも、変わらぬご指導を賜りますようお願い申し上げます。
>
> まずは、略儀ながら書中をもちましてごあいさつ申し上げます。
>
> 　　　　　　　　　　　　　　　　　　　　　　　　　　　　　　敬具

[63] これは何の手紙か。

1　転勤のあいさつ状

2　退職のあいさつ状

3　転職のあいさつ状

4　転属のあいさつ状

[64] この手紙は誰に送ると考えられるか。

1　前職の取引先

2　森永電機の取引先

3　前職の上司

4　森永電機の上司

[65] この文章の内容に合うものはどれか。

1　この手紙を書いた人は、丸山工業の子会社で働くことになっている。

2　この手紙を書いた人は、同じ業務をやることになっている。

3　この手紙を書いた人は、森永電機で首になった。

4　この手紙を書いた人は、丸山工業に移ることになっている。

（３）

　電子書籍とは、紙の代わりにスマホや専用タブレット端末などのデジタル機器の画面で本や雑誌を読めるようにしたもので、ネットを通じ、購入した本や漫画、雑誌などをダウンロードして読むのが一般的である。

　近頃、出版社などを介せず、個人が直接この電子書籍で小説などを出版する、いわゆる「自己出版」が広がっている。「自己出版」とは、著者が本を制作して販売する形態のことである。低コストで、誰でも自分の意思で簡単に出版、販売できるのが魅力で電子書籍端末の普及につれ、ますます増えていくと予想されているが、今後は作品の宣伝などが電子書籍普及の①カギになりそうだ。

　ジャンルも紀行文や純文学からＳＦに至っているが、出版社の客観的な視点を欠いているので、自慢話や読者の興味を引きつけない内容になるおそれもある。それに「自己出版」の成功例は、ごく一部にすぎないのが②現状である。あるフリーライターの女性は、自己出版だけではとうてい生計が立てられないとぐちる。実際、販売数が１桁にとどまる作品も珍しくないし、1,000部ぐらいの販売数なら、自己出版としては相当売れた方と言われている。

　また電子書籍売上ランキングを見てみると、上位のほとんどは出版社を通して発行された作品である。これに関して電子書籍ガイドの下村直哉さんは、「出版社には、読者のニーズを吸い上げ、売り上げにつなげるノウハウを持っている専門家がいるが、自己出版の場合はこのようなノウハウや販売手法を持たない作家がほとんどで、多くの読者が共感できる作品を作り、販売ルートを確保することは容易ではない」と語る。

66 ①カギとあるが、そのカギと考えられるものはどれか。

1 もっと手軽に、誰でもダウンロードできるようにすること

2 出版社などを通さないで、個人が作品を出版できるようにすること

3 インターネットを通じても、書籍の購入ができるようにすること

4 電子書籍の広報の充実で、作品の存在を広く知ってもらうこと

67 ②現状は、どのような現状か。

1 他の仕事なしに、自己出版だけではとうてい生活できない現状

2 電子書籍の売れ行きが、思ったよりよくないという現状

3 自己出版の多くが、他の人の権利を侵害しているという現状

4 多くの出版社が、電子書籍事業に参入している現状

68 この文章の内容に合わないものはどれか。

1 電子書籍は、ネットを通じて購入した本などをダウンロードして読む。

2 電子書籍で自己出版して、富を築くことができた作家も大勢いる。

3 電子書籍の普及で、手軽に自己出版できるようになった。

4 出版社の多くは、本を売るノウハウなどをつかんでいるようである。

問題12　次の文章は、「小学生の携帯電話所有」に関する文章である。二つの文章を読んで、後の問いに対する答えとして、最もよいものを1・2・3・4から一つ選びなさい。

A

　　私は小学生に携帯を持たせることに賛成だ。うちの子供2人にも小学2年のときから持たせている。ただし電話の発信も着信も、またメールも親としかできないようにしている。もちろん暗証番号も私が入れているので子供は変更できない。あくまでも親との連絡用で、おもちゃとして与えているわけではない。
　　年々治安がしだいに悪くなっているし、母親が働いている場合も増えている。うちは共働きで、携帯電話が危機管理上必要だ。携帯にはGPS機能が付いていて、子供の居場所が確認できる。また子供のことが心配なときは、すぐに電話して確認できる。学校で何かあったら、すぐに両親に知らせることもできる。
　　現代の社会でいずれは持たざるを得ないツールなので、携帯を早くから持たせることにより、使い方やマナーなどを学ばせることもできると思う。
　　携帯を持たせる持たせないよりも、持たせたときどう使わせるかの方が大切だと思う。

B

　　現代社会において携帯電話は生活必需品となっている。小学生でさえ携帯電話を持つ時代になったが、私は反対だ。
　　確かに携帯電話は機能が多くて、とても便利だ。仕事や家族との連絡など、電話一本で済ますことができるし、メール機能もあるので、何か知らせることがあるときによく使う。また写真を撿ること、映画を見ること、音楽を聞くこともできる。学生にとっては、資料も調べられるし、辞書機能があって勉強にも役立つ。

しかし携帯電話で困ることも確かにある。特に最近、小学生の子供との連絡のためにと携帯電話を買ってあげる親が多いが、まだ自分をコントロールする能力が低い小学生に携帯を持たせると、ゲームばかりして成績が悪くなる場合が多く見られる。

　ところがこれ以上に心配なのが、携帯によってさまざまな犯罪やトラブルに巻き込まれることだ。実際、年々その件数が増えていることから、やはり小学生には携帯電話を持たせるのはよくないと思っている。それでもどうしても持たせたいなら、通話以外の機能は不要だと思う。

69　AとBのどちらの文章にも触れられている点は何か。

1　小学生の携帯電話所有の問題点
2　現代社会において携帯電話が必要な理由
3　望ましい携帯電話の所有年齢
4　携帯電話の長所

70　AとBの内容として正しいのはどれか。

1　AもBも、小学生に早くから携帯電話の多様な機能を使わせるべきだと言っている。
2　AもBも、携帯電話の長所について述べている。
3　Aは小学生が携帯電話を持つのに賛成だと言っていて、Bは小学生に携帯電話を持たせるべき理由について言っている。
4　Aは将来のことを考えて早くから携帯電話を持たせるべきだと言っていて、Bは小学生も自分を抑制することができると言っている。

問題13 次の文章を読んで、後の問いに対する答えとして最もよいものを、1・2・3・4から一つ選びなさい。

　近頃、人脈や人的ネットワークが重要だという話をよく耳にするが、人とのネットワークとはいったいなんだろうか。よく著名な方の名刺や有名な取り引き先の名刺をもっていることを自慢げに見せる人がいるが、これは人的ネットワークとは言えないはずである。

　私は学生時代からの交友関係と仕事は別の世界にしておきたかったし、社会に出てからも会社内での派閥や人脈作りというのにも全く興味はなく、距離を置いてきた。

　その意識が変わったのは、キャリアに関心をもつようになった40代後半からだった。単に転職だけでなく、キャリア開発をしていく上でも日ごろから人的ネットワーク作りを地道に行うことの重要性に気づいたのだ。若いときからの交流を深めて、継続しておけばよかったと、今もしきりに反省し後悔している。

　今日、年功序列、終身雇用が崩れつつある中、会社の外に出ても通用する実力をつけるために、講演会や交流会に積極的に参加する人が増えているようである。ところが講演会や交流会への参加で、単なる「知識吸収」だけを求めてはならない。常に参加者との交流を深めることを重視して、人的ネットワークの構築を心がけていなければならない。

　人的ネットワークを作る機会が着実に増えているが、実際には、いろいろな会合に参加しても、どのようにしたら人脈を広げることができるのかわからない、と悩むサラリーマンも多い。

　ではどうしたら人的ネットワークを充実、拡大できるか。まず大切なのは、現在の仕事に関連して自分の問題意識や考えを社内外のいろいろな人に対して表現していき、共感を得るとともに、相手の考え方にも共感していくことである。

　また情報に関しては一方的にもらおうとするのではなく、自ら情報を発信していくこと。相手から何が得られるのかではなく、相手に何が提供できるのかという姿

勢も必要だと思う。そのためにも日頃から自分の専門性を深めていく努力は欠かせない。

しかし、なにより大事な姿勢は、相手のことを本当に理解すること、理解しようと努めることに尽きると思う。相手の立場や主張を理解してあげようという気持ちがなければ、相手もこちらと一緒にやっていこうという気は起こらない。

このような信頼関係の上で、お互いを尊重する関係の構築が人的ネットワークの始まりであろう。人的ネットワークや人脈といってもそれは、人間関係そのもの以上でも以下でもない。他人から尊重されるような価値を自分に作ることが何より大切である。

71 今もしきりに反省し後悔しているとあるが何を反省し後悔しているのか。
1　もっと若いときから人との親睦を深めておくべきだった。
2　自分も著名な方の名刺をもらっておくべきだった。
3　４０代後半になる前に転職のことを考えるべきだった。
4　自分も会社内の派閥を作っておくべきだった。

72 筆者が考える人的ネットワーク構築の一番重要な要素は何か。
1　早くからキャリア開発に努めること
2　人的ネットワーク作りを地道に行うこと
3　常に相手の気持ちを察してあげること
4　講演会や交流会に積極的に参加すること

73 この文章の内容に合わないものはどれか。
1　単なる知り合いを作るのでは、人的ネットワークとは呼べない。
2　講演会や交流会では、知識の吸収だけに躍起になってはならない。
3　最近は会社の外でも通用する実力をつけようとする人が増えつつあるようだ。
4　自分の専門性を深めて一方的に情報を提供する人になるべきである。

問題14　右のページは、青年海外協力隊募集の案内である。下の問いに対する答えとして、最もよいものを1・2・3・4から一つ選びなさい。

[74] 韓国に住んでいる石田さんはこの青年海外協力隊に応募しようとしている。次のうち、受付できるケースはどれか。

1　消印が8月22日になっていて、8月26日に届いた書類
2　消印が8月27日になっていて、8月29日に届いた書類
3　消印が9月12日になっていて、9月16日に届いた書類
4　消印が10月12日になっていて、10月18日に届いた書類

[75] 文章の内容として正しいのはどれか。

1　日本生まれ日本育ちの人で、アメリカ国籍を取得した人も応募できる。
2　10月10日の夜7時に事務局に電話すれば、問い合わせることができない。
3　応募書類を直接青年海外協力隊事務局まで持っていけば受付できる。
4　アメリカ生れ日本育ちの日米二重国籍者は応募しても選ばれるかどうかわからない。

青年海外協力隊募集

募集要項

1. **応募資格**：満20歳から満30歳(2018年10月12日時点)の日本国籍を持つ方。
   ＊以下の方は応募前に必ず青年海外協力隊事務局までご相談ください。
   ① 二重国籍の方② 裁判中の方③ 破産手続き中の方

2. **募集期間**：2018年9月3日(月)～2018年10月12日(金)〔当日消印有効〕
   ＊海外から応募する場合は10月17日(水)必着
   ＊締切後の提出は一切認めません。

3. **応募方法**：
   ①応募書類に必要事項を記入し、以下の宛先まで郵送してください。(2018年10月12日(金)当日消印有効)
   ②海外から応募する場合は2018年10月17日(水)必着
   ③応募書類は郵送のみ受付。メール便、宅配便、持参不可。
   〒102-0082東京都台東区上野〇〇番地 ABC銀行ビル7階 社団法人 青年海外協力隊
   ＊封筒に「応募書類在中」とお書きください。応募方法の詳細はホームページをご覧ください。

4. **提出書類**：応募者調書、応募用紙、職種別試験解答用紙(一部の方は不要)、語学力申告台紙
   健康診断書(健康診断は2018年4月3日(火)以降5月14日(月)までに受診したもののみが有効)

5. **受入国**：アジア、アフリカ、中南米の約50カ国

6. **赴任形態**：単身赴任

7. **派遣期間**：原則として2年間（＊活動期間が1年未満の短期ボランティアもあります）

8. **待遇等**：規程にもとづき往復航空券、現地生活費、住居費、国内手当等を支給。

9. **お問い合せ**：青年海外協力隊事務局　TEL：03-1234-5678
   E-mail：kaigai－boshu@go.jp

（お問い合せ時間：土・日・祝日を除く10：00～12：00、13：00～16：00）
＊ただし9月3日(月)～10月12日(金)の募集期間中は時間を延長して行います。
平日9：30～20：00　土日10：00～17：00　（祝日は除く）

N2

聴解

(50分)

注意 Notes

1. 試験が始まるまで、この問題用紙を開けないでください。
   Do not open this question booklet until the test begins.

2. この問題用紙を持って帰ることはできません。
   Do not take this question booklet with you after the test.

3. 受験番号と名前を下の欄に、受験票と同じように書いてください。
   Write your examinee registration number and name clearly in each box below as written on your test voucher.

4. この問題用紙は、全部で13ページあります。
   This question booklet has 13 pages.

5. この問題用紙にメモをとってもかまいません。
   You may make notes in this question booklet.

| 受験番号　Examinee Registration Number | |

| 名前　Name | |

問題 1

問題1では、まず質問を聞いてください。それから話を聞いて、問題用紙の1から4の中から、最もよいものを一つ選んでください。

例

1　ホームページで児童書を検索する
2　ホームページで子供に読ませる本を検索する
3　子供も入館できる図書館を探す
4　子供が読める本がある図書館を探す

1番

1　イチゴを入れたサンドイッチとウナギどんぶり

2　イチゴと野菜を入れたサンドイッチと体にいい健康食

3　いろいろな材料を入れたサンドイッチとから揚げ

4　様々な材料を入れたサンドイッチと子供が喜びそうな料理

2番

1　暖かそうな色のシルクのスカーフ

2　花柄の厚みのあるマフラー

3　肌触りのいい上質のマフラー

4　ふわふわしている青いスカーフ

3番

1 電気屋
2 修理センター
3 充電池の専門店
4 電子部品の専門店

4番

1 明日の夜
2 明後日の夜
3 三日後の夜
4 四日後の夜

5番

1 今すぐ火を止めて、彼女が帰ってくるのを待つ
2 野菜に胡椒を入れて、また炒める
3 野菜が炒め終わってから、胡椒を入れる
4 野菜に胡椒を入れて、今すぐ火を消す

問題2

問題2では、まず質問を聞いてください。そのあと、問題用紙のせんたくしを読んでください。読む時間があります。それから話を聞いて、問題用紙の1から4の中から、最もよいものを一つ選んでください。

例

1 材料は大きさを合わせて切ること
2 材料がそろった後に、はやく煮ること
3 炒める順番を決めること
4 はやく済ませられるように材料をそろえること

1番

1　4時半ごろ

2　5時ごろ

3　5時半ごろ

4　6時ごろ

2番

1　案内

2　司会

3　スピーチ

4　通訳

3番

1　もっと、やせてきれいになりたいから
2　体のために医者に勧められたから
3　仕事のし過ぎで、気分転換したいから
4　健康になった友だちに勧められたから

4番

1　売れ残った商品だから
2　賞味期限が短いから
3　陳列方法が違うから
4　大量に仕入れるから

5番

1 全品一割引きの日だから
2 学生客が多かったから
3 近所で運動会があったから
4 お弁当が品切れだったから

6番

1 総合サポートセンターに電話をかけ直してほしい
2 ホームページの「質問コーナー」を確認してほしい
3 もう一度、インストールができるか試してほしい
4 ホームページ上の専用フォームから質問してほしい

問題3

問題3では、問題用紙に何もいんさつされていません。この問題は、全体としてどんな内容かを聞く問題です。話の前に質問はありません。まず話を聞いてください。それから、質問とせんたくしを聞いて、1から4の中から、最もよいものを一つ選んでください。

― メモ ―

問題4

問題4では、問題用紙に何もいんさつされていません。この問題は、まず文を聞いてください。それから、それに対する返事を聞いて、1から3の中から、最もよいものを一つ選んでください。

― メモ ―

問題5

問題5では、長めの話を聞きます。この問題には練習はありません。メモをとってもかまいません。

1番、2番

問題用紙に何もいんさつされていません。まず話を聞いてください。それから、質問とせんたくしを聞いて、1から4の中から、最もよいものを一つ選んでください。

― メモ ―

3番

まず話を聞いてください。それから、二つの質問を聞いて、それぞれ問題用紙の1から4の中から、最もよいものを一つ選んでください。

質問1

1　ミュージカルのチケット
2　カメラ
3　映画のチケット
4　掃除機

質問2

1　ミュージカルのチケット
2　カメラ
3　映画のチケット
4　掃除機

N2

實戰模擬試題
第3回

N2

言語知識（文字・語彙・文法）・読解

（105分）

注意 Notes

1. 試験が始まるまで、この問題用紙を開けないでください。
   Do not open this question booklet until the test begins.

2. この問題用紙を持って帰ることはできません。
   Do not take this question booklet with you after the test.

3. 受験番号と名前を下の欄に、受験票と同じように書いてください。
   Write your examinee registration number and name clearly in each box below as written on your test voucher.

4. この問題用紙は、全部で31ページあります。
   This question booklet has 31 pages.

5. 問題には解答番号の 1 、 2 、 3 … が付いています。解答は、解答用紙にある同じ番号のところにマークしてください。
   One of the row numbers 1, 2, 3 … is given for each question. Mark your answer in the same row of the answer sheet.

受験番号 Examinee Registration Number	

名前 Name	

問題1 ＿＿＿＿の言葉の読み方として最もよいものを、1・2・3・4から一つ選びなさい。

1 私の幼い頃の夢は宇宙飛行士になることだった。

　　1　うじゅう　　　2　うじゅ　　　3　うちゅ　　　4　うちゅう

2 犯人を捕まえるために警察は建物の周りを囲んでいた。

　　1　はさんで　　　2　つつんで　　3　いどんで　　4　かこんで

3 赤ちゃんは隣の奥さんに抱かれている。

　　1　だかれて　　　2　いだかれて　3　とどかれて　4　はかれて

4 年を取ったら、故郷に帰って快適な日々を過ごしたいものだ。

　　1　がいてき　　　2　かいてき　　3　がいせき　　4　かいせき

5 毎月災害に備えた訓練が行われている。

　　1　そびえた　　　2　そなえた　　3　ととのえた　4　そろえた

問題2 _____の言葉を漢字で書くとき、最もよいものを1・2・3・4から一つ選びなさい。

6 この料理はむして食べるのが一番おいしい。

1 炒して　　2 煮して　　3 蒸して　　4 浄して

7 親の遺産をめぐった争いがたえないのは望ましくない。

1 耐えない　　2 堪えない　　3 切えない　　4 絶えない

8 台風の方向に関してのかんそくをし続ける。

1 観測　　2 観則　　3 観即　　4 観側

9 そんな発言をするなんてまったく常識にかけている人だ。

1 掛けて　　2 欠けて　　3 賭けて　　4 懸けて

10 りょうがえは海外旅行に行く前にしておいた方がいい。

1 両変　　2 両換　　3 両替　　4 両買

問題3 （   ）に入れるのに最もよいものを、1・2・3・4から一つ選びなさい。

[11] この店は（   ）成年者の立入が禁止されている。
　　　1　不　　　　　　2　未　　　　　　3　非　　　　　　4　無

[12] 地球の大気（   ）は4つの領域に区分されている。
　　　1　圧　　　　　　2　層　　　　　　3　圏　　　　　　4　流

[13] 最近の若者の言い方は大人（   ）がないというか、幼稚で仕方がない。
　　　1　感　　　　　　2　気　　　　　　3　化　　　　　　4　味

[14] 今期のわが社の営業利益は予想を大きく下（   ）。
　　　1　回った　　　　2　出した　　　　3　成った　　　　4　付いた

[15] 最近ノートパソコンの調子が悪くて新しいのに買い（   ）と思う。
　　　1　変えよう　　　2　換えよう　　　3　交えよう　　　4　代えよう

問題4 （　　　）に入れるのに最もよいものを、1・2・3・4から一つ選びなさい。

16　この緊急事態を（　　　）上司に報告しろ。
　　1　すなわち　　　2　ただし　　　3　ただちに　　　4　さて

17　試験に合格できなくて落ち込んでいる彼を（　　　）。
　　1　言い聞かせた　2　憧れた　　　3　治めた　　　4　慰めた

18　私のアパートは周りに店しかないが、高層階なので（　　　）だけはいい。
　　1　景色　　　　2　夜景　　　　3　眺め　　　　4　展望

19　平成21年調査によると、男の（　　　）寿命は79.59歳だそうだ。
　　1　平凡　　　　2　平素　　　　3　平衡　　　　4　平均

20　何日間も（　　　）で作業を続けると体が持たないのは当然だ。
　　1　夜明かり　　2　夜通り　　　3　徹夜　　　　4　徹晩

21　親を事故で亡くし（　　　）親のありがたさを知った。
　　1　改めて　　　2　むしろ　　　3　再び　　　　4　まことに

22　警察は全力を尽くし、犯人を（　　　）。
　　1　突き止めた　2　捕まえた　　3　つかんだ　　4　握った

問題5 ＿＿＿＿＿の言葉に意味が最も近いものを、1・2・3・4から一つ選びなさい。

[23] 何の興味もない話をだらだらするのは退屈なだけだ。
　　1　怪しい　　　　2　眠い　　　　3　辛い　　　　4　つまらない

[24] この問題を解決するためにはあらゆる角度から検討すべきだ。
　　1　多様な　　　　2　様々な　　　3　あるかぎりの　4　一切の

[25] あんな行動をした自分に腹が立って仕方がない。
　　1　憎くて　　　　2　足が出て　　3　頭に来て　　4　そそっかしくて

[26] 冬の畑にある白菜をひもでぐるっと縛る。
　　1　結ぶ　　　　　2　繋ぐ　　　　3　畳む　　　　4　折る

[27] この二つは長さと形が等しい。
　　1　同質だ　　　　2　同様だ　　　3　同級だ　　　4　同類だ

問題6　次の言葉の使い方として最もよいものを、1・2・3・4から一つ選びなさい。

28 締め切り
1　この言葉だけは一生締め切りで忘れません。
2　原稿の締め切りが近づいてきていらだっている。
3　日本で銀行の締め切りの時間は午後3時です。
4　公演の準備は締め切りでやってきた。

29 あらかじめ
1　誤って登録データを削除してしまった場合のため、あらかじめバックアップファイルを作っておいてください。
2　それは未だあらかじめ体験したことがなかったので、相当恐ろしかった。
3　個人的な事情であらかじめ大学院への進学を諦めるしかなかった。
4　自信過剰になると、あらかじめ失敗を招きかねない。

30 憧れる
1　両親の意見に憧れて学校の先生になろうとする。
2　私がいくらがんばっても彼に憧れてことはできないと思う
3　最近いい家庭を作り、昇進までした彼に憧れて仕方がない。
4　都会生活に憧れて先月東京に引っ越してきた。

31 預ける
1　家事は私にだけ預けて、いったい何をしているんだ。
2　荷物なら駅のコインロッカーに預けてもいい。
3　この企画の発表はすべて吉田さんに預けます。
4　あの日どんな事件が起こったか、あなたの想像に預ける。

32 一斉に
1　残業の手当てを一斉にもらった。
2　ホイッスルが鳴ると、彼らは一斉に立ち上がった。
3　枕を変えてから、一斉にいびきをかかなくなった。
4　洗濯物は週末にまとめて一斉にやっている。

問題7　次の文の（　　　）に入れるのに最もよいものを、1・2・3・4から一つ選びなさい。

33 彼女のため（　　　）、彼は何でもできる限りのことをするはずだ。

　1　と言えば　　　2　とあれば　　　3　と言ったら　　　4　とあったら

34 悪天候（　　　）、野球の試合は続けられた。

　1　でもかかわらず　　　　　　　2　だでもかかわりなくて
　3　にもかかわらず　　　　　　　4　にもかかわらないで

35 部下がやった（　　　）、その上司も責任は免れない。

　1　として　　　2　でしろ　　　3　にせよ　　　4　としたら

36 就職活動をがんばっている（　　　）、なかなかいい仕事が見つからない。

　1　ものの　　　2　もので　　　3　ものが　　　4　ものに

37 彼の方から先に（　　　）、私も決して仲直りをする気はない。

　1　謝ったからでなかったら　　　2　謝ったからでなければ
　3　謝ってからでないなら　　　　4　謝ってからでないと

38 工事の経費は200億円を超えるという意見が多い（　　　）、100億円も掛からないという意見もある。

　1　一方に　　　2　一方が　　　3　一方で　　　4　一方には

[39] 多量の二酸化炭素の排出で、地球温暖化は深刻に（　　　　）。
1　なる一方だ　　　　　　　　2　なり一方だ
3　こなるのが一方だ　　　　　4　なると一方だ

[40] あの女優は40代（　　　　）わりと若く見える。
1　としては　　2　にしては　　3　としても　　4　にしても

[41] 彼はスポーツ選手（　　　　）、きゃしゃな体つきだ。
1　わりで　　2　のわりで　　3　わりに　　4　のわりに

[42] アリバイが明確に（　　　　）、彼が犯人だという疑いの目は避けられない。
1　なるかぎりでは　　　　　　2　なるかぎり
3　ならないかぎりには　　　　4　ならないかぎり

[43] 名古屋（　　　　）、屋根の上にしゃちほこがある名古屋城で有名だ。
1　ということなら　　　　　　2　というものなら
3　というなら　　　　　　　　4　といえば

[44] 電子工学（　　　　）、彼に勝る者はいない。
1　のかけて　　2　のかけては　　3　にかけて　　4　にかけては

問題8 次の文の＿＿★＿＿に入る最もよいものを、1・2・3・4から一つ選びなさい。

(問題例)

あそこで ＿＿＿ ＿＿＿ ★ ＿＿＿ は山田さんです。

1　テレビ　　　2　見ている　　　3　を　　　　　4　人

(解答のしかた)

1．正しい文はこうです。

　　あそこで ＿＿＿ ＿＿＿ ★ ＿＿＿ は山田さんです。
　　　　　　1　テレビ　3　を　2　見ている　4　人

2．★に入る番号を解答用紙にマークします。

(解答用紙)　(例)　①　●　③　④

45　公務員で ＿＿★＿＿ ＿＿＿ ＿＿＿ ＿＿＿ なければならない。

1　あるかぎり　　2　日本の　　3　遵守し　　4　憲法を

46　彼はお酒を飲んだら ＿＿＿ ★ ＿＿＿ ＿＿＿ 悪い酒癖がある。

1　飲み続ける　　2　倒れる　　3　最後　　4　まで

[47] 写真を _____ ★ _____ _____ と証言した。
　　1　見せた　　　2　間違いない　　3　犯人に　　　4　ところ

[48] 上司の _____ _____ ★ _____ できません。
　　1　もらってから　2　許可を　　　3　でないと　　4　契約は

[49] このお寺は60年 _____ _____ ★ _____ 痛んでいない。
　　1　いるに　　　2　経って　　　3　ほとんど　　4　しては

問題9 次の文章を読んで、文章全体の内容を考えて、50 から 54 の中に入る最もよいものを1・2・3・4から一つ選びなさい。

　　日本ではペットが死んだら、動物も人間と 50 であると思い、人間と同じようなお葬式を行ったりしている。生前に親しかった友達とお通夜 51 、火葬、納骨、埋葬、供養まで霊園で行われる。

　　その費用は地域やペットの種類によって多少違うが、犬の場合東京内で行うのなら2万円から5万円ぐらい掛かるそうだ。確かにこれはペットを飼わない人の立場から見たら、大げさでお金の無駄遣いだと思われてもおかしくない。

　　けれども納骨堂なんかに安置できない、自分の実家にペットの墓を建てて、悲しみを癒したい人もいるらしい。それどころか、ペットと一緒に入れる霊園や墓地を探している人もいる。 52 人間と同じような墓を建てるには相当な金額が掛かるので、長年 53 喜びをもらった人の立場から見ると、 54 ペットはただ愛している動物というよりも、一人の家族かもしれない。

50

1　親しい関係　　　　　　　2　離れない関係
3　変わらぬ大切な命　　　　4　尊敬すべき命

51

1　からはじめ　2　に関わり　3　どころか　4　ばかりか

52

1　それに　　　2　しかし　　3　しかも　　4　のみならず

53

1　したたかな　2　しみじみの　3　とてつもない　4　言うまでもない

54

1　今になって　2　今から　　3　今時　　　4　今まで

問題10 次の（1）から（5）の文章を読んで、後の問いに対する答えとして最もよいものを、1・2・3・4から一つ選びなさい。

（1）

　日本生産性本部は、今年度の企業の新入社員を対象に実施したアンケート調査結果を発表した。

　「将来管理職になりたいか」という質問に、男性では管理職になりたくない人が34.5%だったが、女性では72.8%に上った。最近の若い世代は管理職になりたがらないと言うが、特に若手女性社員の間では昇進に消極的な意識が強いことがわかった。

　女性新入社員が管理職になりたくない理由は、「自由な時間を持ちたい」が最も多く、次いで「専門性の高い仕事がしたい」、また「重い責任のある仕事は避けたい」などが挙げられた。

　給料は増えず責任だけ重くなるなら、当然管理職になりたくないだろう。プライベートを大事にしたり、管理職でなく専門職のままでいたいという人が増えたようだ。価値観や働き方が多様化した今日、もはや「会社に入ったら出世すべき」という時代は終わったようだ。

[55] この文章の内容に合うものはどれか。

1　最近の若い女性は、プライベートより仕事の方を重要視する傾向が強い。

2　価値観の変化によって、仕事の専門性より出世を選ぶ人が多くなってきた。

3　今年度の女性新入社員の多くは、早く管理職になりたがっている。

4　今年度の男性新入社員の半分以上は、早く管理職になりたがっている。

（2）

> 「自家製スイーツ、お届けします」－素朴な手作りが自慢です。
>
> 　パンフレットにある商品の中からご希望の商品をお選びの上、ご注文ください。聞き違いなどの恐れもございますので、出来ましたらFAXまたはEメールをご利用ください。また恐れ入りますが、製造場所ですので、作業中は電話に出られないことがございます。ご了承くださいませ。ご注文受付後2日以内に、ご注文確認の電話を差し上げています。
>
> 　ご希望の商品はご注文受付後2～3日でお手元に届きますが、交通事情などにより、1週間ぐらいかかることもございます。（配達不可地域もございます）
>
> 　送料は弊社にて負担いたしますが、商品の合計金額が5000円未満の場合は、ご負担いただきますのでご了承ください。（価格に消費税は含まれておりません）

56　この文章の内容に合わないものはどれか。

1　この商品は、海外を除く、日本全国どこにでも配達可能である。

2　3000円のと2500円の商品を同時に注文すると、送料は無料になる。

3　この商品の購入時、場合によっては送料を客が負担することもある。

4　交通事情などによって、配達まで1週間ぐらいかかることもある。

（3）

　　今時の子供の電話の使い方は、まったく理解に苦しむ。毎日学校で顔を合わせているはずなのに、電話でまた何時間もおしゃべりするのにはあきれてしまうとしか言いようがない。

　　また、電話をかけてくる時間もまったく気にしない。真夜中何時でも平気なようだ。わが子の友達のことを悪く言いたくはないが、礼儀をまったく無視しているとしか思えない。

　　私の世代は子供の頃、親から夜9時以降は緊急の場合を除いて、人の家に電話をかけるなと言われながら育った。それでか、今でも深夜に電話のベルが鳴ったりすると、何事かと思ってびっくりするのだ。

[57] びっくりするとあるが、その理由は何か。

1　深夜に人の家に電話をかけるのは、失礼だと思っているから
2　深夜にかかってくる電話は、だいたい緊急の電話だから
3　子供の友達が、真夜中にも平気で電話をかけてくるから
4　深夜にかかってくる電話で、目が覚めてしまうから

（4）

　男性と女性、どちらが同性に対して寛大なのか。アメリカのある大学の研究チームが大学生を対象に男女の同性に対する寛大さを比較したが、この研究によって、男性が女性よりも同性に対して寛大であることが分かった。一般的に、女性の方が男性より社交的で、協調的といわれているが、実験結果は正反対だった。

　研究チームは、被実験者が寮の同性のルームメイトに接する態度をアンケート調査を通じて分析した。この調査で、女性の方が男性よりも頻繁にルームメイトを変えることが分かり、女性の方が、同性のルームメイトに文句を言ったり、面倒くさがる割合が高かった。

　「約束を一度だけ破ったが、いつもは信頼できる同性の友人」の評価でも、男性の多くは、一度のミスに寛大である一方、女性のほとんどは、約束を破った同性の友人に対する信頼度が大きく下がってしまうことも明らかになった。研究チームは、このような結果をもとに<u>「男性が女性よりも同性に寛大である」という結論を下した</u>。

　研究チームのベンソン教授はその理由を、「同性に対する寛容度の男女差は同性同士の協力にかける、男女の期待が異なるため」という。「女性は男性よりも否定的な情報に重点を置き、このような否定的な情報が親密な関係に致命的な影響を与えるためとみられる」と述べた。

58　<u>「男性が女性よりも同性に寛大である」という結論を下した</u>とあるが、その根拠と思われるのはどれか。

　　1　女性の方が男性より、社交的で協調的であるため
　　2　最近のアメリカの若い世代は、協調性に欠けているため
　　3　男性は女性に比べ、否定的な情報をあまり重視しないため
　　4　女性の多くは約束を破った人のことを二度と信用しないため

（5）

　　物事を楽観的に考える人ほど、そうでない人よりもずっと健康な心臓を持っていることがわかった。アメリカのイリノイ大学の研究チームは、45歳から84歳までの成人5100人を対象に、心臓と精神の健康状態などを調べ、このような結論を導き出した。

　　研究チームは、実験参加者の心臓の状態を調べるために、血圧とボディマス指数（BMI）(注)、コレステロール、および空腹時血糖値、食物、身体活動、喫煙率などを項目別に分けて調査し、項目ごとに、0点（非常に悪い）、1点（中程度）、2点（理想的な状態）の点数をつけ、7つの項目の得点を合わせた。

　　その結果、参加者の年齢と人種、収入などにかかわらず、楽観的な心理状態が心の健康を維持するのに役立っていることが明らかになった。また最も楽観的なグループの人々が、健康な心臓を保っている確率は、最も悲観的なグループより2倍も高く、全体的に健康に生きていく確率も悲観的グループよりも55％高いことが分かった。

　　それから楽観主義者は、血糖値やコレステロール値などが悲観的なグループより良好、身体活動も活発で、BMI指数も理想的で、喫煙率も低かった。

　　研究チームは「心臓の健康は、死亡率と直結する」とし「国家が国民の心臓の健康を改善するためには、国民に心理的な安定感を与えることが重要である」と述べた。

（注）ボディマス指数：体重と身長の関係から算出される、人の肥満度を表す体格指数である。一般にBMI (Body Mass Index) と呼ばれる。

59　この文章の内容に合わないものはどれか。

1　個人の経済的能力と、健康状態とはあまり関係ないようである。

2　この研究によって、白人が黒人より健康な心臓を保っていることがわかった。

3　不安定な精神状態のグループの人ほど、平均寿命が短くなる危険性がある。

4　国民の健康を向上させるためにも、国家の政策はきちんと立てるべきである。

問題11 次の（1）から（3）の文章を読んで、後の問いに対する答えとして最もよいものを、1・2・3・4から一つ選びなさい。

（1）

　建築や外食、宅配、製造業、小売り、運輸など、実に幅広い業種に①人手不足問題が広がっている。働き手の減少や低賃金に加え、景気の回復でパート・アルバイトの奪い合いが起きているのが原因だ。時給アップに、ボーナスを支給したり、正社員化したりする企業も出てきた。東京都心にある牛丼チェーン店「ぎゅうどんいち」は、通常24時間営業だが、7月下旬から午前10時～午後10時に短縮した。アルバイトが辞め、店を回せなくなったからだ。また居酒屋チェーン「②都民」を運営するトタミは、全店舗の約1割にあたる50店を今年度中に閉店、1店舗当たりの人員を増やし、職場環境改善を進める。長時間労働で、飲食業はもともと敬遠されがちだったが、景気が良くなり、バイトの条件が改善された他業種に人手を奪われている。

　人手が足りないのは飲食業だけではない。総務省調査では、建設業の29歳以下の若者の就業比率は11.8％、全産業の平均比率17.3％を下回り、55歳以上の比率は32.8％と全産業平均を4％も上回っており高齢化が進んでいる。

　またドライバーの人手不足と高齢化で、国土交通省は「物流2015年危機」を懸念している。トラックドライバーは、すでに40歳以上の割合が、普通車で50％強、大型車で約70％、けん引車で70％強となっており、高齢化が進んでいる。国土交通省の調査によると、2015年には14万人のドライバー不足となり、60歳未満の大型免許保有者も減少すると予測されている。その理由として、建築作業員もドライバーも重労働のわりに低賃金で残業が多いことなどが挙げられている。

[60] ①人手不足問題が広がっているとあるが、その理由として合わないものは何か。

1　正社員として雇ってもらえない。

2　景気の回復によって仕事が増えた。

3　賃金に対する満足度が低い。

4　職に就こうとする人が減ってきた。

[61] 「②都民」は職場環境改善のために何をやったか。

1　バイトの時給を引き上げた。

2　店の営業時間を短縮した。

3　従業員にボーナスを支給した。

4　従業員の数を増やした。

[62] この文章の内容に合うものはどれか。

1　経費節減のため、一部の店舗を閉鎖するチェーン店も出てきた。

2　建設業の若い労働者の割合は、全産業平均より少ない。

3　大型免許保有者は、今後さらに増えていくと予想される。

4　時給アップによって、人手不足問題はある程度解決された。

（２）

　　北海道の留萌市は、札幌市から車で2時間30分ぐらい離れた港町である。人口2万3400人に過ぎないこの町の自慢は、10万冊の蔵書を備えた「三省堂・留萌ブックセンター」である。住民の力で作った大型書店である。

　　2010年12月、留萌市の唯一の書店が経営難でつぶれ、市は「書店空白地域」になってしまった。子供の参考書も買えない状態になり、市役所は大型書店チェーン「三省堂」と交渉、二ヶ月限定の臨時参考書販売所を開設した。

　　①これをきっかけに住民は書店再建に突入した。住民2500人余りは、「三省堂ポイントカード」を申請してから、三省堂に正式に書店の開設を要請した。住民の熱意に感心した三省堂は、人口30万人以上の都市にのみ出店するという原則を破り、2011年7月大規模の書店を開設した。

　　読書人口の減少や本のネット購入などで、一日あたり約一軒の割合で地域の書店がつぶれている②現状を知っている住民たちは、さらに書店の支援にも乗り出した。20人のボランティアで構成された「三省堂応援団」は、人手不足の書店のため、本の陳列をはじめ、書店で子供向けの読書教室も運営している。体が不便で書店に来られない人や高齢者のため、市立病院と留萌市の商店街に「出張本販売所」を毎月3回設けている。

　　この団体の代表の加藤武義氏は、「本を選ぶ喜びと活字の魅力を感じることのできる書店は、病院と同様に、住民の生活に欠かせない必須設備」とし、「書店が維持されるかどうかは、住民の読書量にかかっているだけに、読書の大切さをわかってもらうための行事も開催している」と述べた。来る7月は書店開店4周年になるが、本の魅力を伝えるための催し物も準備中という。

　　書店の店長の野村勉氏は、「赤字になれば、書店の経営が困難であることを皆さんよくご存知なので、ネットではなく、書店を積極的に利用していただいており、書店の運営にはなんの問題ない」と述べた。平日には100人、週末には200～300人が書店を訪れるという。

63 ①これをきっかけに住民は書店再建に突入したとあるが、そのきっかけと考えられるものはどれか。

1 必要な本を買うたびに、他の市まで行かねばならなくなったこと
2 ネットを通じては、必要な本が手に入らなくなったこと
3 地元では、必要な本が買えない状態になってしまったこと
4 臨時書店は大型書店の代わりになれないと考えるようになったこと

64 ②現状を知っているとあるが、どんな現状か。

1 読書人口の激減で多くの出版社はなくなっているという現状
2 若者は、ネットを通じてしか本を買わなくなったという現状
3 人口30万人以上の都市でないと、書店を開いてもらえないという現状
4 小規模の書店の経営環境が、大きく悪化しているという現状

65 この文章の内容に合うものはどれか。

1 三省堂では、人口や都市の規模を考慮して書店を開いている。
2 もともと留萌市には、多数の書店が運営されていた。
3 時が経つにつれ、住民の書店に対する熱情も冷めつつあるようだ。
4 何らかの事情で書店に来られない人のために、自宅まで届けてあげている。

(3)

平成30年度社員研修実施について

　主題の件、来年度も下記のとおり実施しますのでご案内いたします。

　来年度のコースは今年度に比べ、かなり豊富になっております。特に英語では、ビジネス英会話や貿易英語など、実践的なものが多く取り入れられておりますので、ふるってご参加願います。

記

1. 実施要綱

　　(1)コース内容：別添ファイル(A)を参照してください。

　　(2)申し込み方法：別添ファイル(B)の申込書に記入の上、人事課あてに提出。

　　(3)申し込み締め切り：2月23日(金)(開講は3月からです)

　　(4)受講料：月1万円(給料から一括天引き)

2. その他

　　(1)社員研修を最後まで受講し、終了証書を提出した者には、会社が受講料全額を補助する。

　　(2)詳細は、本社人事課担当木村にお問い合わせください。

[66] これは何のための文書か。

1 人事異動のお知らせ

2 効率的な英語の勉強法

3 手当ての変更の案内

4 企業内教育に関する案内

[67] 受講料について間違っているのはどれか。

1 毎月の給料から差し引かれる。

2 成績がいい社員は免除になる。

3 一定の条件を満たせばすべて会社が出してくれる。

4 毎月支払うことになっている。

[68] この文章の内容に合うものはどれか。

1 コースの終了証書を提出すれば、昇進につながる

2 来年度のコースは、今年度とあまり変わらない。

3 このコースには、実際の場面で役に立つ講座が多いようだ。

4 このコースには、全社員が参加しなければならない。

問題 12　次の文章は、「クレジットカード」に関する相談と、それに対するＡとＢからの回答である。三つの文章を読んで、後の問いに対する答えとして、最もよいものを１・２・３・４から一つ選びなさい。

　　男子大学生です。みなさんは、クレジットカードは生涯持たなくても問題なく生活できると思いますか。将来は持った方が良いと言われたのですが、私は正直、クレジットカードは要らないと思っています。

Ａ

　　クレジットカードは、できれば持たない方がいいと思いますが、社会人になれば、持たざるをえない場合もあります。
　　私は今まで、買い物の支払いは現金で一括払いを貫いてきましたが、現実にはそうはいかない場合も増えてきました。現在、私が所有しているクレジットカードは、自分の意思で持っているのではなく、勤務先で必要なクレジットカード機能がついた社員カードです。社員食堂での支払いや出張の旅費など、すべてクレジットカード払いと決まっているため、カードは必須となりました。
　　またプライベートでも、ネットショッピングでしか購入できない商品、たとえばＰＣソフトの有料ダウンロードなども多くなりました。クレジットカードは、必需品ではありませんが、確かに持っておくと何かと便利だと思います。ただし利用は必要最小限にとどめ、注意して利用することが大切です。

Ｂ

　　クレジットカードが必要かどうかは、今後の人生、出来事次第です。ですが私はクレジットカードがなくても生活は可能だと思います。

たとえば、買い物の支払いは現金で、通信販売での支払いは着払いか振込みで、海外旅行も現金とトラベラーズチェックなどで、面倒と感じることがあるかもしれませんが、なんとかなるでしょう。

　周りの人がカードで買い物して、ポイントがたまって有名レストランの食事券や無料航空券などをもらったなどと言っていても、気にしなければいいし、車を運転するなら、高速道路も料金所で止まって現金で支払いをすればいいだけのことです。このように、いつでも現金決済をすればクレジットカードは要らないと思います。

[69] 「クレジットカード」に対するAとBの話として正しいのはどれか。

1　Aは、「クレジットカード」は、状況が変われば必要な場合もあると述べている。

2　Bは、「クレジットカード」は、あってもなくても関係ないと述べている。

3　Aは、「クレジットカード」は、現代人に不可欠なものだと述べている。

4　Bは、「クレジットカード」は、面倒だが持っていた方がいいと述べている。

[70] AとBの内容として正しいのはどれか。

1　Aは社会人になれば必ず「クレジットカード」を作るべきだと言い、Bはどうしても必要なら作ってもいいと言っている。

2　AもBも、現代社会は「クレジットカード」なしの生活はできないと述べている。

3　Aは「クレジットカード」がなければ面倒なことが多いと言い、Bはなくてもさしつかえないと述べている。

4　AもBも、「クレジットカード」がなければ面倒なことが多いと述べている。

問題13 次の文章を読んで、後の問いに対する答えとして最もよいものを、1・2・3・4から一つ選びなさい。

　eメールで繊細な内容を伝えたり、感じやすい人たちと連絡をとる際の危険性について考えたいと思います。

　eメールを利用している人たちの多くもそうだと思いますが文字が表示されるだけのeメールには、こちらの声のトーンだったりアイコンタクトだったり相手を思いやる気持ちを分かってあげようという気持ちや、人としての気遣いなどが表現できないという事を私達は時々忘れてしまいます。eメールだと「こうです」と言い切るような感じになってしまいます。自分の考えをキーボードで入力し「送信」ボタンを押す。このような作業をしていると、このメッセージを読んで相手はどのように感じるか、そんな考えは頭に浮かびません。端的過ぎたり、ぶっきらぼうであったり、相手に対して失礼に当たるような直接的な言い回しだったり、そのような事を気にかけなくなってしまいます。

　そこで皆さんにお教えします。eメールでは、大切な内容や繊細な内容は伝えない。これは鉄則です。

　実際に自分で文章を書き、切手を貼り郵便ポストの所まで行っていた時代を考えると全てがスローで時代遅れのような気がします。しかし、全てを終えるためには時間がかかります。昔は、思慮を欠いたコミュニケーションのせいで、窮地に陥るような事は今のようには起きてはいませんでした。

　「送信」ボタンを押さなければよかったと後悔したことはありますか？

　皆さんにはもっと意識してほしいと思います。せっかちに話をしたり、あまり考えずに発言してしまったり、その言葉を相手がどう解釈するのか考えなかったりしているとクライアントや友人や大切な人との関係を壊してしまいます。

　すぐにメールで返事ができる世界に、私たちは今生きています。メールでいつでもやりとりできる。でも今まで、すぐに返事を出してしまい困った経験がありませ

んか。何か気持ちが落ち着いていない時は、1日あけてもう一度自分のメールを読みます。そうすれば、もっと穏やかな、受け入れやすい文章が書けます。

　または、受話器を取って実際に電話をして、心と心で話をしましょう。気持ちを落ち着け、理性的な状態で状況を判断できるようになるまで待とう。それから電話で問題について話をしようと。

[71] そのような事とは、どのようなことか。

1　メッセージに事実だけを明確に伝える努力をすること

2　自分の考えが相手に伝わるように表現に気を使うこと

3　メッセージを受け取った相手の反応を気づかうこと

4　相手に好感を持ってもらうようにきれいな言葉を使うこと

[72] 筆者は、eメールで問題が起きてしまうのはなぜだと言っているか。

1　相手への配慮のし過ぎで、誤解が生じるから

2　送信や受信にかかる時間が早すぎるから

3　受信者への配慮や気づかいを忘れがちだから

4　送受信の際、時々エラーが発生するから

[73] 筆者の考え方と違うものはどれですか。

1　誤解を生じやすい内容を伝える時は電話がよい。

2　eメールは一方的な伝達方法になりやすい。

3　繊細な内容は時間をおいてから、送信した方が良い。

4　eメールは、今のような忙しい時代に最適な伝達手段だ。

問題14 右のページは、旅館の利用案内である。下の問いに対する答えとして、最もよいものを1・2・3・4から一つ選びなさい。

[74] 田中さんは妻と小学生2人の4人家族である。家族で泊まる場合、料金は全部でいくらになるか。ただし、子供2人には親の食事とほぼかわらない食事を食べさせようとしている。

1　42,169円
2　43,240円
3　60,000円
4　68,000円

[75] 文章の内容として正しいのはどれか。

1　このプランで泊まると、ベッドで寝ることになる。
2　この旅館で食事をする場合は必ず予約が必要だ。
3　好みによって泊まる部屋を選ぶことができる。
4　自分の部屋で気楽に食事ができるルームサービスがある。

大和旅館で楽しいひと時を

＊露天付1泊2食最安値！日〜金曜日限定プラン！『伊豆グルメ』(和室・1泊2食付き)

1. プラン特長

① 1泊2食付お1人様20,000円で、太平洋をひとり占めの露天風呂付客室をお楽しみくださいませ。

② 日曜〜金曜日限定の露天風呂付客室の最安値プラン。

2. お食事

① 夕食：タイの煮付けがお1人様ずつに付き、さらに前菜・お刺身・お鍋・温物・ご飯・デザート等が付いた和定食。

② 朝食：干物・玉子料理・野菜料理などの和定食。

③ 食事場所：ご夕食・ご朝食ともにダイニングルームにてお召し上がりくださいませ。

3. 部屋：オーシャンビューの専用露天風呂の付いた12畳和室をご利用下さいませ。

4. チェックイン・アウト：チェックイン → 15：00 ／ チェックアウト → 11：00

5. お支払い方法：現地支払い(クレジットカード可)

6. 予約上の注意事項

① お部屋番号のご指定は、承ることができません。土曜・休前日及び祝祭日はプラン除外日となります。

② 20：00以降のご夕食は、ご用意することはできません。あらかじめご了承下さい。

③ また予約なしで入れるレストラン等も当館にはございません。

7. 子ども料金：子ども料金は下記をご参照。

区分	内容	料金
小人A	大人に準じた食事および寝具の提供	大人料金×70％
小人B	お子様用食事(お子様ランチなど)および寝具の提供	大人料金×50％
小人C	寝具のみの提供(食事の提供はございません)	3240円
小人D	乳幼児で、食事・寝具などの不要な場合	2160円

N2

聴解

(50分)

注意 Notes

1. 試験が始まるまで、この問題用紙を開けないでください。
   Do not open this question booklet until the test begins.

2. この問題用紙を持って帰ることはできません。
   Do not take this question booklet with you after the test.

3. 受験番号と名前を下の欄に、受験票と同じように書いてください。
   Write your examinee registration number and name clearly in each box below as written on your test voucher.

4. この問題用紙は、全部で13ページあります。
   This question booklet has 13 pages.

5. この問題用紙にメモをとってもかまいません。
   You may make notes in this question booklet.

受験番号 Examinee Registration Number	

名前 Name	

もんだい
問題 1

問題1では、まず質問を聞いてください。それから話を聞いて、問題用紙の1から4の中から、最もよいものを一つ選んでください。

例

1　ホームページで児童書を検索する
2　ホームページで子供に読ませる本を検索する
3　子供も入館できる図書館を探す
4　子供が読める本がある図書館を探す

1番

1　13日、水曜日、10時
2　13日、火曜日、13時
3　15日、木曜日、11時
4　15日、金曜日、14時

2番

1　男の人と相談し、男性にモテる方法を探す
2　ネットで情報を得て、化粧が上手になるための工夫をする
3　男性に魅力的に見えるために自信を持つ
4　心の美しさのために努力しながら、まず自信をつける

3番

1 自分で判断して勝手に飲食しないこと

2 服用の時間を守ること

3 医者を信じて言われたとおりにすること

4 医師の指示に従って不安を持たないこと

4番

1 政府からの援助金が出たら、子供を産む

2 企業からの休暇があったら、子供を産む

3 主人が育児の休暇が取れたら、子供を産む

4 育児は夫婦の共同責任だというような認識になったら、子供を産む

5番

1 自分にできる仕事をよく考えて、それに当てはまる会社を探す

2 自分の専攻や能力を生かし、自分の将来の分野を決定する

3 企業の研究のため、支援する会社をたくさんは選ばない

4 熱意を持って仕事が出来るように優秀な会社を探す

もんだい
問題2

問題2では、まず質問を聞いてください。そのあと、問題用紙のせんたくしを読んでください。読む時間があります。それから話を聞いて、問題用紙の1から4の中から、最もよいものを一つ選んでください。

例

1 材料は大きさを合わせて切ること
2 材料がそろった後に、はやく煮ること
3 炒める順番を決めること
4 はやく済ませられるように材料をそろえること

1番

1 インストール済みのアプリが誤作動を起こしたため
2 アップデートしたソフトが機種に合わなかったため
3 パソコン本体の問題により、不具合をおこしたため
4 アップデートした方法が間違っていたため

2番

1 子供の熱が下がったら
2 お母さんが退院したら
3 来週の週末あたりに
4 家庭状況が安定したら

3番

1 残念だが、書類選考で落ちてしまった
2 一字違いの名前の人に決まってしまった
3 この後、すぐに面接に来てほしい
4 すぐに面接のアレンジをして連絡する

4番

1 色々なチョコレートが売られているから
2 義理であげれば、必ずお返しが来るから
3 人間関係を良くするのに役立つから
4 義理であげないと、後で文句が来るから

5番

1 燃えるゴミと燃えないゴミの日が前と違うから
2 ゴミの分別方法が前の地域より複雑だから
3 ゴミの回収方法が前の地域と全く違うから
4 ゴミの分別方法を間違えると苦情がくるから

6番

1 汚れが落ちるようにするため
2 洗剤を少しでも節約するため
3 早朝の洗濯は近所迷惑になるため
4 次の日の洗濯が楽になるため

問題3

問題3では、問題用紙に何もいんさつされていません。この問題は、全体としてどんな内容かを聞く問題です。話の前に質問はありません。まず話を聞いてください。それから、質問とせんたくしを聞いて、1から4の中から、最もよいものを一つ選んでください。

— メモ —

問題4

問題4では、問題用紙に何もいんさつされていません。この問題は、まず文を聞いてください。それから、それに対する返事を聞いて、1から3の中から、最もよいものを一つ選んでください。

― メモ ―

問題5

問題5では、長めの話を聞きます。この問題には練習はありません。メモをとってもかまいません。

1番、2番

問題用紙に何もいんさつされていません。まず話を聞いてください。それから、質問とせんたくしを聞いて、1から4の中から、最もよいものを一つ選んでください。

― メモ ―

3番

まず話を聞いてください。それから、二つの質問を聞いて、それぞれ問題用紙の1から4の中から、最もよいものを一つ選んでください。

質問1

1　Aランチ
2　Bランチ
3　Cランチ
4　Dランチ

質問2

1　Aランチ
2　Bランチ
3　Cランチ
4　Dランチ

N2

實戰模擬試題
第4回

N2

言語知識（文字・語彙・文法）・読解

（105分）

注意 Notes

1. 試験が始まるまで、この問題用紙を開けないでください。
   Do not open this question booklet until the test begins.

2. この問題用紙を持って帰ることはできません。
   Do not take this question booklet with you after the test.

3. 受験番号と名前を下の欄に、受験票と同じように書いてください。
   Write your examinee registration number and name clearly in each box below as written on your test voucher.

4. この問題用紙は、全部で31ページあります。
   This question booklet has 31 pages.

5. 問題には解答番号の 1 、 2 、 3 … が付いています。解答は、解答用紙にある同じ番号のところにマークしてください。
   One of the row numbers 1 , 2 , 3 … is given for each question. Mark your answer in the same row of the answer sheet.

| 受験番号 Examinee Registration Number | |

| 名前 Name | |

問題1 ＿＿＿＿の言葉の読み方として最もよいものを、1・2・3・4から一つ選びなさい。

1 6歳未満の児童は入場料が無料になっています。

　　1　びばん　　　2　びまん　　　3　みまん　　　4　みばん

2 「鶴を千羽折ると願いが叶う」という言い伝えがあります。

　　1　そろう　　　2　かなう　　　3　きそう　　　4　うばう

3 この機械は正確な血圧を測定するのに使う。

　　1　そくじょう　2　そくじょ　　3　そくてい　　4　そくて

4 どんな苦しみがあっても乗り越えてみせるという心構えが大切だ。

　　1　こころがまえ　2　こころぞろえ　3　こころぞなえ　4　こころどなえ

5 その質問に答えるのはとても困難である。

　　1　こんらん　　2　こんなん　　3　ごんらん　　4　ごんなん

問題2 ＿＿＿＿の言葉を漢字で書くとき、最もよいものを1・2・3・4から一つ選びなさい。

[6] この町には大きな車道が十文字でまじわっている。

　　1　交わって　　　2　掛わって　　　3　繋わって　　　4　造わって

[7] 新製品の開発で見事なぎょうせきをあげたのが認められて昇進する。

　　1　業責　　　　　2　業積　　　　　3　業績　　　　　4　業蹟

[8] 税金を支払うのはすべての国民のぎむである。

　　1　儀務　　　　　2　義務　　　　　3　議務　　　　　4　犠務

[9] 彼の研究は化学分野において偉大なあしあとを残した。

　　1　足蹟　　　　　2　足跡　　　　　3　足距　　　　　4　足後

[10] A：ただいま吉田は席を外しておりますが。
　　 B：では、あらためてお電話します。

　　1　検めて　　　　2　再めて　　　　3　新めて　　　　4　改めて

問題3　（　　　）に入れるのに最もよいものを、1・2・3・4から一つ選びなさい。

11　彼の行動は周りの人に（　　　）影響を及ぼしている。
　　1　悪　　　　2　不　　　　3　反　　　　4　非

12　東南アジア（　　　）に含まれる国はミャンマーをはじめ、タイ、カンボジアなどたくさんある。
　　1　巻　　　　2　圏　　　　3　権　　　　4　件

13　戦争中みんなの頭にあったのは生き（　　　）方法だけではなかったでしょうか。
　　1　返る　　　2　延びる　　3　抜く　　　4　出す

14　取引先のお客さんのために空港まで出（　　　）に参ります。
　　1　迎え　　　2　送り　　　3　合い　　　4　入り

15　この曲を聞くと、いつも故郷のことが思い（　　　）。
　　1　出す　　　2　付ける　　3　浮かぶ　　4　込む

問題4 （　　　）に入れるのに最もよいものを、1・2・3・4から一つ選びなさい。

16 この事業は将来の（　　　）が非常に明るいと言える。
　　1　見渡し　　　2　見通し　　　3　見晴らし　　　4　見過ごし

17 人を（　　　）際、経営者が押さえなければならないポイントは何がありますか。
　　1　取り上げる　2　受け入れる　3　雇う　　　　　4　抱える

18 彼女は緊張したせいなのか、声が（　　　）いた。
　　1　揺れて　　　2　振って　　　3　震えて　　　　4　揺らいで

19 これはお米や透明な水、菜食で癌を（　　　）した人の話です。
　　1　克服　　　　2　克明　　　　3　解放　　　　　4　解除

20 この問題に対し、（　　　）取り組んで解決策を考える。
　　1　真剣に　　　2　真実に　　　3　本気に　　　　4　本心に

21 仕事は大変でも専業主婦でいるより、（　　　）社会生活をした方がいいと思う。
　　1　かえって　　2　逆に　　　　3　むしろ　　　　4　どうせ

22 自分を（　　　）見せるためにわざわざホテルのレストランに行く人もいる。
　　1　贅沢に　　　2　高価に　　　3　上品に　　　　4　高級に

問題5 ＿＿＿＿の言葉に意味が最も近いものを、1・2・3・4から一つ選びなさい。

[23] あいまいな説明でごまかしてしまうつもりですか。

1　不明確　　　　2　不親切　　　　3　不特定　　　　4　不完全

[24] 建てたばかりのこのアパートは新婚夫婦が住むのに手頃だ。

1　妥当だ　　　　2　適当だ　　　　3　充分だ　　　　4　豪華だ

[25] 親の希望に逆らって、明日から歌手としてデビューする。

1　順応して　　　2　適応して　　　3　反抗して　　　4　逆行して

[26] 彼女の勘はするどくてどうしても騙せない。

1　微妙で　　　　　　　　　　　2　鋭利で
3　そうぞうしくて　　　　　　　4　のろくて

[27] 火事になって周りは煙に包まれていた。

1　くるまれて　　　　　　　　　2　満たされて
3　詰められて　　　　　　　　　4　取り囲まれて

問題6 次の言葉の使い方として最もよいものを、1・2・3・4から一つ選びなさい。

[28] さっぱり
1 いやなことがあっても全部忘れてさっぱりした方がいい。
2 さっぱりした気分で初めからやり直そう。
3 お風呂に入っていると、とてもさっぱりした気分だ。
4 美容院に行ってさっぱりになってもらった。

[29] 内緒
1 会社の内緒は絶対守ってください。
2 上司の内緒はとても厳しくて誰も逆らうことができない。
3 中学の時、先生に内緒で帰宅してしまったことがある。
4 両国の間に内緒条約が結ばれたことがマスコミに流された。

[30] たまる
1 人はストレスがたまっても、親しい人のそばにいるだけで心理的に安定する。
2 この地域は冬になると大雪がたまってしまいます。
3 彼の書斎は専攻に関する本がぎゅうぎゅうたまっていた。
4 経験がたまればいつかは必ず成功するに決まっている。

[31] 惜しい
1 そんなに無駄遣いをするなんてお金が惜しいと思いませんか。
2 小さい頃からかわいがってくれた祖母が亡くなって、とても惜しいった。
3 待っている時間が惜しくて、ケータイでニュースを見た。
4 昨日の試合は引き分けに終わってしまい、とても惜しい気分だ。

[32] 怪しい
1 一人で夜道を歩くのはとても怪しいと思う。
2 どこか怪しいところがある宗教は信じない方がいいと思う。
3 私がすべてを乗り越えてこの仕事をやり遂げられるか怪しい。
4 この練習問題の中で怪しい部分があればなんでも聞いてください。

174

問題7 次の文の（　　　）に入れるのに最もよいものを、1・2・3・4から一つ選びなさい。

33 円高は留学生（　　　）、大きな負担になる。
   1　にとって　　2　のとって　　3　に対して　　4　の対して

34 国際結婚（　　　）、異文化理解に関する論議が行われた。
   1　にめぐって　　2　をめぐって　　3　のおいて　　4　において

35 最近は大人（　　　）おもちゃもよく売れているそうだ。
   1　を向けた　　2　を向いた　　3　の向きの　　4　向けの

36 オリンピックを迎えて、5年間（　　　）工事が行われる予定だ。
   1　のかけては　　2　のおいては　　3　にわたって　　4　にかかって

37 この機器の操作はマニュアルの内容（　　　）正しく行ってください。
   1　の沿って　　2　に沿って　　3　の従って　　4　を従って

38 白い肌（　　　）、茶色の瞳（　　　）、母親とそっくりだ。
   1　にしろ　　2　にしよう　　3　にいい　　4　にいえ

39 動物虐待のニュースを見る（　　　）、心が痛む。
   1　の関しては　　　　　　　2　に関しては
   3　のつけては　　　　　　　4　につけては

40 楽しい（　　　）苦しい（　　　）、何の悩みもなかった子供の時が懐かしい。

　　1　につき　　　2　つき　　　3　につけ　　　4　つけ

41 彼女の気を引くために、バッグ（　　　）花（　　　）いろいろプレゼントした。

　　1　しろ　　　2　のしろ　　　3　やら　　　4　のやら

42 ワールドカップの開催を祝うため、歌手（　　　）たくさんの有名人が集まった。

　　1　をはじめ　　　2　のはじめて　　　3　をめぐり　　　4　のめぐって

43 彼女の寂しそうな目には人の心を引き付ける（　　　）。

　　1　ものか　　　2　ものがある　　　3　ものだ　　　4　ものである

44 あんな無礼な人と二度と口をきく（　　　）。

　　1　ものか　　　2　ことではない　　　3　わけか　　　4　はずではない

問題8 次の文の ＿＿★＿＿ に入る最もよいものを、1・2・3・4から一つ選びなさい。

(問題例)

あそこで ＿＿＿ ＿＿＿ ＿★＿ ＿＿＿ は山田さんです。

1 テレビ　　　2 見ている　　　3 を　　　4 人

(解答のしかた)

1. 正しい文はこうです。

あそこで ＿＿＿ ＿＿＿ ＿★＿ ＿＿＿ は山田さんです。
　　　　 1 テレビ　 3 を　 2 見ている　 4 人

2. ＿★＿ に入る番号を解答用紙にマークします。

(解答用紙)　(例)　① ● ③ ④

---

[45] 目上の人 ＿＿★＿＿ ＿＿＿ ＿＿＿ ＿＿＿ 身につけなければなりません。

1 正しく　　　2 対する　　　3 敬語の　　　4 使い方は

[46] 口が軽い彼の ＿＿＿ ＿＿＿ ＿＿＿ ＿★＿ かねない。

1 企業の　　　2 漏らし　　　3 秘密を　　　4 ことだから

47 あなたの無理な _____ _____ ★_____ _____ と思います。

1 かねる　　　2 主張は　　　3 納得し　　　4 誰にでも

48 私がその資格をとったなんて、_____ _____ ★_____ _____ なかった。

1 その　　　2 たとえ　　　3 うれしさは　　　4 ようが

49 子供では _____ ★_____ _____ _____ ほどがある。

1 まいし　　　2 わがままを　　　3 ある　　　4 言うのも

問題9 次の文章を読んで、文章全体の内容を考えて、50 から 54 の中に入る最もよいものを1・2・3・4から一つ選びなさい。

　人間なら「タイムマシンに乗って自分の過去に戻れるとしたら…」という想像を一度はしてみたかもしれない。人生は 50 にいかないもので、自分の現状に満足できないときは「 51 」と後悔する人がいるかもしれない。そんな時、タイムマシンに乗って自分が失敗する前に戻り、誤りを直したいという気持ちにもなるだろう。

　大学試験に失敗したら高校生の時に、結婚で後悔しているなら、お見合いの時に、怪我で入院している人は事故の前に… 人それぞれ戻りたい時期は違うはずだ。

　しかしふと思う。 52 の人間がよりいい人生を求め、引き続き過去に戻れるなら、人間は今をがんばる必要があるのか。何度もやり直した人生が 53 未来は必ず幸せだろうか。

　過去の失敗した経験が積もって現在の自分になったし、 54 人生だからこそ、努力しているのだ。つまり、悔いのないようにがんばってきた今があなたが最も望んでいる時間だ。

50
1　思ったまま　　　　　　　2　考えたまま
3　要求どおり　　　　　　　4　予定どおり

51
1　こんなはずじゃない　　　2　こんなはずじゃなかった
3　これは正しくないはずだ　4　これは違うはずだ

52
1　自分勝手　　　　　　　　2　気まぐれ
3　欲張り　　　　　　　　　4　わがまま

53
1　完成した　　　　　　　　2　たどり着いた
3　思い切った　　　　　　　4　夢に描いた

54
1　何もかも努力次第の　　　2　後悔や苦しみがある
3　取り戻せない一度きりの　4　目的を探している

問題10 次の（1）から（5）の文章を読んで、後の問いに対する答えとして最もよいものを、1・2・3・4から一つ選びなさい。

（1）

　業界大手のマーケティング・リサーチ専門会社のＡ社は、今年度の「サラリーマンのお小遣い実態調査」の結果をまとめた。

　この結果によると、サラリーマンのお小遣い額は2年ぶりに上昇し、またランチ代、飲み代は2年連続で上昇したのがわかる。平均的な小遣い額は39,570円で、2年ぶりに前年度比1,105円上昇したが、1979年の調査開始以降、過去4番目に低い金額となった。

　これに対してサラリーマンが理想と考える小遣いの額は68,950円で、現実とは大きな隔たりがある。

　年代別にみると、20代・30代は厳しい一方、40代・50代は余裕ができ、二極化が進んでいることもわかった。

　全体を見ると「30,001〜50,000円」が最も多く29.8％で、「20,001〜30,000円」が25.4％と続いたが、「20,000円以下」も17.5％いた。不景気の中、住宅ローンや教育費などに追われている各家庭で、夫の小遣いアップは難しいようである。一方、女性会社員の小遣い額は、男性会社員より2,860円低い36,712円だ。

[55] この文章の内容に合うものはどれか。

1　平均額より少ない小遣いを使うサラリーマンはほとんどいない。

2　ほとんどのサラリーマンは今の小遣い額に満足しているようだ。

3　若い世代ほど独身が多いため、小遣いをに余裕があるようだ。

4　厳しい経済状況で、現実と理想の小遣い額に開きが出ている。

（2）

　きのう政府は、今年度の「輸出振興政策」の原案を発表した。日本企業の輸出力を回復するためには、高度なロボットを開発して工場などで活用することや、特定の分野で高い世界占有率を持つ中小企業への支援が必要だと強調している。

　特に原案では、かつて日本企業が世界市場を席巻した「電気製品」の昨年の貿易黒字が10年前と比べると、約70％も減少したことに危機感を示した。スマートフォンや太陽光パネルなどが海外から大量に輸入されていることが原因だと分析した。日本企業の生産工場の海外移転などで、日本からの輸出が増えにくくなった構造の問題も指摘している。

　さらに日本企業の輸出力の回復策としては、ロボットを工場に導入して生産効率の向上を図る必要性があると強調した。

[56]　「輸出振興政策」の原案の内容として正しくないものはどれか。

1　日本企業の未来のためにも、ロボット開発は欠かせない。
2　「電気製品」の貿易黒字幅の激減は日本経済にとって望ましくない。
3　生産工場の海外移転は、日本経済によくない影響を与えている。
4　生産効率を高めるためには、優秀な人材の確保が不可欠である。

（3）

　　先日近所の大型スーパーへ行ってみたら、各種割引イベントを開催していた。その中で私の目を引いたのは、おむつ割引イベントだった。クリスマス期間に合わせて進行するこのイベントは、おむつの割引とともに、おもちゃまで提供して、クリスマスプレゼントに悩んでいる親たちに喜ばれるだろうと思った。そして案の定、その日のうちに全部売り切れてしまった。長引く不況の影響で家計の負担が増し、クリスマスの子供のプレゼントにも負担を感じる親が多いのか、おもちゃ贈呈イベントの効果は相当あったようだ。またここでは、ネットで育児用品を購入する需要が増えていることを考慮して、ネットを通じて購入する際は追加の割引を提供するという。

　　親なら誰だって、自分の子供の願望を出来るだけ叶えてあげたいのが人情の常だろう。いくら不景気とはいえ、赤ちゃんにとって欠かせないおむつとおもちゃを買うのにもこんなに負担を感じる親が多いなんて…。一刻も早い景気の回復を望まないではいられなくなった。

57 この文章の内容に合うものはどれか。

1　このスーパーでおむつを買ったら、さまざまな種類の景品がもらえる。

2　このスーパーのものなら、何を買ってもおもちゃ贈呈イベントに参加できる。

3　このスーパーでは、おむつをお得な価格で買える上におもちゃがもらえる。

4　このスーパーでは、ネットを通じておむつを購入してもおもちゃが贈られる。

（4）

　一般のレストランで提供するご飯の量は平均で約200g（336kcal）だが、大阪のある事務機器会社の社員食堂では、1回の食事で提供するご飯の量を、100gに抑えている。その理由は、ご飯を100gにすることで、カロリーを過剰に摂取しないようにするためだと言っている。

　はじめは「ちょっと足りない」と言う声も聞こえたが、同社の関係者は、ちょっと工夫すれば満腹感を感じることができると言っている。

　まずは、メニューを定食スタイルにすること。ご飯やみそしる、多種多様な惣菜などで構成された定食スタイルにすることで、満足感を得ることができる。二つ目は、よくかんで、ゆっくり食べること。野菜を大きく切ったり、固めにゆでるなどの工夫をして、満腹感を感じやすくする。三つ目は塩分や調味料などを抑えること。味が濃いと、ご飯を食べすぎてしまうことがあるので、薄味で食材本来の味を楽しみながら食べる。

　こうすれば、カロリーを抑えながらも腹持ちもよく、おかずとご飯をバランスよく食べることができるので、満足感もアップすると言っている。

58　この文章の内容に合うものはどれか。

1　この会社の食堂で100gのご飯を提供するのには、経費の問題が背景にある。

2　この会社の食堂では、肉を提供して満腹感を与えようとしている。

3　この会社の食堂は、ご飯の量は少ないがさまざまな副食を提供している。

4　この会社の食堂では、社員各人でご飯の量を調整するようにしている。

（5）

　プロスポーツ選手として活躍している男性とオスのチンパンジーが腕相撲をすれば誰が勝つだろうか。チンパンジーのオスは、成長しても身長は約90cm、体重は約40kgしかなく、小学校低学年ぐらい。まさか人間が負けるかと思うだろうが、100％チンパンジーの勝ち。チンパンジーをはじめとするすべての霊長類は、非常に強い筋肉を持っていて、人間のパワーよりも2、3倍も強いからという。

　人間が力が弱いのは、脳のために体力を犠牲にしたためだ。ゴリラの脳神経は約33億個、チンパンジーは28億個なのに対して、人間は約86億個の脳神経を持っているが、脳神経の数が多いほど、脳が大きく、エネルギーもたくさん費やすという。通常脊椎動物は、摂取カロリーの約2％のみ脳で使い、霊長類の場合、総エネルギーの9％を消費する。ところが、人間の脳は、摂取する総エネルギーの20％を消費してしまう。すなわち、人間の脳が発達すればするほど、人間の体力はますます弱まっていくということになる。

[59] この文章の内容に合わないものはどれか。

　1　霊長類の体力は、人間に比べ非常に優れている。

　2　脳の大きさは、脳神経の数によって変わる。

　3　人類は脳のために、体力の方はあきらめた。

　4　脳のカロリーの消耗が激しいほど、パワーは強くなる。

問題11 次の（1）から（3）の文章を読んで、後の問いに対する答えとして最もよいものを、1・2・3・4から一つ選びなさい。

（1）

　労働者に十分な睡眠時間を与えるためには、出勤時間を午前10時以降に遅らせたり、勤務時間をフレキシブルに運営することが必要だという主張が提起された。1時間出勤時間を遅らせると、労働者は十分な睡眠をとることができ、疲れがとれやすく、仕事の効率アップとつながることがわかった。これは学生も同様であると語る。

　アメリカのペンシルバニア大学医学部の研究チームが、成人12万4517人を対象に睡眠と労働習慣を分析し、このような①結論を導き出した。このデータは2003年から2011年にかけて行われたアメリカ人の時間配分に対するアンケート調査で得たものである。

　研究チームの分析結果、午前6時以前に仕事を開始する人々は、平均6時間の睡眠をとっていた。一方、出勤時間が午前9時から10時までの間の労働者は、平均7時間29分の睡眠をとっていることがわかった。研究チームは、慢性的な睡眠不足に悩まされている労働者のために、勤務時間をフレキシブルにすることなどを②勧告した。職場の勤務時間が睡眠不足をもたらす最大の要因になっているためである。

　睡眠時間が6時間以下の人は、そうでない人より週に平均1.55時間もっと働いていて、さらにこのグループの労働者は、朝早く仕事を始め、夜遅くまで仕事をしていることも明らかになった。また研究チームは、睡眠時間が非常に短い傾向は、パートタイムを含め、複数の仕事を持つ人に最も多く見られたと語る。

　アメリカ疾病管理センターの統計によると、アメリカの労働者の約30％が1日6時間以下の睡眠をとるという。アメリカ睡眠医学会のティモシーモゲンテルロ博士は、今回のペンシルバニア大学の研究結果と関連し、「労働者が身体面や精神面において最高の状態を維持するためには、少なくとも一日7時間以上の睡眠をとらなければならない」と述べた。

[60] ①結論の内容として正しいものはどれか。

1 労働者が疲れぎみのとき、企業側は休暇を与えるべきである。

2 アメリカの成人のほとんどが、睡眠不足に悩まされている。

3 仕事の能率を考慮するなら、勤務時間の弾力的運用が必要である。

4 アメリカの職場が、ますますストレスや疲れのたまりやすい環境になる。

[61] ②勧告したとあるが、何を勧告したのか。

1 労働者は、少なくとも一日7時間29分以上の睡眠をとること

2 仕事の開始は、午前9時から10時の間にすること

3 個人の睡眠時間が、6時間以下にならないようにすること

4 勤務時間を柔軟に運営して、仕事の能率アップを図ること

[62] この文章の内容に合わないものはどれか。

1 勤務時間の短縮で仕事の能率があがり、家でくつろぐ時間も確保できる。

2 勤務時間をフレキシブルに運営することで、仕事の能率アップが図れる。

3 二つ以上の仕事を持つ人は、睡眠不足になりがちなことが明らかになった。

4 アメリカの労働者の3割が1日6時間以下の睡眠をとるが、もっと増やすべきである。

（2）

　日本の中高年のおじさん族の間で、静かにピアノのブームが始まっている。あるピアノ製造会社によると、同社が全国で開いている約120ヶ所のピアノ教室にここ数年、40、50代を中心に男性の入会者増加が目立っているという。特に一昨年秋からスタートした「大人のピアノ教室」は、最初約100人ほどしかいなかったおじさん族の会員が、昨年末は約1500人ぐらいに急増した。新規会員の半数が45歳以上の男性で、入会の順番待ちをする人も出るくらい。今月から通いはじめた54歳の大久保さんは、「僕たちの世代は、ピアノを習う余裕なんかなかったよ。でもピアノを弾く自分の姿を、若い時からずっと夢見ていた。その夢がこの年になってやっとかなった。」という。

　おじさん族は、ピアノの基礎の練習から始まるのではなく、まず自分の好きな一曲をものにすることを目標にしている。「ピアノ自体を楽しめるレベルというには、まだ程遠い腕前ですよ」という会社員の川人さんは、ビリー・ジョエルの「ピアノ・マン」のマスターを目標にと今年1月から教室に通い始め、週2回のレッスンを受けている。いつまで続けるかわからないが、家族と周りの応援のおかげで、家でも毎日1時間の練習を欠かしたことがないという。レストラン経営の石川さんは、娘が結婚して弾き手のいなくなったピアノが家に残ったことがレッスンのきっかけだそうだ。仕事などでたまったストレスの解消にもなると言っている。

　ピアノ教室の広報部は「中高年の世代には、ピアノをはじめ、楽器に対する憧れが潜んでいる。それに年を重ねるにつれて、金銭的に余裕ができて教室に通いはじめる人が多くなったのではないか」とブームの背景を分析している。

63 なぜ中年以上になってからピアノ教室に通うようになったと考えられるか。

1 もしこれ以上年をとったら、ピアノ教室に通えなくなると思ったから

2 順番待ちをするほど人気があるのを見て、自分も習いたくなったから

3 ピアノが弾けたらという思いがあって、経済的にも豊かになったから

4 せっかく家にピアノがあるのに、遊ばせるのはもったいないと思ったから

64 中高年のおじさん族が子供のころ、ピアノ教室へ通わなかった理由と考えられるものは何か。

1 当時の日本には、まだピアノ教室がほとんど普及されていなかった。

2 当時の日本は、経済的に貧しく、ピアノを習う余裕などなかった。

3 当時の日本では、男の子はピアノを習ってはいけなかった。

4 当時の日本では、まだピアノがブームになっていなかった。

65 この文章の内容に合わないものはどれか。

1 このピアノブームは、中高年のおじさん族の夢の現われでもあると言える。

2 ピアノ教室の新規会員のほとんどは40、50代で、特に男性が多くなった。

3 ピアノ教室の新規会員に、おじさん族が増えはじめたのはここ数年である。

4 中高年という年齢からみて、やはり基礎過程からしっかり踏まえた方がいい。

（3）

　　ホテル宿泊客が、客室の使い捨て製品などを使用しなかった場合、ホテルがその分の金額を、環境保護団体に寄付する「森作り運動」が広がっている。

　　ホテルは、使い捨て製品などを大量に使用するため、環境に負荷をかける産業と批判されてきた。ところが最近、環境に配慮した社会への関心が高まり、宿泊客の意識も変化している。

　　①このような意識の変化から生まれたのが、この「森作り運動」で、ホテルで毎日、大量に使われている歯ブラシやかみそりなど、使い捨て製品の使用量を削減することにより、身近なところから「森作り運動」に貢献することを目的とする。自分の洗面用品などを使った客に、客室に置いた専用のカードやクーポンを出してもらい、寄付額を集計する②仕組みが多い。

　　福岡にある「ミレニアムホテル福岡」は、客室に「エコカード」を置く。使い捨て製品を使わなかった客に、カードをフロントに出してもらい、枚数に応じ、「森作り運動」協会に寄付する。ホテル側によると、出張のビジネスマンが「客室の洗面用品を使わなかったから」と、協力してくれることも多く、これまで約340万円を寄付した。

　　また「西急ホテルズ」は、全国の西急ブランドのホテルに、同様の「グリーンクーポン」を導入した。「森作り運動」協会を通じ、アジアの子どもが植える苗木の費用や、子どもを日本に招待して交流や見学をする費用などに充てている。

　　さらに寄付を組み込むプランもある。広島市の「ホテルHIROSHIMA」は、連泊した場合の客室の清掃を2日に1回に減らす代わり、通常料金の60%の「エコロジー連泊ステイ」を発売。宿泊客1人につき600円を「森作り運動」協会に寄付している。

　　近年、環境に配慮した持続可能な社会への関心が高まっており、このように宿泊客の意識もまた、「ぜいたくな楽」から「環境に優しくしたい」に変化していると見られる。

66 ①このような意識の変化とあるが、どのように変化したか。

1 日本で、使い捨て製品などの生産を増やさなくてはいけないと考えるようになった。

2 ホテルに限らず、生活の中で使い捨て製品を使わないことを心がけるようになった。

3 ホテルで、客室の洗面用品などの使用を許可してはいけないと思うようになった。

4 ホテルで消費される使い捨て製品は、ホテルが直接生産すべきだと思うようになった。

67 ②仕組みは、どのような仕組みか。

1 客室の洗面用品などを使った客が、客室に置いてあるクーポンなどを出し、ホテル側が合計して寄付する。

2 客が出した宿泊料の一部をホテルが「森作り運動」協会に寄付して、他の国の子どもとの交流などを図る。

3 ホテル宿泊客が、客室の洗面用品などを使用した場合、その分の金額をホテル代に足して請求する。

4 客室の洗面用品ではなく自分のを使った客が、専用のカードなどを出し、ホテル側が合計して寄付する。

68 この文章の内容に合うものはどれか。

1 「森作り運動」協会は、地域市民活動団体の協力と金銭的援助で運営されている。

2 「森作り運動」は、政府が主導的な役割を果たして定着でき、大きな成果を上げている。

3 「森作り運動」協会の活動は、日本国内だけのもので、海外での活動はまったくない。

4 「森作り運動」が根付いたのは、環境に対する人々の意識の変化によるところが大きい。

問題12　次の文章は、「結婚式」に関する文章である。二つの文章を読んで、後の問いに対する答えとして、最もよいものを1・2・3・4から一つ選びなさい。

A

　私は32才の男性で、来春結婚することになっている。しかし私は、婚姻届の提出だけにして結婚式、特に披露宴はしたくない。まず自分が見せ物にされるようで、お金ももったいない。そんなお金があれば、新婚生活に回して、家電や家具を揃えたり、将来子どものための資金に使いたい。

　ところで私がもっとも嫌なのは、式に呼ぶ呼ばないで、友人関係がもつれることだ。人数の関係で友人を「線引」しなくてはならないことは、考えるだけでもつらくなる。式を挙げなければ、こんなに人間関係に気を使わなくて済む。

　また手間と時間がかからない。周囲への報告という手間はかかるだろうが、結婚式のプランを立てるほどの大きな負担にはならない。

　またこれは私の結婚観かもしれないが、私は結婚式をしたいのではなく、好きな女性と社会的、法律的に家族になって、ずっと一緒にいたいだけ。

　ところが、親戚や職場の上司、友人などへのごあいさつなどが一度にできる結婚式という形もいいかなと思うこともある。

　でも、結婚式や披露宴は、本当に必要かどうか、いまだに疑問に思っている。

B

　費用など、金銭的問題で結婚式を挙げたくないという人も多いようだが、私は反対だ。

　結婚式のメリットはまず、お互いの「価値観」がよくわかることだ。結婚式という大切な一日のために、1つずつ決めていくうちにお互いの価値観を理解する作業にもなると思う。お互いの価値観、考えを理解することは、時間がかかるかもしれないが、一緒に生きていく上で、とても大切なヒントとなることだろう。

そして、お互いの金銭感覚がよくわかるようになる。限りある予算の中で必要なものをしぼって手配し、どこにどのくらいの費用をかけるかは、お互いの金銭感覚がわかるのに役立つことだろう。お金の問題は結婚生活に常に付きまとうもの。結婚式の準備段階でお互いの金銭感覚をきちんと把握しておくことは、それだけ重要なことだと思える。

　またあいさつが一度で済ませられること。案内状を送るという手間はかかるが、結婚式という儀式一つで、結婚したことを知らせることができる。

　そして基本的に親というものは、自分の子供の結婚式を楽しみにしているもの。そんな意味で結婚式は、いわば一種の親孝行にもなると思う。

　このように考えてみると、やはり結婚式は挙げた方がいいと思う。

[69] AとBの文章に共通に触れられていることは何か。

1　結婚式は下手をすると、人間関係をややこしくするおそれがある。

2　披露宴は結婚式に欠かせない重要な行事で、友人は全員参加すべきだ。

3　結婚式の準備過程で、相手のことをもっとよくわかるきっかけになる。

4　結婚式を挙げることで、周りの人に手軽に結婚のあいさつができる。

[70] AとBの内容として正しいのはどれか。

1　Aは基本的には結婚式を挙げることに賛成だが、結婚式の否定的な面も考慮している。

2　Bは基本的には結婚式を挙げることに賛成だが、結婚式の否定的な面も考慮している。

3　Aは基本的には結婚式を挙げることに反対だが、結婚式の肯定的な面も考慮している。

4　Bは基本的には結婚式を挙げることに反対だが、結婚式の肯定的な面も考慮している。

問題 13 次の文章を読んで、後の問いに対する答えとして最もよいものを、1・2・3・4から一つ選びなさい。

　我が家のマンションの駐車場は20台駐車可能な機械式のパーキングだ。3階建である。

　ある日、車を出そうとしたら、欧米系の旅行者らしき若い男性が、その立体駐車場の前で、カメラを構えていた。ちょっとびっくりした私は、「こんな立体駐車場の写真を撮って面白いのかな？」と思って、男性に近づいた。英語で「興味があるんですか？」と聞いたら、「はい、すごいですね！初めて見ました。」と英語で答えが反ってきた。男性の国はイギリスだそうで、「日本では、こんな駐車場がたくさんあるのですか？」と、さらに聞かれたので、「そうですね・・・？　土地が狭くて駐車スペースがとれない所は、こんな風に立体にして多くの車がおけるようにしていますが、すごくたくさんはないと思います」と答えた。

　男性は、何枚か写真を撮ったあと、「他の立体駐車場も、見たい」と言って、立ち去った。「へぇー！　イギリス人には珍しんだな・・・。」と私は、思った。

　かくいう私も、12，3年前に首都圏から関西のここ、奈良に来て、こんな立体駐車場を初めて見た。

　初めは、車を入れるのも、出すのも、置いておくのも　怖かった。「途中で、止まったらどうしようか？」とか、「地震がきたらどうなるのか？」とか、「雨で、鉄が錆びたりしないのかな？」などと不安だった。

　地震も、関西地方は、関東地方よりも圧倒的に少ないから、立体駐車場は関西の方が多いかもしれない。発明者は、大阪の方で、1929年に今の立体駐車場の原型が考案されたそうだが、そのころの日本は車の保有台数が少なく、この発明が現実化され始めたのは、1960年以降だそうだ。もう半世紀以上の歴史があるということだ。

　最初、心配したが、メンテナンスも、2，3か月に1回ぐらいはしているようだし、12，3年の利用期間中に、トラブルは2～3回ぐらいだったと思う。緊急連絡先

に電話をしても、修理に来てもらうまで、1時間半も2時間も待たなければならなかった。修理に時間がかかって、つくづく、急いでいる時は困るなと思った。
　だが、日本のように狭い土地に多くの人が車を保有しているところには、うってつけの駐車場なのだなと感心してしまう。そして、外国人からみたら、「狭い国土を有効利用する素晴らしい技術」なのだろう。

71 イギリス人が「日本では、こんな駐車場はたくさんあるのですか？」と聞いた理由は何か。

1. 自分の国では見たことがないし、車が落ちてきたら怖いと思ったから
2. 自分の国でもあったが、外観が良くないので設置は禁止されたから
3. 自分の国では見たことがないし、車は地上に止めるものだと思っていたから
4. 自分の国で廃止された立体駐車場の写真をぜひ日本で撮りたかったから

72 筆者は、この駐車場の安全性に関して今はどのように感じているか。

1. 地上に降りる途中で止まったり、故障が多いので怖いと感じている。
2. 関西は関東に比べて地震が多いので、早急な安全対策が必要だと感じている。
3. 故障などの修理に時間がかかる場合を除いて、安全なので感心している。
4. もちろん故障などの不都合はあるが、思ったより安全だと感じている。

73 筆者はこの駐車場が外人にとって素晴らしいのは何だと考えているか。

1. 車の保有台数を補うため狭い土地を活用する日本人の知恵と技術
2. 地震が多いのにも関わらず、駐車場を立体にする日本人の勇気
3. 故障や事故が多いのにも関わらず、改善を続ける日本人の根気
4. 地上よりも安全性の高い立体駐車場を設置する日本人の機械技術

問題14　右のページは、富士小学校体育施設の開放の案内である。下の問いに対する答えとして、最もよいものを1・2・3・4から一つ選びなさい。

[74] 次のうち、富士小学校体育施設を利用できない時間帯はどれか。

1　夏休みの午後2時から午後6時まで

2　週末の午前11時から午後3時まで

3　春休みの午後2時から午後6時まで

4　水曜日の午後7時から午後9時まで

[75] 文章の内容として正しくないのはどれか。

1　個人的にこの体育施設を利用することはできない。

2　この体育施設の使用中の負傷は、学校側で責任をとってくれない。

3　お寺の行事を、この体育施設で開くことはできない。

4　使用開始後、登録団体会員名簿を学校側へ提出する。

富士小学校体育施設の開放

1. **開放の目的**：地域住民のスポーツ活動参加を促進し、市民の体力づくり、健康の増進を目的とする。

    ただし、学校教育や行事などに支障のない範囲で体育施設を開放します。

2. **開放期間**

    ①昼間開放：土日、祝日、夏期休み期間中の9時〜18時

    春・冬期休み期間中の9時〜17時

    ②夜間開放：毎週水曜日　18時〜21時

3. **利用対象団体**：団体とは、市内に在住・在勤・在学する方がスポーツを行うことを目的として組織する10人以上の団体です。ただし、政治・宗教・営利を目的とする団体は対象としません。

    また夜間開放の場合、原則として成人に限ります。

    20歳未満の団体(小・中・高校生等の団体)は、20歳以上の責任者が必要です。利用するときは、20歳以上の責任者に必ず立ち会っていただきます。

4. **利用方法**：富士小学校体育施設開放運営委員会にお申し込みください。

    体育施設使用登録団体申請書（ホームページでダウンロード）と登録団体会員名簿を学校開放運営委員会へ事前に提出していただきます。

5. **使用料**：無料

6. **使用団体の責任**：使用中の事故については、使用団体の責任とし、富士小学校はその責任を負いかねます。また使用終了時は使用場所、器具等を原状に復するものとし、施設、用具等を破損した場合、弁償するものとします。

N2

聴解

（50分）

注意 Notes

1. 試験が始まるまで、この問題用紙を開けないでください。
   Do not open this question booklet until the test begins.

2. この問題用紙を持って帰ることはできません。
   Do not take this question booklet with you after the test.

3. 受験番号と名前を下の欄に、受験票と同じように書いてください。
   Write your examinee registration number and name clearly in each box below as written on your test voucher.

4. この問題用紙は、全部で13ページあります。
   This question booklet has 13 pages.

5. この問題用紙にメモをとってもかまいません。
   You may make notes in this question booklet.

受験番号　Examinee Registration Number

名前　Name

もんだい
問題 1

問題1では、まず質問を聞いてください。それから話を聞いて、問題用紙の1から4の中から、最もよいものを一つ選んでください。

例

1　ホームページで児童書を検索する
2　ホームページで子供に読ませる本を検索する
3　子供も入館できる図書館を探す
4　子供が読める本がある図書館を探す

1番

1 地味で、誠意を見せる洋服
2 あまり目立たなくて、誠意を見せる正装
3 ドレスコードにふさわしい洋服
4 主役を立たせるようなドレス

2番

1 彼女と会い、銀行で結婚費用を借りられる方法を相談する
2 彼女と会い、招待客を減らす方法を見つけ出す
3 両家が話し合い、招待客の人数などを事前に決める
4 両家が結婚費用の内訳を話し合う

3番

1 アプリ側の仕組みなので、エラーの解決はできない
2 アプリケーションの管理を行い、アプリをアップデートする
3 不足している容量を確保するため、新しくアプリを設定する
4 組織の許可を得るためにアプリを再起動する

4番

1 今家事を手伝ってから、明日ロボット専門館に行く
2 週末だけじゃなく、平素から家事を手伝う
3 平日家事を手伝いながら、ロボットの専門店に通う
4 ロボットに関する漫画や本を買うのを止めて、お金を節約する

5番

1 スーツにふさわしいゴージャス系のネックレス
2 職場の雰囲気を考えた、あまり華やかじゃないブレスレット
3 気分転換のためにつけられるネックレス
4 普段の気分を変えられるようなブレスレット

もんだい
問題2

問題2では、まず質問を聞いてください。そのあと、問題用紙のせんたくしを読んでください。読む時間があります。それから話を聞いて、問題用紙の1から4の中から、最もよいものを一つ選んでください。

例

1 材料は大きさを合わせて切ること
2 材料がそろった後に、はやく煮ること
3 炒める順番を決めること
4 はやく済ませられるように材料をそろえること

1番

1 価格の割に高級感に欠けるから
2 対象としている世代には高いから
3 他社のものよりデザインが劣るから
4 消費者は価格の安い製品を買うから

2番

1 商品は高目だが、種類が多いこと
2 オーナーが親切でハンサムなこと
3 商品が安くて、機能的なこと
4 他の客とも情報交換ができること

3番

1　試験が思ったより難しかったから
2　試験中にお腹が痛くなったから
3　勉強は十分したが、試験に弱いから
4　試験中に違反行為があったから

4番

1　他のことを考えるから
2　車酔いするから
3　人間観察するから
4　外の景色を見るから

5番

1 バスの中でお酒を飲んだから
2 バスが停止中にトイレに行ったから
3 バスの席にじっと座っていなかったから
4 バスが停止する前に席を立ったから

6番

1 受取人の氏名や部屋番号が分からないから
2 差出人が受取人の部屋番号を書かないから
3 受取人側が郵便物の受け取りを断るから
4 差出人も受取人も個人情報を隠したがるから

問題3

問題3では、問題用紙に何もいんさつされていません。この問題は、全体としてどんな内容かを聞く問題です。話の前に質問はありません。まず話を聞いてください。それから、質問とせんたくしを聞いて、1から4の中から、最もよいものを一つ選んでください。

― メモ ―

問題4

問題4では、問題用紙に何もいんさつされていません。この問題は、まず文を聞いてください。それから、それに対する返事を聞いて、1から3の中から、最もよいものを一つ選んでください。

― メモ ―

問題5

問題5では、長めの話を聞きます。この問題には練習はありません。
メモをとってもかまいません。

1番、2番

問題用紙に何もいんさつされていません。まず話を聞いてください。それから、質問とせんたくしを聞いて、1から4の中から、最もよいものを一つ選んでください。

— メモ —

3番

まず話を聞いてください。それから、二つの質問を聞いて、それぞれ問題用紙の1から4の中から、最もよいものを一つ選んでください。

質問1

1　3月
2　4月
3　5月
4　6月

質問2

1　3月
2　4月
3　5月
4　6月

N2

實戰模擬試題
第5回

N2

言語知識（文字・語彙・文法）・読解

（105分）

注意 Notes

1. 試験が始まるまで、この問題用紙を開けないでください。
   Do not open this question booklet until the test begins.

2. この問題用紙を持って帰ることはできません。
   Do not take this question booklet with you after the test.

3. 受験番号と名前を下の欄（らん）に、受験票と同じように書いてください。
   Write your examinee registration number and name clearly in each box below as written on your test voucher.

4. この問題用紙は、全部で31ページあります。
   This question booklet has 31 pages.

5. 問題には解答番号の 1 、 2 、 3 … が付いています。解答は、解答用紙にある同じ番号のところにマークしてください。
   One of the row numbers 1 , 2 , 3 … is given for each question. Mark your answer in the same row of the answer sheet.

受験番号　Examinee Registration Number	

名前　Name	

問題1 ＿＿＿＿の言葉の読み方として最もよいものを、1・2・3・4から一つ選びなさい。

[1] 馬が走っているのを見るとすっきりした気分になる。これが競馬に夢中になる理由じゃないでしょうか。

    1　むじゅう　　　2　むうじゅう　　　3　むちゅう　　　4　むうちゅう

[2] やはり山の頂上にたどり着いたら「ヤッホー」と叫びたくなりますね。

    1　ちょうじょう　2　ちょうじょ　　　3　ちょじょう　　4　ちょじょ

[3] 両国の首脳会談はアメリカで行われる可能性が高くなっている。

    1　じゅのう　　　2　ずのう　　　　　3　しゅうのう　　4　しゅのう

[4] 何かを決めるとき、他人の意見に左右されやすい。

    1　ひだりみぎ　　2　ざゆう　　　　　3　さゆう　　　　4　さう

[5] たくさんの雪に埋もれて、逆の方向に進んでしまった。

    1　うもれて　　　2　つつもれて　　　3　ほうもれて　　4　とじこもれて

問題2 ＿＿＿＿＿の言葉を漢字で書くとき、最もよいものを1・2・3・4から一つ選びなさい。

[6] 彼の意思はこの文章ではっきりあらわれている。

　　1　現れて　　　2　表れて　　　3　著れて　　　4　評れて

[7] 展示会では作品にさわらないように気をつけてください。

　　1　障らない　　2　触らない　　3　拭らない　　4　投らない

[8] その時代はしょくりょうが不足して大勢の人が死亡した。

　　1　食料　　　　2　食両　　　　3　食量　　　　4　食領

[9] 心理学から見ると、相手のたいどは自身の反映だそうです。

　　1　体渡　　　　2　体度　　　　3　態度　　　　4　態渡

[10] このきょうそう社会で生き残るために、必要なリーダーシップとは何でしょうか。

　　1　脅浄　　　　2　脅争　　　　3　競浄　　　　4　競争

問題3 （　　　）に入れるのに最もよいものを、1・2・3・4から一つ選びなさい。

[11] このリゾートでは一日自由に使える利用（　　　）を買ったほうがいい。
1　権　　　2　券　　　3　圏　　　4　巻

[12] 新しく開発された新薬は、（　　　）作用もなく非常に効果がいいということだ。
1　副　　　2　福　　　3　不　　　4　反

[13] 彼女には男性を振り（　　　）、魅力的なところがある。
1　付ける　2　込む　　3　出す　　4　回す

[14] どんな困難があっても一緒に乗り（　　　）幸せになろう。
1　上げて　2　切って　3　越して　4　移って

[15] 着（　　　）という言葉があるほど、京都の人は着物にお金を使う。
1　倒れ　　2　込み　　3　飾り　　4　下ろし

問題4　（　　　）に入れるのに最もよいものを、1・2・3・4から一つ選びなさい。

16　仕事ばかりの毎日を送っていたら、人生は（　　　）と思いがちだ。
　　1　手ごろだ　　　2　単純だ　　　3　退屈だ　　　4　地味だ

17　まだ子供だというのに、あまりにも立派な心遣いに（　　　）してしまった。
　　1　感心　　　　2　同感　　　　3　共感　　　　4　感銘

18　（　　　）はとてもおいしそうだったが、実際食べてみると甘すぎた。
　　1　外見　　　　2　見た目　　　3　見出し　　　4　外観

19　空き部屋を（　　　）して書斎を作ろうとしている。
　　1　建築　　　　2　再建　　　　3　改造　　　　4　改装

20　ネクタイが（　　　）息苦しい。
　　1　きっかりして　2　きっちりして　3　するどくて　4　きつくて

21　短時間の調理で食べられるように加工されたもの、（　　　）インスタント食品は健康に悪い。
　　1　いわば　　　2　いわゆる　　3　但し　　　　4　さて

22　大勢の人はその判決につき、疑問を（　　　）。
　　1　抱えた　　　2　抱き締めた　3　抱いた　　　4　抱きついた

問題5 ＿＿＿＿の言葉に意味が最も近いものを、1・2・3・4から一つ選びなさい。

[23] 自分の感情を出さないで黙る人の気持ちはわかりにくい。
1　思い込む　　　　　　　　　2　思い沈む
3　口を開かない　　　　　　　4　口を出さない

[24] 朝から頭がずきんずきんする。どうやら風邪を引いたようだ。
1　どうしても　　2　どうも　　3　何とか　　4　何とも

[25] わがままを通すのは人に迷惑をかけることになりかねない。
1　意地　　　　2　頑固　　　　3　勝手　　　　4　悪口

[26] 彼女は何でも大げさに言う癖がある。
1　過大に　　　2　過小に　　　3　穏やかに　　4　おしゃれに

[27] 洋服を選ぶのに思ったより手間取ってしまった。
1　面倒になって　　　　　　　2　長引いて
3　延長になって　　　　　　　4　手続きがかかって

問題6　次の言葉の使い方として最もよいものを、1・2・3・4から一つ選びなさい。

[28] うっとうしい
1　本格的な梅雨シーズンになると、うっとうしい気分になりやすい。
2　秋日和の今日、家族連れで公園を散歩したら、とてもうっとうしい気分になった。
3　複雑な人間関係でいらいらしない、温厚で心うっとうしい人になりたい。
4　春になって、自宅の花壇にもうっとうしい色の花が咲き始めた。

[29] 見込み
1　海外旅行に先立って、経費の見込みをしている。
2　この建物の屋上から見える見込みはまさにすばらしい。
3　お互いの意見が違い、来月までに合意することが困難な見込みとなった。
4　いきなり私の顔を見込みすると驚くでしょう。

[30] 重ねる
1　練習を重ねていけば、いつかうちのチームも優勝するに違いない。
2　電気代を重ねて払ってしまった。
3　今年は日曜日と祝日が重ねてことが多い。
4　同じことを重ねて言われて耳にたこができるくらいだ。

[31] 燃やす
1　肉を燃やしすぎて食べられなくなってしまった。
2　ここで木を燃やすことは禁じられている。
3　夏休みに海に行って太陽に燃やされて肌がひりひりする。
4　電車の時間に間に合いそうになくて心が燃やされている。

[32] とっくに
1　ここはとっくに住んでいたところだが、今日引越しする。
2　待ち合わせの時間にとっくに遅れて大急ぎで行った。
3　卒業式はとっくに終わって講堂にはもう誰もいない。
4　今日までにレポートを提出することをとっくに忘れていた。

問題7 次の文の（　　　）に入れるのに最もよいものを、1・2・3・4から一つ選びなさい。

33 警察は市民の安全を最優先にする（　　　）。
　　1　ことだ　　　　2　ものだ　　　　3　ばかりだ　　　4　わけだ

34 最近徹夜が続いている（　　　）、朝寝坊をしてしまった。
　　1　ものなので　　2　わけなので　　3　ものだから　　4　わけだから

35 理不尽な相手に言いたい文句、言える（　　　）言ってみたい。
　　1　ことなら　　　2　ものなら　　　3　ことか　　　　4　ものか

36 壊れたケータイを修理に（　　　）、直せるかどうかは分からない。
　　1　出したものの　　　　　　　　　2　出すもので
　　3　出したところ　　　　　　　　　4　出すところで

37 やっと就職が決まった。今まで何回も履歴書を（　　　）。
　　1　書いたことか　2　書くことか　　3　書いたものか　4　書くものか

38 （　　　）、彼女は10種類の資格を持っているそうだ。
　　1　驚くことに　　　　　　　　　　2　驚いたことに
　　3　驚くばかりか　　　　　　　　　4　驚いたばかりか

39 彼は最近休み（　　　）働いているので、疲れがたまるのは当然だ。
　　1　せずに　　　　2　せずには　　　3　なしに　　　　4　なしには

40 今年になって給料も相当上がったし、母も退院したし、最近はいいこと（　　　）だ。

1　だけ　　　　2　まみれ　　　　3　のみ　　　　4　ずくめ

41 申し訳ございませんが、本日（　　　）閉店致します。

1　の限りに　　2　を限りで　　3　の限りで　　4　を限りに

42 今後の努力（　　　）、目標の大学の合格も夢ではない。

1　従って　　　2　の従って　　3　次第で　　　4　の次第で

43 工事をしている（　　　）事故まで起こって、高速道路は大変混雑していた。

1　うえに　　　2　うえで　　　3　からには　　4　からでは

44 タバコは体に悪いと（　　　）、いやなことがあったらつい吸ってしまう。

1　思いつつある　　　　　　2　思いつつ
3　思いつつでも　　　　　　4　思いつつにも

問題8 次の文の＿＿★＿＿に入る最もよいものを、1・2・3・4から一つ選びなさい。

(問題例)
あそこで ＿＿＿ ＿＿＿ ★ ＿＿＿ は山田さんです。
1 テレビ　　2 見ている　　3 を　　4 人

(解答のしかた)
1．正しい文はこうです。

あそこで ＿＿＿ ＿＿＿ ★ ＿＿＿ は山田さんです。
　　　　1 テレビ　3 を　2 見ている　4 人

2．★ に入る番号を解答用紙にマークします。
(解答用紙) (例) ① ● ③ ④

[45] まだ判断力がないと思い、＿＿＿ ＿＿＿ ＿＿＿ ★ とした。
1 我々は　　2 行かせ　　3 彼を　　4 まい

[46] ライバルに ＿＿＿ ＿＿＿ ★ ＿＿＿ を得なかった。
1 苦笑　　2 せざる　　3 1位を　　4 取られ

47 今までどんなにがんばってきた _____ _____ _____ ___★___ までだ。

　　1　それ　　　　2　ここで　　　3　としても　　4　諦めれば

48 これは両国の ___★___ _____ _____ _____ 製作された。

　　1　平和　　　　2　規定に　　　3　条約の　　　4　基づき

49 会話クラスは _____ ___★___ _____ _____ 分けられる。

　　1　結果を　　　　　　　　　　2　筆記テストと
　　3　もとに　　　　　　　　　　4　インタビューの

問題9 次の文章を読んで、文章全体の内容を考えて、50 から 54 の中に入る最もよいものを1・2・3・4から一つ選びなさい。

　ラーメン屋で鼻をかんだり、口を拭いたりしたティッシュはいわゆる「汚物」なので、自分で持ち帰りしたほうがマナーだという意見を言う人がいる。

　しかし、私は人への 50 の干渉だと思われるので同調 51 。確かに店員さんの立場からみると、人の汚らしい物を自分で片付けるのは愉快なことではないだろう。

　だからといってお客は「食事後、自分のゴミは自分で片付け、テーブルをきれいにしておく」義務はないのだ。私たちが考えている常識やマナーは時と場合によって異なり、52 個人的な意見かもしれないということをわかってほしい。現代社会で人間を普遍的に 53 のは法律と契約だけである。

　熱いラーメンを食べたから出た鼻水で、汁が跳ねたりしたから口元を押さえるだろう。食事のためにお金を払った他人の行動にいちいち干渉するのはどうかと思う。但し、汚いゴミは店員が素手で触らないように丸めて捨てたりする 54 。

50

1　無用　　　　2　無礼　　　　3　無知　　　　4　無作法

51

1　せざるを得ない　　　　2　しようがなかった
3　しかねる　　　　　　　4　しかねない

52

1　あくまでも　　　　2　もはや
3　ちなみに　　　　　4　すなわち

53

1　束縛できる　　　　2　つなげられる
3　結び付ける　　　　4　縛れる

54

1　基本的なしつけは身につけてほしい
2　一般的なマナーは守るべきだ
3　優しい心遣いは必要だろう
4　礼儀作法に気をつけないといけない

問題10 次の（1）から（5）の文章を読んで、後の問いに対する答えとして最もよいものを、1・2・3・4から一つ選びなさい。

（1）

　子供のころに身につく習慣のうち、一生続くものは読書の習慣だと思っている。もちろん、やはり子供だから漫画や童話などを好むのは当然だろう。ところが、漫画であれ童話であれ、とにかく活字の多い本を子供のときから読んで、読書の楽しみを知ることは、子供の知的発達の面から考えて大変望ましい。

　もちろん精読や熟読も重要だが、子供のころはそれよりも、読む本のジャンルが様々な分野にわたっていることが最も重要だ。たとえば、偉人伝や科学技術、歴史、文学、政治など、常に様々な分野の本を次々と読んでいく。すると子供は読書に夢中になって、またそれが一生続くはずだ。

55　この文章の内容に合うものはどれか。

1　子供のころについた習慣の多くは、大人になると要らなくなる。
2　子供のころの読書は、多岐にわたっているのが望ましい。
3　子供の読書は、まず本に夢中にならないと習慣になりかねる。
4　子供に漫画や童話などは、できるだけ読ませない方がいい。

（２）

支店長会議開催のお知らせ

福岡支店長　前田明様

　いつもお世話になっております。営業部の木村です。さて、支店長会議の日程が下記のとおり決定いたしました。お手数ですが、出席の可否を５月２３日(水)までにご返信ください。

日時：平成３０年６月８日（金）午前９時～１１時

場所：本社１７階第３会議室

議題：① 各支店の前年度営業成績の報告
　　　② 新年度の経営方針発表

以上、よろしくお願い申し上げます。

ABC株式会社

営業部：木村和男

E-mail：ABC@abcmail.com

TEL：03-1234-5678

[56] このメールを受け取った人は何をしなければならないか。

1　平成２９年度の売り上げなどをまとめなければならない。

2　本社１７階第３会議室の手配をしなければならない。

3　各支店に支店長会議のことを通報しなければならない。

4　支店長会議の日程を決めなければならない。

(3)

野原や林などの野外で未就学児童を保育する「森の幼稚園」が全国各地で増えている。なかでも長野県は正式認定を受けるため本格的に動き始めている。長野県では、全国で最も多い16団体が活動しているという。「森の幼稚園」は、自然の中で幼児を思い切り遊ばせて、幼児の健全な成長を促すためのものだが、これまではほとんどの団体が認可外の活動だった。県の正式認可が得られることで、この活動はより活発になりそうだ。デンマークのお母さんが自分の子供と隣の子供を森の中で保育したのが始まりだと言われているこの「森の幼稚園」は、北欧やドイツなどに広まっており、デンマークやドイツ、韓国では行政が支援している。

[57] この文章の内容に合うものはどれか。

1 日本ではまだ「森の幼稚園」に対する行政の支援が行われていない。

2 長野県ではすでに「森の幼稚園」に対する正式認可が下りている。

3 「森の幼稚園」の目的は、自然の大切さを伝えるためだ。

4 「森の幼稚園」は、もはや世界中に拡大し、根付いている。

（４）

　東京にあるスカイ印刷は、本をパラパラめくるだけで電子書籍がつくれる装置を、Ａ大と共同で開発したと発表した。この装置はページを破ることなく、１分間に約200ページが読み取れる。来年度の実用化を目指すという。

　３年前、動画サイト「ユーチューブ」に公開された試作品を、たまたまスカイ印刷の研究者が見つけ、共同開発を提案して研究が始まった。本のページは機械が自動でめくる。特殊カメラで、ページがめくれるときに生じる紙の形を認識し、撮影する。即座に補正処理し、記録する。

　約２年間にわたる共同開発で、画像の精度が５倍ほど高まり、絵や写真でも原本通りに認識できるようになった。開発した機械は「オートＹＯＭＩ」と名づけられ、昨年１１月に横浜で開かれた図書館総合展フォーラムではじめて公開された。まずは来年度、スカイ印刷の工場内に導入し、図書館や研究機関の蔵書を電子書籍化するサービスに使う。これまで本すべてを印刷するには手間と時間がかかったが、この装置なら短時間で電子化できる。

[58] この文章の内容に合うものはどれか。

1　オートＹＯＭＩはスカイ印刷の単独開発によって作られた。

2　オートＹＯＭＩは10分間で約500ページぐらい読み取れる。

3　オートＹＯＭＩで印刷にかかる手間と時間を省けそうだ。

4　オートＹＯＭＩは今年度中に一般ユーザーに公開される。

(5)

　良い人間関係を維持しながら、社会的関係を活発に持つことは、健康と長寿を享受するための秘訣として挙げられているが、米国の健康情報サイト「健康アメリカ」は、仲良しの存在が人の健康に及ぼす影響を紹介した。

　まず一つ目、良い睡眠をとることができる点。シカゴ大学の研究によると、孤独な人は深い睡眠がとれない。孤独であるほど夜良く眠れず、一晩中寝返りすることが多いとのこと。二つ目は、病気の回数が減る点。多様な人間関係を維持している人は、社会的に孤立している人より、あまり風邪などをひかず、病院とも縁がないことがわかった。三つ目は安定した精神状態を保つことができる点。安定した社会的支援を受けていると、認知能力の減少を防ぐことができることが明らかになった。四つ目は長生きできる点。活発な社交活動をしている人は、そうでない人よりも長寿である確率が50％も高くなることが分かった。友達がいないということは、喫煙の弊害に劣らず健康に深刻な影響を及ぼし、寿命を縮めることさえありうるということだ。

[59] この文章の内容に合わないものはどれか。

1　安定した社会環境は、その構成員に安定感を与える。

2　さびしがりやほど熟睡できないことがわかる。

3　親友の多い人ほど、独立性の強いことがわかる。

4　社交活動の活発な人は、長生きする可能性が高いことがわかる。

問題11 次の（1）から（3）の文章を読んで、後の問いに対する答えとして最もよいものを、1・2・3・4から一つ選びなさい。

（1）

> 　日本の町中どこでも見かけることができる猫は、日本人にはもっとも親しまれている動物である。「招き猫」は、前足を挙げて人を呼ぶ猫という意味で幸運を象徴する。また、日本で人気のあるお守りの一つに、猫のキャラクター「ハローキティ」が描かれたものがある。これは、日本人の間で縁起の良いことや運が向いてくることを象徴するお守りとされている。
>
> 　このように猫に対する愛の格別な日本に、人よりも猫の方が多い「猫の島」がある。日本の本州北東部、太平洋に面した田代島の住民の数は約60人余り。平均年齢は65歳であり、ほとんど漁業に従事している。この島が本来の名前よりも「猫の島」で知られているのは、この島に住んでいる猫の数が数百匹に達するからである。住民の数よりも猫の数がはるかに多いわけである。
>
> 　もともと田代島の住民の多くは、カイコを育て、絹を織る仕事に携わっていたが、ねずみによる被害が絶えなかった。それでねずみからカイコを守るために住民たちは猫を島に持ち込んだ。ところが、カイコ産業は衰退しはじめ、多くの住民が島を離れ、人口は急激に減ったが、住民の手が届かなくなった猫の数だけは爆発的に増加した。
>
> 　それでも、地元の住民たちは猫の世話をし続け、エサも与えてきた。それは島に幸運がめぐってくると信じていたからである。半径11km程度に過ぎない小さな島だが、猫のための神社が10カ所もあるのもそのためである。
>
> 　現在この猫の島は、このようなユニークな環境のために観光地として脚光を浴びているが、この島に入るのに絶対守らなければならないルールが一つだけある。それは、猫を刺激するおそれがあるため、絶対この島に犬は持ち込むことはできないことである。

[60] 田代島が「猫の島」と呼ばれるようになったのはなぜか。

1 猫のための神社が多く、お守りとしても住民に人気があるため

2 人に世話してもらっている猫の方が、住民の数を超えているため

3 この島の住民の多くは、猫がこの島を守ってくれると信じているため

4 この島で猫の人気キャラクターが発生したため

[61] 田代島に猫が入ってくるようになった理由は何か。

1 住民の中に猫の好きな人が多かったため

2 住民のほとんどがこの島を離れるようになって寂しくなったため

3 一時的ではあるが、猫のキャラクターがブームになったため

4 住民の生計を立てるために、猫の存在が必要になったため

[62] この文章の内容に合うものはどれか。

1 田代島の住民には高齢者が多く、多くは漁業に従事している。

2 田代島のカイコ産業は、今も盛んである。

3 田代島では、猫以外のどんな動物も飼うことができない

4 田代島の住民のほとんどは、カイコ産業に携わっている。

（2）

　　最近、医療現場での人手不足が浮き彫りになっている。専門的な国家資格－たとえば、看護士や介護士など－を持ちながら、結婚や出産などで離職せざるを得ない女性は多いためだ。こうした「潜在有資格者」の復職を促す支援が活発だが、労働環境の整備などの課題も多く、復職はそう簡単ではない。

　　復職の一番の難題はやはり空白期間。特に看護士の場合は医療現場の変化が激しいため、ブランクが長くなるほど、看護技術や知識を忘れてしまい、新しいものについていけるか不安になり、①復職への自信がなくなるという。

　　そこで東京都看護協会は、「潜在看護師」向けの無料研修を主催し、看護の最新看護技術の教育や病院実習を実施している。自治体や病院が独自に主催する研修もあるが、受講生のうち約4割以上が研修後に再就職に成功したという。

　　また労働条件で復職できない例も多い。「子育てと両立できる就職先」が第一の条件であるが、これがなかなか②大変だ。たとえば、パートでもいいから子供が保育園や幼稚園に行っている時間だけ働きたいという母親が多いが、企業側は早朝や夜も働ける人を募集しているところがほとんど。東京都は、「フレックスタイム制を取り入れるなどして、パート勤務を希望する人も採用してほしい」と企業側に求めている。

　　それに賃金の問題も大きい。特に介護や医療、保育の分野では、「仕事がきつい割には給料が安い」という声が聞こえる。そのため、専門的な資格を持ちながらも、待遇のことで資格とまったく関係のない仕事に就く人も多い。社会から必要とされる仕事だが、やりがいや犠牲だけに頼るのは限界がある。待遇改善が不可欠になるわけだ。もっと柔軟な働き方ができれば、離職者の減少はもとより、再就職もしやすくなり、ひいては日本の人手不足問題解決にもつながると思える。

[63] ①復職への自信がなくなるというとあるが、その理由と考えられるものはどれか。

1 長期間休んだあとの再就職は、非常に難しいため

2 子供を育てている女性の再就職は、非常に難しいため

3 医療現場の仕事が、どれだけきついかよく知っているため

4 離職の間、さまざまな最新看護技術などができたため

[64] ②大変とあるが、どうしてか。

1 働く時間を自由に決めたいが、思いどおりにいかないので

2 企業側は、24時間働ける人だけを募集しているので

3 子育てをしている女性が、再就職するのは困難であるので

4 日本の社会は、まだ男女平等が実現されていないので

[65] この文章の内容に合わないものはどれか。

1 せっかく国家資格をとったのに、遊ばせている人が多いようである。

2 専門的な国家資格を持っている人は、その分野の仕事にしか就けない。

3 離職した女性の復職を促す背景には、人手不足の問題があるようである。

4 仕事がきついのに、それに見合った報酬を受け取れないのも問題である。

（3）

　蚊はうるさい。

　毎年夏になると、恒例の蚊との戦いが始まる。たかが蚊ぐらいで「戦い」という表現は、やや大げさに聞こえるかもしれないが、うなずく方も多いと思う。まさに「たかが蚊、されど蚊」なのだ。

　私は、今時の蚊は驚くべき①進化を遂げていると思う。確かに最近の蚊は、化学物質に慣れて耐性ができ、免疫力も強くなって殺虫剤が効きにくくなったと聞く。が、それ以上に感心するのは蚊の知能の進化だ。夜中、耳元でプーンという音で起こされイライラしてしまい、電気をつけてみたら蚊もいなければ音も聞こえない。電気消して横になったらまたプーン……。いったいどこに隠れているのだ…。蚊なんかに脳みそなどあるはずないが、とにかく私には蚊にも脳みそがあり、知能だってありそうな気がしてならないのだ。

　こんな中、新聞で②耳よりな記事を見つけた。遺伝子組み換えだけで蚊を絶滅させられる方法を開発したという記事だった。まず、「致死遺伝子」を組み込んだオスを大量に放つ。この「致死遺伝子」を組み込んだオスは、長くても約48時間ほどしか生存できない。このオスと交尾したメスが産んだ卵は、この遺伝子の影響で、成虫になる前に死ぬという仕組みだ。なお、いずれは蚊という昆虫全体が駆除できるというので喜ばしいかぎりだ。

　ところが、専門家の話だと喜んでばかりはいられないらしい。もし蚊が絶滅したら、自然の生態系に大きな影響が出るという。まず蚊を餌とする生き物の減少が挙げられる。その上、（ちょっと信じがたい話だが）蚊もそれなりに地球の環境に役立っているそうだ。蚊の幼虫のボウフラは水中の有機物を分解し、バクテリアを食す、いわば水中の掃除屋なのだ。ボウフラがいなくなると水質汚染の問題が深刻化する。このように、蚊に限らず生態系の昆虫や動物など、どれ一つでも抜けると生態系に影響が及ぶというのだ。当然人間も無関係という訳ではない。

最近、ジカ熱やデング熱のウイルスを媒介する蚊のことで人類の安全が脅かされているというのに、地球の生態系や環境のために蚊の存在が必要だというのは、まさに滑稽としか言いようがない。

[66] ①進化とあるが、この進化の例として正しいのはどれか。
1 人間が電気をつけたら、自分が危険になるのがわかるようになった。
2 耐性ができて、殺虫剤にもある程度耐えられるようになった。
3 蚊は大きくなるにつれて、殺虫剤に対しての免疫力がついてくる。
4 どこに隠れれば、人間の目が届かないかがわかるようになった。

[67] ②耳よりな記事とあるが、どんな記事だったのか。
1 蚊にも脳みそがあり、蚊もそれなりに進化しているという記事
2 蚊を一発で退治できる殺虫剤が開発されたという記事
3 化学薬品を使うことなく、蚊を撲滅できるという記事
4 蚊の幼虫のボウフラを利用すれば地球環境に役立つという記事

[68] この文章の内容に合うものはどれか。
1 遺伝子組み換えされた蚊のオスと交尾したメスは卵が産めなくなって、蚊の絶滅につながるようだ。
2 進化を続けきた近頃の蚊は、知能が高くなって昔の蚊より取りにくくなっているようだ。
3 もし蚊が絶滅したとしても、地球環境に及ぼす影響はさほど深刻ではないようだ。
4 一見人間にとって不要に見える存在でも、地球生態系のバランスのために欠かせないようだ。

問題12　次の文章は、「動物園の存続」に関する文章である。二つの文章を読んで、後の問いに対する答えとして、最もよいものを1・2・3・4から一つ選びなさい。

A

　　私は動物園はやはり存続させるべきだと思う。

　　動物園はただ、動物を見せるためにあるわけではない。動物の行動や生活ぶりなどを多くの人が見て考える場所で、特に子供たちにとってはもっと意味のある場所だと思う。

　　また人間は、環境破壊や乱獲などといった、人間のせいで犠牲となった動物を保護し、あとの世代に残していく義務も担っていると思う。実際、外国には乱獲や森林伐採により親をなくした動物の保護施設もあるし、日本にも佐渡に、トキの野生復活のために設けられたセンターがある。最近は一般動物園でも、絶滅の危機に立たされる動物を展示、保護、繁殖を行い、その種の存続のための研究などを行っている。

　　よく「動物がかわいそう」という人もいるが、動物園の動物のほとんどは動物園生まれ動物園育ちだ。そのまま野生に帰したところで、野生になじめず、エサもろくにとれないだろう。また野生に帰すにはその数が少なすぎるし、環境破壊による生息地の減少や天敵など、多くの問題を抱えている。人間によってその存続を脅かされている動物を保護し、その大切さやすばらしさを多くの人に知ってもらうためにも、やはり動物園の存在は欠かせないと思う。

B

　　そもそも動物園の存在する理由とは何だろうか。まず子供をはじめ、多くの人に動物を見てもらうことだというが、ただ見せるだけなら、映像でも十分なはずだ。つまり現在の動物園は、この存在の一番の意義を果たしていないので廃止して当然だと思う。

また今では、動物園で生まれた動物も多いが、その親は野生で捕まえてきた動物だ。そこまでして動物を見せる意味があるだろうか？　やはり動物の居場所は自然の中ではないか？　そんなことをするよりは、絶滅の恐れのある動物を保護する目的の場所を提供した方がいいと思う。

　さらに動物の一般大衆への公開や長距離の移動などは、動物に過度なストレスを与えかねない。実際、長距離移動で衰弱死したというニュースを耳にしたこともある。また、生活環境が変わることによってもたらされる動物のストレスや被害なども無視できない。

　このように動物園は、人間の利己心で多くの動物に大きな負担をかけながら運営されているところだ。つまり動物園は、その存在自体がまさに動物虐待なので、全世界的に廃止すべきだと思う。動物に大きな負荷をかけてまで、人間のためだけに動物園を存続させる必要はないのだ。

69　「動物園」に対するAとBの主張として正しいのはどれか。

1　Aは、「動物園」が必要になったのは、あくまでも人間のせいだと述べている。
2　Aは、野生に動物を帰すのはかわいそうだからこそ、「動物園」が必要だと述べている。
3　Bは、映像で見るより、「動物園」で本物の動物を見た方がいいと述べている。
4　Bは、「動物園」の運営はかなり厳しくなり、当然廃止すべきだと述べている。

70　AとBの内容として正しいのはどれか。

1　AもBも、絶滅の危機に立たされている動物のことを心配しているようだ。
2　AもBも、野生に適応できない動物のために「動物園」が必要だと言っている。
3　AもBも、動物は動物らしく、自然の中で生きるべきだと考えているようだ。
4　AもBも、感情的にならず、冷静に「動物園」の存続を考えてほしいと言っている。

問題13　次の文章を読んで、後の問いに対する答えとして最もよいものを、1・2・3・4から一つ選びなさい。

　数あるビジネス書や自己啓発の本がありますが、努力や物事を継続させるという分野は非常に多いです。それだけ人が求め、手に入れたい分野であるのだろうと推察されます。

　その中でも地道な努力というものは非常に効果があり、強いです。

　ところで、あなたは自分を天才だと思いますか？ 天才だとは言い切れません。同じように天才ではないとも言い切れません。もし天才なのに気が付かないだけだとしたら、こんなにもったいないことはありません。努力で天才にはなれません。でも気づくことはできるのです。

　どんな才能も量の少ないものはダメです。1点しかない天才の名作というものは、存在しないのです。例えば、ピカソの絵が1枚しかなかったら、ピカソであったとしても、売れません。
(注1)

　画商は、絶対つかないでしょう。10枚だったら？ まだまだ。100枚だったら？ まだまだ足りません。たとえ、天才ピカソであっても、です。

　質と量を兼ね備えたのが天才です。ところが、質だけの天才というのは、存在しないのです。

　あなたは、まだ無名の天才です。今のうちに量を貯めることです。とにかく売れていないうちに、どれだけ量をためるかです。

　ピカソは8万点の絵があるわけです。8万点というと、猛烈な量です。ピカソは90年以上生きましたから、10歳から描いたとして、80年間で8万点ということは、1年で1000枚です。

　1年で1000枚という事は、1日3枚です。80年間ずっとです。時間のかかる油絵も描いています。彫像もつくっています。天才ですから、これだけの量をやっているのです。量ができるのが天才なのです。

もっとも効率の良い勉強の仕方は、とにかく量をこなすことです。どうしたら無駄のない勉強の仕方があるかと考えてしまうのですが、これが一番効率が悪いのです。まず量です。量がどんどん積みかさなって、あるとき初めて質に転換するのです。一つ一つのものは非常にささいなものです。ささいな値打ちのないものだけれども、こだわらないで続ける。そうすると、オセロで白が黒にかわるようにパラパラパラパラと全部が変わっていく瞬間があります。(注2)

　天才とは継続の努力を続けられる人のことなのでしょう。

（中谷彰浩著 「大学時代しなければならない５０のこと」ダイヤモンド社による）

(注1) ピカソ：フランスで活躍したスペイン人の天才画家
(注2) オセロ：２人用のボードゲーム（白い面と黒い面を持つ丸い石を使う）

71 もったいないことはありません。とは何のことか。

1 自分が天才なのに、天才でないと考えること
2 自分が天才かどうかも全く考えないこと
3 自分は天才だから努力する必要がないと考えること
4 自分は努力しても天才になれないと考えること

72 筆者の考える天才の条件は何か。

1 最初から質にこだわって作品をつくること
2 一つの作品だけに集中して質を高めること
3 量を決めて、それに達するまでは続けること
4 とにかく継続して量を積み重ねていけること

73 筆者は天才になる最も効率の良い勉強方法は何だと考えているか。

1 量をこなすために、いろいろな分野を試すこと
2 常に無駄のない勉強方法を考え続けること
3 最初は量をこなし質に転換したら量を減らすこと
4 ささやかな努力でも継続して積み重ねていくこと

問題14　右のページは、さくら市の休日保育サービス案内である。下の問いに対する答えとして、最もよいものを1・2・3・4から一つ選びなさい。

[74] 由美ちゃんの母親は、4月5日からさくら市の休日サービスを受けようとしている。いつから登録・申し込みができるか。

1　3月5日から
2　3月10日から
3　3月15日から
4　3月20日から

[75] 文章の内容として正しいのはどれか。

1　子供が3人以上でないと、このサービスが受けられない。
2　満11か月の子供は、このサービスが利用できない。
3　このサービスでは、平日も子供を預かってくれる。
4　保護者負担金は、クレジットカードでも支払える。

さくら市の休日保育サービス案内

1. さくら市の休日保育事業

さくら市では、保護者の就労、病気、けが、リフレッシュ等により、土日と祝日にご家庭で保育できない場合に、保育園でお子さんをお預かりします。

2. 利用できる児童：次の1から3のすべての要件を満たす児童

①満1歳から就学前までの児童

②健康で集団保育が可能な児童

③さくら市内在住の児童

3. 休日保育実施施設

実施施設	所在地	電話番号	定員	対象児童
さくら保育園	さくら町7-12	012-345-6789	30名	満1歳から

4. 利用日および利用時間：1月4日から12月28日までの土日と祝日 ／ 午前7時00分から午後7時30分まで

（保育時間は就労時間＋通勤時間を原則とします）

5. 保護者負担金：1日につき3,000円

(注)申込み時に現金でお支払いください。なお、お支払いいただいた負担金は、お返しできません。

6. 申し込み・登録

申込書に必要事項を記入し、利用日の1か月前から前日までに申し込みをしてください。

また、事前に登録が必要です。児童登録カードにご記入の上、さくら保育園にお子さんの健康保険証・乳幼児医療証（お持ちの方）のコピーと母子健康手帳をご持参ください。

7. 受付時間：さくら保育園 午前9時30分から午後5時まで（平日のみ）

N2

聴解

(50分)

注意 Notes

1. 試験が始まるまで、この問題用紙を開けないでください。
   Do not open this question booklet until the test begins.

2. この問題用紙を持って帰ることはできません。
   Do not take this question booklet with you after the test.

3. 受験番号と名前を下の欄に、受験票と同じように書いてください。
   Write your examinee registration number and name clearly in each box below as written on your test voucher.

4. この問題用紙は、全部で13ページあります。
   This question booklet has 13 pages.

5. この問題用紙にメモをとってもかまいません。
   You may make notes in this question booklet.

| 受験番号 Examinee Registration Number | |

| 名前 Name | |

もんだい
問題 1

問題 1 では、まず質問を聞いてください。それから話を聞いて、問題用紙の 1 から 4 の中から、最もよいものを一つ選んでください。

例

1　ホームページで児童書を検索する
2　ホームページで子供に読ませる本を検索する
3　子供も入館できる図書館を探す
4　子供が読める本がある図書館を探す

1番

1 すきまのないようにブロッコリーを敷いて、パプリカを洗う
2 ブロッコリーを固めて、皿にきれいに並べる
3 多様な野菜を出し、ゆでてから、色を合わせる
4 色の組み合わせのために赤い色彩の野菜とパプリカを追加する

2番

1 正規雇用になるまで、家族の理解を求める
2 正式な社員になるまで、もうしばらくフリーターの生活を楽しむ
3 常勤の社員になるまで、支出が多くならないように節約する
4 家族に心配かけないように派遣社員として努力する

3番

1 佐藤さんに連絡して、事前にギャラリーの位置を調査する
2 佐藤さんに電話して、前もってギャラリーの情報を質問する
3 とりあえず佐藤さんとの連絡が取れるようにがんばる
4 佐藤さんに電話してギャラリーの名前や休館日を検索する

4番

1 物に執着する習慣を直し、要らないものは捨てる
2 物にこだわらないで、これからは何かを購入するとき、自分に本当に必要なものかよく考える
3 要らない物にお金を使うのをやめ、これからも部屋を片付ける
4 何を捨て、何を残すか分かるまで、処分してみる

5番

1 離乳食
2 肉が入ったパスタ
3 とりのから揚げ
4 スープ

もんだい
問題2

問題2では、まず質問を聞いてください。そのあと、問題用紙のせんたくしを読んでください。読む時間があります。それから話を聞いて、問題用紙の1から4の中から、最もよいものを一つ選んでください。

例

1 材料は大きさを合わせて切ること
2 材料がそろった後に、はやく煮ること
3 炒める順番を決めること
4 はやく済ませられるように材料をそろえること

1番
1 何をするにも、お金がかかるから
2 お金があれば、何でも買えるから
3 生活するのに、お金がかかるから
4 お金があれば、働かなくてもいいから

2番
1 健康的な体になりたいから
2 新しいズボンを買いたいから
3 ズボンがはけなくなったから
4 女の人にもてたいから

3番

1 賞味期限が切れていたから
2 全商品にカビの発生が確認されたから
3 消費期限が切れていたから
4 一部の商品にカビが発生していたから

4番

1 接客が多く、集中できないため
2 パソコンの調子が悪いため
3 体の調子が悪く、疲れているため
4 他の仕事も頼まれているため

5番

1 ポイントが二倍もらえるから
2 保証期間が延長になるから
3 他のプレゼントがもらえるから
4 修理代がずっと無料になるから

6番

1 ペットを飼いだしたため
2 アルバイトのため
3 ダイエットのため
4 友達に勧められたため

<ruby>問題<rt>もんだい</rt></ruby> 3

問題3では、問題用紙に何もいんさつされていません。この問題は、全体としてどんな内容かを聞く問題です。話の前に質問はありません。まず話を聞いてください。それから、質問とせんたくしを聞いて、1から4の中から、最もよいものを一つ選んでください。

― メモ ―

問題4

問題4では、問題用紙に何もいんさつされていません。この問題は、まず文を聞いてください。それから、それに対する返事を聞いて、1から3の中から、最もよいものを一つ選んでください。

― メモ ―

問題5

問題5では、長めの話を聞きます。この問題には練習はありません。
メモをとってもかまいません。

1番、2番

問題用紙に何もいんさつされていません。まず話を聞いてください。それから、質問とせんたくしを聞いて、1から4の中から、最もよいものを一つ選んでください。

― メモ ―

3番

まず話を聞いてください。それから、二つの質問を聞いて、それぞれ問題用紙の1から4の中から、最もよいものを一つ選んでください。

質問1

1 内科
2 耳鼻咽喉科
3 外科
4 産婦人科

質問2

1 内科
2 耳鼻咽喉科
3 外科
4 産婦人科

memo

N2 第1回 日本語能力試 模擬テスト 解答用紙

言語知識（文字・語彙・文法）・読解

受験番号 Examinee Registration Number

名前 Name

〈ちゅうい Notes〉
1. くろいえんぴつ (HB、No.2) でかいてください。
   (ペンやボールペンではかかないでください。)
   Use a black medium soft (HB or No.2) pencil.
   (Do not use any kind of pen.)
2. かきなおすときは、けしゴムできれいにけしてください。
   Erase any unintended marks completely.
3. きたなくしたり、おったりしないでください。
   Do not soil or bend this sheet.
4. マークれい Marking examples

よいれい Correct Example	わるいれい Incorrect Examples
●	⊘ ⊖ ◑ ⦵ ⊗ ○

問題 1: 1–5
問題 2: 6–10
問題 3: 11–15
問題 4: 16–22
問題 5: 23–27
問題 6: 28–32
問題 7: 33–44
問題 8: 45–49
問題 9: 50–54
問題 10: 55–59
問題 11: 60–64
問題 12: 65–68
問題 13: 69–70
問題 14: 71–73
問題 15: 74–75

(Each item has options ① ② ③ ④)

N2 第1回 日本語能力試 模擬テスト 解答用紙

聴解

受験番号 Examinee Registration Number

名前 Name

〈ちゅうい Notes〉

1. くろいえんぴつ (HB、No.2) でかいてください。
   （ペンやボールペンではかかないでください。）
   Use a black medium soft (HB or No.2) pencil.
   (Do not use any kind of pen.)
2. かきなおすときは、けしゴムできれいにけしてください。
   Erase any unintended marks completely.
3. きたなくしたり、おったりしないでください。
   Do not soil or bend this sheet.
4. マークれい Marking examples

よいれい Correct Example	わるいれい Incorrect Examples
●	⊘ ○ ◐ ◑ ① ●

もんだい問題 1

れい例	①	②	③	●
1	①	②	③	④
2	①	②	③	④
3	①	②	③	④
4	①	②	③	④
5	①	②	③	④

もんだい問題 2

れい例	①	②	●	④
1	①	②	③	④
2	①	②	③	④
3	①	②	③	④
4	①	②	③	④
5	①	②	③	④
6	①	②	③	④

もんだい問題 3

れい例	●	②	③	④
1	①	②	③	④
2	①	②	③	④
3	①	②	③	④
4	①	②	③	④
5	①	②	③	④

もんだい問題 4

れい例	①	②	●
1	①	②	③
2	①	②	③
3	①	②	③
4	①	②	③
5	①	②	③
6	①	②	③
7	①	②	③
8	①	②	③
9	①	②	③
10	①	②	③
11	①	②	③
12	①	②	③

もんだい問題 5

1	①	②	③	④
2	①	②	③	④
3 (1)	①	②	③	④
3 (2)	①	②	③	④

N2 第2回 日本語能力試 模擬テスト 解答用紙
言語知識（文字・語彙・文法）・読解

受験番号 Examinee Registration Number

名前 Name

〈ちゅうい Notes〉
1. くろいえんぴつ（HB、No.2）でかいてください。
   （ペンやボールペンではかかないでください。）
   Use a black medium soft (HB or No.2) pencil.
   (Do not use any kind of pen.)
2. かきなおすときは、けしゴムできれいにけしてください。
   Erase any unintended marks completely.
3. きたなくしたり、おったりしないでください。
   Do not soil or bend this sheet.
4. マークれい Marking examples

よいれい Correct Example	わるいれい Incorrect Examples
●	⊘ ○ ◐ ◑ ⦿ ①

問題 1
1	① ② ③ ④
2	① ② ③ ④
3	① ② ③ ④
4	① ② ③ ④
5	① ② ③ ④

問題 2
6	① ② ③ ④
7	① ② ③ ④
8	① ② ③ ④
9	① ② ③ ④
10	① ② ③ ④

問題 3
11	① ② ③ ④
12	① ② ③ ④
13	① ② ③ ④
14	① ② ③ ④
15	① ② ③ ④

問題 4
16	① ② ③ ④
17	① ② ③ ④
18	① ② ③ ④
19	① ② ③ ④
20	① ② ③ ④
21	① ② ③ ④
22	① ② ③ ④

問題 5
23	① ② ③ ④
24	① ② ③ ④
25	① ② ③ ④
26	① ② ③ ④
27	① ② ③ ④

問題 6
28	① ② ③ ④
29	① ② ③ ④
30	① ② ③ ④
31	① ② ③ ④
32	① ② ③ ④

問題 7
33	① ② ③ ④
34	① ② ③ ④
35	① ② ③ ④
36	① ② ③ ④
37	① ② ③ ④
38	① ② ③ ④
39	① ② ③ ④
40	① ② ③ ④
41	① ② ③ ④
42	① ② ③ ④
43	① ② ③ ④
44	① ② ③ ④

問題 8
45	① ② ③ ④
46	① ② ③ ④
47	① ② ③ ④
48	① ② ③ ④
49	① ② ③ ④

問題 9
50	① ② ③ ④
51	① ② ③ ④
52	① ② ③ ④
53	① ② ③ ④
54	① ② ③ ④

問題 10
55	① ② ③ ④
56	① ② ③ ④
57	① ② ③ ④
58	① ② ③ ④
59	① ② ③ ④

問題 11
60	① ② ③ ④
61	① ② ③ ④
62	① ② ③ ④
63	① ② ③ ④
64	① ② ③ ④
65	① ② ③ ④
66	① ② ③ ④
67	① ② ③ ④
68	① ② ③ ④

問題 12
| 69 | ① ② ③ ④ |
| 70 | ① ② ③ ④ |

問題 13
71	① ② ③ ④
72	① ② ③ ④
73	① ② ③ ④

問題 14
| 74 | ① ② ③ ④ |
| 75 | ① ② ③ ④ |

N2 第2回 日本語能力試 模擬テスト 解答用紙

聴解

受験番号 Examinee Registration Number

名前 Name

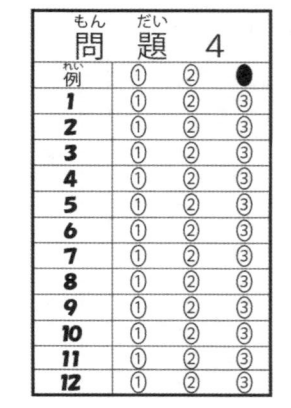

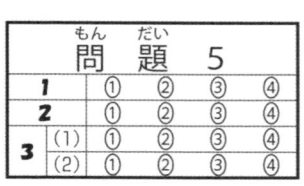

〈ちゅうい Notes〉
1. くろいえんぴつ (HB、No.2) でかいてください。
   (ペンやボールペンではかかないでください。)
   Use a black medium soft (HB or No.2) pencil.
   (Do not use any kind of pen.)
2. かきなおすときは、けしゴムできれいにけしてください。
   Erase any unintended marks completely.
3. きたなくしたり、おったりしないでください。
   Do not soil or bend this sheet.
4. マークれい Marking examples

よいれい Correct Example	わるいれい Incorrect Examples
●	⊘ ○ ◐ ○ ◑ ○

もんだい 問題 1

	①	②	③	④
れい 例	①	②	③	●
1	①	②	③	④
2	①	②	③	④
3	①	②	③	④
4	①	②	③	④
5	①	②	③	④

もんだい 問題 2

	①	②	③	④
れい 例	●	②	③	④
1	①	②	③	④
2	①	②	③	④
3	①	②	③	④
4	①	②	③	④
5	①	②	③	④
6	①	②	③	④

もんだい 問題 3

	①	②	③	④
れい 例	①	●	③	④
1	①	②	③	④
2	①	②	③	④
3	①	②	③	④
4	①	②	③	④
5	①	②	③	④

もんだい 問題 4

	①	②	③
れい 例	①	②	●
1	①	②	③
2	①	②	③
3	①	②	③
4	①	②	③
5	①	②	③
6	①	②	③
7	①	②	③
8	①	②	③
9	①	②	③
10	①	②	③
11	①	②	③
12	①	②	③

もんだい 問題 5

		①	②	③	④
1		①	②	③	④
2		①	②	③	④
3	(1)	①	②	③	④
	(2)	①	②	③	④

N2 第3回 日本語能力試 模擬テスト 解答用紙

言語知識(文字・語彙・文法)・読解

受験番号 Examinee Registration Number

名前 Name

〈ちゅうい Notes〉

1. くろいえんぴつ(HB、No.2)でかいてください。
   (ペンやボールペンではかかないでください。)
   Use a black medium soft (HB or No.2) pencil.
   (Do not use any kind of pen.)
2. かきなおすときは、けしゴムできれいにけしてください。
   Erase any unintended marks completely.
3. きたなくしたり、おったりしないでください。
   Do not soil or bend this sheet.
4. マークれい Marking examples

よいれい Correct Example	わるいれい Incorrect Examples
●	⊘ ⊖ ◑ ○ ◐ ●

問題 1
1	① ② ③ ④
2	① ② ③ ④
3	① ② ③ ④
4	① ② ③ ④
5	① ② ③ ④

問題 2
6	① ② ③ ④
7	① ② ③ ④
8	① ② ③ ④
9	① ② ③ ④
10	① ② ③ ④

問題 3
11	① ② ③ ④
12	① ② ③ ④
13	① ② ③ ④
14	① ② ③ ④
15	① ② ③ ④

問題 4
16	① ② ③ ④
17	① ② ③ ④
18	① ② ③ ④
19	① ② ③ ④
20	① ② ③ ④
21	① ② ③ ④
22	① ② ③ ④

問題 5
23	① ② ③ ④
24	① ② ③ ④
25	① ② ③ ④
26	① ② ③ ④
27	① ② ③ ④

問題 6
28	① ② ③ ④
29	① ② ③ ④
30	① ② ③ ④
31	① ② ③ ④
32	① ② ③ ④

問題 7
33	① ② ③ ④
34	① ② ③ ④
35	① ② ③ ④
36	① ② ③ ④
37	① ② ③ ④
38	① ② ③ ④
39	① ② ③ ④
40	① ② ③ ④
41	① ② ③ ④
42	① ② ③ ④
43	① ② ③ ④
44	① ② ③ ④

問題 8
45	① ② ③ ④
46	① ② ③ ④
47	① ② ③ ④
48	① ② ③ ④
49	① ② ③ ④

問題 9
50	① ② ③ ④
51	① ② ③ ④
52	① ② ③ ④
53	① ② ③ ④
54	① ② ③ ④

問題 10
55	① ② ③ ④
56	① ② ③ ④
57	① ② ③ ④
58	① ② ③ ④
59	① ② ③ ④

問題 11
60	① ② ③ ④
61	① ② ③ ④
62	① ② ③ ④
63	① ② ③ ④
64	① ② ③ ④
65	① ② ③ ④
66	① ② ③ ④
67	① ② ③ ④
68	① ② ③ ④

問題 12
| 69 | ① ② ③ ④ |
| 70 | ① ② ③ ④ |

問題 13
71	① ② ③ ④
72	① ② ③ ④
73	① ② ③ ④

問題 14
| 74 | ① ② ③ ④ |
| 75 | ① ② ③ ④ |

N2 第3回 日本語能力試験 模擬テスト 解答用紙

聴解

受験番号 Examinee Registration Number

名前 Name

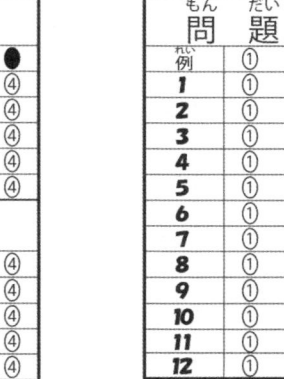

〈ちゅうい Notes〉
1. くろいえんぴつ (HB、No.2) でかいてください。
   (ペンやボールペンではかかないでください。)
   Use a black medium soft (HB or No.2) pencil.
   (Do not use any kind of pen.)
2. かきなおすときは、けしゴムできれいにけしてください。
   Erase any unintended marks completely.
3. きたなくしたり、おったりしないでください。
   Do not soil or bend this sheet.
4. マークれい Marking examples

よいれい Correct Example	わるいれい Incorrect Examples
●	⊘ ○ ◐ ◑ ○ ●

もんだい Question 1

	1	2	3	4
れい 例	①	②	●	④
1	①	②	③	④
2	①	②	③	④
3	①	②	③	④
4	①	②	③	④
5	①	②	③	④

もんだい Question 2

	1	2	3	4
れい 例	①	●	③	④
1	①	②	③	④
2	①	②	③	④
3	①	②	③	④
4	①	②	③	④
5	①	②	③	④
6	①	②	③	④

もんだい Question 3

	1	2	3	4
れい 例	●	②	③	④
1	①	②	③	④
2	①	②	③	④
3	①	②	③	④
4	①	②	③	④
5	①	②	③	④

もんだい Question 4

	1	2	3
れい 例	①	②	●
1	①	②	③
2	①	②	③
3	①	②	③
4	①	②	③
5	①	②	③
6	①	②	③
7	①	②	③
8	①	②	③
9	①	②	③
10	①	②	③
11	①	②	③
12	①	②	③

もんだい Question 5

	1	2	3	4
1	①	②	③	④
2	①	②	③	④
3 (1)	①	②	③	④
3 (2)	①	②	③	④

N2 第4回 日本語能力試 模擬テスト 解答用紙

言語知識(文字・語彙・文法)・読解

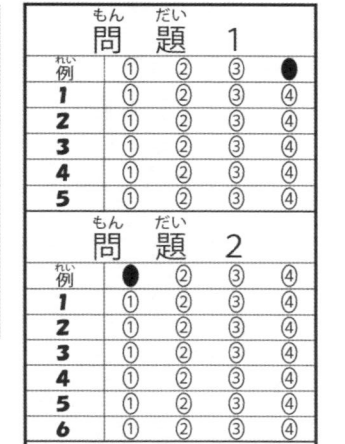

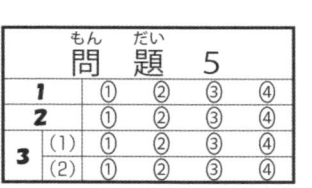

N2 第4回 日本語能力試 模擬テスト 解答用紙

聴解

N2 第5回 日本語能力試 模擬テスト 解答用紙

言語知識(文字・語彙・文法)・読解

N2 日本語能力試 模擬テスト 解答用紙（練習用）
言語知識（文字・語彙・文法）・読解

受験番号 Examinee Registration Number

名前 Name

〈ちゅうい Notes〉
1. くろいえんぴつ（HB、No.2）でかいてください。
   Use a black medium soft (HB or No.2) pencil.
   （ペンやボールペンではかかないでください。）
   (Do not use any kind of pen.)
2. かきなおすときは、けしゴムできれいにけしてください。
   Erase any unintended marks completely.
3. きたなくしたり、おったりしないでください。
   Do not soil or bend this sheet.
4. マークれい Marking examples

よいれい Correct Example	わるいれい Incorrect Examples
●	⊘ ⊙ ⊙ ○ ◐ ◑

問題 1
1	①	②	③	④
2	①	②	③	④
3	①	②	③	④
4	①	②	③	④
5	①	②	③	④

問題 2
6	①	②	③	④
7	①	②	③	④
8	①	②	③	④
9	①	②	③	④
10	①	②	③	④

問題 3
11	①	②	③	④
12	①	②	③	④
13	①	②	③	④
14	①	②	③	④
15	①	②	③	④

問題 4
16	①	②	③	④
17	①	②	③	④
18	①	②	③	④
19	①	②	③	④
20	①	②	③	④
21	①	②	③	④
22	①	②	③	④

問題 5
23	①	②	③	④
24	①	②	③	④
25	①	②	③	④
26	①	②	③	④
27	①	②	③	④

問題 6
28	①	②	③	④
29	①	②	③	④
30	①	②	③	④
31	①	②	③	④
32	①	②	③	④

問題 7
33	①	②	③	④
34	①	②	③	④
35	①	②	③	④
36	①	②	③	④
37	①	②	③	④
38	①	②	③	④
39	①	②	③	④
40	①	②	③	④
41	①	②	③	④
42	①	②	③	④
43	①	②	③	④
44	①	②	③	④

問題 8
45	①	②	③	④
46	①	②	③	④
47	①	②	③	④
48	①	②	③	④
49	①	②	③	④

問題 9
50	①	②	③	④
51	①	②	③	④
52	①	②	③	④
53	①	②	③	④
54	①	②	③	④

問題 10
55	①	②	③	④
56	①	②	③	④
57	①	②	③	④
58	①	②	③	④
59	①	②	③	④

問題 11
60	①	②	③	④
61	①	②	③	④
62	①	②	③	④
63	①	②	③	④
64	①	②	③	④
65	①	②	③	④
66	①	②	③	④
67	①	②	③	④
68	①	②	③	④

問題 12
69	①	②	③	④
70	①	②	③	④

問題 13
71	①	②	③	④
72	①	②	③	④
73	①	②	③	④

問題 14
74	①	②	③	④
75	①	②	③	④

N2 日本語能力試 模擬テスト 解答用紙（練習用）

聴解

受験番号 Examinee Registration Number

名前 Name

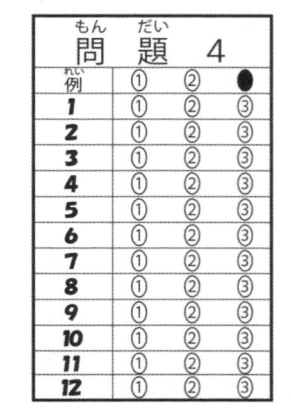

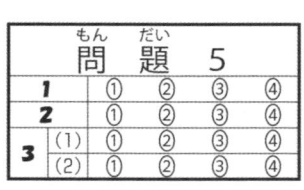

〈ちゅうい Notes〉
1. くろいえんぴつ（HB、No.2）でかいてください。
   Use a black medium soft (HB or No.2) pencil.
   （ペンやボールペンではかかないでください。）
   (Do not use any kind of pen.)
2. かきなおすときは、けしゴムできれいにけしてください。
   Erase any unintended marks completely.
3. きたなくしたり、おったりしないでください。
   Do not soil or bend this sheet.
4. マークれい Marking examples

よいれい Correct Example	わるいれい Incorrect Examples
●	 ⊘ ⊙ ◯ ◉ ◐ ◑

もんだい 1

例	①	②	③	●
1	①	②	③	④
2	①	②	③	④
3	①	②	③	④
4	①	②	③	④
5	①	②	③	④

もんだい 2

例	●	②	③	④
1	①	②	③	④
2	①	②	③	④
3	①	②	③	④
4	①	②	③	④
5	①	②	③	④
6	①	②	③	④

もんだい 3

例	①	●	③	④
1	①	②	③	④
2	①	②	③	④
3	①	②	③	④
4	①	②	③	④
5	①	②	③	④

もんだい 4

例	①	②	●
1	①	②	③
2	①	②	③
3	①	②	③
4	①	②	③
5	①	②	③
6	①	②	③
7	①	②	③
8	①	②	③
9	①	②	③
10	①	②	③
11	①	②	③
12	①	②	③

もんだい 5

1	①	②	③	④
2	①	②	③	④
3 (1)	①	②	③	④
3 (2)	①	②	③	④

JLPT 新日檢

N2

合格實戰
模擬題

解析

目錄

- **實戰模擬試題 第 1 回**
  - 解　答 5
  - 第 1 節　言語知識〈文字・語彙〉 6
  - 第 1 節　言語知識〈文法〉 14
  - 第 1 節　讀解 20
  - 第 2 節　聽解 34

- **實戰模擬試題 第 2 回**
  - 解　答 63
  - 第 1 節　言語知識〈文字・語彙〉 64
  - 第 1 節　言語知識〈文法〉 72
  - 第 1 節　讀解 77
  - 第 2 節　聽解 90

- **實戰模擬試題 第 3 回**
  - 解　答 119
  - 第 1 節　言語知識〈文字・語彙〉 120
  - 第 1 節　言語知識〈文法〉 127
  - 第 1 節　讀解 133
  - 第 2 節　聽解 146

- **實戰模擬試題 第 4 回**
  - 解　答 175
  - 第 1 節　言語知識〈文字・語彙〉 176
  - 第 1 節　言語知識〈文法〉 183
  - 第 1 節　讀解 189
  - 第 2 節　聽解 201

- **實戰模擬試題 第 5 回**
  - 解　答 229
  - 第 1 節　言語知識〈文字・語彙〉 230
  - 第 1 節　言語知識〈文法〉 237
  - 第 1 節　讀解 243
  - 第 2 節　聽解 256

我的分數？

共 ☐ 題正確

若是分數差強人意也別太失望，看看解說再次確認後重新解題，如此一來便能慢慢累積實力。

JLPT N2 第1回 實戰模擬試題解答

第1節　言語知識〈文字・語彙〉

- **問題1**　[1] 2　[2] 3　[3] 1　[4] 1　[5] 4
- **問題2**　[6] 3　[7] 2　[8] 1　[9] 3　[10] 4
- **問題3**　[11] 4　[12] 1　[13] 4　[14] 2　[15] 3
- **問題4**　[16] 2　[17] 1　[18] 3　[19] 1　[20] 4　[21] 3　[22] 1
- **問題5**　[23] 1　[24] 2　[25] 2　[26] 3　[27] 3
- **問題6**　[28] 3　[29] 2　[30] 3　[31] 4　[32] 1

第1節　言語知識〈文法〉

- **問題7**　[33] 3　[34] 2　[35] 1　[36] 2　[37] 4　[38] 1　[39] 1　[40] 3　[41] 2　[42] 2　[43] 2　[44] 1
- **問題8**　[45] 3　[46] 1　[47] 3　[48] 3　[49] 4
- **問題9**　[50] 4　[51] 1　[52] 4　[53] 2　[54] 2

第1節　讀解

- **問題10**　[55] 1　[56] 2　[57] 2　[58] 2　[59] 3
- **問題11**　[60] 1　[61] 4　[62] 2　[63] 3　[64] 1　[65] 4　[66] 3　[67] 1　[68] 4
- **問題12**　[69] 3　[70] 2
- **問題13**　[71] 2　[72] 4　[73] 1
- **問題14**　[74] 3　[75] 1

第2節　聽解

- **問題1**　[1] 4　[2] 3　[3] 1　[4] 1　[5] 2
- **問題2**　[1] 1　[2] 3　[3] 2　[4] 4　[5] 4　[6] 4
- **問題3**　[1] 3　[2] 1　[3] 3　[4] 2　[5] 3
- **問題4**　[1] 1　[2] 2　[3] 1　[4] 2　[5] 3　[6] 3　[7] 3　[8] 3　[9] 3　[10] 3　[11] 2　[12] 3
- **問題5**　[1] 3　[2] 4　[3] 1　2　[2] 2

第1回 實戰模擬試題 解析

第1節 言語知識〈文字・語彙〉

問題1 請從 1、2、3、4 中選出 _____ 這個詞彙最正確的讀法。

① 救急隊員は全力を尽くし、雪に埋もれた人たちを救助した。
　1　さもれた　　　2　うもれた　　　3　いずもれた　　　4　かずもれた
救難隊員竭盡全力，拯救了被雪埋住的人們。

詞彙 救急隊員（きゅうきゅうたいいん）救難隊員｜救助（きゅうじょ）救助
+ 「埋まる」「埋まる」「埋もれる」「埋もれる」都表示「被埋上、埋著」的意思。

② この国は石油や天然ガスなど、豊富な資源がある。
　1　ほうふう　　　2　ほふう　　　3　ほうふ　　　4　ほうぶ
這個國家有著石油和天然氣等豐富的資源。

詞彙 石油（せきゆ）石油｜天然ガス（てんねん）天然氣｜豊富だ（ほうふ）豐富 ▶ 豊作（ほうさく）豐收／豊満（ほうまん）豐滿｜資源（しげん）資源

③ 彼は運動選手なので、食物の栄養素を細かくチェックしている。
　1　えいようそ　　　2　えようそ　　　3　えいよぞ　　　4　えようぞ
因為他是一名運動選手，所以他會仔細地確認食物的營養素。

詞彙 食物（しょくもつ）食物｜栄養素（えいようそ）營養素 ▶ 栄養失調（えいようしっちょう）營養失調／栄養成分（えいようせいぶん）營養成分

④ 何か身分を証明するものを預ければいいです。
　1　あずければ　　　2　あづければ　　　3　あすければ　　　4　あじければ
只要交給我一份能證明身分的文件即可。

詞彙 身分（みぶん）身分｜証明（しょうめい）證明｜預ける（あず）交給別人保管、寄存 ▶ 預かる（あず）（代人）保管、收存

⑤ 彼はA社に投資し、膨大な損失をこうむったことがある。
　1　ばくだい　　　2　まくだい　　　3　ほうだい　　　4　ぼうだい
他曾經投資A公司並遭受巨大的損失。

6

詞彙 膨大 龐大、巨大（注意不要和「莫大（ばくだい）」的讀音搞混）| 投資 投資 | 損失をこうむる 遭受損失

問題 2　請從 1、2、3、4 中選出最適合 _____ 的漢字。

6 なぜ彼が行方不明になったのか、まったくけんとうがつかない。
　　1　健当　　　　2　検討　　　　3　見当　　　　4　権討
完全猜想不到為什麼他失蹤了。

詞彙 行方不明 失蹤、下落不明 | まったく 完全 | 見当がつく 能猜想到、能夠預想到

7 はたしてその事件の真実は何だろうか。
　　1　巴たして　　2　果たして　　3　波たして　　4　派たして
那個事件的真相到底是什麼？

詞彙 果たして 到底、究竟 | 事件 事件 | 真実 真相、真實

8 一週間もくしんして報告書を仕上げた。
　　1　苦心　　　　2　久真　　　　3　句芯　　　　4　九進
經過一週的辛苦鑽研，完成了報告書。

詞彙 苦心 費盡心血、絞盡腦汁 | 報告書 報告書 | 仕上げる 完成

9 AチームはBチームとのサッカー試合で0-5とあっしょうを収めた。
　　1　庄縢　　　　2　庄勝　　　　3　圧勝　　　　4　圧縢
A隊在與B隊的足球比賽中以0比5獲得壓倒性的勝利。

詞彙 圧勝を収める 獲得壓倒性的勝利 ▶ 利益を収める 獲得利益 / 成果を収める 獲得成果

10 いまだにその事件に対し、ぎもんが残るのは隠せない。
1　偽門　　　2　偽問　　　3　疑門　　　**4　疑問**

對於那起事件，至今仍無法隱藏心中的疑問。

詞彙 いまだに 仍然｜事件 事件｜〜に対して 對於〜｜疑問 疑問、疑點｜残る 殘存、剩下｜隠す 隱藏、掩飾

問題 3　請從 1、2、3、4 中選出最適合填入（　　）的選項。

11 この法案は（　　）半数の得票をしないと通過できない。
1　上　　　2　下　　　3　反　　　**4　過**

這項法案如果未獲得過半數的票數，將無法通過。

詞彙 法案 法案｜過半数 過半數 ▶ 過敏症 過敏症／過労死 過勞死｜得票 得票｜通過 通過

12 （　　）時点で我々にできることは何もないかもしれない。
1　現　　　2　今　　　3　次　　　4　当

現在這個時間點，或許我們無法做任何事情。

詞彙 現時点 現在（這個時間點）、目前 ▶ 現住所 現在的住址｜我々 我們

13 サッカー大会を迎え、みんな張り（　　）練習した。
1　ついて　　　2　つけて　　　3　切れて　　　**4　切って**

足球比賽即將來臨，大家都幹勁十足地練習。

詞彙 迎える 迎接、迎來｜張り切る 幹勁十足　例 張り切って仕事する 積極地工作 ▶ 締め切る 截止、結束／言い切る 斷言

14 今回の会談では環境の（　　）問題に対する論議が行われた。
1　多　　　**2　諸**　　　3　全　　　4　重

在這次的會談中，對於環境的諸多問題進行了議論。

詞彙 会談 會談｜環境 環境｜諸問題 諸多問題 ▶ 諸外国 其他國家、各國／諸経費 各種經費｜論議 議論｜行う 進行

[15] 電車の中で居眠りして乗り（　　　）しまった。
　　1　過ぎて　　　　2　通って　　　　3　過ごして　　　　4　超えて
　　在電車上打瞌睡，結果坐過站了。

詞彙 居眠りする 打瞌睡｜乗り過ごす 坐過站（＝乗り越す）
▶ 乗り越える 跨越、克服／見過す 看漏、視而不見／読み過す 讀漏

問題 4　請從 1、2、3、4 中選出最適合填入（　　　）的選項。

[16] 急用で彼を訪ねたが、（　　　）席を外していた。
　　1　思いもよらず　　2　あいにく　　3　次第に　　4　まもなく
　　因為急事去拜訪他，但不巧他不在座位上。

詞彙 急用 急事｜訪ねる 拜訪｜あいにく 不湊巧｜席を外す 不在位子上｜思いもよらず 出乎意料、沒有想到｜次第に 逐漸地｜まもなく 不久

[17] 事故の恐れがより大きいので、制限速度は（　　　）守ってください。
　　1　きっかり　　　　2　しつこく　　　　3　みっしり　　　　4　はっきり
　　由於發生事故的風險更大，所以請準確地遵守速度限制。

詞彙 恐れ 擔憂、風險｜きっかり（時間或數量）準確地　例 きっかり約束の時間に来る 準時地在約定的時間到達｜しつこく 糾纏不休｜みっしり 密實地、緊緊地　例 みっしり詰まっている 緊緊地塞滿｜はっきり 清楚地　例 めがねを掛けたら、はっきり見える 戴上眼鏡後，看得很清楚

[18] 怪我はちょっとした（　　　）がもたらすから、気を緩めてはいけないと思う。
　　1　判決　　　　2　判断　　　　3　油断　　　　4　区別
　　受傷是稍微疏忽造成的，所以我認為不可以鬆懈。

詞彙 怪我 受傷｜ちょっとした 稍微｜油断 粗心大意、疏忽大意｜もたらす 造成、帶來｜気を緩める 鬆懈、放鬆｜判決 判決｜判断 判斷｜区別 區別

[19] 彼は自分の意見に（　　　）行動を決して許せなかった。
1　逆らう　　　　2　無視する　　　　3　憎む　　　　4　抵抗する

他絕對無法容忍違背他意見的行為。

詞彙　逆らう 違背｜行動 行動、行為｜決して 絕對｜許す 允許、容許｜無視する 無視｜憎む 憎恨｜抵抗する 抵抗

[20] あなたに（　　　）未来が訪れるように、お祈りいたします。
1　懐かしい　　　　2　賢い　　　　3　訝しい　　　　4　輝かしい

祝福您能迎來耀眼的未來。

詞彙　訪れる 到來、來臨｜祈り 祝福、祈禱｜懐かしい 懷念的｜賢い 聰明的｜訝しい 可疑的｜輝かしい 輝煌、耀眼

[21] 高速道路でものすごいスピードで他の車を（　　　）と非常に危ない。
1　追い出す　　　　2　追い上げる　　　　3　追い越す　　　　4　追い立てる

在高速公路上以極快的速度超越其他車輛是非常危險的。

詞彙　高速道路 高速公路｜ものすごい 非常、很｜追い越す 超越、超過｜追い出す 趕出去｜追い上げる 緊緊追趕｜追い立てる 趕走

[22] （　　　）を振るうというのは物理的なだけではなく、心理的な問題も含まれる。
1　暴力　　　　2　乱暴　　　　3　暴走　　　　4　暴行

使用暴力不僅僅是物理上的行為，也包含心理上的問題。

詞彙　暴力を振るう 使用暴力｜物理的 物理上的｜心理的 心理上的｜含む 包含｜乱暴 粗暴、粗魯｜暴走 亂跑、行為魯莽｜暴行 暴行、強姦

問題 5　請從 1、2、3、4 中選出與_____意思最接近的選項。

[23] 大体の目安をつけて仕事を進めた方がいい。
1　基準　　　　2　目的　　　　3　目当り　　　　4　見当り

最好制定大致的目標進行工作。

詞彙　大体 大概｜目安をつける 訂定目標｜進める 使進展｜基準 基準｜目的 目的

[24] 飲みすぎで夕べのことはさっぱり覚えていない。
　　1　ばったり　　　2　まるっきり　　　3　すっきり　　　4　あっさり
　　由於喝太多了，昨晚的事情完全記不起來。

詞彙 飲みすぎ 喝太多｜さっぱり 完全｜ばったり ①突然倒下 ②偶然遇到｜まるっきり 完全｜すっきり 爽快｜あっさり 簡單、清淡

[25] A：今すぐお茶をお持ちします。
　　B：どうぞおかまいなく。
　　1　ご遠慮なく　　2　お心使いなく　　3　お気遣いなく　　4　お気をつけなく
　　A：我現在立刻拿茶過來。
　　B：請不用客氣。

詞彙「どうぞ、お構いなく（請不用客氣）」通常用於受到招待點心或茶水的時候。可以替換的表達是「どうぞ、お気遣いなく（請不要費心）」｜ご遠慮なく 請不要客氣｜心を使う（＝気を使う）用心、費心｜気をつける 小心、注意

[26] これは役員の決定なので、一社員が口を出すことじゃない。
　　1　口を刺す　　　2　関わる　　　3　茶々を入れる　　　4　絡まれる
　　這是董事的決定，所以不是一般職員能插嘴的事情。

詞彙 役員 董事｜決定 決定｜一社員 一般職員｜口を出す 插嘴｜刺す 刺｜関わる 關係到｜茶々を入れる 插嘴｜絡む 牽涉

[27] 彼の意外な行動にみんなが唖然とするのは当たり前でしょう。
　　1　感動を受ける　　2　甚だしくなる　　3　呆気に取られる　　4　憤る
　　大家對他意外的行為驚訝到無語是理所當然的吧。

詞彙 唖然とする（＝呆気に取られる）驚訝到說不出話來 ▶ 唖然 目瞪口呆｜感動を受ける 受到感動｜甚だしくなる 情況變得嚴重、程度加劇｜呆気 目瞪口呆｜憤る 憤怒、生氣

問題 6 請從 1、2、3、4 中選出下列詞彙最適當的使用方法。

---

[28] あくび 哈欠

1 お腹を壊してあくびしてしまう。
2 人は何かに感動したときにあくびが出るものだ。
3 ゆうべ眠れなかったせいなのか、授業中にあくびが出る。
4 驚いてもあくびを出してはいけない。

1 因為吃壞肚子而打哈欠。
2 人因為某事所感動時就會打哈欠。
3 可能是因為昨晚沒睡好，在上課時打了哈欠。
4 即使感到驚訝也不能打哈欠。

解說　「あくびが出る」和「あくびをする」都是「打哈欠」的慣用說法。選項 1 應使用「げりをする（拉肚子）」，選項 2 應改成「涙が出る（流眼淚）」，選項 4 應改成「大声を出してはいけない（不可以大聲說話）」。

詞彙　お腹を壊す 吃壞肚子 ｜ 驚く 驚訝、驚嚇

---

[29] ぶつける 碰撞

1 かかとの高いヒールは階段でぶつけやすい。
2 いきなり飛んできたボールに頭をぶつけてしまった。
3 大事にしていた焼き物をぶつけてしまった。
4 子供にぶつけられたカメラを修理に出した。

1 高跟鞋容易在樓梯撞到。
2 被突然飛來的球撞到頭。
3 不小心撞到一直很珍惜的陶器。
4 將被小孩子撞到的相機拿去修理。

解說　選項 1 應改成「転びやすい（容易跌倒）」，選項 3 應改成「割ってしまった（打破）」，選項 4 應改成「子供が壊した（小孩子弄壞的）」。

詞彙　かかと 後腳跟 ｜ いきなり 突然 ｜ 大事 珍貴、重要 ｜ 焼き物 陶器 ｜ 修理 修理

[30] しつこい　糾纏不休、纏人
1　この紐はしつこくて切れにくい。
2　あんな大事故で助かるとは命がしつこい人だ。
3　会社の男の人にしつこく口説かれて困っている。
4　どんなことがあっても諦めないでしつこくがんばりましょう。

1　這條繩子很纏人不容易斷。
2　在那樣的大事故中能夠得救，是命很糾纏不休的人。
3　被公司的男性糾纏不休地追求，感到很困擾。
4　無論遇到什麼事都不要放棄，糾纏不休地努力吧。

解說　「しつこい」的意思是「糾纏不休、纏人」，所以答案是選項3。選項1應使用「紐が硬い（繩子很硬）」，選項2應改成「命が長い（長命）」，選項4應改成「どんなことがあっても諦めないで、（最後まで）がんばりましょう（無論遇到什麼事都不要放棄，努力到最後吧）」。

詞彙　紐 繩子｜助かる 得救｜口説く 追求｜諦める 放棄

[31] 効く　有效、生效
1　成功しようとする彼の努力は全然効かなかった。
2　医者になろうとする彼女の夢が効いてしまった。
3　仕事は思うままに効いてとても順調です。
4　この薬はのどの痛みによく効きます。

1　想要成功的他，所做的努力完全無效。
2　想成為醫生的她，夢想生效了。
3　工作如所想的一般有效，非常順利。
4　這個藥對於喉嚨痛非常有效。

解說　選項1應使用「努力が無駄になる（努力白費）」，選項2應使用「夢が叶う（夢想成真）」，選項3應使用「思うままに進む（如所想的一樣進行）」。

詞彙　成功 成功｜思うまま 如所想的一樣｜順調 順利｜痛み 疼痛

32 **手数** 麻煩、費時

1 お<u>手数</u>ですが、よろしくお願いします。
2 <u>手数</u>は来月から始まりますので、ご注意ください。
3 <u>手数</u>を取ってしまい、申し訳ございません。
4 <u>手数</u>になる料理を家で作るのは簡単ではない。

1 給您添麻煩了，請多多關照。
2 麻煩會從下個月開始，所以請注意。
3 讓你麻煩了，非常抱歉。
4 在家做會變得麻煩的料理是不簡單的。

解說 沒有「手数を取る」這個說法，所以選項3要使用「手数をかける（添麻煩）」，選項4則應使用「手間のかかる料理（花時間的料理）」。

詞彙 申し訳ございません 非常抱歉｜注意 注意｜簡単 簡單

第1節 言語知識〈文法〉

問題7 請從1、2、3、4中選出最適合填入下列句子（　　　）的答案。

33 経営悪化でこの企業が倒れる可能性は（　　　）。
1 高まりにかけている　　　　2 高まってばかりだ
3 高まりつつある　　　　　4 高まりに際している

由於經營惡化，這個企業倒閉的可能性<u>逐漸升高</u>。

文法重點！ 動詞ます形（去ます）＋つつある：逐漸～

詞彙 経営悪化 經營惡化｜倒れる 倒閉｜際する 正當～的時候（通常會使用「～に際して」的說法，表示「在～之際」）

34 散々悩んだ（　　　）、勤務先を変えることにした。
1 とたん　　　**2 あげく**　　　3 ばかりで　　　4 もので

煩惱了許久，<u>最後</u>決定更換工作地點了。

文法重點！ ～たあげく（に）/ 名詞＋のあげく（に）：結果、最終

詞彙 散々 徹底地、嚴重｜悩む 煩惱｜勤務先 工作地點

| 35 | 壊れた掃除機を修理に出そうと（　　　）、正常に動き出した。
　　　1　思ったら　　　　2　決めてから　　　　3　思うが早いか　　　　4　決めたところ
　　　打算將壞掉的吸塵器拿去修理後，沒想到它就正常地動起來了。

文法重點！ ◎ ～たら：～後，沒想到（表示意外的用法）

詞　彙 掃除機 吸塵器 | 修理 修理 | 正常 正常

| 36 | 父親が（　　　）になってから、私は10年も介護を続けてきた。
　　　1　寝て以来　　　　2　寝たきり　　　　3　寝たこと　　　　4　寝るだけ
　　　自從父親臥床不起後，我已經持續照顧他10年了。

文法重點！ ◎ 動詞て形＋以来：自～之後　　◎ ～たきり：～之後，情況就沒有改變，維持該狀態
　　　　　　　◎ 寝たきりになる：變成臥床不起

詞　彙 介護 照顧、照護

| 37 | それについて確実な結論が（　　　）次第、こちらからご連絡いたします。
　　　1　出て　　　　2　出た　　　　3　出る　　　　4　出
　　　關於那件事情一旦有確定的結論，我們馬上會與您聯絡。

文法重點！ ◎ 動詞ます形（去ます）＋次第：一～馬上～

詞　彙 確実 確實、確定 | 結論 結論

| 38 | あんな事故が（　　　）以来、横断歩道では注意している。
　　　1　起こって　　　　2　起こり　　　　3　起こった　　　　4　起こらない
　　　自從那場事故發生後，在馬路上都很小心。

文法重點！ ◎ 動詞て形＋以来 / 名詞＋以来：自～之後

詞　彙 事故 事故 | 横断歩道 馬路

| 39 | 留学の計画を親に相談した（　　　）、簡単に賛成してくれた。
　　　1　ところ　　　　2　ところを　　　　3　ところで　　　　4　ところへ
　　　我跟父母親商量留學計畫後，他們輕鬆地表示同意。

文法重點！ ◎ ～たところ：～之後

詞　彙 計画 計畫 | 賛成 贊成、同意

[40] 新製品の発売（　　　）、新聞広告を検討しているところだ。
1　を際して　　　2　の際して　　　**3　にあたって**　　　4　のあたって

在新產品發售之際，正在考慮刊登報紙廣告。

文法重點！
- ～にあたって、～にあたり：當～的時候、在～之際，類似表達還有「～に際して / 際し / 際しての（在～之際）」

詞彙 発売 發售 ｜ 検討 審慎考慮

---

[41] 長時間の会議（　　　）、新しい議長が選ばれた。
1　末　　　**2　の末**　　　3　末で　　　4　の末で

經過長時間的會議後，最後選出了新的議長。

文法重點！
- 名詞＋の末（に）/ ～た末（に）：經過（長時間）～之後，終於

詞彙 議長 議長、主席 ▶ 長時間 長時間

---

[42] この承認（　　　）、国民の皆様からのご意見を集めています。
1　の先立って　　　**2　に先立って**　　　3　をきっかけに　　　4　にきっかけに

在進行這項承認之前，集結了所有國民的意見。

文法重點！
- ～に先立ち / に先立って：在～之前
- ～をきっかけに：以～為契機

詞彙 承認 承認

---

[43] 子供（　　　）、老いた親の面倒をみるのは当然だ。
1　の上　　　**2　である以上**　　　3　のかぎり　　　4　であるからには

既然作為子女，照顧年老的父母親是理所當然的。

文法重點！
- （な形容詞 / 名詞＋である）＋以上は：既然～（表示決心和強烈意見的說法，後面常接續「～なければならない（必須～）」或是「～するつもりだ（打算～）」等句子。）選項4的「～からには」也是表示「既然～」的意思，但表達的是說話者的主觀表現，所以選項2較為適當。

詞彙 老いる 年老的 ｜ 面倒をみる 照顧 ｜ 当然 理所當然

[44] 最近若者の離婚率は（　　　）一方だ。
1　増える　　　2　増え　　　3　増えつつ　　　4　増えかけ

最近年輕人的離婚率不斷增加。

文法重點！ ◎ 動詞辭書形＋一方だ：不斷地～、越來越～（可用於正面或負面事物，但以負面消極例子居多）

詞彙 若者 年輕人｜離婚率 離婚率

問題8 請從1、2、3、4中選出最適合填入下列句子＿＿＿★＿＿＿中的答案。

[45] 化粧品は ＿＿＿ ＿＿＿ ★ ＿＿＿ よく売れている。
1　女性　　　2　男性にも　　　3　のみならず　　　4　最近では

最近化妝品不只是女性，在男性族群之間也很暢銷。

正確答案 化粧品は最近では女性のみならず、男性にもよく売れている。

文法重點！ ◎ ～のみならず / だけでなく / ばかりでなく：不只～

詞彙 化粧品 化妝品｜売れる 好賣、暢銷

---

[46] 人口が ＿＿＿ ★ ＿＿＿ ＿＿＿ 深刻化している。
1　つれて　　　2　増えるに　　　3　環境　　　4　問題も

隨著人口增加，環境問題也變得更加嚴重。

正確答案 人口が増えるにつれて、環境問題も深刻化している。

文法重點！ ◎ ～につれて / につれ：隨著～、伴隨

詞彙 環境 環境｜深刻化 嚴重化、深刻化

---

[47] わが社は年齢や ＿＿＿ ★ ＿＿＿ ＿＿＿ 採用する予定です。
1　人材を　　　2　優秀な　　　3　問わず　　　4　性別を

我們公司不問年齡與性別，計劃採用優秀的人才。

正確答案 わが社は年齢や性別を問わず、優秀な人材を採用する予定です。

文法重點！ ◎ ～を問わず：不問～、不論～

詞彙 わが社 我們公司｜年齢 年齢｜性別 性別｜優秀 優秀｜人材 人才｜採用 採用

第1回　實戰模擬試題解析　17

48 病気を治すには ＿＿＿ ＿＿＿ ★ ＿＿＿ 自身の意志も大事です。
　1　医者の　　　　2　患者さん　　　3　もとより　　　4　治療は

要治療疾病，醫生的治療就<u>不用說</u>了，患者自己的意志<u>當然</u>也很重要。

正確答案 病気を治すには医者の治療はもとより患者さん自身の意志も大事です。

文法重點！ ✓ ～はもとより／はもちろん～も：～不用說，當然

詞彙 治療　治療

---

49 私が学生だった頃、先生に逆らったり、＿＿＿ ＿＿＿ ＿＿＿ ★ ことだった。
　1　するのは　　　　2　警察に　　　3　届けたり　　　4　あり得ない

當我是學生的時候，反抗老師或是向警察報案是<u>不可能</u>發生的事情。

正確答案 私が学生だった頃、先生に逆らったり、警察に届けたりするのはあり得ないことだった。

文法重點！ ✓ あり得ない：不可能

詞彙 逆らう　違逆、反抗｜警察に届ける　報警、交給警察

問題9　請閱讀下列文章，並根據內容從1、2、3、4中選出最適合填入 50 ～ 54 的答案。

在我周遭有許多人因為<u>無法完全丟棄</u>不需要的東西而感到困擾。他們認為這些東西總有
　　　　　　　　　　　50
一天可能會用到，所以好幾年都不使用就這樣堆積在家裡。

　　如果是養育小孩的母親，則是煩惱小孩不穿的衣服、不再使用的玩具、餐具越來越多。
年長者則更加嚴重，他們很難捨棄那些<u>隨著</u>自己人生一路買下來的物品。的確，上個世代的
　　　　　　　　　　　　　　　　　51
人或許覺得丟棄物品就像是減少自己的財產，會感到寂寞。而現在年輕一代容易被認為不懂
得物品的價值，只是在亂花錢。

　　<u>雖說如此</u>，真的會使用這種東西嗎？不要被物品所左右，試著下定決心放手吧。如果家
　　52
裡有人有<u>囤積</u>物品的習慣，我認為瞞著當事者默默丟棄也是一個好方法。如果丟東西被他們
　　　53
看到，他們可能會強烈反抗，甚至覺得就像重要的東西在眼前消失一樣，因而感到不安，覺
得人生很<u>空虛</u>，因此，不要問他們，一點一點地處理這些物品吧。
　　　　54

18

詞彙 周り 周圍、周遭 | 悩む 煩惱 | 大勢 許多人 | 積む 堆積 | 育てる 養育 | 食器 餐具 | 年配 年長 | 人生 人生 | 確かに 確實、的確 | 世代 世代 | 財産 財産 | 無駄遣い 浪費 | 動詞ます形（去ます）＋がち 容易〜、往往〜、經常〜 | 振り回す 濫用 | 思い切って 下定決心 | 手放す 放手 | 習慣 習慣 | 黙る 不說話、沉默 | 方法 方法 | 反抗 反抗 | 不安感 不安 | むなしい 空虛 | 処分 處分、處理

---

[50] 1 捨て切られなくて　　　　2 捨て切られないで
　　 3 捨て切れなく　　　　　 **4 捨て切れず**

文法重點！ ◎ 動詞ます形（去ます）＋切れない：無法完全〜
　　▶ 捨てきれない 無法完全丟棄 / 捨てきれず 無法完全丟棄

[51] **1 とともに**　　2 に従って　　3 において　　4 の上で

文法重點！ ◎ 〜とともに：和〜一起、隨著　◎ 〜に従って：伴隨、隨著
　　◎ 〜において：在〜（表示時代、場所、狀況等）　◎ 〜の上で：從〜來看

[52] 1 しかも　　2 ところが　　3 しかし　　**4 だからといって**

文法重點！ ◎ だからといって：雖說如此　◎ しかも：並且、而且　◎ ところが：不過、可是
　　◎ しかし：但是

[53] 1 たまっておく　　**2 ためておく**　　3 積もっておく　　4 詰めておく

文法重點！ ◎ ためる：堆積、儲存　◎ たまる：積存　◎ 積もる：堆積　◎ 詰める：塞滿

[54] 1 怒り　　**2 むなしさ**　　3 恐怖　　4 被害

文法重點！ ◎ むなしさ：空虛　◎ 怒り：憤怒　◎ 恐怖：恐怖　◎ 被害：受害

第1節 讀解

問題 10 閱讀下列 (1) ～ (5) 的內容後回答問題，從 1、2、3、4 中選出最適當的答案。

(1)

總部位於福岡的「不倒翁便利商店」決定下個月開始販售採用 41~54 歲員工創意所開發的便當。說到便利商店便當的主要購買者，果然還是年輕族群。但這款商品是為了讓中年族群也能購買便利商店的便當而開發的。

首先，將米飯分量減少到年輕族群產品的七成左右，不放入配菜和炸物等油膩的菜餚，而是選擇白蘿蔔、白菜等 6 種蔬菜做的配菜，並考慮到卡路里和營養均衡等因素。由於配菜種類繁多，價格略高訂為 800 日圓。但「不倒翁便利商店」表示這是「配合中年族群的喜好，以媽媽的味道為形象而製作的便當」。此外，據說每個月會推出這個系列的一種新產品。

[55] 關於這個便當的敘述，以下何者是正確的敘述？
1. 這個便當的小菜裡，似乎沒有放進天婦羅等食物。
2. 米飯的分量與一般的便當差不多，但配菜很多。
3. 是採用公司年輕員工的創意製作出來的便當。
4. 這個便當為本月限定，下個月起將不再銷售。

詞彙 本社 總公司｜採用 採用｜発売 發售｜主な 主要的｜買い手 買主、買方｜～といえば 說到～｜若年層 年輕族群｜中年世代 中年族群｜狙い 瞄準、目標｜開発 開發｜商品 商品｜量 分量｜～向け 針對～、專為～｜程度 程度｜減らす 減少｜おかず 配菜｜揚げ物 油炸物｜油っこい 油膩的｜大根 白蘿蔔｜白菜 白菜｜種類 種類｜栄養 營養｜配慮 考量｜価格 價格｜やや 稍微｜高め 偏高｜好みに合わせる 配合喜好｜おふくろ 媽媽、母親｜語る 講述｜新製品 新產品｜通常 通常｜若手 年輕人｜限り 限定｜販売 販售

解說 文中提到「おかずも揚げ物など油っこいのを入れずに」，意思是「不放入配菜和炸物等油膩的菜餚」，所以答案是選項1。而且米飯分量會減少至一般便當的 70%，同時這是 41 到 54 歲員工提出的想法，打算從下個月開始販售。

(2)

吃飯吃得越快就越容易發胖的研究結果出爐了。根據研究可以得知肥胖者比瘦的人吃得快，而且男性比女性吃得快。

這是英國研究團隊發表的研究結果，該團隊的麥克教授表示「男性吃東西比女性更快這一點令人驚訝」，並指出「明顯呈現出性別不同造成的差異。」

研究團隊為了調查進食速度與食量的關係進行了兩項研究。在第一項研究中，吃得快的人每分鐘攝取 88g 食物，正常速度的人是 71g，吃得慢的人則是 57g。而且男性每分鐘攝取 80 卡路里，女性攝取 52 卡路里。教授表示「有趣的是，回答自己是慢慢吃的男性，其速度與回答吃得快的女性的速度相同。」而在下一項研究中，也確認了身體質量指數(註)越高的人，進食速度也越快。

對於「能否改掉進食速度快的習慣」的問題，教授表示「進食速度是天生的，無法輕易改變。」不過十分有嘗試的價值。教授建議「讓食物在口中停留更長的時間，會更容易有飽足感。」以及「用嘴巴確認自己正在吃什麼，吞下的食物到達胃後，再將下一個食物放入口中。」

(註) 身體質量指數：指以體重和身高的關係計算出來，用來表示人的肥胖程度的身體指數。一般稱作 BMI（Body Mass Index）。

56 關於本文內容，以下何者是不正確的敘述？
1 根據這項研究，似乎為了減肥最好是慢慢吃。
2 **人類進食速度取決於他們成長的家庭環境。**
3 相較於男性，很明顯地女性進食速度較慢。
4 很明顯地吃東西越快的人，越容易有代謝症候群。

詞彙 肥満 肥胖｜発表 發表｜早食い 吃得快｜驚く 驚訝｜性別 性別｜差 差異｜明確 明確｜現れる 展現、出現｜述べる 述說、說明｜普通 普通｜速度 速度｜〜につき 每〜｜摂取 攝取｜興味深い 頗有意思｜〜ことに 令人〜的是｜指数 指數｜確認 確認｜癖 癖好、習慣｜問い 問題｜生まれつき 天生｜容易 容易｜試す 嘗試｜価値 價值｜とどまる 停留｜満腹感 飽足感｜把握 把握｜胃袋 胃｜助言 建議｜〜に限る 〜是最好的｜生まれ育つ 出生成長｜〜次第 〜取決於｜明らかだ 明顯｜メタボ「メタボリックシンドローム（代謝症候群）」的縮寫

解說 從文中可以得知進食速度不是取決於成長過程中的家庭環境，而是天生的特質。因此，答案是選項 2。

(3)

日本人「遠離白米」的傾向很明顯。另一方面，小麥的消費量逐漸增加。根據總務省於 2011 年的家計調查，兩人以上的家庭，麵包的購買金額第一次超越白米。此外，根據農林水產省的數據，1965 年每人吃了 115kg，但到了 2012 年則是 56kg，變成巔峰時期的一半以下。其背後原因是「飲食的多樣化」。主食只有白米飯的時代已經結束，日本人的餐桌變得多樣化，例如麵包和義大利麵等等。因為白米的需求持續減少，價格也日趨下降。

> 為什麼日本人不再食用米飯呢？根據全國農業協同組合中央會的調查，早餐吃麵包的人最多。詢問其原因後，有90%的人回答「因為麵包方便食用」，顯示麵包的「便利性」受到大眾歡迎。
>
> 此外，調查還發現相較於「麵包派」，「米飯派」的人較常與家人一起用餐。單身家庭數量持續增加，飲食的個人化趨勢也在加劇。或許家人一起圍著餐桌吃飯的情景再也看不到了。

57 以下何者可能是小麥消費量增加的原因？

1. 國內稻米嚴重不足，因此增加小麥的進口量
2. **由於飲食文化改變，人們開始喜歡米飯之外的食物**
3. 為了增加自給率，國家鼓勵小麥的消費
4. 因國家政策推動，促進麵包跟麵類等食物的消費

詞彙 名詞＋離れ 遠離〜｜顕著 顯著、明顯｜小麦粉 麵粉｜消費量 消費量｜動詞ます形（去ます）＋つつある 逐漸〜｜総務省 總務省｜家計 家計｜調査 調查｜世帯 戶、家庭｜購入額 購買金額｜上回る 超越｜農林水産省 農林水產省｜背景 背景｜バラエティ化 多樣化｜主食 主食｜食卓 餐桌｜多様化 多樣化｜需要 需求｜価格 價格｜下落 下降｜一途をたどる 越來越〜、日趨〜｜農業 農業｜協同 協同、合作｜組合 組合｜中央会 中央會｜尋ねる 詢問｜手軽 輕易、簡便｜受ける 受歡迎｜さらに 更加｜単身世帯 單身戶、單身家庭｜増加 增加｜個人化 個人化｜進む 前進｜囲む 包圍｜風景 情景、狀況｜深刻 嚴重｜食物 食物｜奨励 獎勵、鼓勵｜政策 政策｜促す 促進

解說 從內文可以得知「人均米消費量減少的背景是飲食多樣化」。文中並未提及稻米短缺或國家鼓勵或促進麵粉消費的內容。因此，答案是選項2。

(4)

> 根據一項調查得知，10名公司員工中有3人在轉職之際，將「工作環境」列為最重要的選擇標準。轉職搜尋網站「SHIGOTO JAPAN」以3000位公司員工為對象進行了關於「轉職時選擇公司的標準」的問卷調查時，結果顯示「工作環境」被選為最重要的選擇標準，位居第一，占比是31.7%。接下來的順序是薪水（23.3%）、未來發展（20.6%）、穩定性（16.3%）、人際關係（12.5%）。
>
> 對於「何時覺得工作的滿意度最低」的問題，回答「覺得不適合這份工作時」的占比最高，達26.3%。其他依序為「忙於工作沒有私人時間」（22.9%）、「再怎麼工作生活也沒有變得更輕鬆」（20.1%）、「不管如何努力也得不到上司的認可」（17.8%）。另一方面，對於「人生中最重要的選擇為何」的問題，最多人選擇的是「戀愛、配偶等與結婚相關的選擇」，占45.1%，其次是「工作、轉職等與工作有關的選擇」（37.3%）。

| 58 | 以下何者不符合本文內容？
1. 在考慮轉職時，是否為有前途的公司也是重要的選擇標準。
2. 大多數公司員工將「工作環境」視為最重要的轉職條件。
3. 從事適合自己個性的工作時，才是工作滿意度最高的時候。
4. 最近日本的公司員工與以前相比，似乎比起公司更注重個人隱私。

詞彙 転職 轉職｜選択 選擇｜基準 標準｜業務 業務、工作｜環境 環境｜挙げる 列出、舉出｜對象 對象｜～たところ ～之後｜占める 占據｜将来性 未來性｜安定 穩定｜順 順序｜満足度 滿意度｜向く 適合｜追う 追趕｜一方 另一方面｜配偶者 配偶｜関連 相關｜割合 比率｜次いで 接下來｜見込み 未來性、前景｜規準 基準｜条件 條件｜適性 適合某人的性質｜近頃 最近｜重んじる 重視、注重

解說 從內文可以得知「公司是否有前途」也是轉職的重要選擇標準，排名第三。選項 2「工作環境」作為轉職的選擇標準雖然是最多的人選擇，但比例僅為 31.7%，因此並非大多數公司員工的選擇。所以答案是選項 2。

(5)

日本電子情報技術產業協會昨天發表去年度國內電腦出貨量，數量為 1275 萬台，與前年相比減少了 4.1%。去年度上半年相較於前年同月雖有增長 14% 的紀錄，但從 7 月開始連續 6 個月皆比前年下滑。出貨量反覆大幅增加與減少，主要是因為去年 4 月美國 Micro Unit 公司的基本軟體「Windows AZ 8.0」結束支援，導致買來替換的需求增加，但當這一波替換潮趨於平靜後，接著換成消費稅率上漲前的搶購需求增加，而下半年的需求因此反彈而減少。該協會認為「這種傾向近期將會持續」。

另一方面，與電腦競爭的平板設備則是持續成長。根據某家調查公司表示，去年度上半年國內出貨量為 536 萬台，較前年同期增長了 18%。去年度全年比前一年增長了 19%，達到 975 萬台。

| 59 | 關於去年度國內電腦出貨量，以下何者是正確的敘述？
1. 整個年度內並沒有大幅的增減，記錄著穩定的銷售量。
2. 出貨數量的增減，似乎與日本國內以外的情況無關。
3. 去年度的上半年比前年同月增長了兩位數。
4. 與平板設備相比，從整體上來看可說是成長的。

詞彙 情報 情報、資訊｜産業 產業｜協会 協會｜発表 發表｜出荷 出貨｜台数 台數｜前年比 與前一年相比｜上半期 上半期｜同月比 相同月份相比｜伸び 成長｜記録 記錄｜連続 連續｜割れ 行情跌破｜繰り返す 反覆｜終了 終止｜買い替え 買來替換｜需要 需求｜おさまる 平靜｜消費税率 消費稅率｜引き上げ 上漲｜駆け込み需要 需求激增｜下半期 下半期

| 反動 はんどう 反動 | 要因 よういん 主要原因 | 傾向 けいこう 傾向、趨勢 | 当面 とうめん 近期、目前 | 競合 きょうごう 競爭 | 端末 たんまつ 終端設備 |
| 右肩上がり みぎかたあがり 成長、不斷上升 | 名詞＋を通して とおして 在整個～期間內 | 事情 じじょう 事情、情況 |
| けた 位數 |

解說 從內文可以得知去年日本國內的電腦出貨量呈現增長和減少的交替情況，而當美國 Micro Unit 公司停止支援其基本軟體「Windows AZ 8.0」時，消費者開始購買新的產品。平板電腦的數量則隨著時間的推移不斷增加，但電腦從 7 月開始呈現下降趨勢。因此，答案是關於去年上半年增長了 14% 的內容，即選項 3。

問題 11 閱讀下列 (1) ～ (3) 的內容後回答問題，從 1、2、3、4 中選出最適當的答案。

(1)

> 　　某個大學教授嘗試詢問學生們：「①大家在讀小說時，是以怎樣的方式閱讀呢？」有些人會在投入感情的同時慢慢閱讀，也有人不會將感情代入到主角，而是以普通方式追隨故事情節。另外，有些人像觀看連續劇或電影一樣，會想像著情景來品味文章體裁，有各式各樣享受閱讀書籍的方式。
>
> 　　這位教授一年大約閱讀 100 本小說。在與同樣喜愛閱讀的朋友對話時，首次注意到書籍閱讀方式的不同。相對於朋友「在閱讀文章時，會像觀看連續劇或電影一樣，想像情景，品味文章體裁」，教授則是「我會全心投入成為主角，一邊將感情代入一邊閱讀。幾乎不會浮現出影像或是情景」。
>
> 　　於是，他對其他人是如何閱讀書籍產生了興趣，向學生們提出問題，結果發現②想像情景同時閱讀的類型占最大比例。其中最引人注目的是，有些人在閱讀時會想像「登場人物如同連續劇或電影一樣到處走來走去」「連房屋格局與房間設計都想像得十分仔細」。也有人表示「因為會浮現出真實的畫面，所以無法閱讀恐怖小說」而感到困擾。
>
> 　　甚至還有人會想到「熱情、輕鬆、吵鬧等體驗」以及「食物的氣味跟鬧區的噪音」，並不只是影像而已。
>
> 　　有人同一本書讀了好幾次。也有人回答「一開始是速讀，第二次是仔細重新閱讀。」還有人回答「成年後重新閱讀小時候讀過的書，感到驚訝的是我又有了新發現。」看來隨著經驗及年齡的累積，對書籍的印象也會有所改變。

[60] 詢問「①大家在讀小說時，是以怎樣的方式讀呢？」這個問題的契機是什麼？

1　在意別人閱讀書籍的方式。
2　想要一邊想像電影情景一邊閱讀小說。
3　想了解更多享受小說的方法。
4　自己也想成為小說的主角。

解說 從內文可以得知教授發現大家閱讀書籍的方式有所不同，對其他人是如何閱讀書籍產生興趣，並向學生提出問題。所以答案是選項1。

---

61 以下何者不是②想像情景同時閱讀的類型的特徵？
1. 連房間的詳細構造都能想像出來。
2. 覺得登場人物彷彿是活生生的存在。
3. 覺得簡直就像在看連續劇一樣。
4. **覺得文字好像直接傳達到心裡一樣。**

解說 從內文可以得知有些人在閱讀時會想像登場人物像是在連續劇或電影中一樣四處走動，或是可能會想像到場景，包括房屋格局與房間設計。但文字本身並未直接傳達出這些內容，所以答案是選項4。

---

62 以下何者不符合本文內容？
1. 似乎很多人將自己完全投入登場人物的角色來享受閱讀書籍的樂趣。
2. **閱讀文章時，似乎無法浮現出影像跟情景以外的東西。**
3. 想像具體的光景也是閱讀書籍的一種方式。
4. 重讀時有時會理解作品新的價值。

解說 從內文可以得知有些人會想到「熱情、輕鬆、吵鬧等體驗」以及「食物的氣味跟鬧區的噪音」，表示這並不只是視覺上的體驗。因此答案是選項2。

詞彙 尋ねる 尋找｜感情 感情、情緒｜移入 移入｜主人公 主角、主人翁｜普通 普通｜物語 故事｜追う 追逐｜情景 情景、光景｜思い浮かべる 浮現在腦海、想起｜文体 文章體裁｜味わう 品嘗｜同じく 同樣地｜動詞ます形（去ます）＋つつ 一邊～一邊｜～に対して 對於｜動詞ます形（去ます）＋きる 完全～、徹底～｜映像 影像｜浮かぶ 想起｜そこで 因此、於是｜興味がわく 引起興趣｜投げかける 提出｜～たところ ～之後｜登場人物 登場人物｜歩き回る 到處走｜間取り 格局｜詳細 詳細｜恐怖 恐怖、恐懼｜体験 體驗、經驗｜繁華街 鬧區｜騒音 噪音｜速読 速讀｜じっくり 慢慢地、仔細地｜年齢 年齡｜重ねる 累積、重覆｜印象 印象｜構造 構造｜具体的に 具體地｜光景 光景｜再読 重讀｜価値 價值

---

(2)

　　花錢絕對不是「壞事」。如果大家都不花錢，經濟就無法運轉，也不會產生優質服務。但令人意外的是，許多人並不知道正確的金錢使用方式。特別是有浪費習慣的太太，似乎許多家庭都為此感到困擾。因此，讓我們根據不同類型思考一些不浪費的方法吧。

①容易浪費的太太有幾個特徵。首先是社交型。他們交友廣闊，會花很多交際費用。雖然交際頻繁是好事，但沒必要每次都參加定期舉行的聚會。必須注意在預算範圍內巧妙地與人來往。

　　接下來，是最喜歡自我提升的類型。他們會不自覺地花費在美容費、才藝課程等②提升自己的事物上。保持美麗和學習固然非常重要，但最好仔細考慮，只選擇真正必要的項目，並將其控制在預算之中。

　　然後，是不知不覺對孩子的事物特別寵溺的類型。很多人在涉及孩子的花費上會突然亂花錢。不過，我認為重要的是，不要為了可愛的孩子過度花錢，而是為了他們的未來事先儲存一些錢。也就是說，對於孩子的才藝學習也需要設定預算。

　　許多人可能正為了夢想、希望與未來，像是擁有自己的家、孩子的前途，以及充實的退休生活正在節約。為了拓展可能性，我們應該腳踏實地存錢。必須花些時間仔細思考如何使用金錢以達到更幸福的生活。

---

63 文中提到①容易浪費的太太有幾個特徵，哪些人不符合這些特徵？

1　人脈豐富且私下聚會也很多的人
2　注重自己的外表打扮等，強烈自戀的人
3　**不擅於建立圓滑人際關係的人**
4　不吝於花錢在孩子教育上的人

> **解說**　從內文可以得知這些特徵包括私人聚會很多、會花錢打扮自己或是大手筆為子女花錢，並沒有提到不擅長人際關係。所以答案是選項3。

64 ②提升自己的事物的例子中，以下何者是不適合的？

1　**一定會出席聚會。**
2　報名指甲彩繪課程。
3　去健身房鍛鍊身體。
4　去美容沙龍。

> **解說**　必須參加聚會等活動屬於「善於交際的類型」，因此答案是選項1。

65 以下何者符合本文內容？

1　可以的話最好每次都參加定期舉行的聚會。
2　為了孩子，花費大量金錢在補習班等也是無可奈何的事情。
3　為了提升自己，可以毫不吝嗇地花錢在才藝學習上。
4　**儲蓄是為了未來創造出廣泛的選擇。**

解說 文中提到為了實現擁有自己的家、孩子的前途，以及充實的退休生活等夢想和希望，為了拓展未來的可能性需要持續存錢。因此答案是選項 4。

詞彙 生（う）まれる 產生｜意外（いがい）に 意外地｜浪費癖（ろうひへき）浪費習慣｜痛（いた）める 令人痛苦｜無駄遣（むだづか）い 亂花錢｜特徴（とくちょう）特徵｜社交的（しゃこうてき）善於社交的｜交友（こうゆう）交友｜交際費（こうさいひ）交際費用｜交流（こうりゅう）交流｜定期的（ていきてき）定期的｜予算（よさん）預算｜磨（みが）き 磨練｜美容代（びようだい）美容費｜習（なら）い事（ごと）才藝學習｜高（たか）める 提升｜支出（ししゅつ）支出｜選択（せんたく）選擇｜収（おさ）める 控制｜甘（あま）い 寵溺｜紐（ひも）繩子｜とたんに 突然｜緩（ゆる）い 鬆｜とっておく 留存起來｜すなわち 換言之｜老後（ろうご）晚年｜希望（きぼう）希望｜節約（せつやく）節約｜可能性（かのうせい）可能性｜広（ひろ）げる 拓寬｜こつこつ 實實在在、腳踏實地｜蓄（たくわ）える 儲蓄｜金（かね）の糸目（いとめ）をつけない 花錢沒有節制

(3)

> 最近在環保、時尚與設計相關的領域會看到一個詞彙，即「升級再造（Upcycle）」。升級再造是指將廢物或不再使用的物品，轉化為新材料或更好的產品，提高其價值。雖然廢物利用早已存在，但最近的特點是意想不到的材料具有的話題性，並期待從環境保護的觀點成為一種新文化。
>
> 這種商品種類繁多。例如，舊衣服的再利用。以前舊衣服會被當作抹布。這樣一來，抹布相較於衣服的價值就會降低。像這樣再利用後使物品價值下降的情況，叫做「降級再造（Downcycle）」。另一方面，假設活用舊衣服的布料製作時尚的包包或飾品，那麼本來作為舊衣服價值下降的物品會轉化重生，<u>產生新的價值</u>。這種情況就稱為「升級再造」。此外，還有利用舊衣服的鈕扣製作的磁鐵，或使用電源插頭製作的鑰匙圈等商品。如果不閱讀說明，甚至分辨不出原來的材料是什麼。
>
> 在歐美商店中，陳列著看起來不像是再利用的物品，反而是因為再利用而變得時尚又可愛的「升級再造」商品。以不浪費資源、守護環境的觀點來選擇升級再造商品已經成為普遍做法。為了未來，希望這種做法在日本也能更加普及和深入人心。

[66] 關於「升級再造」的說明，以下何者是正確的敘述？

1 「升級再造」主要是使用新的材料製作商品。
2 「升級再造」會損害自然環境，所以應該停止。
3 **「升級再造」透過再利用提高物品的價值。**
4 「升級再造」是利用新衣服製作抹布等物品。

解說 文中提到升級再造是指將廢棄物或不再使用的物品，轉化為新材料或更好的產品，提高其價值。所以答案是選項 3。

| 67 | 文中提到「產生新的價值」是什麼意思？

1. 將超越原商品的價值。
2. 將低於原商品的價值。
3. 與原商品的價值相同。
4. 與原商品的價值並無不同。

解說 從內文可以得知「升級再造」是指利用廢棄物等，將其轉化為更高價值的產品的過程，因此答案是選項1。

| 68 | 以下何者符合本文內容？

1. 以前將衣服回收再利用製作西裝是很普遍的。
2. 廢物利用是好事，但為了環境保護並不推薦。
3. 可以說升級再造的做法已經在日本扎根。
4. 透過再利用，可以創造出高於原商品價值的情況。

解說 從內文可以得知以前只是將衣服當作抹布使用，利用廢棄物有助於環保，但沒有提到升級再造的做法已在日本扎根。因此答案是選項4。

詞彙 関連 關聯｜廃物 廢物｜素材 素材、原材料｜変換 變換｜高める 提高｜指す 指｜意外だ 意想不到｜話題性 話題性｜特徴 特徴｜環境 環境｜保護 保護｜観点 觀點｜定着 扎根｜期待 期待｜多彩 多采多姿、多元｜従来 以往、以前｜雑巾 抹布｜比べる 比較｜布 布｜生まれかわる 重生｜新ただ 新的｜古着 舊衣服｜マグネット 磁鐵｜製造 製造｜欧米 歐美｜むしろ 反而｜資源 資源｜無駄使い 浪費｜一般的 一般的｜広がる 擴展、傳開

問題12 下列A和B各自是關於「電子書」的主張。閱讀文章後回答問題，從1、2、3、4中選出最適當的答案。

A

電子書的好處，首先是不需要攜帶沉重的書籍，以及在保存時不會佔用空間。而且擺脫了紙張的限制，使得絕版這個概念也不再具有意義。

另一個優勢是任何人都能成為資訊的發布者。在電子書出現之前，一般人幾乎沒有發表作品的機會，因此通常只能止步於構思階段。但隨著電子書的出現，個人發表作品的機會逐漸增加。事實上，一些個人開設的網站訪問量已經輕鬆突破100萬，個人發行的電子報發行量也開始超過1萬份。

此外，電子書正式開始普及的話，紙張使用量也會相應減少，得以保護森林，並減少焚燒使用過的紙張的情況。

B

　　近年來針對個人的電子書開始在國內外普及，在大學圖書館也會看到。乍看之下似乎呈現大規模的增長，但實際上其中大部分都僅限於手機，或是針對年輕人、狂熱者的漫畫等內容。

　　此外，電子書與音樂、影像一樣需要播放設備。相較之下，紙本書則不需要播放設備，可以自由書寫，對眼睛也較友善。

　　電子書最大的問題在於可閱讀的書籍數量遠遠少於紙本書。只是這個問題若從整體電子書的角度來看似乎會逐漸解決。若電子書的數量增加，正式普及的話，反而會有更多沒有紙張那種物理限制的電子書問世。

69 A與B針對「電子書」的主張，以下何者正確？
1　A表示因為「電子書」的出現，專業作家應該會消失。
2　B表示因為「電子書」的出現，紙本書將消失。
3　A表示因為「電子書」的出現，資訊就不再是單向流通。
4　B表示因為「電子書」的出現，播放設備將會很暢銷

解說　文章並沒有提到電子書的出現會導致專業作家或紙本書消失。也沒有說因為電子書出現將使播放設備變暢銷。電子書的優點在於任何人都可以成為資訊的發布者，個人可以建立網站，因此消除了資訊的單向流通。所以答案是選項3。

70 關於A與B的內容，以下何者正確？
1　A表示「紙本書」可以解決空間問題，B則表示個人可以成為資訊發布者。
2　A表示「電子書」可以解決空間問題，B則表示「電子書」會更加普及。
3　A與B皆表示「紙本書」不需要播放設備，對眼睛也友善。
4　A與B皆表示「電子書」可以保護森林，對環境也友善。

解說　A提出電子書能夠儲存大量內容，因此可以解決空間問題，並且強調個人成為資訊發布者的觀點。B則提出紙本書不需要播放設備且易於閱讀的優點。同時，A也提及了電子書有助於保護森林並且環保的特點。因此，答案是選項2。

詞彙　書籍 書籍｜メリット 好處、優點｜～ずにすむ 不需要做～｜保存 保存｜かさばる 占空間｜挙げる 舉例｜制約 制約、限制｜解放 解放｜結果 結果｜絶版 絕版｜発信者 發信者｜構想 構想｜出現 出現｜個人 個人｜機会 機會｜開設 開設｜超える 超越｜発行 發行｜部数 本數、份數｜本格的 正式的｜普及 普及｜使用量 使用量｜森林 森林｜保護 保護｜燃やす 焚燒｜～向け 針對～｜一見 乍看之下｜成長 成長｜大部分 大部分｜とどまる 停滯、限於｜映像 影像｜～と同様に 與～一樣｜再生機器 播放機器｜書き込む 寫上｜圧倒的 壓倒性的｜徐々に 慢慢、逐漸｜解消 消除｜物理的 物理的｜存在 存在

問題 13 閱讀下面文章後回答問題，從 1、2、3、4 中選出最適當的答案。

享受旅行的方式因人而異。

一般提到旅行，人們常常會想到和家人或志同道合的朋友一起熱鬧地遊覽著名的觀光景點。而有些旅行是以「飲食」或「溫泉」等為主題，也有一些旅行是毫無特定目的。然後根據旅行的人數，可以分成獨自旅行、情侶旅行、家族旅行、團體旅行、類似旅行團的團體旅行等。我認為特別是「獨自旅行」，是回顧自己過往人生的最佳方式。

當然不去旅行也有許多重新省視自己的機會，但是獨自旅行因為沒有需要顧慮的旅伴，因此能夠在獨處的時間裡仔細面對自己，讓身心都能「重置」，使自己成長一輪。我覺得這正是獨自旅行的最大魅力。為了這種「心靈的重置」，隨意地試著獨自出遊也是不錯的選擇。

第二點是能夠以自己喜歡的方式前往想去的地方。不用迎合他人，能以自己的步調做自己想做的事情。如果有待得舒適的地方，也可以待到自己滿意為止等等，可以依照自己的步調旅行。

第三點是能有新的發現，並且可以遇到許多不同的人。故意不看旅遊書等資料，試著隨心所欲地外出走走，就會有新的發現。會更容易注意到在一般旅行往往會漏掉的風景和感動，也會有和陌生人交談的機會，甚至可能成為朋友。另外，進入當地的酒吧或個人經營的店家，坐在吧檯邊，通常店家會願意成為你的交談對象。這樣一來就能輕鬆地與店員打成一片，也可以詢問當地的資訊。

第四點是不需要與人爭執就能變更日程。在旅行當地，能夠根據當下自己的判斷來行動也是其中一大優勢。

當然獨自旅行也有缺點，但能夠吃喜歡吃的東西、在喜歡的時間睡覺、隨心所欲地移動、不需要花多餘的錢、能在有限的時間內有意義地度過等等，獨自旅行還有許多其他優點。

享受旅行的方式有各式各樣，我認為肯定因人而異。因為興趣及觀點應該都不一樣。雖說是旅行，也不必做與平常不同的事情。以自己的方式來享受就是最佳的享受方式。

[71] 筆者推薦獨自旅行的主要理由是什麼？
1. 即使沒有特別的目的，也可以獨自前往
2. **適合回顧自己一路走來的心路歷程**
3. 一個人的話就不需要顧慮他人
4. 可以一人獨占美景及美食

解說 從內文可以得知獨自旅行的最大優勢在於它最適合回顧迄今人生，因此答案是選項 2。

72 以下何者不是獨自旅行的優點？

1. 能隨心所欲地自由變更行程。
2. 無須顧慮他人，可以自由行動。
3. 能節省旅費。
4. **必須看別人的臉色很辛苦。**

解說 文章沒有提到獨自旅行的優點是必須看別人的臉色，所以答案是選項4。

73 以下何者符合本文內容？

1. **透過獨自旅行，人可以更加成長。**
2. 獨自旅行的最大好處是能有效利用有限的時間。
3. 重新省視自己的機會，在旅行期間之外很少有。
4. 獨自旅行充滿好處，大家都應該去嘗試。

解說 獨自旅行最大的魅力在於不需要顧慮其他人，因此可以讓身心重新充電，並且可以更進一步地成長。而且即使不是旅行，也有許多機會可以反思自己。此外獨自旅行也有缺點，所以答案是選項1。

詞彙 仲間 夥伴、朋友｜～同士 ～同伴、～同好｜わいわい 喧鬧｜めぐる 巡遊｜動詞ます形（去ます）+がち 容易～、往往～、經常～｜あて 目的｜人数 人數｜団体 團體｜とりわけ 特別｜振り返る 回過頭看、回顧｜最適 最佳｜じっくり 仔細地、慢慢地｜向き合う 面對｜心身 身心｜一回り 一層｜成長 生長｜最たる 最～的｜魅力 魅力｜ぶらりと 隨意｜居心地 在某個地方時的心情或感受｜気が済む 心滿意足｜あえて 故意｜出歩く 外出走動｜通常 一般、平常｜見過ごす 忽視｜現地 當地｜個人 個人｜たいてい 通常｜わりと 比較地｜気軽に 輕鬆、隨便｜打ち解ける 融洽、沒有隔閡｜地元 本地｜もめる 爭執｜変更 變更｜旅先 旅遊地｜移動 移動｜余計 多餘｜限る 有限｜有意義 有意義｜挙げる 舉出｜観点 觀點｜顧みる 回顧｜適する 適合｜独り占め 獨占｜気兼ねする 顧慮｜節減 節省｜顔色 臉色｜伺う 窺探｜～を通して 透過～｜一段と 更加｜効率 效率｜～ずくめ 完全是～、淨是～

問題 14 右頁是網購使用指南。請閱讀文章後回答以下問題，並從 1、2、3、4 中選出最適當的答案。

[74] 在這個網站上訂購商品時，以下何者可以指定送貨日期？

1　為了在 5 月 15 日食用，於 5 月 11 日訂購。
2　為了在 7 月 3 日食用，於 6 月 29 日訂購。
3　**為了在 9 月 21 日食用，於 9 月 12 日訂購。**
4　為了在 12 月 11 日食用，於 12 月 9 日訂購。

解說　從內文可以得知若要指定送貨日期，要先確認該公司營業日行事曆，再選擇一週後的日期，所以答案是選項 3。

[75] 關於本文內容，以下何者正確？

1　**可以將商品費用和運費交給送貨業者再取貨。**
2　如果希望退貨，可以在 4 天後提出要求。
3　在這個網站，商品的運費因地區而異。
4　解凍後的商品可以長期存放，所以在一週內食用完畢即可。

解說　從內文可以得知退貨要在收到商品後的 3 天內以電話或電子郵件聯繫，而且運費全國一樣，解凍後的商品要當天食用完畢。因此答案是選項 1。

網購—蒲燒鰻（國產）

1. 內容量：蒲燒鰻 200g×3、特製醬汁（100ml）×3
2. 賞味期限：①若為冷藏或解凍：請於當天食用完畢。
   　　　　　②若為冷凍保存：請在製造日起的 10 天內食用完畢。
   ※ 若您有希望的送貨日期，請確認敝公司營業日行事曆，選擇一週後的日期。
3. 一般販賣價格：10,300 日圓（含稅、可獲得 100 點）
4. 使用指南：

   (1) 付款方式：您可以使用以下付款方式。

   　　①銀行匯款（預先付款）

   　　②送貨業者代收貨款

   　　③信用卡付款

   　　④超商付款（預先付款）

   (2) 關於退貨：若您希望退貨或換貨，請先確認以下注意事項後，於收到商品後的 3 天內以電話或電子郵件聯繫敝公司。若在商品到達後的第 4 天後提出退貨或換貨要求，恕無法受理，敬請留意。其他相關問題請聯繫敝公司。

   (3) 關於配送：由 ABC 運輸股份有限公司（低溫運送）進行商品配送。**運費全國一律 800 日圓。**

5. 相關洽詢：

   ◆與商品有關的洽詢　TEL：0120-1234-56
   　　　　　　　　　　Mail：kabayaki@kabayaki.co.jp

   ◆其他相關洽詢　TEL：0120-1234-67

詞彙 通信 通訊｜販売 銷售｜うなぎ 鰻魚｜かばやき 蒲燒｜国内産 國產｜内容量 內容量｜特製 特製｜タレ 醬汁｜賞味期限 賞味期限｜冷蔵 冷藏｜もしくは 或是｜解凍 解凍｜当日中 當天內｜召し上がる 食用｜冷凍庫 冷凍庫｜保存 保存｜届ける 送到｜希望日 希望日期｜ござる「ある（有）」的鄭重語｜弊社 敝公司｜営業日 營業日｜確認 確認｜指定 指定｜通常 一般｜税込 含稅｜獲得 獲得｜下記 下列｜振込 匯款｜前払い 預先付款｜商品代引 代收貨款｜決済 支付｜返品 退貨｜交換 換貨｜注意事項 注意事項｜応じる 回應｜動詞ます形（去ます）＋かねる 無法～、很難～｜～につきまして 關於～｜配送 配送｜運輸 運輸｜株式会社 股份有限公司｜クール便 低溫運送｜～にて 表示方法手段｜送料 運費｜一律 一律｜お問い合わせ 洽詢

第2節 聽解 🎧 Track 1

問題 1　先聆聽問題，在聽完對話內容後，請從選項 1～4 中選出最適當的答案。

例 🎧 Track 1-1

男の人と女の人が探している本について話しています。女の人はこれからどうしますか。

男：はい、桜市立図書館です。

女：もしもし、そちらの利用がはじめてなんですが、そちらの蔵書について電話で伺ってもいいですか？

男：はい。本の題名を教えてくだされば、検索いたします。

女：それが本じゃなくて、外国の新聞とか雑誌なんです。

男：はい、当館では外国の新聞約 50 種、雑誌を約 100 種所蔵しております。

女：へえ、すごいですね。

男：詳しくは当ホームページの検索でご確認できます。

女：そうですか。はい、やってみます。あと、私は子供がいて一緒に行きたいんですが、入るとき、年齢の制限とかはありますか。

男：どなたでも自由に入館できます。ただ、当館では児童書は扱っておりません。

女：あ、そうですか。残念ですね。私はぜひ子供に本を読ませたいんですが。

女の人はこれからどうしますか。

1　ホームページで児童書を検索する
2　ホームページで子供に読ませる本を検索する
3　子供も入館できる図書館を探す
4　子供が読める本がある図書館を探す

例

男子和女子正在討論找尋中的書。女子接下來要怎麼做？

男：您好，這裡是櫻市立圖書館。

女：喂，我是第一次使用你們那裡的服務，可以用電話詢問關於那裡的藏書嗎？

男：可以的。只要告訴我書名，我來幫您查詢。

女：我要找的不是書籍，是外國的報紙或雜誌。

男：好的，本館館藏的外國報紙約有 50 種；雜誌約有 100 種。

女：哇，真厲害。

男：詳細資訊可以在本館網站搜尋確認。

女：這樣啊。好的，我試試看。還有，我有小孩想要一起去。有入館的年齡限制嗎？

男：任何人都可以自由入館。不過，本館並沒有提供兒童讀物。

女：啊，這樣啊。真可惜。我非常希望讓小孩讀書的。

女子接下來要怎麼做？

1　在網站上搜尋兒童讀物
2　在網站上搜尋適合孩子閱讀的書籍
3　找尋孩子可以入館的圖書館
4　找尋有適合孩子閱讀的書籍的圖書館

1番 🎧 Track 1-1-01

女の人が会議の準備について男の人と話しています。男の人は最後に何をチェックしなければなりませんか。

女：来週の会議のことですが、会議の内容や日程は全員に伝えてありますか。

男：はい、全員にEメールで送りました。

女：プロジェクターやLAN設備に不具合があることもあるので、事前に確認してください。後、司会者も遅れないように注意してください。

男：はい、司会者も会議の時間どおり来ることになっています。

女：何を言ってるんですか。司会者は他の参加者よりも早く会場に来なきゃいけないんですよ。

男：すみません。気が付きませんでした。

男の人は最後に何をチェックしなければなりませんか。

1　会議の開始時間
2　会議するときの設備
3　参加者が会場に来る時間
4　司会者が会場に来る時間

第 1 題

女子和男子正在討論會議的準備工作。男子最後必須確認什麼？

女：關於下週的會議，會議內容與日程已經通知所有人了嗎？

男：是的，已經用 Email 發送給所有人了。

女：因為投影機或 LAN 設備有可能會故障，請事前確認。還有，請提醒主持人不要遲到。

男：好的，主持人已經安排會準時在會議時間過來。

女：你在說什麼啊？主持人要比其他參加者還要早到會議地點才行啊。

男：非常抱歉。是我沒有注意到。

男子最後必須確認什麼？

1　會議開始的時間
2　會議時的設備
3　參加者來會議地點的時間
4　**主持人來會議地點的時間**

解說　女子最後提到主持人要比其他參加者更早到達會議地點，因此答案是選項 4。

詞彙　日程 日程｜設備 設備｜不具合 故障、狀況不好｜事前 事前｜司会者 主持人｜時間どおり 準時｜参加者 參加者｜会場 會議地點、會場｜気が付く 發現、注意

2番 🎧 Track 1-1-02

男の人が来週のパーティーについて女の人と話しています。男の人は何を持って行ったほうがいいですか。

男：来週のパーティーに僕は何を持っていけばいいかな。

女：そうね。ほとんどはこちらで用意するから、そんなに気を使わなくていいけど。

男：でも、それじゃ悪いからワインや果物なんか買っていくよ。

女：それ、もうすでに買ってあるよ。何も要らないから気軽に来ていいよ。

男：ほんと？それじゃ、パーティー用の楽しいミュージックは用意してあるの？僕、CDたくさん持ってるよ。

女：私、うるさい音楽は苦手で…。来週のパーティーはこぢんまりとした雰囲気だから。

男：そう、なんかいいものないかな。

女：あ、だったらあれ買ってきて、ろうそく、香りのするものがいいね。

男：ろうそく？あ、そうか。心と体を癒すのによさそうだね。アロマのものを買っていくよ。

男の人は何を持って行ったほうがいいですか。

1 線香
2 香水
3 **キャンドル**
4 クラシック音楽CD

第2題

男子和女子正在討論下週的派對。男子帶什麼東西去比較好？

男：下週的派對我要帶什麼去比較好？

女：嗯,大部分東西這邊都會準備好,所以不需要那麼在意。

男：但是,這樣我會覺得不好意思,我還是買個葡萄酒或水果去吧。

女：那些已經買好了喔。什麼都不需要,所以輕鬆過來吧。

男：真的嗎？那麼,妳有準備派對用的歡快音樂嗎？我有很多CD喔。

女：我不喜歡吵鬧的音樂……下週的派對是那種小巧的氛圍。

男：是喔,有什麼好建議嗎？

女：啊,這樣的話你買那個來吧,蠟燭,有香味的那種不錯呢。

男：蠟燭？啊,對了。好像對於療癒身心很有效果。那我就買有香氛的那種去喔。

男子帶什麼東西去比較好？

1 線香
2 香水
3 **蠟燭**
4 古典音樂CD

解說 女子說已經買好水果或葡萄酒,而且她不喜歡吵鬧的音樂,希望有可以讓身心放鬆的香氛蠟燭。所以答案是選項3。

詞彙 気軽 輕鬆｜苦手 不擅長、不喜歡｜こぢんまり 小巧｜雰囲気 氛圍｜ろうそく 蠟燭｜癒す 療癒｜線香 線香

3番 🎧 Track 1-1-03

女の人が男の人と話しています。男の人は最後に何を勧めていますか。

女：「読書の秋」って言うから、私も何か買って読もうかな。

男：どんな本がいい？ 何か好みある？

女：そうね、私特に好みとかなくて…。受付の人に相談しようかな。

男：ああ、でも見て。すごい人が並んでいるよ。最近話題のＳＦ小説なんかどう？

女：ＳＦ？そんなのはあまり興味ないよ。

男：だったらこの随筆は？この前この作家の作品がいいって言ってたでしょう。

女：でも本が厚すぎ。私最近残業で帰りの時間が遅くて、もっと軽い方がいいかな。

男：だったら、ホームページで、ベストセラーの一覧を見てから決めよう。

女：そうした方がいいかもね。

男の人は最後に何を勧めていますか。

1　インターネットでベストセラーの検索
2　話題のエッセイ
3　好きな作家の作品
4　ホームページで勧めている本

第 3 題

女子和男子正在交談。男子最後推薦什麼東西？

女：人家說「讀書之秋」，我也想買些書來讀。

男：妳喜歡哪種書？有什麼喜好嗎？

女：嗯，我沒有特別的喜好……是不是該跟櫃台的人討論一下？

男：噢，但是妳看，好多人在排隊呢。最近很紅的科幻小說如何呢？

女：科幻？我對那種書沒什麼興趣耶。

男：那麼這個散文呢？妳之前不是說這個作家的作品不錯？

女：但是這本書太厚了。我最近因為加班的關係，到家的時間都很晚了。或許再輕鬆一點的比較好。

男：這樣的話，在網站上看暢銷書的列表來決定吧。

女：或許這麼做比較好呢。

男子最後推薦什麼東西？

1　在網路上搜尋暢銷書
2　具有話題性的散文
3　喜歡的作家的作品
4　網站上推薦的書

解說　根據最後一次對話，男子說要在網站上查看有哪些暢銷書再決定，所以答案是選項1。

詞彙　勧める 推薦｜好み 喜好｜受付 櫃台｜話題 話題｜随筆 散文｜残業 加班｜一覧 一覽表、列表

4番　Track 1-1-04

女の人と男の人が話しています。男の人は何を買いますか。

女：うわ～　どれもかわいい。ほしいものがたくさん。

男：一部のグッズは今日で品切れになるかもしれないって言うから、早くゲットしないとね。

女：何がいい？このバッグチャームとストラップセットはどう？一つずつ買おうよ。

男：僕、そんなの要らないよ。俺はこのマフラータオルやバッジセットかな。

女：そんなタオルはたくさん持っているじゃない？そのバッジも子どもっぽいよ。

男：自分だって子どもっぽいの選んだくせに。

女：まあ、何を買うかは自分の自由だから。お互い好きなようにしようか。

男：そうね。僕はコーヒーをよく飲むから、これもほしい。

男の人は何を買いますか。

1　ティースプーンとフォークセット
2　キーホルダーセットとコーヒーカップ
3　バッジセットとマグカップ
4　バッジセットとタオルセット

第4題

女子和男子正在交談。男子要買什麼東西？

女：哇～每個都好可愛。好多想要的東西。

男：有一部分的周邊商品可能今天會賣完，所以得快點入手。

女：要買什麼好呢？這個包包掛飾跟吊帶的組合如何？各買一個吧。

男：我才不要那種東西。我可能會選這個長條毛巾或徽章組合。

女：那種毛巾你不是已經有很多了嗎？那個徽章也有點孩子氣。

男：妳自己明明也選了孩子氣的東西。

女：哎呀，買什麼都是自己的自由嘛。我們各自選喜歡的就好。

男：是啊。我很常喝咖啡，這個我也想要。

男子要買什麼東西？

1　茶匙與叉子組合
2　鑰匙圈組合與咖啡杯
3　**徽章組合與馬克杯**
4　徽章組合與毛巾組合

解說　男子一開始選擇長條毛巾與徽章組合，後來又提到他經常喝咖啡，所以也想要馬克杯。所以答案是選項3。

詞彙　グッズ（周邊）商品 | 品切れ 售罄 | バッグチャーム 包包掛飾 | ～っぽい 像～、有～傾向 | ～くせに 明明 | お互い 互相

5番　Track 1-1-05

女の人と男の人が新製品のデザインについて話しています。二人はどのデザインにしますか。

女：ヒット商品になって次々売れるためにはデザインが決め手ですね。どのデザインがいいと思いますか。

第5題

女子與男子正在談論新產品的設計。兩人要選擇哪個設計？

女：要成為熱賣商品不斷暢銷，設計是決定性因素對吧。你認為哪個設計比較好呢？

男：僕の考えでは会社のロゴはみんなが分かりやすいように前面に出すべきだと思います。

女：そうですか。私はシンプルで小さく右側や裏側に入れた方がいいと思いますが。

男：それじゃ、うちの会社の製品としての宣伝の効果が弱くないですか。

女：私は会社の宣伝のためには必ずロゴを前面に出さなければならないとは思いません。それより、今回の製品は環境に優しく作られたことが重要なポイントです。それをうちの会社のイメージとしてアピールすることが優先でしょう。こちらの人間が地球を支えているものはどうですか。

男：確かに今回の製品のコンセプトはそれですね。

女：消費者の心に響くものがあったら、会社のロゴは小さくてもいいと思います。

男：はい、分かりました。

二人はどのデザインにしますか。

1　会社のロゴは目立たなくても、会社が地球を支えるデザイン
2　会社のロゴが裏にあって地球を考える豪華なデザイン
3　会社のロゴは目立たなくても、物を購買する人の心を打つデザイン
4　会社のロゴが右側にあって、会社の重要なイメージが分かるデザイン

男：我的想法是公司的商標應該放在前面以便所有人都容易理解。

女：這樣啊。我覺得簡單、小巧地放在右側或背面比較好。

男：這樣一來，我們公司產品的宣傳效果不會減弱嗎？

女：我不認為為了公司的宣傳一定要將商標放在前面。相較之下，這次的產品對環境友善才是重點。將那個作為我們公司的形象來宣傳才是首要的。這邊的人們支撐著地球，這樣的概念如何？

男：的確這次的產品概念就是如此。

女：我覺得如果能打動消費者的心，即使公司的商標小一點也沒關係。

男：好的，我明白了。

兩人要選擇哪個設計？

1　公司商標不醒目，但是是公司支撐著地球的設計
2　公司商標在背面，考慮到地球的華麗設計
3　公司商標不醒目，但是能打動購買者內心的設計
4　公司商標在右側，看得出公司重要形象的設計

解說　從對話可以得知這個商標是以人類支撐地球的設計，並未提及華麗的設計，也不是公司重要形象的設計。而且女子認為如果能打動消費者的心，公司商標小一點也沒關係。所以答案是選項3。

詞彙　新製品 新產品｜次々 一個接一個、不斷｜決め手 決定因素｜宣伝 宣傳｜効果 效果｜環境 環境｜優先 優先｜支える 支撐｜確かに 的確｜響く 迴響｜目立つ 醒目｜豪華 豪華｜購買 購買｜心を打つ 打動人心

問題 2 先聆聽問題，再看選項，在聽完對話內容後，請從選項 1～4 中選出最適當的答案。

例 🎧 Track 1-2

男の人と女の人が料理を作りながら話しています。男の人は何に注意しますか。

男：寒くなってきたな。食べると体が温まって、簡単でおいしい料理、何かないかな。

女：そうね。うちは家族みんなでよく豚汁食べるけど。作り方教えようか。

男：へえ、どんな料理？僕は一人暮らしだから、なるべくはやく済ませられる料理がいいけど。

女：すごく簡単だよ。材料は豚肉と大根、じゃがいも、にんじん、みそだけあればいいよ。長さ3センチぐらいに全部の材料を切ってね。まず豚肉を炒めてから野菜を入れて、さらに炒める。

男：順番なんかいいだろう。何を先に炒めようが。

女：よくない。必ず肉を先に炒めてね。それから全体に油がまわったら、水を加え、10分煮る。そこにみそを溶かすとできあがり。

男：へえ、簡単だね。でもさっきの3センチって面倒くさいから、適当に切っていいだろう。

女：でも早く済ませたいんでしょう。材料は大きさをそろえたら、煮やすくなるのよ。

男の人は何に注意しますか。

1 材料は大きさを合わせて切ること
2 材料がそろった後に、はやく煮ること
3 炒める順番を決めること
4 はやく済ませられるように材料をそろえること

例

男子和女子正一邊做菜一邊交談。男子要注意什麼？

男：天氣變冷了呢。有沒有什麼吃了身體就會暖和，既簡單又美味的料理？

女：這樣啊。我們家經常一家人一起吃豬肉清湯。要告訴你作法嗎？

男：哦？是怎樣的料理呢？因為我一個人生活，最好是能快速做完的料理。

女：非常簡單喔。材料只需要豬肉、白蘿蔔、馬鈴薯、紅蘿蔔和味噌即可。將全部的材料都切成長度3公分左右。先炒豬肉，再加入蔬菜繼續炒。

男：順序無所謂吧。先炒什麼都行。

女：不行。一定要先炒肉。然後等整個鍋裡沾滿油，再加水煮10分鐘。在這裡加入味噌使其溶解就完成了。

男：是喔。蠻簡單的呢。但剛剛提到切成3公分有點麻煩，可以隨便切嗎？

女：不過你想要快速完成吧。材料大小一致的話，煮起來會更容易喔。

男子要注意什麼？

1 材料要切成大小一致
2 準備好材料後要快速烹煮
3 決定炒菜的順序
4 為了快速完成要準備好所有材料

1番 Track 1-2-01

会社で男の人と女の人が話しています。取引先に対する心配は何ですか。

男：新しい取引先には、もう注文いれたの？

女：それがね。最初に電話を入れて、その後すぐメール添付で「新規お取引申込書」と「注文書」を送ったんだけど、戻ってきちゃったのよ。

男：え、サーバーエラーかな？ファックスでは送ってみたの？

女：ええ、でもファックスも送信できないのよ。だからもう一度電話してみたのよ。

男：そう、どうだったの？

女：今度は、電話も通じないのよ。

男：それは、困ったね。たまたまかな？少人数の会社だろうけど、心配だね。

女：そうなのよ。うちは至急の細かい注文も多いでしょ。それにすぐ対応してくれる所でないとね。

男：今日中に返事がないようだったら新規取引は考え直した方がいいかもしれないね。

取引先に対する二人の心配は何ですか。

1. 急ぎの注文への対応
2. 通信機器の性能
3. 注文品の在庫量
4. 従業員の対応

第1題

男子和女子正在公司交談。兩人對於客戶的擔憂是什麼？

男：你已經向新客戶下訂單了嗎？

女：這個啊，一開始我先電話聯絡，之後立刻用電子郵件附上「新客戶交易申請書」跟「訂單」，但都退回來了。

男：咦？是伺服器錯誤嗎？有試過用傳真發送嗎？

女：有，但是傳真也無法發送。所以就試著打了一次電話。

男：嗯嗯，結果怎樣？

女：這次連電話都打不通。

男：那可真是令人困擾。是碰巧嗎？雖然是小公司，但還真擔心。

女：就是啊。我們有很多緊急且細項又多的訂單對吧。必須要能迅速應對的才行。

男：如果今天內沒有回覆的話，可能就要重新考慮新的合作伙伴了。

兩人對於客戶的擔憂是什麼？

1. 應對急迫訂單的能力
2. 通訊設備的性能
3. 訂單商品的庫存量
4. 員工的應對能力

解說 從對話可以得知兩人急需找尋一家能夠快速應對訂單的公司，所以答案是選項1。

詞彙 添付 附上｜新規 新的｜申込書 申請書｜通じる 通、通往｜至急 緊急｜通信機器 通訊設備｜在庫量 庫存量｜從業員 員工

2番 Track 1-2-02

電話で男の人と女の人が話しています。女の人はどうして男の人に電話してきましたか。

女：もしもし、今井さん、お久しぶり。

男：あ、かおるさん、ほんとに久しぶり。今日はどうしたの。

女：うん、ちょっと今井さんに聞きたいことがあるの。

男：うん、何？

女：実は、新しいエアコンを買おうと思っているんだけど。今井さん、今までに、テレビショッピングのＪネットで、買い物したことあったわよね。

男：うん、小型のテレビを買ったけど。エアコンは買ったことはないな。

女：そう。今エアコンのこと、いろいろ調べているんだけど、Ｊネットが一番安いのよ。でも、修理が必要になったときとか大丈夫かなと思って。

男：ぼくがＪネットで買った商品は修理したことがなかったけど、メーカー品だし、問題ないんじゃない。

女：そうよね。ただ、ネットショッピングと同じでテレビショッピングも実際に本物が見られないからちょっと心配なのよね。

男：それはそうだね。でも、ぼくの買った商品も問題はなかったよ。

女の人はどうして男の人に電話してきましたか。

1　男の人が電気製品に詳しいから
2　男の人がＪネットの社員だから
3　男の人がＪネットの利用者だから
4　男の人が電気製品の修理者だから

第 2 題

男子和女子正在講電話。女子為何要打電話給男子？

女：喂，今井先生，好久不見。

男：啊，小薰小姐，真的好久不見。今天有什麼事嗎？

女：嗯，我有些事想問問今井先生。

男：嗯，什麼事？

女：其實我想買新空調，今井先生之前有在電視購物的Ｊ網路買過東西對吧？

男：嗯，有買過小型電視，但沒有買過空調。

女：嗯嗯，我現在正在調查各種空調，發現Ｊ網路最便宜。但我在想如果需要修理時，不知道會不會有問題。

男：我在Ｊ網路買的東西從來沒有拿去修過，但他們都是品牌產品，應該沒問題吧。

女：也是啦。只是像網路購物一樣，電視購物也看不到商品實體，我有點擔心呢。

男：這也是沒錯。但我買的商品都沒有問題喔。

女子為何要打電話給男子？

1　因為男子對電器產品很熟悉
2　因為男子是Ｊ網路的員工
3　因為男子是Ｊ網路的顧客
4　因為男子是電器產品的維修業者

解說　從對話可以得知男子曾在Ｊ網路購買過商品，所以答案是選項3。

詞彙　小型 小型（↔大型 大型）｜修理 修理｜メーカー品 品牌產品｜詳しい 熟悉、精通

3番 🎧 Track 1-2-03

会社で部長と部下が話しています。部長が部下に返事することは何ですか。

男1：部長、大野さんのお見舞いに行ってきました。

男2：ああ、ご苦労様。で、大野君の具合はどうだった？

男1：回復は順調のようですが、復帰にはまだ時間がかかりそうだと言っていました。

男2：そうか。困ったな。彼がいないと困るんだよな…。

男1：あのう、部長。大野さんが担当している富士商事なんですが、ぼくにやらせていただけないでしょうか。大野さんから、いろいろ話を聞いてきましたし、富士商事の人とは面識があるし…。

男2：え！君が？今やっている仕事はどうするのかね。

男1：ちょうど、ひと段落したところで、時間がとれますから大丈夫です。

男2：そうなの。ちょっと急な申し出だから、即答はできないな。

男1：では、明日中にご返事いただけますか。

男2：うん、わかった。ちょっと考えてみるから。

部長が部下に返事することは何ですか。

1　今やっている仕事からはずすこと
2　病気の社員の仕事を引き継がせること
3　今やっている仕事を途中でやめさせること
4　病気の社員の仕事を中断すること

第3題

部長和部下正在公司交談。部長要回答部下什麼？

男1：部長，我去探望大野先生回來了。

男2：啊，辛苦了。那，大野的狀況如何？

男1：康復狀況似乎很順利，但他說要回到工作崗位上可能需要一些時間。

男2：這樣啊。傷腦筋。他不在的話會很困擾……

男1：那個，部長。大野先生負責的富士商事，能夠交給我負責嗎？之前從大野先生那裡聽到很多，而且我也認識富士商事的人……

男2：咦？你嗎？那你正在做的工作怎麼辦？

男1：剛好告一段落了，可以空出時間，所以沒問題的。

男2：這樣嗎？這個提議有點突然，所以沒辦法立刻回答你啊。

男1：那麼，能在明天之內回覆我嗎？

男2：嗯，我知道了。我考慮看看。

部長要回答部下什麼？

1　從目前正在做的工作中剔除
2　讓他接手生病員工的工作
3　讓他中途停止目前正在做的工作
4　將生病員工的工作中斷

解說　從對話可以得知部下希望接手生病員工的工作，但部長無法馬上答覆。所以答案是選項2。

詞彙　お見舞い 探病｜順調 順利｜復帰 復職｜面識 認識、相識｜ひと段落 一個段落｜即答 立刻回答｜外す 剔除｜引き継ぐ 接替｜途中 中途｜中断 中斷

4番 Track 1-2-04

美容院で男の人と女の人が話しています。担当だった美容師さんがやめた理由は何ですか。

男：本日担当させていただきます佐藤です。よろしくお願いいたします。

女：こちらこそよろしくお願いいたします。秋山さん、お辞めになったんですね。

男：はい、突然なことでお客様にご迷惑をおかけして申し訳ありません。

女：いいえ、秋山さん、ニューヨークへ留学したんですか？

男：え、そうは聞いていませんが。秋山、そんなことを言ってたんですか？

女：前回、ヘアカットしていただいたときに、ニューヨークで最新技術を学びたいって、おっしゃってたので。

男：ああ、そういう夢は持っていたようですね。実は、彼女は喘息もちでして、最近悪化してしまったんです。

女：ああ、そうでしたか。前回来たときにマスクしていましたね。理由は聞きませんでしたが。

男：はい、それでオーナーとも相談して、しばらく家でゆっくり休んで体調を回復させたらどうかということで。

女：そうでしたか。

担当だった美容師さんがやめた理由は何ですか。

1　入院手術するため
2　外国留学するため
3　自宅療養するため
4　自宅で仕事をするため

第4題

男子和女子正在美容院交談。原本負責的美髮師辭職的原因是什麼？

男：我是今天負責的美髮師佐藤。請多多指教。

女：也請你多多指教。秋山小姐辭職了嗎？

男：是的，由於事出突然，造成客人您的困擾真的非常抱歉。

女：不會，秋山小姐是去紐約留學了嗎？

男：呃，我沒有聽說這件事。秋山她是這樣說的啊？

女：因為上一次她幫我剪髮時說想在紐約學習最新的技術。

男：啊啊，她似乎是有那樣的夢想呢。其實，她患有氣喘，最近惡化了。

女：啊，是這樣子啊。上次來的時候看她戴著口罩呢，雖然我沒有問她原因。

男：是啊，所以跟老闆商量後，暫時在家好好休養，讓身體恢復健康。

女：原來如此。

原本負責的美髮師辭職的原因是什麼？

1　因為要住院接受手術
2　因為要去外國留學
3　因為要在自家療養
4　因為要在自家工作

解說 從對話可以得知原本的美髮師患有氣喘，與老闆商量後要在家休息，所以答案是選項3。

詞彙 突然 突然｜留学 留學｜学ぶ 學習｜喘息 氣喘｜悪化 惡化｜体調 身體狀況｜回復 恢復｜療養 療養

5番 Track 1-2-05

大学で女の学生と男の学生が話しています。男の学生はどんな授業の時に前の席に座りますか。

女：山田さんは、現代文の講義の時は教室のどこに座っているの？

男：現代文の時？ああ、寝てしまうかもしれないからいつも後ろの方の席だね。

女：そうでしょうね。山田さんのこと、見かけたことないものね。

男：川上さんは、いつも前の方の席で熱心に聞いているよね。現代文が好きなの。

女：そうね。授業内容も興味深くて面白いからかな。山田さんも、心理学の時はいつも前の席に座っているじゃない。

男：うん、心理学の授業の時は眠くならないからね。

女：へぇー、心理学に興味があったの？

男：そうだね。心理学に興味があるというより、先生が好きなのかな。若くて、きれいだし。

女：じゃ、ノートをとらないで、いつも顔ばかりみているの。

男：そんなことないよ。先生の顔をみながら、ノートもちゃんと取ってるよ。

男の学生はどんな授業の時に前の席に座りますか。

1 受講中に寝てしまう授業
2 自分の学習意欲が高い授業
3 ノートを取る必要がない授業
4 好きな先生が担当する授業

第 5 題

女學生和男學生正在大學交談。男學生在什麼課會坐在前排的位子？

女：山田同學上現代文課時坐在教室的哪裡？

男：現代文的時候嗎？啊啊，因為可能會睡著，所以總是坐在後方的位子。

女：說的也是呢。從來沒看到山田同學呢。

男：川上同學總是坐在前排的位子認真聽課呢。你喜歡現代文嗎？

女：是啊。因為上課內容有意思又有趣。山田同學在上心理學的時候也總是坐在前排的位子吧。

男：嗯，因為上心理學的課時我不會想睡覺。

女：喔～你對心理學有興趣嗎？

男：對啊。與其說是對心理學有興趣，不如說是喜歡老師吧。又年輕又漂亮。

女：那麼，你都不做筆記，總是只顧著看老師的臉嗎？

男：才不是那樣呢。我一邊看著老師的臉，一邊認真做筆記喔。

男學生在什麼課會坐在前排的位子？

1 上課時會睡著的課
2 自己學習意志高漲的課
3 不需要做筆記的課
4 喜歡的老師負責的課

解說 從對話可以得知男學生喜歡教心理學的老師，因為對方年輕漂亮，所以會坐在前排位子。因此答案是選項 4。

詞彙 見かける 看到｜熱心に 熱情｜興味深い 有意思｜学習意欲 學習意志｜ノートをとる 做筆記

6番 Track 1-2-06

日本人の学生と外国人の学生が話しています。外国人の学生が日本のホームステイ先で慣れないことは何ですか。

男：キャシーさん、ホームステイはどう？　もう慣れた？

女：そうね。家族もみんな親切で、いい人なんだけど、一つ慣れないことがあるのよ。

男：へぇー、どんなこと？

女：日本の家庭のお風呂の入り方かしら。日本人って、バスタブのお湯を流さないでしょ。

男：うん、そういえば、そうだね。同じお湯に入るね。

女：私の国では、ほとんどシャワーだけだし、バスタブにお湯を入れたとしても、自分が使ったら、そのお湯は流してしまうから。

男：ああ、キャシーさんの国では、体はバスタブの中で洗うんだよね。

女：まあ、そうね。その後のお湯は汚れるから、捨てちゃうし。

男：ああ、そうか。日本では、バスタブは、湯舟っていうんだけど、湯舟の外で体を洗ってから入るからね。そのお湯は清潔だから、皆で入っても問題ないんだよ。

女：ああ、そうか…。でも、ちょっとその習慣にはまだ慣れないわね。

男：そう。じゃ、キャシーさんはシャワーだけにすればいいよ。

外国人の学生が日本のホームステイ先で慣れないことは何ですか。

1　バスタブのお湯を時々捨てないこと
2　バスタブのお湯を使って体を洗うこと
3　**家族で同じバスタブのお湯につかること**
4　家族によってお風呂の入り方が違うこと

第 6 題

日本學生和外國學生正在對話。
外國學生在日本的寄宿家庭裡不習慣的事情是什麼？

男：凱西，寄宿家庭如何？妳已經習慣了嗎？

女：對啊，家人們都很親切，都是好人。但有件事我不太習慣。

男：欸？是什麼事情？

女：大概是日本家庭的洗澡方式吧。日本人不會將浴缸的熱水排掉吧。

男：嗯，這麼說來是這樣沒錯。都泡在同一缸熱水裡。

女：在我的國家，大多數都只是淋浴，就算在浴缸放了熱水，自己用過之後也會排掉那些熱水。

男：啊啊，在凱西的國家，是在浴缸裡洗身體對吧。

女：嗯，對啊。洗完後熱水會變髒，所以會排掉。

男：啊啊，原來如此。在日本的浴缸稱為「浴桶」，因為先在浴桶外面將身體洗淨後再進去。熱水是乾淨的，所以大家都進去泡也沒問題喔。

女：啊，是這樣啊。但是，還是有點不習慣這樣的風俗。

男：是喔。那，凱西可以只淋浴就好了。

外國學生在日本的寄宿家庭裡不習慣的事情是什麼？

1　有時候不會排掉浴缸的熱水
2　使用浴缸的熱水洗身體
3　**全家人用同一缸熱水泡澡**
4　家人有不同的洗澡方式

解說　從對話可以得知在女學生的國家，洗澡後會排掉浴缸裡的水，但在日本是全家人使用同一缸熱水，女學生對此不習慣，所以答案是選項3。

詞彙　慣れる 習慣｜バスタブ 浴缸｜流す 放掉｜汚れる 弄髒｜習慣 習慣、風俗｜湯船 浴桶｜清潔 乾淨

問題 3 在問題 3 的題目卷上沒有任何東西,本大題是根據整體內容進行理解的題型。開始時不會提供問題,請先聆聽內容,在聽完問題和選項後,請從選項 1～4 中選出最適當的答案。

例 🎧 Track 1-3

コーヒーについて男の人と女の人が話しています。

男:ナナエちゃん、ちょっとコーヒー飲みすぎじゃない。いったい、一日何杯飲んでいるの。

女:そうね。私の大好物だから、一日4杯ぐらいかな。

男:へえ、それ胃痛になったりしない。僕なんか1杯から2杯飲んでるけど、2杯飲んでも胃が痛いときあるよ。

女:私は全然平気。ある研究によると、コーヒーは脳や肌にもすばらしい効用があるって。

男:まあ、確かに目は覚めるね。

女:あと、コーヒーには抗酸化物質が含まれているけど、その吸収率が果物や野菜より高いそうよ。

男:抗酸化物質? そのためにたくさん飲んでるの。僕も量を増やしてみるか。もっと若く見えるのかな。

女:違うよ。コーヒーの効用なんて私はどうでもいいよ。本当は香りが好きなんだ。香りをかぐだけで、幸せな気分になれるし、ストレスも無くなる感じもするの。

男:うん、確かにコーヒーの香りが嫌だという人は今の時代にはいないかもね。

女の人はコーヒーについてどう思っていますか。

1 たくさん飲んでも胃痛はないから、どんどん飲む量を増やしたいと思う

2 体に与えるいい効果より、いい気分になれるから飲みたいと思う

3 コーヒーが体にいい効果をもたらすので、そのために飲むべきだと思う

4 ストレスが無くなる効果があるので、そのために飲むべきだと思う

例

男子和女子正在談論咖啡。

男:奈苗,妳咖啡是不是喝太多了?一天到底喝幾杯啊?

女:這個嘛。因為是我最喜歡的東西,一天 4 杯左右吧。

男:是喔,這樣不會胃痛嗎?我大概喝一到兩杯,有時喝兩杯也會胃痛呢。

女:我完全沒問題。根據某項研究,咖啡對腦部及皮膚有非常棒的效果。

男:也是,確實能讓人清醒呢。

女:還有,咖啡裡含有抗氧化物質,它的吸收率似乎比水果跟蔬菜還要高喔。

男:抗氧化物質?因為那樣才喝那麼多的嗎?我也試著增量看看好了。也許看起來會更年輕。

女:不是喔。咖啡的效用我才不在意呢。其實我是喜歡它的香味。只要聞它的香味,就能讓我感到幸福,感覺壓力也不見了。

男:嗯,確實現在這個時代已經沒有討厭咖啡香味的人了。

女子對咖啡有何看法?

1 覺得喝很多也不會胃痛,想要不斷增加喝的量

2 想喝咖啡是因為心情會變好,而不是會對身體帶來很好的效果

3 認為咖啡對身體有很好的效果,應該為此而喝

4 認為喝咖啡有排解壓力的效果,應該為此而喝

1番 🎧 Track 1-3-01

女の人がレストランに電話をしています。

男：はい、レストラン「ふじ」でございます。

女：私、ＡＢＣ商事の山田と申します。ちょっと予約の件でお電話しました。

男：ああ、今日７時からのご予約でございますね。

女：はい、実は６名でお願いしておりましたが、３名増えまして。

男：９名様にご変更ですね。そうすると今ご予約いただいているお部屋はちょっと狭いかと思われます。

女：あ、そうですか。では、もう少し広いお部屋を用意していただけますか。

男：少々お待ちください。そちらのお部屋ですと、６時までふさがっておりますが、問題ないと思います。

女：そうですか。じゃ、７時過ぎに伺ったほうがいいですね。

男：そうしてくださると助かります。

女：はい、じゃ、それで予約変更お願いいたします。

女の人が変更したのは何ですか。

1　人数と時間
2　部屋と時間
3　**人数と部屋**
4　部屋と料理

第 1 題

女子正在打電話給餐廳。

男：您好，這裡是「富士」餐廳。

女：我是 ABC 商事的山田。為了預約的事情有打過電話。

男：啊啊，您是預約今天 7 點開始的時間對吧？

女：對，其實之前預約了 6 位，但增加了 3 位。

男：變更為 9 位對嗎？這樣的話目前預約的房間會稍微窄一點喔。

女：啊，這樣子啊。那麼能幫我們準備稍微大一點的房間嗎？

男：請稍等一下。如果是那個房間，目前訂位到 6 點，我想是沒有問題的。

女：這樣啊。那我們 7 點過後再來比較好吧？

男：這樣的話真是幫了大忙。

女：好的，那就麻煩幫我更改預約內容。

女子更改的內容是什麼？

1　人數跟時間
2　房間跟時間
3　**人數跟房間**
4　房間跟料理

解說　從對話可以得知女子本來是預定 6 位，但改成 9 位，而且換到稍微大一點的房間，所以答案是選項 3。

詞彙　用意 準備｜ふさがる 占滿｜助かる 幫大忙、省事｜変更 更改

2番 Track 1-3-02

女の人が男の人にモニター調査の結果を話しています。

女：部長、先日のモニター調査の結果がでました。
男：そう、結果はどうだったの？
女：はい、新製品のアロマ入浴剤は大好評でしたよ。
男：そう、それはよかった。モニターさんたちは満足したんだな。
女：ええ、でもいろいろ意見がでましたよ。
男：へぇー、例えば、どんなこと。
女：もっと、香りの種類を増やしてほしいとか、容器をもっとおしゃれにしてほしいとか、値段は、もう少し安くしてくれればリピートするなどですね。
男：そうか、満足してもらっても、我々には課題は多いってことだな。

女の人はモニター調査の何について話していますか。

1 新製品の要望
2 新製品の使い心地
3 新製品の安全性
4 新製品の満足度

第 2 題

女子和男子正在討論消費者調查的結果。

女：部長，前幾天的消費者調查結果出來了。
男：是嗎？結果如何呢？
女：是的，新產品的香氛入浴劑非常受歡迎。
男：這樣啊，那真是太好了。消費者很滿意呢。
女：是的，不過也提出了各種意見喔。
男：咦？比如說怎麼樣的意見？
女：希望增加更多香氛的種類，或是希望容器能夠再時尚一點，價格方面，如果再便宜一點就會回購之類的。
男：原來如此，即使消費者滿意了，我們的課題還是很多呢。

女子談論的是消費者調查的哪個項目？

1 新產品的期望
2 新產品的使用感受
3 新產品的安全性
4 新產品的滿意度

解說 女子提到消費者希望增加更多香氛的種類，容器再時尚一點，價格再便宜一點就會回購，所以答案是選項1。

詞彙 入浴剤 入浴劑｜大好評 非常受歡迎｜容器 容器｜リピートする 回購｜課題 課題｜要望 要求、期望｜使い心地 使用感受｜満足度 滿意度

3番 🎧 Track 1-3-03

テレビで、女の人がオーガニックコットンの話をしています。

女：オーガニックコットンの繊維は通常のコットンに比べると、約2倍近くもの空気を含んでいます。では、なぜ多くの空気を含むことができるのでしょうか。それは、綿花の収穫の際に使われる農薬や化学物質によって、綿花がやせて固くなってしまう工程をオーガニックコットンでは行わないからです。

オーガニックコットンは、フワっと柔らかな従来の綿花そのものの風合いを楽しむことができます。空気を多く含むと、汗をしっかり吸い取り、通気性も高く、触ったときの風合いも心地よく、体が喜ぶ繊維になります。

女の人は、オーガニックコットンの何について説明していますか。

1 空気の量の多さ
2 栽培と収穫の仕方
3 気持ちの良い理由
4 身体への良い効果

第 3 題

女子正在電視上談論有機棉花。

女：有機棉花的纖維與一般棉花相比，多含約兩倍的空氣。那麼，為什麼有機棉花能容納更多空氣呢？這是因為有機棉花在採收時，不使用農藥或化學物質，這些物質會導致棉花變乾變硬。

有機棉花能夠享受到輕柔軟綿，跟以前的棉花一樣的觸感。空氣含量多的話，能夠有效吸汗，透氣性也好，摸起來的觸感也很舒服，是身體會喜愛的纖維。

女子在說明關於有機棉花的哪個方面？

1 空氣含量多寡
2 栽培與收成方式
3 觸感舒服的原因
4 對身體的良好效果

解說 女子正在說明有關有機棉花的事情，提到因為不使用農藥或化學物質，可以享受到跟以前棉花一樣的舒適觸感。而且能夠有效吸汗，透氣性也很好，所以答案是選項3。

詞彙 繊維 纖維｜通常 一般｜綿花 棉花｜収穫 收穫｜工程 工序｜風合い 觸感｜吸い取る 吸收｜通気性 透氣性｜心地よい 舒服｜栽培 栽培

4番 🎧 Track 1-3-04

会社で女の人と男の人が話しています。

女：川上さん、東京貿易の山本さんという方がお見えですが。
男：あ、3時の約束だったな。今、ちょっと手がはなせないんだよ。

第 4 題

女子和男子正在公司交談。

女：川上先生，東京貿易的山本先生來了。
男：啊，是約3點吧。現在有點忙不過來耶。

女：じゃ、ひとまず、応接室にお通しして、少しお待ちいただきましょうか。

男：そうだな。でも、ちょっと時間がかかりそうだな。

女：どのくらいですか。

男：３０分はかからないと思う。近くだから、また来てもらおうかな。

女：それは、ちょっと失礼じゃないですか。

男：そうだな。要件は君でも十分わかることなんだけどな。ぼくの代わりに話していてくれるかな。

女：え！少しならいいですけど、川上さんは後でいらっしゃるんですよね。

男：うん、わかった。急いで終わらせて、行くから。それまでよろしく頼んだよ。

男の人が女の人にしてほしいことは何ですか。

1　お客様に待ってもらうこと
2　自分のかわりに来客と商談すること
3　来客に約束時間の変更を伝えること
4　しばらく、お客様の相手をすること

女：那麼暫時帶他到接待室等一下嗎？

男：說的也是。不過，看來還要再花些時間啊。

女：大約多久呢？

男：我覺得應該不用到 30 分鐘。因為很近，是不是請他再過來一趟？

女：這樣的話有點失禮吧。

男：說的也是。不過要緊的事情妳也非常清楚。可以代替我談一下嗎？

女：咦？只有一點點的話還可以。但川上先生之後會來吧？

男：嗯，我知道了。我會趕快處理完再過去。在那之前就拜託妳囉。

男子希望女子做什麼？

1　請客人等候
2　代替自己與來訪客人談生意
3　告知來訪客人要更改約定的時間
4　暫時應付客人

解說　男子向女子提出的要求不是與客人談生意，而是在男子工作完成之前與客人交流。因此，答案是選項 4。

詞彙　応接室に通す 引導到接待室 ｜ 要件 要事 ｜ 商談 談生意 ｜ 変更 更改

5番　Track 1-3-05

女の人が優勝したテニスプレーヤーにインタビューをしています。

女：優勝、本当におめでとうございます。８回は最多記録ですし、３５歳での優勝も最年長優勝ですね。素晴らしいです。

第 5 題

女子正在採訪網球賽冠軍。

女：真的恭喜您獲得冠軍。8 次是最多紀錄，在 35 歲奪冠也成為最年長的冠軍。真是太棒了。

男：ありがとうございます。8回の優勝なんて目指してできるとは思っていませんでしたし、ぼくにとっても特別なことです。ウインブルドンは、いつも自分のお気に入りの大会ですし、そのウインブルドンで、歴史を作ることができたのは、ぼくにとって大きな意味があります。でも、今回のウインブルドンでは、タイトルを獲得できると信じていました。今後もベストコンディションを維持してプレーしたいという思いがあれば、どんなことでも可能だろうとぼくもチームも信じているので、今後も頑張っていきます。応援よろしくお願いします。

今回の優勝に関して、選手はどのように感じていますか。

1 まったく優勝できると思っていなかった
2 意味のある優勝で、来年も優勝をねらう
3 好きな大会だし、優勝できると信じていた
4 優勝できる可能性は少しあると思った

男：謝謝。我沒想過能夠以 8 次奪冠為目標，對我來說也是非常特別的事情。溫布頓一直都是我很喜歡的大賽，能夠在那個溫布頓創造歷史，對我來說意義重大。不過，我原本就相信這次在溫布頓我能夠奪冠。我和我的團隊都相信今後只要保持最佳狀態來比賽，任何事情都可能發生，所以接下來我會繼續努力。請大家繼續支持我。

關於這次的奪冠，選手有什麼感受？

1 完全不認為自己能夠奪冠
2 是有意義的奪冠，也瞄準明年的冠軍
3 因為是喜歡的大賽，之前就相信能夠奪冠
4 覺得有一點奪冠的可能

解說 對話提到溫布頓是男子喜愛的賽事，他相信自己能在這次比賽中奪冠，所以答案是選項3。

詞彙 最多 最多｜記録 紀錄｜最年長 最年長｜素晴らしい 非常棒｜獲得 獲得｜維持 保持｜応援 加油、支持

問題 4 在問題 4 的題目卷上沒有任何東西，請先聆聽句子和選項，從選項 1～3 中選出最適當的答案。

例 Track 1-4

男：彼女の言い方には人の心を和らげる何かがあるね。

女：1 私もその何かがずっと気になっていました。
　　2 ほんとうですね。人の心はわからないですね。
　　3 そうですね。聞いたら優しい気持ちになりますね。

例

男：她說話的方式帶有一種能夠安撫人心的感覺呢。

女：1 我也一直很在意那個東西。
　　2 真的。人心總是摸不清呢。
　　3 對呀。聽了之後會覺得很溫暖呢。

1番 🎧 Track 1-4-01

男：前もって連絡してくれないと困ります。
女：1 今度からは事前にするようにします。
　　2 連絡してもむだでした。
　　3 前をよく見なかったもので。

第1題

男：如果不提前聯絡我的話，我會很困擾。
女：1 下次開始會提前的。
　　2 就算聯絡也沒有用。
　　3 因為沒有仔細看前面。

解說 因為男子表示「不提前聯絡的話會很困擾」，所以回應「下次開始會提前」是較自然的表達方式。

詞彙 前もって 提前、事先 ｜ 事前に 事前 ｜ もので 表示原因或理由

2番 🎧 Track 1-4-02

男：今年こそタバコをやめようと決めたんだ。
女：1 もう決まりましたか？来年もがんばりましょう。
　　2 え、タバコやめたんじゃなかったんですか。
　　3 もうやめましたか。よかったですね。

第2題

男：我今年下定決心要戒菸了。
女：1 已經決定了嗎？明年也要加油喔。
　　2 咦？不是已經戒菸了嗎？
　　3 已經戒了嗎？太好了。

解說 男子表示「今年下定決心要戒菸」，女性反問「不是已經戒菸了嗎」是較自然的回應。

詞彙 やめる 停止、作罷

3番 🎧 Track 1-4-03

女：今日はこの辺で帰らせていただきます。
男：1 もう帰るんですか。まだいいんじゃないですか。
　　2 それじゃ私も帰っていただきます。
　　3 たしかこの辺だったと思いますが。

第3題

女：今天就到這邊，我先告辭了。
男：1 妳要回去了嗎？還可以再待一會。
　　2 那我也要回去了。
　　3 我記得是在這附近啊。

解說 當客人來訪後表示即將離開時，常常會用「還可以再多待一會」的說法來勸誘他們多留一下。

詞彙 ～(さ)せていただく 請讓我～

4番 Track 1-4-04

女：円高もだいぶ落ち着いてきましたね。
男：1　いや、まだわからないですよ。
　　2　いいえ、見通しは明るいですよ。
　　3　そうですね、まだ落ちてないんですよ。

第4題

女：日圓升值的情況已經相當穩定了呢。
男：1　不，還不太清楚喔。
　　2　不，前景一片光明喔。
　　3　是啊，還沒跌下來喔。

解說　男子不太確定女子提到的內容是否正確，所以選項1是較適當的回答。

詞彙　だいぶ 相當｜落ち着く 穩定、平靜下來｜見通し 前景

5番 Track 1-4-05

女：実は私、ペーパードライバーなんです。
男：1　えっ、まだ免許とってないんですか。
　　2　週末ドライブにでも行きましょうか。
　　3　そういう人けっこう多いですよね。

第5題

女：其實我有駕照但是不太會開車。
男：1　咦，妳還沒有拿駕照嗎？
　　2　週末要不要去兜風？
　　3　這種人蠻多的呢。

詞彙　ペーパードライバー 有駕照但不太會開車的人｜免許をとる 考取駕照

6番 Track 1-4-06

女：よかった。チケット取れないかと思ってたよ。
男：1　うん、ついてるよね。
　　2　チケット取れたらよかったのに。
　　3　わざわざチケット取るんじゃなかったね。

第6題

女：太好了。原本以為買不到票呢。
男：1　嗯，真幸運呢。
　　2　要是能拿到票就好了。
　　3　不是特意去拿票的呢。

解說　對於「原本以為買不到票（所以感到焦慮）」這句話，較自然的回應是「嗯，真幸運」。

詞彙　チケットを取る 取得票券｜つく 幸運，慣用說法是「ついている」｜わざわざ 特意

7番 Track 1-4-07

男：鈴木さん遅いですね。9時に出発って言ったはずなのに。
女：1　すみません、これからは遅れないようにします。
　　2　もう時間だし、そろそろ出かけましょうか。
　　3　9時に家を出たそうだからそろそろ着くはずですよ。

第7題

男：鈴木先生遲到了。明明說好9點出發。
女：1　不好意思，以後盡量不遲到。
　　2　時間也到了，差不多該出門了吧。
　　3　據說9點就離開家裡了，應該快到了吧。

> **解說** 原本約好 9 點出發，但鈴木先生沒來，而且時間已經過了，所以現在就應該出發了，因此答案是選項 2。另外因為男子說 9 點是出發時間，所以不應該在 9 點才離開家裡，可見選項 3 是錯誤回應。

> **詞彙** はずだ 應該～

8番 Track 1-4-08

男：忙しいのに悪いね。
女：1　はい、最近忙しくなりました。
　　2　別に悪いとは思ってないし、大丈夫です。
　　3　いいえ、いつでもおっしゃってください。

第 8 題

男：抱歉，妳這麼忙還來打擾。
女：1　是的，最近變忙了。
　　2　我並不覺得有什麼不好，沒關係。
　　3　不會，隨時都可以告訴我。

> **解說** 對方在自己忙碌時來求助並感到抱歉，此時回應對方「隨時都可以提出請求」是較自然的回應。所以答案是選項 3。

9番 Track 1-4-09

男：すみません。シャッター押してもらえませんか。
女：1　もうお店閉めますか。早いですね。
　　2　ここを押せばいいんですね。
　　3　そんなに押さないでくださいよ。

第 9 題

男：不好意思，能幫我按一下快門嗎？
女：1　已經要關店了嗎？真早呢。
　　2　按這裡就可以了嗎？
　　3　請不要這麼用力按啦。

> **詞彙** 這是要求拍照的場景，所以答案是選項 2。如果是要關閉鐵捲門，則要說「シャッターを降ろす」。

10番 Track 1-4-10

女：高橋さん、会議室の電気つけっぱなしになってましたよ。
男：1　そうか、電気つけなきゃいけないんだ。
　　2　あれ、電気消えちゃった。停電かな…。
　　3　あっ、いけない。うっかりしちゃって…。

第 10 題

女：高橋先生，會議室的電燈一直開著喔。
男：1　是嗎？電燈必須一直開著。
　　2　咦，電燈關了。是停電嗎？
　　3　啊，糟糕。不小心忘記了……

> **詞彙** 動詞ます形（去ます）＋っぱなし 持續～的狀態｜停電 停電｜うっかりする 不小心、不注意

11番 Track 1-4-11

女：お客様、こちらの車両は禁煙になっておりますが…。
男：1　すみません、ごめんください。
　　2　**すみません、気がつかなくて。**
　　3　すみません、がっかりしました。

第 11 題

女：這位客人，這輛車是禁菸的……
男：1　不好意思，抱歉。
　　2　**不好意思，沒有注意到。**
　　3　不好意思，失望了。

詞彙　ごめんください 抱歉｜気がつく 注意到｜がっかりする 失望

12番 Track 1-4-12

女：どうしたの？そんなに腹を立てて。
男：1　実は朝から何も食べてないんだ。
　　2　しょうがないよ。もうそんな年だからね。
　　3　**上司が理不尽な要求をするもんだから。**

第 12 題

女：怎麼了呢？那麼生氣。
男：1　其實我從早上開始就什麼都沒吃。
　　2　沒辦法啊。已經到了那個年紀了。
　　3　**因為上司說了無理的要求。**

解說　要回答自己生氣的原因，選項 3 的表達最自然。

詞彙　腹を立てる 生氣｜しょうがない 沒辦法｜理不尽 無理

問題 5　在問題 5 中將聽到一段較長的內容。本大題沒有練習部分，可以在題目卷上做筆記。

第 1 題、第 2 題
在問題 5 的題目卷上沒有任何東西，請先聆聽對話內容，接著聆聽問題和選項，再從選項 1～4 中選出最適當的答案。

1番 Track 1-5

会社で男の人と女の人が話しています。

男：佐藤さん、観光エキスポの会場まで行くのにどんな方法がある？
女：ええと、大阪から新幹線で東京駅に着かれるんですよね。
男：うん、そう。だから東京駅から千葉の会場までの行き方だね。あ、秋葉原でちょっと用事があるから、秋葉原からでもいいよ。

第 1 題

男子和女子正在公司交談。

男：佐藤小姐，前往觀光博覽會會場有哪些方法呢？
女：嗯，從大阪搭新幹線可以抵達東京車站對吧。
男：嗯，沒錯。所以是從東京車站到千葉會場的路線。啊，我在秋葉原有點事要辦，所以從秋葉原也可以喔。

女：はい、4つの方法があります。一つ目は東京駅からバスで、50分かかりますが、会場の前まで行きます。二つ目の方法は、東京駅から急行電車に25分乗って、会場までは徒歩10分です。

男：ふ〜ん、急行電車で25分は早いね。歩くのも10分ぐらいなら苦にならないしね。

女：はい、そうですね。

男：あと、2つの行き方は？

女：はい、3つ目の方法ですが、秋葉原から会場までバスが出ています。こちらは70分かかります。東京駅を経由していきますから、降りるところは同じ会場の前です。

男：ああ、秋葉原が始発なんだね。

女：はい、そうですね。最後の4つ目の行き方ですが、電車に40分乗って、バスに乗り換える方法です。バスに20分ほど乗ってから、会場まで5分歩きます。

男：うん、この方法はちょっとぼくには複雑な気がするな。

女：あれ、大川さん、東京は不慣れなんですか？

男：うん、一年に1回ぐらいしか出張しないからね。時間も急がないし、簡単な方法がいいな。

女：それなら、ちょっと時間がかかりますが、この行き方が一番確実ですね。

男：そうだね。電車で移動しなくていいし、この方法で会場に行くことにするよ。

男の人は、どの方法で会場まで行きますか。

1　1番目の行き方
2　2番目の行き方
3　**3番目の行き方**
4　4番目の行き方

女：好的，有四種方法。第一種是從東京車站搭巴士，需要50分鐘，能抵達會場前面。第二種方法是從東京車站搭急行電車25分鐘，再走10分鐘到會場。

男：嗯嗯，急行電車25分鐘很快呢。走路也只要10分鐘左右，也不辛苦呢。

女：是的，沒錯。

男：還有其他兩種方法呢？

女：好的，第三種方法是從秋葉原有直達會場的巴士。這個需要70分鐘。因為途中會經過東京車站，所以下車的地方是同一個會場前面。

男：啊啊，秋葉原是起點啊。

女：是的，沒錯。最後第四種方法，是坐40分鐘的電車，再轉乘巴士。約坐20分鐘左右的巴士，然後步行5分鐘到達會場。

男：嗯，這個方法對我來說感覺有點複雜啊。

女：咦？大川先生不熟悉東京嗎？

男：嗯，因為我一年只出差一次左右。時間也不趕，簡單的方法比較好呢。

女：那樣的話，雖然會花一些時間，但這個方法最可靠呢。

男：是啊。不用搭電車移動，就決定用這種方法前往會場。

男子要用哪種方法前往會場？

1　第一種方法
2　第二種方法
3　**第三種方法**
4　第四種方法

解說　男子不熟悉東京，希望路線簡單一點，時間上也不趕，所以答案是不用搭電車移動且較花時間的第三種走法。

詞彙　徒歩 徒步 ｜ 苦になる 覺得辛苦 ｜ 経由 經過 ｜ 始発 起點 ｜ 不慣れ 不熟悉

2番 🎧 Track 1-5-02

男の人と女の人が花のプレゼント用のカタログを見ています。

男：ゆきさん、ちょっといいかな。

女：うん、なあに？

男：先輩の木村さんが今度、絵の個展をやることになってね。

女：ああ、あの木村さんね、カラフルな絵を描く人よね。

男：うん、それでお祝いに、花を贈ろうと思っているんだよ。どんなのがいいかな？

女：そうね。このカタログでは、お祝い用のお花は4つ紹介されているのね。

男：うん、1番目の花は高さが70センチぐらいで、白い花がメインのアレンジだね。二番目の花は、高さは50センチぐらいで、ピンク系の花だね。

女：2番目のは、かわいらしいわね。その個展の会場は広いの？

男：いいや、個人の展覧会だし、狭い会場だと思う。

女：そう、じゃ、あまり高さはない方がいいかもね。

男：そうだね。3番目のは白と赤と黄色い花のアレンジでこれも高さは50センチ。4番目のは、薄いピンク系の花に小さい黄色の花が入ってるんだね。

女：これも、高さは50センチぐらいってあるわね。予算はどうなの。

男：うん、1万円ぐらいかな。ここにのっているのは全部1万円のだよ。

女：ああ、そうね。絵にいろいろな色を使ってきれいだから、絵より目立たない花のほうがいいと思うけど。

第 2 題

男子和女子正在看送禮花卉的型錄。

男：由紀小姐，打擾一下好嗎？

女：嗯，怎麼了？

男：木村前輩這次要開畫展了。

女：啊啊，那位木村先生啊，是畫出豐富色彩畫作的人對吧。

男：嗯，所以我想要送花來祝賀他，妳覺得什麼樣的比較好？

女：嗯。在這份型錄裡面，有介紹了四種祝賀用花。

男：嗯，第一種花高約 70 公分，是以白花為主的組合。

第二種花高約 50 公分，是粉色系的花。

女：第二種很可愛呢。那個個展的會場很大嗎？

男：不，那是個人展覽，我覺得會場應該很小。

女：是嗎？那可能不要太高比較好。

男：是啊。第三種是白色、紅色和黃色花朵的搭配，這個高度也是 50 公分。

第四種是淺粉色系的花朵搭配小小的黃花。

女：這個高度也是有 50 公分呢。預算呢？

男：嗯，大約一萬日圓吧。這上面的全部都是一萬日圓。

女：啊，對耶。畫裡用了各種色彩很漂亮，所以我覺得比畫作更不顯眼的花比較好。

男：それも、そうだね。じゃ白いのにしようか？ 女：白だけ一色とか同じような色だとさびしいし、あまり色の種類が多いのもちょっとね。 男：じゃ、このアレンジにしよう。 女：そうね。それがいいと思うわ。 男の人はどの花をプレゼントすることにしましたか。 1　1番目の花 2　2番目の花 3　3番目の花 4　4番目の花	女：只有白色一種顏色或是相似的顏色會顯得有點空虛，顏色太多的又有點那個。 男：那麼，就選這種搭配吧。 女：是啊，我覺得這種比較好。 男：這樣說也是沒錯，那選白色的花如何？ 男子要選哪一種花當作禮物？ 1　第一種花 2　第二種花 3　第三種花 4　第四種花

解說　由於展覽場地有限，建議花朵不要太高，所以排除第一種。另外，過於顯眼的花也排除，只有單一顏色的花朵也會顯得空虛。因此答案是選項4。

詞彙　かわいらしい　可愛｜個展　個展｜目立つ　顯眼｜アレンジする　編排、搭配

第 3 題：
請先聽完對話內容與兩個問題，再從選項 1 ～ 4 中選出最適當的答案。

3番　Track 1-5-03 女の学生と男の学生が話しています。 女：ねえ、鈴木君、一緒のところでアルバイトしてみない。 男：うん、今アルバイト探しているからちょうどいいや。どんなところなの？ 女：セレモニーホールなのよ。お葬式とかやる所。 男：ええ、ちょっと暗い感じだな。でも、なんでも経験したほうがいいか。 女：そうよ。時間帯なんだけど、4種類あってね。1番目のは、朝7時半から9時までで、1500円。お掃除かしらね。	第3題 女學生與男學生正在交談。 女：欸，鈴木同學，要不要一起去同個地方打工看看？ 男：嗯，我現在正在找打工，正好啊。是什麼樣的地方？ 女：是葬儀會館喔。舉辦喪禮之類地方。 男：咦，感覺有點陰暗耶。不過不管什麼都體驗一下比較好吧。 女：是啊。時段方面有四種。第一種是早上7點半到9點，1500日圓。可能是打掃吧。

男：うん、それは、一時間半働いて１５００円なの？朝、早起きしなくちゃね。

女：そうね、２番目のは、午前８時から午後６時までで、時給９５０円、３番目のは、午前１１時から午後４時までで、時給は８５０円。

男：２番目のは、大学が休みの時しかできないな。３番目のは、午後に授業があったらできないしね。

女：そうね。４番目のは午後４時から夜の９時までで、時給は１０００円。

男：ふ〜ん、これは、５時間勤務で、時給が一番いいね。

女：夕方から夜の仕事だからね。

男：これは毎日なの？それとも、週に２、３日でもいいの？

女：今、亡くなる人が多くて人手不足だから、他の時間帯も、週末だけでも、週に２、３日でもいいんだって。

男：小川さんは、どの時間帯にするの。一日中は無理だろ？

女：そうね。私は、早起きだし、大学に行く前に短時間働くのもいいかなって思っているのよ。

男：そうか。それもいいね。でも、ぼくは夜遅いし、その時間帯は自信がないな。

週末だけでもいいなら、この時間帯にしようかな。時間は長いけど、一番稼げそうだし。

女：そうね。一度相談してみたらいいわね。もしＯＫだったら、わたしもそれにするわ。

質問１

女の人はどの時間帯のアルバイトをしたいと言っていますか。

1　１番目の時間帯
2　２番目の時間帯
3　３番目の時間帯
4　４番目の時間帯

男：嗯,這樣就是工作一個半小時1500日圓嗎?早上得早起才行呢。

女：是啊。第二種是早上8點到下午6點,時薪是950日圓。第三種是早上11點到下午4點,時薪是850日圓。

男：第二種只有在大學放假時才能做呢。第三種的話,因為下午有課所以沒辦法。

女：說的也是。第四種是下午4點到晚上9點,時薪是1000日圓。

男：嗯嗯,這個工作五小時,時薪最高呢。

女：因為是從傍晚到晚上的工作啊。

男：這要每天去嗎?還是說一週去2、3天也可以呢?

女：目前過世的人很多,人手不足,所以其他時段,或是只有週末,說一週2、3天也可以喔。

男：小川同學要選哪個時段?沒辦法一整天吧。

女：對啊。我起得早,所以想說去大學上課前先短時間工作也不錯。

男：是嗎?這樣也不錯呢。但我睡得晚,那個時段我沒什麼信心。

如果只有週末也可以的話,那就這個時段吧,工時雖然長,但似乎能賺最多錢。

女：對啊。先試著商量一下會比較好。如果可以的話,我也選那個。

問題１

女子說想在哪個時段打工?

1　第一個時段
2　第二個時段
3　第三個時段
4　第四個時段

質問 2	問題 2
男の人はどの時間帯のアルバイトをしたいと言っていますか。	男子說想在哪個時段打工？
1　1番目の時間帯	1　第一個時段
2　2番目の時間帯	**2　第二個時段**
3　3番目の時間帯	3　第三個時段
4　4番目の時間帯	4　第四個時段

解說　問題1：女子原本說自己起得早，想要去大學上課前先短時間工作。但後來因男子提到想選擇週末，她又表示如果可以的話她也會選那個，所以跟男性一樣都是第二個時段。

　　　　問題2：男子表示睡得晚早上起床很困難，但只有週末的話就能做。而且儘管時間較長，但似乎能賺更多錢，所以會選第二個時段。

詞彙　お葬式 喪禮｜種類 種類｜人手不足 人手不足｜短時間 短時間｜稼ぐ 賺錢

我的分數？

共 ☐ 題正確

若是分數差強人意也別太失望，看看解說再次確認後重新解題，如此一來便能慢慢累積實力。

JLPT N2 第2回 實戰模擬試題解答

第1節　言語知識〈文字・語彙〉

問題 1　1 3　2 1　3 1　4 3　5 3
問題 2　6 2　7 4　8 1　9 3　10 4
問題 3　11 4　12 3　13 1　14 4　15 1
問題 4　16 2　17 2　18 3　19 1　20 2　21 3　22 2
問題 5　23 2　24 2　25 1　26 4　27 3
問題 6　28 2　29 2　30 1　31 3　32 4

第1節　言語知識〈文法〉

問題 7　33 2　34 2　35 1　36 4　37 3　38 4　39 1　40 2　41 4
　　　　　42 3　43 1　44 3
問題 8　45 4　46 3　47 1　48 3　49 2
問題 9　50 2　51 3　52 4　53 1　54 4

第1節　讀解

問題 10　55 4　56 2　57 1　58 4　59 3
問題 11　60 3　61 1　62 4　63 3　64 1　65 2　66 4　67 1　68 2
問題 12　69 4　70 2
問題 13　71 1　72 3　73 4
問題 14　74 3　75 4

第2節　聽解

問題 1　1 3　2 3　3 2　4 3　5 2
問題 2　1 2　2 4　3 2　4 3　5 3　6 2
問題 3　1 1　2 4　3 3　4 2　5 1
問題 4　1 2　2 3　3 1　4 2　5 3　6 1　7 2　8 1　9 2
　　　　　10 3　11 1　12 3
問題 5　1 1　2 4　3 1　1 2　4

63

第2回 實戰模擬試題 解析

第1節 言語知識〈文字・語彙〉

問題 1 請從 1、2、3、4 中選出 _____ 這個詞彙最正確的讀法。

---

1 地球温暖化への対策として様々な議論が交わされている。
　1　おんたんか　　2　おうだんか　　**3　おんだんか**　　4　おうたんか
作為地球暖化的對策，提出了各種討論。

詞彙　地球温暖化（ちきゅうおんだんか）地球暖化 ▶ 温度計（おんどけい）溫度計／暖房（だんぼう）暖氣｜交わす（かわす）交換

---

2 最近疲れているせいか、忌まわしい夢を見て飛び起きてしまった。
　1　いまわしい　　2　いかまわしい　　3　ずまわしい　　4　はずまわしい
最近可能因為太累，做了不吉利的夢就驚醒了。

詞彙　忌まわしい（いまわしい）不吉利的 ▶ 忌む（いむ）忌諱／忌日（きにち）忌日｜飛び起きる（とびおきる）一躍而起、猛然起床

---

3 失敗を恐れずに挑戦する勇気に拍手を送る。
　1　おそれずに　　2　おくれずに　　3　こわれずに　　4　うつれずに
為不懼怕失敗，勇於挑戰的勇氣送上掌聲。

詞彙　失敗（しっぱい）失敗｜恐れる（おそれる）害怕 ▶ 恐ろしい（おそろしい）可怕的／恐怖（きょうふ）恐懼｜挑戦（ちょうせん）挑戰｜勇気（ゆうき）勇氣｜拍手（はくしゅ）拍手、掌聲

---

4 彼への批判は高まり、もはや政権交代は避けられないだろう。
　1　こうだい　　2　こだい　　**3　こうたい**　　4　こたい
對他的批判日漸升高，政權交替已經無可避免了吧。

詞彙　批判が高まる（ひはんがたかまる）批判升高｜政権交代（せいけんこうたい）政權交替｜避ける（さける）避免
　　＋「代」通常讀作「だい」，但也有讀作「たい」的時候，例如「交代（交替）」、「新陳代謝（しんちんたいしゃ）（新陳代謝）」。

---

5 子供を３人も抱えて非常勤で働くのはかなり経済的に苦しい。
　1　いかえて　　2　だかえて　　**3　かかえて**　　4　つかえて
扶養 3 個小孩以兼職形式工作，在經濟上是相當辛苦的。

詞彙 抱える 扶養、承擔、抱著｜非常勤 兼職｜経済的 經濟上的

+ 「抱える」、「抱く」和「抱く」都有「抱著」的意思，抱具體的東西時要使用「抱く」，抱抽象的東西則是使用「抱く」，而「抱える」可以用於具體也可用於抽象，但是指重物或心理上沉重的負擔。

問題2 請從1、2、3、4中選出最適合＿＿＿＿的漢字。

6　今のところ、週休二日制をさいたくしてない会社はほとんどないと思う。
　　1　彩択　　　　2　採択　　　　3　彩沢　　　　4　採沢
　　我認為目前幾乎沒有不採用週休二日制的公司。

詞彙 今のところ 目前｜週休二日制 週休二日制｜採択 採納、選擇

7　栄養のバランスをとるため、こくもつの摂取量も減らさないようにしている。
　　1　殻物　　　　2　款物　　　　3　傲物　　　　4　穀物
　　為了均衡攝取營養，也盡量不減少穀物的攝取量。

詞彙 栄養 營養｜バランスをとる 保持平衡｜穀物 穀物｜摂取量 攝取量

8　天気がいいから、洗濯物はすぐかわくだろう。
　　1　乾く　　　　2　渇く　　　　3　勘く　　　　4　幹く
　　因為天氣很好，洗好的衣服應該很快就會乾。

詞彙 洗濯物 洗好的衣服、要洗的衣服｜乾く 乾

9　彼のいだいな功績は永遠に後世に残るはずだ。
　　1　違大　　　　2　緯大　　　　3　偉大　　　　4　為大
　　他的偉大功績應該永遠留存於後世。

詞彙 偉大 偉大｜功績 功績｜永遠 永遠｜後世 後世

10　自分の行動を直そうとする改善のよちがない。
　　1　様知　　　　2　要知　　　　3　承地　　　　4　余地
　　沒有改善自己行為的餘地。

詞彙 行動 行動、行為｜改善 改善｜余地 餘地、空間

問題3 請從1、2、3、4中選出最適合填入（　　）的選項。

11 あんな行動をするなんてまったく（　　）常識きわまりない。
1　不　　　　　2　悪　　　　　3　逆　　　　　**4　非**
竟然做出那種行為，真是沒常識到極點。

詞彙　まったく 完全 | 非常識 沒常識 ▶ 非公式 非正式 / 非合理 不合理 | ～きわまりない 非常～、極盡～

12 不良品は全額を払い（　　）ことになっている。
1　返す　　　　2　上げる　　　**3　戻す**　　　4　出す
瑕疵品將會全額退款。

詞彙　不良品 瑕疵品 | 全額 全額 | 払い戻す 退還 ▶ 買い戻す 重新買回來 / 連れ戻す 帶回、領回

13 今回の（　　）選挙の結果発表は１２月１２日だそうです。
1　総　　　　2　当　　　　　3　等　　　　　4　統
據說這次總選舉的結果發表是在12月12日。

詞彙　総選挙 總選舉 ▶ 総辞職 全體辭職 / 総動員 總動員 / 総収入 總收入 | 結果 結果

14 世の中には現代科学では解釈できない（　　）現象も起こるそうだ。
1　偽　　　　　2　諸　　　　　3　御　　　　　**4　怪**
據說在這個世界上，也會發生一些現代科學無法解釋的奇怪現象。

詞彙　怪現象 奇怪現象 ▶ 怪文書 匿名信 / 怪人物 怪人 / 怪事件 奇怪事件 | 解釈 解釋、說明

15 部下の功績を自分の手柄のように威（　　）なんてみっともない。
1　張る　　　2　掛かる　　　3　続く　　　　4　込む
將部下的功績當成自己的功勞般來逞威風，真是不像樣。

詞彙　功績 功績 | 手柄 功勞 | 威張る 逞威風、囂張 ▶ 気張る 努力、使勁 / 欲張る 貪婪 | みっともない 不像樣、不體面的

問題 4 請從 1、2、3、4 中選出最適合填入（　　）的選項。

[16] 先週見た映画の（　　）がどうしても思い出せない。
　　1　題目　　　　2　題名　　　　3　題文　　　　4　題表
　　上週看的電影名稱怎麼想都想不起來。

詞彙　題名 標題、題名，類似說法還有「タイトル（標題）」| どうしても 怎麼也～
　　　➕ 題目 題目　例 論文の題目 論文題目 / 講演の題目 演講題目

[17] この製品は若い主婦の間にとても（　　）がいい。
　　1　評価　　　　2　評判　　　　3　価値　　　　4　価格
　　這個產品在年輕主婦之間評價非常好。

詞彙　製品 產品 | 評判 評論、評價 | 評価 評價 ➕「評価」和「評判」都有「評價」的意思，但在此使用「評判」較自然。| 価値 價值 | 価格 價格

[18] 地震で家がつぶれるのかと思ったら、生きた（　　）がしなかった。
　　1　機嫌　　　　2　気分　　　　3　心地　　　　4　気持ち
　　我以為房子可能會因為地震而倒塌，就怕得要死。

詞彙　つぶれる 壓碎、壓壞 | 生きた心地がしない 怕得要死（此為慣用語）| 気持ち 心情 | 気分 心情、氣氛 | 機嫌 心情、情緒

[19] 母は手術後、医者の指示どおり食事を（　　）しなければならない。
　　1　制限　　　　2　制止　　　　3　禁物　　　　4　抑制
　　母親手術後必須依照醫生的指示限制飲食。

詞彙　手術後 手術後 | 指示 指示 | 名詞＋どおり 按照～ | 制限 限制、節制 | 制止 制止 | 禁物 禁忌、嚴禁的事物 | 抑制 抑制、制止

[20] 彼は教師として（　　）服装をしている。
　　1　やわらかくない　　2　ふさわしくない　　3　だらしなくない　　4　あわただしくない
　　他穿著不適合教師的服裝。

詞彙　教師 教師 | 服装 服裝 | ふさわしい 適合 | やわらかい 柔軟的 | だらしない 散漫的 | あわただしい 忙碌的、慌張的

21 彼の部屋には専攻に関する本が（　　　）並べてあった。
　　1　きっかり　　　2　ばっちり　　　3　ぎっしり　　　4　うっかり
他的房間裡擺滿了有關他的專業的書籍。

詞彙　専攻 專攻｜ぎっしり 滿滿的｜きっかり 正好｜ばっちり 完美地｜うっかり 不小心、不注意

22 彼は食事を済ましてから、レジに行って「お（　　　）、お願いします。」と言った。
　　1　計算　　　2　勘定　　　3　会算　　　4　既定
他用餐後就走到收銀台說「麻煩結帳」。

詞彙　✚ 用餐後要結算餐費時，可以說「お会計／お勘定、お願いします（麻煩結帳）」。｜済ます 結束｜既定 既定

問題 5　請從 1、2、3、4 中選出與＿＿＿＿意思最接近的選項。

23 世界に挑戦できる企業で自らの実力を試してみませんか。
　　1　実験する　　　2　確かめる　　　3　改める　　　4　試験する
要不要在能挑戰世界的企業中試試看自己的實力？

詞彙　挑戦 挑戰｜企業 企業｜実力 實力｜試す 嘗試｜実験する 實驗｜確かめる 確認 ✚ 這句話的意思是試試或確認自己的能力，所以使用「確かめる」比較合適。｜改める 改善

24 差し支えがなければその話を詳しく聞かせてほしい。
　　1　干渉　　　2　不都合　　　3　触り　　　4　不満
如果不麻煩的話，我希望你詳細講述那件事。

詞彙　差し支え 妨礙、不方便｜詳しい 詳細的｜干渉 干渉｜不都合 不方便｜触り 觸感｜不満 不滿

25 入社してまもなく出張を命じられた。
　　1　すぐに　　　2　もうすぐ　　　3　いずれ　　　4　この間
進公司不久就被指派出差。

詞彙　まもなく 不久｜命じる 任命、委派｜すぐに 立即、很快地｜もうすぐ 快要｜いずれ 總有一天｜この間 最近

[26] どんなことが起こっても動揺しないで落ち着いてください。
　　1　厳重になって　　2　安定になって　　3　穏やかになって　　4　冷静になって

無論發生什麼事情都不要不安，請保持冷靜。

> **詞彙**　動揺 不安、動搖｜落ち着く 冷靜｜厳重 嚴重｜穏やかだ 穩重的｜冷静 冷靜

[27] いい年して泣いたりわめいたりするのはみっともないと思う。
　　1　慎ましい　　2　もどかしい　　3　恥ずかしい　　4　やかましい

我認為一把年紀了，還哭泣或大吵大鬧是不體面的。

> **詞彙**　いい年して 一把年紀｜わめく 喊叫、大吵大鬧｜みっともない 不像樣、不體面的｜慎ましい 謹慎的｜もどかしい 令人著急的｜恥ずかしい 害羞的｜やかましい 麻煩的

問題6　請從1、2、3、4中選出下列詞彙最適當的使用方法。

[28] 今にも　馬上、眼看就要
　　1　私のふるさとは今にも年末に小豆もちを食べる習慣がある。
　　2　彼女は今にも泣き出しそうな顔で座っていた。
　　3　そんなに大急ぎだったら今にも行きます。
　　4　まだ遅れてないのなら今にも返事します。

　　1　我的故鄉眼看就要有在年底吃紅豆麻糬的習慣。
　　2　她用一副馬上就要哭出來的表情坐著。
　　3　如果這麼著急，我馬上就去。
　　4　如果還沒遲到，我會馬上回答。

> **解說**　「今にも」常用於描述眼前似乎隨時會發生某事的情景。例如「今にも壊れそうな建物（眼看就要倒塌的建築物）」。因此答案是選項2。選項1應改成「今も（現在也）」，選項3和選項4應改成「今すぐ（立刻）」。

> **詞彙**　ふるさと 故鄉｜小豆もち 紅豆麻糬｜泣き出す 哭出來｜大急ぎ 緊急｜返事 回答

[29] 地味　樸素、不華麗

1　汚れてない<u>地味</u>なところが彼女の魅力だ。
2　彼女はいつも目立たない<u>地味</u>な格好をしている。
3　華やかな花柄でとても<u>地味</u>ですね。
4　私は好きな人の前で気持ちを隠して<u>地味</u>になれない。

1　沒有被汙染且不起眼的一面是她的魅力。
2　她總是穿著不顯眼的樸素衣服。
3　華麗的花紋十分樸素呢。
4　我在喜歡的人面前無法隱藏心情變得很樸素。

解說　選項1應改成「純粋な（純粹的）」，選項3應改成「派手（華麗）」，選項4應改成「素直な（率直的）」。

詞彙　汚れる 弄髒 | 魅力 魅力 | 目立つ 顯眼 | 格好 打扮 | 華やかだ 華麗的 | 花柄 花紋 | 隠す 隱藏

[30] 引き返す　折回、返回

1　忘れ物を思い出して途中で<u>引き返した</u>。
2　手術を受けてから健康を<u>引き返した</u>。
3　順番を<u>引き返す</u>ミスをしてしまった。
4　彼の論文は従来の学説を<u>引き返して</u>しまった。

1　我想起遺忘的物品，在途中折返了。
2　接受手術後，返回健康了。
3　犯了將順序返回的錯誤。
4　他的論文返回了以往的學說。

解說　選項2應改成「健康を取り戻す（恢復健康）」，選項3應改成「順番を間違えるミス（搞錯順序的錯誤）」，選項4應改成「ひっくり返す（推翻）」。

詞彙　順番 順序 | 従来 過去、以往 | 学説 學說

31 確か 好像、大概、不確定
1 送られた書類は確か受け取りました。
2 家を出るとき確か鍵はかけましたか。
3 その事件が起こったのは確か昨年の5月だったと思います。
4 浅田さんのことは確か覚えています。

1 我好像收到了寄來的文件。
2 出門時大概鎖門了嗎？
3 我記得那個事件好像是發生在去年5月。
4 好像記得淺田先生的事情。

解說　「確か」是「不太確定」的意思，常用來回憶過去的事情。選項1、2、4 都應改成「確かに（肯定地、確實地）」。

詞彙　受け取る 收、領取｜鍵をかける 鎖門

---

32 とんでもない 意想不到、荒謬
1 そんなに注意させたのにまた忘れたなんて、もうとんでもない。
2 私は賞を受けてとんでもない気分だった。
3 おっしゃるようなことはとんでもなくございません。
4 友達からとんでもない要求を受けて、断るしかなかった。

1 都叮嚀這麼多次了還是忘記了，真是荒謬。
2 我得獎了，心情很荒謬。
3 您說的話真是荒謬。
4 從朋友那裡收到荒謬的請求，只好拒絕了。

解說　選項1應該改成「もう呆れた（已經覺得無言）」、選項3「とんでもなくございません」不符合語法規則，應該改成「とんでもないことでございます」、「とんでもございません」或「とんでもないです」。

詞彙　賞を受ける 得獎｜ござる 「ある」的鄭重語｜要求 請求｜断る 拒絕

第1節 言語知識〈文法〉

問題 7 請從 1、2、3、4 中選出最適合填入下列句子（　　　）的答案。

33 会社からの援助は断られた。こうなった（　　　）、自分の力でやり遂げるしかない。
1　上に　　　　**2　上は**　　　　3　からに　　　　4　以上には

公司拒絕提供援助，**既然**這樣，**就**只能依靠自己的力量完成了。

文法重點！ ⊙ A 上は B：既然 A 就應該 B
類似表達：～以上（は）、からには / からは（既然～就～）

詞彙 援助 援助｜断る 拒絕｜やり遂げる 完成

34 何でも国産（　　　）むやみに買ってしまうのはよくない。
1　だからとはいえ　　**2　だからといって**　　3　だからといえば　　4　だからいうと

雖說什麼都是國產的，**但**胡亂購買並不是一件好事。

文法重點！ ⊙ A からといって B：雖說 A 但是 B
➕ 這是要表達逆接的用法，所以使用「～だからといって」較恰當。

詞彙 国産 國產｜むやみに 胡亂、隨便

35 この仕事を受け持った（　　　）、すべての責任は私が取ります。
1　からには　　　　2　からでは　　　　3　からこそ　　　　4　からにも

既然負責這份工作，所有責任**就**由我承擔。

文法重點！ ⊙ A からには / からは B：既然 A 就 B
類似表達：～以上（は）、上は（既然～就～）

詞彙 受け持つ 負責

36 出生率の低下により子供の数が減っている（　　　）、人口の減少が深刻化している。
1　あまり　　　2　あまりにも　　　3　ものから　　　**4　ことから**

因為出生率下降導致孩童數量正在減少，**所以**人口減少的問題日益嚴重。

文法重點！ ⊙ A ことから B：因為 A 所以 B

詞彙 出生率 出生率｜低下 下降｜深刻化 嚴重化

37 いつも食事の後、歯を磨いている（　　　）、虫歯が一本もない。
1　だけで　　　2　だけにも　　　3　だけあって　　　4　だけでも

正因為經常在用餐後刷牙，所以一顆蛀牙都沒有。

文法重點！　○Aだけあって／だけに／だけのB：不愧是A，所以B、正因為A，所以B

詞彙　歯を磨く 刷牙｜虫歯 蛀牙

---

38 わずかな金を（　　　）、とてつもないことをやってしまった。
1　惜しいばかりで　　2　惜しいばかりに　　3　惜しんだばかりで　　4　惜しんだばかりに

只因為吝惜那一點點錢，做了不合常理的事情。

文法重點！　○Aばかりに：只因為A 就～
　　＋前面接續的是名詞，所以這裡要使用動詞並改成た形

詞彙　わずかだ 稍微、一點點｜惜しむ 吝惜｜とてつもない 不合常理的

---

39 あの子に退学を勧めるのは、教育的見地（　　　）望ましくない。
1　からして　　　2　のからして　　　3　ことからして　　　4　ものからして

勸告那個孩子退學這件事，從教育上的觀點來看是不理想的。

文法重點！　○AからしてB：從A來看，B
　　類似表達：「Aからすると／からすれば（以A來說）」「Aから見ると／見れば／見て／見ても（從A來看的話）」

詞彙　勧める 勸告｜教育的 教育上的｜見地 觀點、立場｜望ましい 理想的

---

40 最近は忙しすぎて夏休み（　　　）、週末もろくに休めなくてストレスがたまっている。
1　のどころか　　　2　どころか　　　3　のどころに　　　4　どころに

最近太忙了，別說暑假，就連週末都無法好好休息，累積了壓力。

文法重點！　○AどころかB：別說A了，就連B都

詞彙　ろくに 不能好好地（後面接否定）｜たまる 累積

---

41 この自動車は燃費性能（　　　）、デザインも優れた評価を受けている。
1　もちろんで　　　2　はもちろんで　　　3　もとより　　　4　はもとより

這款汽車的燃油性能就不用說了，設計也獲得優秀的評價。

文法重點！　○Aはもとより／はもちろんB：A就不用說了，B也～

詞彙　燃費性能 燃油性能｜優れる 優秀｜評価 評價

[42] （　　）これが失敗しても、いい経験になったと思えばいい。
1　たとえば　　　2　たとえても　　　3　たとえ　　　4　たとえると

即使這次失敗了，只要能視為寶貴的經驗就好了。

文法重點！ ✓ たとえ〜ても：即使〜也

[43] 幼い頃のアパートは狭い（　　）、みんなでいられて楽しかった。
1　ながらも　　　2　ながらが　　　3　ながらに　　　4　ながらで

小時候的公寓雖然很窄，但大家待在一起很快樂。

文法重點！ ✓ A ながらも (B)：雖然 A，但是 B
　　類似表達：A つつ／つつも B（雖然 A 但是 B）

詞彙 幼い 年幼

[44] 彼が無免許だと（　　）、軽い気持ちでバイクを貸したのがいけなかった。
1　知ってつつ　　　2　知ってつつも　　　3　知りつつも　　　4　知ったつつ

雖然知道他沒有駕照，但還是輕率地借他機車，這樣是不對的。

文法重點！ ✓ A つつ／つつも B：① 雖然 A 但是 B　② 一邊 A 一邊 B

詞彙 無免許 沒有駕照

問題 8　請從 1、2、3、4 中選出最適合填入下列句子 ＿＿＿★＿＿＿ 中的答案。

[45] この地域は大雨の ＿＿＿ ＿＿＿ ＿＿＿ ★ ＿＿＿ がある。
1　家屋に　　　2　際　　　3　浸水の　　　4　恐れ

這個地區在大雨時，房屋恐怕會淹水。

正確答案 この地域は大雨の際、家屋に浸水の恐れがある。

文法重點！ ✓ 〜恐れがある：恐怕〜、有〜的危險

詞彙 家屋 房屋｜浸水 淹水

[46] あんなに社交的だった人がうつ病で ＿＿＿ ＿＿＿ ★ ＿＿＿ ことだ。
1　がたい　　　2　という話は　　　3　信じ　　　4　自殺した

那樣愛社交的人因為憂鬱症而自殺，真是難以相信。

正確答案 あんなに社交的だった人がうつ病で自殺したという話は信じがたいことだ。

文法重點！ ✓ 動詞ます形（去ます）＋がたい：難以〜

詞彙 社交的 社交的｜うつ病 憂鬱症

47 最近の円高は日本経済に ＿＿＿ ＿＿＿ ★ ＿＿＿ あると報告されている。

1 かねない　　　　2 問題で　　　　3 影響を　　　　4 与え

最近日圓升值已被報導為可能對日本經濟帶來影響的問題。

正確答案 最近の円高は日本経済に影響を与えかねない問題であると報告されている。

文法重點! ✓ 動詞ます形（去ます）＋かねない：有可能〜

詞彙 影響を与える 帶來影響 | 報告 報告

---

48 親の学歴が高ければ ＿＿＿ ★ ＿＿＿ ＿＿＿ という研究結果がある。

1 高いほど　　　　2 熱心だ　　　　3 子供の　　　　4 教育に

有研究顯示父母親的學歷越高，他們對子女的教育就越致力投入。

正確答案 親の学歴が高ければ高いほど子供の教育に熱心だという研究結果がある。

文法重點! ✓ 〜ば〜ほど：越〜越〜

詞彙 学歴 學歷 | 熱心だ 專注、致力投入

---

49 食べている ＿＿＿ ＿＿＿ ＿＿＿ ★ 太るのだ。

1 不足　　　　2 しているから　　　　3 わりに　　　　4 運動が

雖然正常吃東西，但因為運動不足所以胖了。

正確答案 食べているわりに運動が不足しているから太るのだ。

文法重點! ✓ 〜わりに：雖然〜但是（比預想得更）

詞彙 不足 不足

問題9 請閱讀下列文章，並根據內容從1、2、3、4中選出最適合填入 50 〜 54 的答案。

我停在車站前停車場的心愛腳踏車被偷了。那是我用第一次從公司拿到的薪水買的，所以我還仔細地寫下我的名字。我每天用這輛腳踏車通勤，對我來說腳踏車就是我的生活方式，是我的好夥伴，現在卻被拿走了。

我是個粗心的人[50]，因為那是有很多人進出的停車場，所以有時我會因為這種安全感就沒有鎖[51]車。至今雖然丟失過幾次重要物品，但總是能收到當地警察的聯繫，物品都順利回來。每次都讓我覺得自己很幸運。

或許因為我[52]太自以為[52]是幸運兒。腳踏車被偷雖然很不甘心，但我反倒[53]得感謝這位讓我意識到過去的自己很粗心大意的小偷。然而我還是有話想對小偷說。

> 失去物品會感到悲傷、不甘心,不僅僅是因為遺失物品而傷心,更是因為失去與那物品相關的珍貴回憶,我希望你明白這一點。 54

詞彙 パートナ 夥伴 | 駐車場 停車場 | 安心感 安心感 | 地元 當地 | 幸運 幸運 | 恵まれる 被眷顧 | 悔しい 不甘心 | 呑気だ 粗心大意 | 泥棒 小偷 | 傷つく 受傷

50 1 恥ずかしがり屋　　**2 うっかりもの**　　3 心配性　　4 短気な人

文法重點!
- 恥ずかしがり屋:害羞的人
- うっかりもの:粗心的人
- 心配性:愛操心
- 短気な人:急性子的人

51 1 しなくて置いた　　2 しなかったきりだ　　**3 かけずにいた**　　4 かけなかったままだ

解說 「鍵をかける」是指「上鎖」,「かけずにいた」表示「沒有上鎖」。「かけなかったままだ」這個說法不太自然,應該改成「かけないままにしておいた(維持未上鎖的狀態)」。

52 1 大間違いしたのか　　2 信頼しすぎたのか　　3 妄信したのか　　**4 思い込んだのか**

解說 前面提到丟失的物品最後都會回到身邊,每次都覺得很幸運,但這次被偷並沒有找回。所以這裡是要表達作者太自以為是幸運兒,因此答案是選項4。

文法重點!
- 大間違い:大錯特錯
- 信頼しすぎる:太過信賴
- 妄信:盲目相信
- 思い込む:自以為

53 **1 むしろ**　　2 なお　　3 とうとう　　4 ついに

解說 這裡是要表達「反而要感謝對方提醒自己的粗心大意」,所以答案是選項1。

文法重點! むしろ:反倒　なお:而且　とうとう:終於要　ついに:終於

54
1 盗難された持ち主の気持ちを考えてみるべきだ　　應該考慮被偷的物主的心情
2 自分がどれだけ悪いことをしたのか　　自己做了多壞的事情
3 大事なものを盗まれて、やる気を無くすからだ　　因為重要的東西被偷,失去幹勁
4 その物と一緒だった大切な思い出が無くなるからだ　　因為失去與那物品相關的珍貴回憶

解說 作者要表達失去物品會傷心,是因為連同那件物品的回憶都會失去,所以答案是選項4。

第1節 讀解

問題 10 閱讀下列 (1) ～ (5) 的內容後回答問題，從 1、2、3、4 中選出最適當的答案。

(1)

　　美國紐約市觀光局今日宣布，為了吸引更多觀光客，將在東京都的 ABC 大廈設立日本首個「觀光辦事處」。目標是增加 2001 年同時多起恐攻事件之後不斷減少的旅客人數，以團塊世代和年輕一代為目標，展開細分化的吸引觀光客策略。他們還計劃參加 9 月在東京都內舉辦的「世界旅行博覽會」。紐約市觀光局已經在倫敦、阿姆斯特丹、巴黎等地設立代表辦事處，東京將是第 12 個地點。他們計劃不久後也將在首爾和上海設立辦事處。

[55] 以下何者符合本文內容？
1. 這個「觀光辦事處」的目的，是要吸引來自美國的觀光客。
2. 2001 年之後，造訪美國的各國旅客似乎增加了。
3. 在日本已經成立這個「觀光辦事處」。
4. **紐約市觀光局接下來還會持續擴展「觀光辦事處」。**

詞彙 本日 今日｜観光客誘致 吸引觀光客｜促進 促進｜設ける 設立｜同時多発テロ 同時多起恐攻事件｜〜一方だ 不斷地〜、越來越〜｜狙い 目標｜団塊世代 團塊世代｜若年層 年輕一代｜観光客誘致戦略 吸引觀光客策略｜展開 展開｜開かれる 舉辦｜出展 參加展覽｜すでに 已經｜設置 設置｜開設 開設｜広める 擴大、擴展

解說 從內文可以得知觀光局的目的是吸引來自日本的旅客，而且自 2001 年以來造訪美國的旅客數量不斷減少，此外這次在日本設立辦事處是第一次，因此答案是選項 4。

(2)

　　在國際太空站，會為各國的太空人提供「太空食物」，但從明年開始將包含許多日本食物。宇宙航空研究開發機構宣布將向太空人提供 29 種日本食物，例如飯糰、咖哩、蒲燒秋刀魚等等。

　　據說明年秋天在國際太空站停留的日本太空人將是最先品嘗這些食物的人。要成為「太空食物」，首先必須滿足一些條件，例如能在常溫下保存一年、醬汁不會飛濺，同時重量輕且營養豐富等等。而有趣的是，據說外國太空人在太空船上品嘗過日本太空人帶來的咖哩後，也表示「希望帶來日本的咖哩」。

[56] 關於「太空食物」，以下何者是正確的敘述？
1. 在外國太空人之間，日本食物的評價似乎不太好。
2. 明年開始國際太空站計劃提供日式食物。
3. 國際太空站提供的「太空食物」，不需要能夠長期保存。
4. 放置在國際太空站的「太空食物」，似乎與重量無關。

詞彙 国際宇宙 國際太空｜宇宙飛行士 太空人｜宇宙食 太空食物｜提供 提供｜多数 多數｜宇宙航空研究開発機構 宇宙航空研究開發機構｜かば焼き 蒲燒｜品目 品項｜発表 發表、宣布｜滞在 停留｜常温保存 常溫保存｜効く 有效｜飛び散る 飛濺｜軽量 輕量｜栄養 營養｜豊富 豐富｜満たす 滿足｜持参 帶來(去)｜評判 評價｜和風 日式｜食物 食物｜長持ち 長期保存、耐放｜載せる 放

解說 從內文可以得知有外國太空人希望帶來日本咖哩，可見對日本食物的評價不錯。而太空食物需要長期保存且輕便，所以答案是選項2。

(3)

　調查顯示勞動者是女性且公司規模越大，則安全意識和安全行為遵守率也越高。厚生勞動省透過「勞動安全衛生問題報告」，了解並發表了性別、工作時間、安全管理者的領導力能等8項因素對於工作場所安全與勞動者安全意識的影響。分析結果顯示，管理者的勞動安全指導水準越高，工作場所的勞動安全水準與勞動者在職場的勞動安全意識也越高。再來，從性別來看，相較於男性，女性勞動者在公司規模越大，或是勞動者年齡越高的情況下，對於勞動安全意識水準與勞動安全行為遵守率較高。同時也明確顯示勞動者的教育水準、工作時間和年資等因素對此沒有太大影響。

[57] 以下何者不符合本文內容？
1. 發現勞動者的學歷越高，其勞動安全意識越高。
2. 發現中小企業的勞動者，勞動安全意識較低。
3. 發現勞動者中越年長的人，勞動安全意識越高。
4. 長期工作未必勞動安全意識就較高。

詞彙 労働者 勞動者｜規模 規模｜安全意識 安全意識｜安全行動遵守率 安全行為遵守率｜厚生労働省 厚生勞動省｜労働安全衛生問題 勞動安全衛生問題｜通じる 透過｜性別 性別｜安全管理者 安全管理者｜事業場 工作場所｜安全意識 安全意識｜影響を及ぼす 產生影響｜把握 掌握｜発表 發表｜分析 分析｜管理者 管理者｜労働安全指導 勞動安全指導｜事業場の労働安全水準 工作場所的勞動安全水準｜勤続年数 年資｜明らかだ 明確｜中小企業 中小企業｜年長者 年長者｜〜とは限らない 未必、不一定

解說 從內文可以得知勞動安全意識與勞動者的教育水準，也就是學歷無關，因此答案是選項1。

(4)

　　早餐對腦部與身體健康有良好影響這是眾所周知的。吃早餐的人肥胖的可能性較低，血糖值正常的可能性也高。研究結果還顯示，如果攝取富含膳食纖維與碳水化合物的早餐，就不易累積疲勞。有無數研究結果表明，像這樣規律地吃早餐對健康較有益。

　　然而，根據刊登於「美國臨床營養期刊」的一項研究顯示，早餐與促進新陳代謝之間的關聯性並不大。新陳代謝是指生物體將攝取的營養物質在體內分解，合成產生用於身體成分和生命活動所需的物質和能量，同時將不需要的物質排出體外的作用。促進這種新陳代謝，會促使脂肪燃燒，與體重調節密切相關。在一項為期16週的減肥實驗中，針對300名肥胖成年人進行觀察，發現吃與不吃早餐的人幾乎沒有差異。

　　而且研究團隊表示「蛋白質與膳食纖維等營養素豐富的食品當早餐是有益的，但如果是像甜甜圈一樣只有高熱量又缺乏營養的食物，最好不要食用」。

[58] 文中提到幾乎沒有差異，可能的原因是什麼？
1　因為吃富含食物纖維的早餐，不容易變胖。
2　因為吃營養豐富的早餐，反而會變胖。
3　因為吃富含碳水化合物的早餐，不容易變胖。
4　**因為早餐對新陳代謝的促進影響不大。**

詞彙　脳 腦部｜身体 身體｜影響を与える 帶來影響｜朝食 早餐｜肥満 肥胖｜可能性 可能性｜血糖値 血糖值｜正常 正常｜食物繊維 膳食纖維｜炭水化物 碳水化合物｜豊富だ 豐富｜研究結果 研究結果｜無数 無數｜米国臨床栄養 美國臨床營養｜掲載 刊登｜新陳代謝 新陳代謝｜促進 促進｜生物体 生物體｜摂取 攝取｜栄養物質 營養物質｜分解 分解｜合成 合成｜生命活動 生命活動｜生成 產生｜作用 作用｜脂肪を燃やす 燃燒脂肪｜体重調節 調節體重｜密接 緊密｜成人 成年人｜対象 對象｜差がない 沒有差異｜栄養素 營養素｜食品 食品｜述べる 敘述、發表｜たっぷり 充分

解說　從內文可以得知新陳代謝與體重調節有密切關係，但吃早餐與新陳代謝並沒有直接關連，因此對減肥效益不大。所以答案是選項4。

(5)

　　每當迎接新年，人們心境就會煥然一新，想要挑戰點什麼。雖然想著今年一定要如何如何，但結果往往是三分鐘熱度，難以持續下去。例如，戒菸、戒酒、運動、減肥等等，我認為日記也是其中之一。那麼，為什麼人們無法持續寫日記？恐怕是因為，在紙本日記本寫上每天發生的事情，意外地耗時耗力吧。

　　對於這樣的人，我想推薦智慧型手機或平板等設備用的日記應用程式。如果是智慧型手機或是平板，可以在空閒時間輕鬆記錄當天的事情，而且只需簡單的操作即可插入拍攝的照片等，可以使用智慧型手機與平板才有的便利功能。日記應用程式不僅功能豐富，更重要的是它不需要複雜的操作又簡便。

此外，有些人可能認為自己已經在個人部落格或社交媒體上寫日記，就不需要另外記錄，但我認為擁有一本只有自己能看到的日記也是不錯的。

59 以下何者符合日記相關應用程式的說明？

1. 用日記相關應用程式寫下一天發生的事情很費事。
2. 在日記相關應用程式中，能輕鬆地插入拍攝的影片等內容，十分方便。
3. 在日記相關應用程式中，最重要的要素是方便進行記錄。
4. 選擇日記相關應用程式時，最重要的要素是功能的豐富性。

詞彙 新年を迎える 迎接新年｜新たにする 煥然一新｜挑戦 挑戰｜動詞ます形（去ます）＋つつ（も）雖然～但是｜三日坊主 三分鐘熱度｜禁煙 戒菸｜禁酒 戒酒｜おそらく 恐怕、或許｜日記帳 日記本｜日々 每天｜出来事 發生的事情｜書き込む 寫上｜意外 意外｜手間がかかる 花時間｜端末用 終端設備用｜すすめる 推薦｜空き時間 空閒時間｜手軽に 輕鬆地｜書き記す 記錄｜撮影 拍照｜操作 操作｜挿入 插入｜機能 功能｜豊富さ 豐富性｜さることながら 不僅～而且｜個人 個人｜手数がかかる 費事｜動画 影片｜要素 要素｜容易だ 容易、簡單

解說 從內文可以得知寫紙本日記本耗時耗力，很難輕鬆插入照片或影片，而且在日記應用程式中，最重要的是能夠輕鬆操作。所以答案是選項3。

問題 11 閱讀下列（1）～（3）的內容後回答問題，從1、2、3、4中選出最適當的答案。

(1)

說到葡萄酒，果然還是會想到法國。

然而最近在這個葡萄酒發源地，年輕人遠離葡萄酒的狀況越來越明顯。主要原因似乎是年輕人的喜好分散到啤酒與雞尾酒。為了解決這種狀況，法國某家葡萄酒廠商似乎決定發售可樂口味的葡萄酒「Rouge Sucette（紅色棒棒糖）」。開發可樂口味葡萄酒的是 Hausmann Famille 葡萄酒製造商。據說這款酒是為了阻止法國人遠離葡萄酒而開發的，尤其是以年輕顧客為目標。據說「Rouge Sucette」有75%是葡萄酒，剩下的25%是糖、水和可樂味道製成。可以說是葡萄酒基底的雞尾酒。酒精濃度幾乎與葡萄酒相同，為9%，建議先在冰箱冷藏後再飲用。

在葡萄酒發源地法國，開發這款「RougeSucette」的背後原因是，喝葡萄酒的人數比例急遽減少。1980年，當時在法國有將近一半的成年人幾乎每天都享受著葡萄酒，但現在這一比例已經降至17%。另一方面，完全不喝葡萄酒的法國人比例較過往增加了兩倍，達到38%。因此這次發售的「Rouge Sucette」就是專門針對遠離葡萄酒現象特別明顯的年輕人而開發的飲料。為了讓年輕人也能輕鬆購買，其價格也控制在400日圓左右。製造商表示「希望透過『Rouge Sucette』喜歡上葡萄酒的年輕人，將來能夠品嘗真正的葡萄酒。」

| 60 | 年輕人遠離葡萄酒的狀況越來越明顯的原因，可能是什麼？
1　因為最近葡萄酒的價格大幅上升
2　因為人們開始認為每天飲用葡萄酒的話對身體有害
3　因為經常喝葡萄酒之外的酒類
4　因為真正的葡萄酒成分只有 75%

解說　文中提到「年輕人的喜好分散到啤酒與雞尾酒」，所以答案是選項 3。

| 61 | 葡萄酒製造商發售「Rouge Sucette」的原因是什麼？
1　因為最近法國年輕人開始遠離葡萄酒
2　為了防止法國年輕人酒精成癮的問題擴散
3　為了讓任何人都能輕鬆購買價格合理的葡萄酒
4　因為最近法國年輕人喜歡可樂口味，預計這款葡萄酒會很暢銷

解說　從內文可以得知開發「Rouge Sucette」的背後因素是「喝葡萄酒的人數比例急遽減少」，因此答案是選項 1。

| 62 | 關於「Rouge Sucette」的敘述，以下何者正確？
1　在法國，最受歡迎的葡萄酒是「Rouge Sucette」。
2　「Rouge Sucette」加熱後會更好喝。
3　「Rouge Sucette」的酒精度數比葡萄酒稍微高一點。
4　「Rouge Sucette」是為了促進未來葡萄酒消費而製作的。

解說　內文並未提到「Rouge Sucette」是法國最受歡迎的葡萄酒。而且「Rouge Sucette」的主要成分混合了葡萄酒、糖和水等，酒精濃度幾乎與葡萄酒相同，因此答案是選項 4。

詞彙　～といえば 說到～｜本場 發源地｜顕著 顯著｜分散 分散｜打開 解決（問題）｜踏み切る 下決心｜模様 樣子｜ロリポップ 棒棒糖｜食い止める 阻止｜顧客 顧客｜風味 味道｜冷やす 冰鎮｜～に至る 發展～結果｜背景 背景｜激減 銳減｜事情 緣故、情況｜堪能する 充分享受｜およそ 大約｜落ち込む 跌落｜飲料 飲料｜気軽 輕鬆地｜親しむ 喜歡｜大幅 大幅｜遠ざける 避開｜依存症 成癮、依賴症｜拡散 擴散｜防ぐ 防止｜手頃 適合｜見込む 預計｜温める 加熱｜促す 促進

(2)

敬啟者
新綠之時，衷心祝賀貴公司生意越來越興隆。

雖然是私人事情，本人將於三月底自丸山工業股份有限公司正常離職，並經熟人介紹從5月1日起於森永電機股份有限公司工作。在丸山工業股份有限公司工作期間，於公於私都深受厚愛與照顧，真的非常感謝。衷心獻上感謝之意。

在新的工作單位，我決定像之前一樣從事人事制度的規劃工作。雖然能力有限，但我希望能活用至今的經驗。今後也請您繼續給予不變的指導。

首先謹以簡單書信形式向您問候。

謹具

63 這是哪種信件？

1. 工作調動的問候信
2. 離職的問候信
3. **跳槽的問候信**
4. 調動部門的問候信

解說 從內文可以得知此人是轉換公司，但職務沒有改變，所以答案是選項3。

64 這封信可能是寄給誰？

1. **前一份工作的客戶**
2. 森永電機的客戶
3. 前一份工作的上司
4. 森永電機的上司

解說 文中提到在任職期間深受厚愛與照顧，因此可以認為這封信是寫給前一份工作的客戶。所以答案是選項1。

65 以下何者符合本文內容？

1. 寫這封信的人即將到丸山工業的子公司工作。
2. **寫這封信的人將從事相同的業務。**
3. 寫這封信的人在森永電機被開除了。
4. 寫這封信的人將轉到丸山工業工作。

解說 從內文可以得知此人將到森永電機工作，並不是丸山工業的子公司，而且他也不是被解雇。此外他會從事和前一份工作相同的職務，所以答案是選項2。

詞彙 拝啓 敬啟者｜新緑 新綠｜候 時候｜ますます 越來越｜盛栄 興隆｜喜び 喜悅｜申し上げる 說、陳述（「言う（說）」的謙讓語）｜さて 那麼｜私事 私事｜～をもって ①手段 ②原因、理由 ③事物開始的時間 ④期限｜円満 圓滿｜退職 離職｜知人 熟人｜在職中 工作期間｜

公私 公私｜〜にわたり 表示時間或空間的整體範圍｜多大 莫大｜厚情 厚誼｜賜る 領受、蒙賜｜誠に 實在、誠然｜御礼 謝意｜同様 同樣｜人事制度 人事制度｜企画 企劃｜微力 棉薄之力｜活かす 活用｜今後 今後｜指導 指導｜略儀 簡略方式｜書中 書中、信中｜〜をもちまして＝〜をもって｜敬具 謹具｜転属 調部門｜業務 業務｜首になる 被解雇｜移る 調轉

(3)

電子書是指取代紙張，可以在智慧型手機或專用平板電腦等數位機器的畫面閱讀書籍和雜誌的東西。通常透過網路購買，並下載閱讀所購買的書籍、漫畫、雜誌等。

近來，不透過出版社等途徑，個人直接以電子書出版小說等作品，也就是所謂的「個人出版」越來越普遍。「個人出版」是指作者自行製作書籍來販賣的形式。低成本且任何人都能輕鬆以自己的意願出版、販售是電子書的魅力，隨著電子書閱讀設備的普及，可預想此形式將更加增長，但今後的作品宣傳等，可能會成為電子書普及的①關鍵。

其類型也從旅遊文學、純文學涵蓋到科幻小說，但因缺乏出版社客觀的視角，存在著淪為自吹自擂或無法吸引讀者興趣的內容的風險。再者，②現狀是「個人出版」的成功案例僅僅只是少數。某位女性自由作家抱怨「只靠『個人出版』的話，根本無法維持生計。」事實上，銷售量只有個位數的作品並不罕見，如果銷售量約為1000冊左右的話，以個人出版來說就會被視為相當暢銷的情況。

此外，如果試著觀察電子書銷售排行榜，排名在前的多數都是透過出版社發行的作品。關於這點，擔任電子書嚮導的下村直哉先生表示「出版社裡有專家，他們擁有能夠聽取讀者需求，並將其轉化為銷售額的訣竅，但是個人出版的作家大多缺乏這種訣竅和銷售技巧，要製作出能引起多數讀者共鳴的作品，並確保銷售途徑並不容易。」

[66] 文中提到①關鍵，以下何者可視為那個關鍵？
1 更加方便，任何人都能下載
2 讓個人不須透過出版社等途徑即可出版作品
3 透過網路也能購買書籍
4 充分宣傳電子書，讓更多人了解作品的存在

解說 前一句話提到「今後的作品宣傳等」，故答案是選項4。

[67] ②現狀是怎樣的情況？
1 沒有其他工作，只靠個人出版根本無法生活的現狀
2 電子書銷售情況不如預期的現狀
3 個人出書大多侵犯了他人權利的現狀
4 許多出版社正在參與電子書業務的現狀

> **解說** 從內文可以得知個人出版的成功案例非常有限，因為僅靠個人出版無法維持生計，所以答案是選項 1。

> [68] 以下何者不符合本文內容？
> 1 電子書是透過網路購買書籍，再下載閱讀。
> 2 **有許多作家透過電子書進行個人出版成功累積了財富。**
> 3 因電子書的普及，使得個人出版變得更加輕鬆。
> 4 多數出版社似乎掌握了銷售書籍的訣竅。

> **解說** 從文章可以得知僅靠個人出版無法維持生計，所以選項 2 的說法不正確。

> **詞彙** 書籍 書籍｜専用 專用｜端末 終端｜機器 機器｜画面 畫面｜通じる 透過｜購入 購買｜一般的 一般的｜近頃 近來｜出版社 出版社｜介する 透過｜個人 個人｜いわゆる 也就是｜広がる 擴展｜著者 作者｜制作 製作｜形態 形式｜魅力 魅力｜普及 普及｜〜につれ 隨著〜｜ますます 越來越｜宣伝 宣傳｜紀行文 旅遊文學｜純文学 純文學｜客観的 客觀的｜視点 視角｜欠く 欠缺｜自慢話 自吹自擂｜読者 讀者｜引きつける 吸引｜おそれ 恐怕、有〜危險｜ごく 極其｜〜にすぎない 只不過是〜｜とうてい 根本｜生計 生計｜ぐちる 抱怨｜桁 位數｜〜にとどまる 止步於〜｜上位 上位｜吸い上げる 聽取｜つなげる 連接｜手法 手法、技巧｜共感 共鳴｜確保 確保｜容易 容易｜語る 講述｜手軽 輕易、簡單｜通す 透過｜広報 宣傳｜充実 充實｜存在 存在｜売れ行き 銷售｜権利 權利｜侵害 侵害｜参入 加入｜富を築く 累積財富｜つかむ 掌握

問題 12 下列 A 和 B 各自是關於「小學生擁有手機」的文章。閱讀文章後回答問題，從 1、2、3、4 中選出最適當的答案。

A

> 　　我贊成讓小學生擁有手機。我家的兩個孩子也是從小學二年級開始就有手機。不過他們只能與父母通話和發送郵件，無法撥打或接收其他來電。當然，因為密碼也是由我設定的，所以孩子無法更改。最多也僅供與父母聯繫使用，並不是當作玩具給他們的。
>
> 　　每年治安逐漸惡化，母親工作的情況也越來越多。我們家是雙薪家庭，手機在危機管理上是必要的。手機附有 GPS 功能，可以確認孩子的位置。而且當我們擔心孩子時，可以立刻打電話確認。如果在學校發生什麼情況，也能立刻通知雙親。
>
> 　　在現代社會中早晚都是非得擁有的工具，因此我認為讓孩子早點擁有手機，可以讓他們學會使用方式與禮儀等。
>
> 　　相較於是否讓孩子擁有手機，我認為更重要的是當他們擁有手機時，要如何引導他們正確使用。

B

> 在現代社會中，手機已成為生活必需品。即使是連小學生都開始拿手機的時代，但我是反對的。
>
> 手機的功能確實很多，非常方便。可以透過一通電話解決工作或與家人聯繫，還有簡訊功能，在需要通知時也經常使用。此外，也能拍照、觀看電影、聆聽音樂。對學生來說可以查找資料、有字典功能，對學習也有幫助。
>
> 然而，使用手機也確實會遇到問題。特別是最近，許多父母為了與小學生的孩子聯絡而購買手機，但讓自我控制能力尚低的小學生拿手機的話，經常只顧玩遊戲而導致成績下滑。
>
> 不過更令人擔心的是，使用手機可能會被捲入各種犯罪或麻煩之中。實際上，由於這類事件的數量每年都在增加，我仍然認為讓小學生擁有手機是不好的。即使如此，如果一定要讓他們擁有，我認為通話之外的功能是不必要的。

69 A 與 B 兩篇文章中都提及的要點是什麼？
1 小學生擁有手機的問題點
2 在現代社會中一定要有手機的原因
3 理想的手機擁有年齡
4 手機的優點

解說 選項 1 和選項 2 的內容僅在 B 文章提及，且兩者皆沒有提及理想的手機擁有年齡，所以答案是選項 4。

70 關於 A 與 B 的內容，以下何者正確？
1 A 與 B 都表示應該讓小學生早點使用手機的各種功能。
2 A 與 B 都在談論手機的優點。
3 A 說贊成小學生擁有手機，B 則談到應該讓小學生帶手機的原因。
4 A 說考慮到將來，應該早點讓孩子擁有手機，B 則談到小學生也能夠自我控制。

解說 A 認為應該讓小學生早點開始使用，但 B 表示雖然有幫助但持相反觀點。B 認為因為小學生尚未具備足夠的自我控制能力，所以答案是選項 2。

詞彙 賛成 贊成｜ただし 但是｜発信 發信、傳達資訊｜着信 來電｜暗証番号 密碼｜変更 更改｜あくまでも 頂多｜連絡用 聯絡用｜年々 每年｜治安 治安｜しだいに 逐漸地｜共働き 雙薪家庭｜危機管理 危機管理｜機能 功能｜居場所 棲身之處｜いずれ 總有一天、早晚｜学ぶ 學習｜〜において 在〜｜生活必需品 生活必需品｜〜さえ 連〜｜確かに 確實｜機能 功能｜済ます 解決｜〜にとっては 對〜來說｜資料 資料｜役立つ 有幫助｜犯罪 犯罪｜巻き込む 捲進、捲入｜件数 件數｜通話 通話｜触れる 提到｜所有 擁有｜望ましい 理想的｜年齢 年齡｜長所 優點｜述べる 敘述、發表｜将来 將來｜抑制 制止

問題 13 閱讀下面文章後回答問題，從 1、2、3、4 中選出最適當的答案。

近來經常聽到人脈與人際網絡很重要的說法，但人際網絡究竟是什麼呢？經常有人炫耀自己拿到名人的名片或有名客戶的名片，但這應該不能算是人際網絡。

我希望將從學生時代開始的交友關係與工作分開，出社會後，我對於公司內的派系和人脈建立也沒有任何興趣，選擇保持距離。

這種意識的轉變是從我開始對職涯感興趣的 40 多歲時。我不僅注意到轉職的重要性，還發現在職涯發展中，從日常中踏實地建構人際網絡的重要性。如果從年輕時就加深交流且持續下去就好了，<u>現在我也不斷地反省後悔著</u>。

如今，隨著年功序列制、終身雇用制的崩解，似乎越來越多人積極參加講座和交流會，以培養在公司之外也依然通用的實力。然而，參加講座和交流會不應僅僅為了追求「吸收知識」。我們必須時常重視與參與者之間的深入交流，並努力建構人際網絡。

建立人際網絡的機會穩健地增加了，但實際上許多上班族參加了各種聚會，卻仍不知道如何才能拓展人脈，而感到煩惱。

那麼，要如何才能充實、擴大人際網絡呢？首先重要的是，將自己與目前工作相關的問題意識與想法表達給公司內外的各種人士，在獲得共鳴的同時，也要對對方的想法表示共鳴。

此外，關於資訊方面，不應只是單向接收，而是要主動發布資訊。我認為必要的態度是考慮自己能夠提供對方什麼，而不是從對方那裡能得到什麼。為此，從日常生活中努力提升自己的專業度是不可或缺的。

然而，最重要的態度是真正理解對方，並努力去理解對方。如果沒有想要理解對方立場和主張的心情，對方也不會產生與我們一同做事的意願。

在這種信賴關係上，建構互相尊重的關係將是人際網絡的開始。雖說是人際網絡與人脈，那終究就是人際關係。最重要的是為自己創造出能夠得到他人尊重的價值。

---

71 文中提到<u>現在我也不斷地反省後悔著</u>，是在反省和後悔什麼？

1　應該從更年輕的時候與人加深和睦的關係。
2　自己應該也要收到知名人士的名片。
3　在步入 40 多歲之前應該考慮轉職。
4　自己也應該在公司內建立派系。

解說　前一句提到「如果從年輕時就加深交流且持續下去就好了」，而且也提到從 40 多歲開始意識到轉職和在職涯發展中踏實建構人際網絡的重要性。因此答案是選項 1。

[72] 作者認為建構人際網絡的最重要因素是什麼？
1 早一點努力投入職涯發展
2 踏實地建立人際網絡
3 **經常體察對方的心情**
4 積極參加講座與交流會

解說 從文章可以得知為了拓展人際網絡，最重要的態度是「真正理解他人並努力去理解」。因此答案是選項3。

[73] 以下何者不符合本文內容？
1 只是建立熟人關係還不能稱為人際網絡。
2 在講座與交流會中，不應該只熱中於吸收知識。
3 最近似乎有越來越多人努力培養在公司外面也通用的實力。
4 **應該加深自己的專業度，成為能夠單向提供資訊的人。**

解說 從文章可以得知在資訊方面，必要的不僅是從對方那裡得到什麼，而是需要一種能提供給對方什麼的態度，這並不意味著單方面提供，所以答案是選項4。

詞彙 近頃（ちかごろ）近來｜人脈（じんみゃく）人脈｜人的（じんてき）ネットワーク 人際網絡｜著名（ちょめい）著名｜名刺（めいし）名片｜自慢（じまん）げに 得意地｜交友（こうゆう）交友｜派閥（はばつ）派系｜距離（きょり）距離｜日ごろ 平時｜地道（じみち）に 踏實地｜交流（こうりゅう）交流｜深（ふか）める 加深｜継続（けいぞく）繼續｜しきりに 不斷地｜後悔（こうかい）後悔｜年功序列（ねんこうじょれつ）年功序列制｜終身雇用（しゅうしんこよう）終身雇用制｜崩（くず）れる 崩塌｜動詞ます形（去ます）＋つつある 逐漸〜｜通用（つうよう）通用｜講演会（こうえんかい）講座｜交流会（こうりゅうかい）交流會｜積極的（せっきょくてき）に 積極地｜単（たん）なる 只是｜知識吸収（ちしききゅうしゅう）吸收知識｜求（もと）める 追求｜常（つね）に 經常｜重視（じゅうし）重視｜構築（こうちく）建立｜心（こころ）がける 用心、注意｜着実（ちゃくじつ）に 穩健地｜会合（かいごう）聚會｜広（ひろ）げる 拓展｜充実（じゅうじつ）充實｜拡大（かくだい）擴大｜意識（いしき）意識｜表現（ひょうげん）表現｜共感（きょうかん）を得（え）る 獲得共鳴｜〜とともに 與〜同時｜情報（じょうほう）資訊｜一方的（いっぽうてき）に 單方面｜発信（はっしん）發信、傳達資訊｜提供（ていきょう）提供｜姿勢（しせい）態度｜欠（か）かす 欠缺｜努（つと）める 努力｜尽（つ）きる 盡力｜立場（たちば）立場｜主張（しゅちょう）主張｜信頼関係（しんらいかんけい）信賴關係｜尊重（そんちょう）尊重｜価値（かち）價值｜親睦（しんぼく）和睦｜要素（ようそ）重要因素｜察（さっ）する 察覺｜躍起（やっき）になる 拼命、熱中

問題 14 以下是青年海外援助隊的招募通知。請閱讀文章後回答以下問題,並從 1、2、3、4 中選出最適當的答案。

---

74 住在韓國的石田先生想要報名參加這個青年海外援助隊。以下哪個情況是可以受理的?

1 信件郵戳是 8 月 22 日,在 8 月 26 日送達的文件
2 信件郵戳是 8 月 27 日,在 8 月 29 日送達的文件
3 信件郵戳是 9 月 12 日,在 9 月 16 日送達的文件
4 信件郵戳是 10 月 12 日,在 10 月 18 日送達的文件

解說 文件送達日期應該在 9 月 3 日到 10 月 12 日之間,而且郵戳日期必須在 10 月 12 日之前才有效,海外申請者則必須在 10 月 17 日之前寄達,所以答案是選項 3。

---

75 關於文章內容,以下何者正確?

1 出生及成長於日本的人,即使取得美國國籍也可以報名。
2 如果在 10 月 10 日晚上 7 點致電辦事處,就無法詢問。
3 如果直接攜帶申請文件至青年海外援助隊辦事處,即可受理。
4 出生於美國但在日本長大,擁有日美雙重國籍者申請後無法確定是否會被選上。

解說 雙重國籍者在報名之前需要詢問,而且 10 月 10 日(星期三)的可詢問時間是從早上 9 點半到晚上 8 點,因此可以在晚上 7 點諮詢。此外,在招募期間不能直接攜帶文件過去,只透過郵件受理。因此,答案是選項 4。

青年海外援助隊招募

招募要點

1. 報名資格:年滿 20 歲至 30 歲(截至 2018 年 10 月 12 日)擁有日本國籍者。
   ＊以下人士在報名前請務必到青年海外援助隊辦事處諮詢。
      ①雙重國籍者　②正進行法律審判的人　③正在處理破產手續的人

2. 報名期間:2018 年 9 月 3 日(週一)〜2018 年 10 月 12 日(週五)〔以當日郵戳為準〕
   ＊如果從海外報名,截止日期為 10 月 17 日(週三)
   ＊報名截止後不接受提交。

3. 報名方法
   ①請填寫報名文件所需項目,郵寄到以下地址。(以 2018 年 10 月 12 日(週五)當日郵戳為準)
   ②如從海外報名,截止日期為 2018 年 10 月 17 日(週三)。

③只接受郵寄的報名文件。電子郵件、快遞、或親自送件皆不受理。

〒102-0082 東京都台東區上野〇〇號 ABC 銀行大樓 7 樓 社團法人 青年海外援助隊

＊請於信封上註明「報名文件在內」。詳細報名方法請參閱官方網站。

4. 申請文件：報名者調查表、報名表格、職業別測驗答案卷（部分人士不需要）、語言能力聲明表

　　　健康檢查報告（有效的健康檢查為 2018 年 4 月 3 日（週二）到 5 月 14 日（週一）之間完成的檢查結果）

5. 接受國家：約 50 個亞洲、非洲和中南美洲國家

6. 赴任形式：單身赴任

7. 派遣期間：原則上為 2 年（＊也有活動期間少於 1 年的短期志工）

8. 待遇等：按照規定提供來回機票、當地生活費、住房費用、國內津貼等。

9. 相關洽詢：青年海外援助隊辦事處　TEL：03-1234-5678

　　　　　　　　　　　　　　　E-mail：kaigai-boshu@go.jp

（洽詢時間：除週六、週日和假日外，上午 10：00～12：00 和下午 13：00～16：00）

＊但 9 月 3 日（週一）～10 月 12 日（週五）的招募期間將延長時間。

　平日 9：30～20：00　週末 10：00～17：00（假日除外）

詞彙

青年（せいねん）青年｜協力隊（きょうりょくたい）援助隊｜募集（ぼしゅう）募集｜応募（おうぼ）報名參加｜受付（うけつけ）受理｜消印（けしいん）郵戳｜届く（とどく）送達｜育つ（そだつ）生長｜国籍（こくせき）國籍｜取得（しゅとく）取得｜問い合わせる（といあわせる）詢問｜二重（にじゅう）雙重｜募集要項（ぼしゅうようこう）招募要點｜資格（しかく）資格｜満（まん）滿｜裁判（さいばん）審判｜破産（はさん）破產｜手続き（てつづき）手續｜有効（ゆうこう）有效｜必着（ひっちゃく）必須送到｜締切（しめきり）截止、截止期限｜提出（ていしゅつ）提交｜一切（いっさい）全部｜認める（みとめる）承認｜事項（じこう）事項｜記入（きにゅう）填寫｜宛先（あてさき）收信人姓名地址｜郵送（ゆうそう）郵寄｜〜のみ　只有〜｜宅配便（たくはいびん）快遞｜持参（じさん）帶去、自備｜不可（ふか）不行｜封筒（ふうとう）信封｜在中（ざいちゅう）在內｜詳細（しょうさい）詳細｜調書（ちょうしょ）調查報告｜用紙（ようし）規定用紙｜職種別（しょくしゅべつ）按職業種類｜解答（かいとう）回答｜用紙（ようし）答案卷｜申告（しんこく）申告｜台紙（だいし）底紙｜健康診断書（けんこうしんだんしょ）健康檢查報告｜受診（じゅしん）接受診斷｜受入国（うけいれこく）接受國家｜中南米（ちゅうなんべい）中南美洲｜赴任（ふにん）赴任｜形態（けいたい）型態｜単身（たんしん）單身｜派遣（はけん）派遣｜原則（げんそく）原則｜活動（かつどう）活動｜未満（みまん）未滿｜短期（たんき）短期｜ボランティア　志工｜待遇（たいぐう）待遇｜規程（きてい）規定｜〜にもとづき　依照〜｜往復（おうふく）往返｜航空券（こうくうけん）機票｜現地（げんち）當地｜住居費（じゅうきょひ）住房費用｜手当（てあて）津貼｜支給（しきゅう）支付｜除く（のぞく）除了｜延長（えんちょう）延長

第2節　聽解　🎧 Track 2

問題 1　先聆聽問題，在聽完對話內容後，請從選項 1～4 中選出最適當的答案。

例　🎧 Track 2-1

男の人と女の人が探している本について話しています。女の人はこれからどうしますか。

男：はい、桜市立図書館です。

女：もしもし、そちらの利用がはじめてなんですが、そちらの蔵書について電話で伺ってもいいですか？

男：はい。本の題名を教えてくだされば、検索いたします。

女：それが本じゃなくて、外国の新聞とか雑誌なんです。

男：はい、当館では外国の新聞約50種、雑誌を約100種所蔵しております。

女：へえ、すごいですね。

男：詳しくは当ホームページの検索でご確認できます。

女：そうですか。はい、やってみます。あと、私は子供がいて一緒に行きたいんですが、入るとき、年齢の制限とかはありますか。

男：どなたでも自由に入館できます。ただ、当館では児童書は扱っておりません。

女：あ、そうですか。残念ですね。私はぜひ子供に本を読ませたいんですが。

女の人はこれからどうしますか。

1　ホームページで児童書を検索する
2　ホームページで子供に読ませる本を検索する
3　子供も入館できる図書館を探す
4　**子供が読める本がある図書館を探す**

例

男子和女子正在討論找尋中的書。女子接下來要怎麼做？

男：您好，這裡是櫻市立圖書館。

女：喂，我是第一次使用你們那裡的服務，可以用電話詢問關於那裡的藏書嗎？

男：可以的。只要告訴我書名，我來幫您查詢。

女：我要找的不是書籍，是外國的報紙或雜誌。

男：好的，本館館藏的外國報紙約有 50 種；雜誌約有 100 種。

女：哇，真厲害。

男：詳細資訊可以在本館網站搜尋確認。

女：這樣啊。好的，我試試看。還有，我有小孩想要一起去。有入館的年齡限制嗎？

男：任何人都可以自由入館。不過，本館並沒有提供兒童讀物。

女：啊，這樣啊。真可惜。我非常希望讓小孩讀書的。

女子接下來要怎麼做？

1　在網站上搜尋兒童讀物
2　在網站上搜尋適合孩子閱讀的書籍
3　找尋孩子可以入館的圖書館
4　**找尋有適合孩子閱讀的書籍的圖書館**

1番 🎧 Track 2-1-01

男の人と女の人が話しています。女の人はどんな料理を作ればいいですか。

男：ねえ、週末のピクニックにはどんな料理を作っていくつもり？

女：そうね、まあ、簡単で食べやすいものなら、サンドイッチかな？うちの子供も喜ぶし。

男：えっ？いつもピクニックのたびにサンドイッチだから、もう食べ飽きたよ。今回だけは、おしゃれなお弁当作って思いっきり楽しもうよ。

女：サンドイッチをおしゃれに作ればいいじゃない。卵やいろいろな野菜、あ、あと、チーズも入れて。

男：へえ、いいね。いつもはイチゴジャムだけなのに、あと、俺は何か肉料理もほしいな。フライドチキンとか。

女：フライドチキン？そんな油っぽいのは体によくないよ。

男：だから、鶏肉でも、牛肉でも、とにかく肉を使った……。

女：はい、はい、何を言っているのか分かったよ。

女の人はどんな料理を作ればいいですか。

1 イチゴを入れたサンドイッチとウナギどんぶり
2 イチゴと野菜を入れたサンドイッチと体にいい健康食
3 いろいろな材料を入れたサンドイッチとからあげ
4 様々な材料を入れたサンドイッチと子供が喜びそうな料理

第1題

男子和女子正在交談。女子要做什麼料理才好？

男：嘿，週末的野餐妳打算做什麼料理？

女：嗯，如果是簡單方便吃的東西，做三明治如何？我們家小孩也會很高興。

男：咦？每次野餐都是帶三明治，已經吃膩啦。這次就做時尚的便當盡情享受一下吧。

女：只要把三明治做得時尚一點就可以了吧。加入雞蛋、各種蔬菜，啊，還有起司。

男：哦，不錯呢。每次都是草莓果醬的，我也想要一些肉類料理，像是炸雞之類的。

女：炸雞？那麼油膩的東西對身體不好啦。

男：所以啊，雞肉還是牛肉都可以，總之用肉做的……

女：好的好的，我知道你要說什麼了。

女子要做什麼料理才好？

1 加入草莓的三明治與鰻魚丼
2 加入草莓和蔬菜的三明治與對身體好的健康食品
3 用各種材料做成的三明治與炸雞
4 用各種材料做成的三明治與小孩可能會喜歡的料理

解說 從對話可以得知男子想要的不是草莓醬，而是裡面有各種不同材料的三明治和肉類料理，所以答案是選項3。

詞彙 喜ぶ 喜悅、高興｜飽きる 膩、厭煩｜おしゃれだ 時尚的｜思いっきり 盡情｜油っぽい 油膩的｜うなぎ 鰻魚｜どんぶり 丼飯

2番 🎧 Track 2-1-02

男の人が店員と話しています。男の人は何を買いますか。

男：あの～　彼女にあげるスカーフを買いたいんですが。

女：プレゼントですか。こちらがこの冬の新商品でございますが、いかがでしょうか。

男：花柄はあまり喜びそうにないですね。

女：では、この青い方はいかがでしょうか。シンプルなデザインでよく売れていますよ。しかも上質なシルクでできております。

男：冬なのに青い色で、しかもこんなに薄かったら、ちょっと寒そうですね。

女：あ、いろしろな色で、ウールでできているマフラーもございます。またちょっとちくちくしているのがいやなら、カシミアの素材もございます。

男：そうですか。クリスマスにあげたいから、ちょっと厚みがあって、ふわふわしている感じがいいと思います。うん……。彼女は肌も敏感のほうなので、これにします。

男の人は何を買いますか。

1　暖かそうな色のシルクのスカーフ
2　花柄の厚みのあるマフラー
3　**肌触りのいい上質のマフラー**
4　ふわふわしている青いスカーフ

第 2 題

男子和店員正在交談。男子要買什麼？

男：那個，我想要買給女友的領巾。

女：是禮物嗎？這裡有今年冬季的新商品，您覺得如何？

男：她好像不太喜歡花紋。

女：那麼，這個藍色的如何呢？設計簡單十分暢銷喔。而且是用優質絲綢製成的。

男：冬天卻選藍色，而且這麼薄感覺有點冷耶。

女：啊，我們有各種顏色，還有用羊毛製成的圍巾。如果不喜歡有點刺刺的感覺，也有喀什米爾羊毛材質。

男：這樣啊。因為我想要在聖誕節送出，有些厚度，感覺柔軟的會比較好。嗯……她的皮膚比較敏感，就選這個吧。

男子要買什麼？

1　看起來是溫暖色調的絲質領巾
2　厚實的花紋圍巾
3　**觸感佳的優質圍巾**
4　柔軟的藍色領巾

解說　從對話可以得知女朋友不太喜歡花紋，且男子覺得冬天用藍色感覺很冷，同時想要厚實柔軟的感覺，因為女朋友皮膚較敏感，所以答案是選項 3。

詞彙　上質 優質｜ちくちくする 刺痛｜厚み 厚實｜ふわふわ 柔軟｜肌触り 肌膚觸感

3番 🎧 Track 2-1-03

女の人と男の人が海外旅行の計画を立てています。男の人は明日どこに行きますか。

女：タイ旅行まで後、一週間か。楽しみだな。何もかも準備が大切だから何を持っていくか考えておこう。

男：一週間も残っているのに、荷物をもうまとめるの？

女：私、旅行に行く前に余裕をもって準備したいのよ。現地に着いて「あ、あれ忘れた」というの、一番嫌い。

男：そうか。まあ、直前になって慌てるよりはいいか。

女：私は日用品や洗面用具などをまとめるから、あなたは電子機器などを細かくチェックして。

男：うん。カメラの電池、充電器、電気プラグアダプター…。あれ？このカメラなんかおかしい、なんで電源が入らないんだろう。

女：ほんと？ バッテリーが切れているんじゃないの。

男：いや、三日前に新しいのを入れ替えたばかりだから、それは違うと思うよ。とにかく早く見てもらったほうがいいね。

男の人は明日どこに行きますか。

1 電気屋
2 修理センター
3 充電池の専門店
4 電子部品の専門店

第3題

女子和男子正在制定國外旅行的計畫。男子明天要去哪裡？

女：距離去泰國旅行還有一週啊。真是期待。準備是最重要的，所以來想想要帶什麼東西去吧。

男：明明還有一週，妳已經要開始整理行李了？

女：我想要在旅行前有充裕的時間準備啊。最討厭到當地才發現「啊、忘了那個」。

男：這樣啊。總比時間快到了才慌慌張張地好多了。

女：我整理日用品及盥洗用具之類的東西，你就仔細檢查電子設備等東西吧。

男：嗯。相機電池、充電器、變壓器……咦？這個相機怪怪的，為什麼電源開不了？

女：真的嗎？是電池沒電了吧？

男：不，三天前才剛換新的，所以我覺得不是這個原因。總之最好快點讓人檢查一下。

男子明天要去哪裡？

1 電器用品店
2 修理中心
3 充電電池專賣店
4 電子用品專賣店

解說 男子說電池才剛更換，提議送修檢查，所以答案是選項2。

詞彙 まとめる 整理｜慌てる 慌張｜細かい 仔細的｜切れる 用盡｜入れ替える 替換

4番 🎧 Track 2-1-04

男の人と女の人が話しています。二人はいつ写真展に行きますか。

男：この前話してた池田さんの写真展いつ行こうか。今週の日曜日までだそうだから、急ぎましょう。

女：そうね。後5日か……。私、混むのいやだから、ゆったり見られる土曜日とか日曜日の朝はどう？

男：週末の朝？ちょっと週末くらいゆっくり寝たいよ。平日の夜はどう？

女：佐藤君、平日はいつも帰り遅いでしょう。一日だけ早起きしてよ、日曜日にゆっくり寝ればいいんじゃない？

男：無理、最近疲れているよ。じゃ、木曜日の夜はどう？

女：残念だけど、今週の木曜日の夜はすでに予定が入っているの。

男：あ、まいったな。明日は残業で、金曜日は営業で外回りだから……。

女：やっぱり週末しかないってば。

男：いや、ちょっと待って。僕、外勤の日程を調節してみるよ。

女：あ、そう？　分かった。その代り、遅れないでね。

二人はいつ写真展に行きますか。

1　明日の夜
2　明後日の夜
3　三日後の夜
4　四日後の夜

第 4 題

男子和女子正在交談。兩人何時要去攝影展？

男：之前說過的池田先生的攝影展，我們什麼時候去呢？聽說只到這個週日為止，所以要趕快去。

女：對耶。只剩 5 天啊……我討厭人擠人，可以悠閒欣賞的週六或週日早上如何？

男：週末早上？週末就讓我好好睡一下嘛。平日晚上如何？

女：佐藤，你平日總是很晚回家對吧。那就早起一天嘛，週日再好好睡就好了吧？

男：不行，最近很累啊。那週四晚上如何？

女：可惜，這週四晚上我已經有安排了。

男：啊，真是被妳打敗。明天要加班，週五還要外勤……

女：就說果然還是只有週末了。

男：不，等一下。我調整一下外勤的行程喔。

女：啊，是嗎？我知道了，但你不要遲到喔。

兩人何時要去攝影展？

1　明天晚上
2　後天晚上
3　三天後的晚上
4　四天後的晚上

解說　攝影展將持續到週日，因為還有五天，所以今天是週二。最後男子決定調整外勤行程，所以答案是選項 3。

詞彙　ゆったり 悠閒｜まいる 認輸｜～てば 表示不耐煩或惱怒的語氣

5番 Track 2-1-05

女の人と男の人が話しています。男の人はこれから何をしますか。

女：あ、まずお湯を沸かしてちょうだい。
男：野菜は大きめに切ればいいよね。
女：うん、サラダ油を入れて炒めるだけでいい。
男：炒めた野菜にさっき沸かしておいたお湯を入れたら、後は煮込むだけだよな。お腹空いているから早く作ろう。塩とか入れなくていい？
女：はい、はい。今炒めているから。あ、そうだ。塩は切れていて、今買い置きがないの。胡椒ならあるけど。まあ、でも味付けは後からでもいいよね。
男：でも後からすると、スープはいいかもしれないが、野菜は味が薄くてあんまりおいしくないんだよ。僕、今からでも買いに行くから。
女：うち、スーパーまで遠いし、行く道分かりにくいんだ。私が行くから、代わりにこれお願い。十分炒めたら、火を止めて待ってて。あ、胡椒は今入れてね。

男の人はこれから何をしますか。

1　今すぐ火を止めて、彼女が帰ってくるのを待つ
2　野菜に胡椒を入れて、また炒める
3　野菜が炒め終わってから、胡椒を入れる
4　野菜に胡椒を入れて、今すぐ火を消す

第 5 題

女子和男子正在交談。男子接下來要做什麼？

女：啊，先幫我把水煮滾。
男：蔬菜切大塊一點可以吧。
女：嗯，只需要加入沙拉油拌炒就可以了。
男：炒好的蔬菜放進剛才煮滾的熱水，然後只要煮透對吧。肚子餓了快點做吧。不加鹽也可以嗎？
女：好啦好啦。現在正在炒了。啊，對了。鹽用完了，現在沒有備用的。倒是有胡椒。嗯，但是之後再調味也可以吧。
男：但之後再調味的話，湯或許還好，蔬菜味道太淡就不太好吃了。我現在去買好了。
女：我家離超市很遠，路線也不好找。我去好了，這個拜託你代替我做。充分炒過之後，把火關掉稍等一下。啊，現在要加胡椒喔。

男子接下來要做什麼？

1　立刻關火，等女子回來
2　將胡椒加入蔬菜裡拌炒
3　炒完蔬菜後加入胡椒
4　將胡椒加入蔬菜後立刻關火

解說　女子在最後一次對話提到「現在要加胡椒」，因此應該先放入胡椒，充分拌炒後再關火。所以答案是選項 2。

詞彙　お湯を沸かす 把水煮滾｜〜め 較〜一點｜炒める 炒｜切れる 用盡

問題2　先聆聽問題，再看選項，在聽完對話內容後，請從選項1～4中選出最適當的答案。

例　Track 2-2

男の人と女の人が料理を作りながら話しています。男の人は何に注意しますか。

男：寒くなってきたな。食べると体が温まって、簡単でおいしい料理、何かないかな。

女：そうね。うちは家族みんなでよく豚汁食べるけど。作り方教えようか。

男：へえ、どんな料理？　僕は一人暮らしだから、なるべくはやく済ませられる料理がいいけど。

女：すごく簡単だよ。材料は豚肉と大根、じゃがいも、にんじん、みそだけあればいいよ。長さ3センチぐらいに全部の材料を切ってね。まず豚肉を炒めてから野菜を入れて、さらに炒める。

男：順番なんかいいだろう。何を先に炒めようが。

女：よくない。必ず肉を先に炒めてね。それから全体に油がまわったら、水を加え、10分煮る。そこにみそを溶かすとできあがり。

男：へえ。簡単だね。でもさっきの3センチって面倒くさいから、適当に切っていいだろう。

女：でも早く済ませたいんでしょう。材料は大きさをそろえたら、煮やすくなるのよ。

男の人は何に注意しますか。

1 材料は大きさを合わせて切ること
2 材料がそろった後に、はやく煮ること
3 炒める順番を決めること
4 はやく済ませられるように材料をそろえること

例

男子和女子正一邊做菜一邊交談。男子要注意什麼？

男：天氣變冷了呢。有沒有什麼吃了身體就會暖和，既簡單又美味的料理？

女：這樣啊。我們家經常一家人一起吃豬肉清湯。要告訴你作法嗎？

男：哦？是怎樣的料理呢？因為我一個人生活，最好是能快速做完的料理。

女：非常簡單喔。材料只需要豬肉、白蘿蔔、馬鈴薯、紅蘿蔔和味噌即可。將全部的材料都切成長度3公分左右。先炒豬肉，再加入蔬菜繼續炒。

男：順序無所謂吧。先炒什麼都行。

女：不行。一定要先放肉炒。然後等整個鍋裡沾滿油，再加水煮10分鐘。在這裡加入味噌使其溶解就完成了。

男：是喔。蠻簡單的呢。但剛剛提到切成3公分有點麻煩，可以隨便切嗎？

女：不過你想要快速完成吧。材料大小一致的話，煮起來會更容易喔。

男子要注意什麼？

1 材料要切成大小一致
2 準備好材料後要快速烹煮
3 決定炒菜的順序
4 為了快速完成要準備好所有材料

1番 🎧 Track 2-2-01

会社で女の人と男の人が話しています。女の人は何時ごろ会社を出ると言っていますか。

女：課長、今日、5時半になったらすぐ帰らせていただいてもよろしいでしょうか。

男：ああ、もちろんいいけど、何かあるの。

女：はい、今日が3Dホームシアター体験イベントの最終日なんです。

男：ああ、そうだったね。5時半で間に合うかな？イベント会場までは1時間はみたほうがいいよ。

女：えーと、ホームシアターの体験時間は30分ですよね。7時で終了だから、大丈夫でしょう。

男：うん、だけど、その前に30分説明があるから、ぎりぎりだよ。もう30分早く出れば。

女：すみません。じゃ、そうさせていただきます。

女の人は何時ごろ会社を出ると言っていますか。

1　4時半ごろ
2　5時ごろ
3　5時半ごろ
4　6時ごろ

第1題

男子和女子正在公司交談。女子說何時要離開公司？

女：課長，我今天可以5點半一到就立刻回家嗎？

男：啊，當然可以，有什麼事嗎？

女：是的，今天是3D家庭戲院體驗活動的最後一天。

男：啊，是這樣啊。5點半來得及嗎？到活動會場最好預估一小時喔。

女：呃，家庭戲院體驗時間是30分鐘。7點就結束了，應該沒問題吧。

男：嗯，但是在這之前有30分鐘的說明，時間很緊迫。再提前30分鐘出發吧。

女：抱歉。那我就這樣做了。

女子說何時要離開公司？

1　4點半左右
2　5點左右
3　5點半左右
4　6點左右

解說　一開始女子說她會在5點半離開，但主管建議提早30分鐘離開公司，所以答案是選項2。

詞彙　体験 體驗 | 最終日 最後一天 | 終了 結束

2番 🎧 Track 2-2-02

男の学生と女の学生が話しています。女の学生は何を頼まれましたか。

男：ミカさん、今週の日曜日は時間がある？

女：うん、一日暇だけど、何かあるの？

男：あれ、案内いかなかった？外国人留学生との交流会があるんだよ。

女：ああ、そうだったんだ。

男：それで、木村さんが司会をやって、ぼくはちょっと短いスピーチをすることになったんだよ。

女：へぇー、日本語で？それとも英語で？

男：英語でできればいいんだけどね。そこで、ぼくのスピーチを君に訳してもらいたいんだよ。

女：頑張って英語でやればいいのに。でも、わかったわ。前もって原稿見せてね。

男：もちろん。ありがとう。助かったよ。

女の学生は何を頼まれましたか。

1 案内
2 司会
3 スピーチ
4 通訳

第2題

男學生與女學生正在交談。女學生被拜託做什麼事？

男：美加，這週日妳有空嗎？

女：嗯，一整天都有空，有什麼事嗎？

男：咦？妳沒去說明會嗎？有一個外國留學生交流會喔。

女：啊，是這樣子啊。

男：所以，木村要擔任主持人，我要做一個簡短的演講。

女：咦？用日文？還是用英文？

男：我要是能說英文就好了。所以想請妳幫我翻譯我的演講。

女：你努力用英文說的話就好了。不過我知道了。你要提前讓我看稿子喔。

男：當然，謝謝妳，幫了大忙了。

女學生被拜託做什麼事？

1 導覽
2 主持
3 演講
4 翻譯

解說 從對話可以得知男學生拜託女學生幫他翻譯演講內容，所以答案是選項4。

詞彙 交流会 交流會｜司会 主持｜訳す 翻譯｜前もって 提前｜原稿 原稿、稿子

3番 🎧 Track 2-2-03

男の人と女の人が話しています。女の人がストレッチのクラスに行きはじめた理由は何ですか。

男：マリさん、ちょっとやせたんじゃない？

女：うん、少しね。今、週一でストレッチのクラスに行ってるのよ。

男：へえ、だからかな。でも、何ではじめたの？

女：うん、ちょっと体調をくずしてね。いつも、同じ姿勢をしていることが原因。それで、お医者さんにストレッチでもしたほうがいいって言われちゃったのよ。

男：ふ〜ん、そうだったの。ひょっとしてスマホの見過ぎじゃないの？

女：私の場合は、パソコン作業のし過ぎで、目の疲れと首と肩の凝りからくるめまい。

男：ああ、ぼくもスマホの見過ぎでよく頭痛がするんだよ。

女：スマホもパソコンもずっと同じ姿勢でしょ。だからストレッチが必要だってわけ。

男：ああ、そうだよね。ぼくも気分転換をかねて行こうかな。

女の人がストレッチのクラスに行きはじめた理由は何ですか。

1　もっと、やせてきれいになりたいから
2　体のために医者に勧められたから
3　仕事のし過ぎで、気分転換したいから
4　健康になった友だちに勧められたから

第3題

男子和女子正在交談。女子開始去伸展運動課程的原因是什麼？

男：麻理小姐，妳瘦了一點對吧？

女：嗯，是有一點。最近一週去上一次伸展運動課程。

男：喔，難怪啊。不過妳為什麼開始去的？

女：嗯，身體狀況有點不好，因為總是保持著同樣的姿勢。所以被醫生說去做一些伸展運動會比較好。

男：喔～原來是這樣啊。難道是手機看太多了嗎？

女：我是因為用電腦工作過度，眼睛疲勞和肩膀僵硬導致頭暈。

男：啊，我也是因為手機看太多常頭痛。

女：無論是手機還是電腦都是同一種姿勢吧。所以才需要進行伸展運動。

男：啊，說的也是。我也順便轉換心情去一下好了。

女子開始去伸展運動課程的原因是什麼？

1　因為想要更瘦、更漂亮
2　因為醫生建議為了身體健康
3　因為工作過度，想要轉換心情
4　因為被身體變健康的朋友推薦

解說　女子因為用電腦工作過度使身體變差，醫生建議她做一些伸展運動來維護健康，所以答案是選項2。

詞彙　姿勢　姿勢｜肩の凝り　肩膀僵硬｜頭痛　頭痛｜めまい　暈眩｜気分転換　轉換心情｜〜をかねて　兼具〜

4番 Track 2-2-04

男の人と女の人が話しています。女の人は、Bスーパーのお菓子はどうして安いと言っていますか。

男：彩さん、チョコレート食べない。今そこのコンビニで買ってきたから。

女：ありがとう。私もよくこれ買うのよ。

男：そう、おいしいよね。

女：うん、そこのコンビニだと、このチョコレート一箱２００円ぐらいするでしょ。

男：そうだね。消費税を入れて、そのぐらいかな。

女：Bスーパーで買えば１７０円ぐらいで買えるわよ。

男：３０円も安いのか。このチョコレートだけ？

女：ううん、お菓子は全般に他の所より安いわよ。

男：ふ〜ん、売れ残りだとか、賞味期限が近いとかじゃないの？

女：ううん、違うと思う。他のお店は、仕入れた商品を箱から出して並べるでしょ。

男：うん、そこは違うの？大量に仕入れているからじゃないの？

女：仕入れの量じゃないと思う。そこでは仕入れた箱を開けるだけで、そのまま並べているのよ。

男：ということは、人件費を節約しているってことかな。

女の人は、Bスーパーのお菓子はどうして安いと言っていますか。

1　売れ残った商品だから
2　賞味期限が短いから
3　**陳列方法が違うから**
4　大量に仕入れるから

第 4 題

男子和女子正在交談。女子為何說 B 超市的零食便宜？

男：彩小姐，妳要不要吃巧克力？我剛剛在那邊的便利商店買來的。

女：謝謝。我也常常買這個呢。

男：是嗎？很好吃對吧。

女：嗯，在那家便利商店，這個巧克力一盒約 200 日圓左右吧。

男：是啊。加上消費稅，差不多這樣吧。

女：在 B 超市買的話，差不多 170 日圓就買得到喔。

男：便宜 30 日圓啊，只有這個巧克力嗎？

女：不，所有零食都比其他地方便宜喔。

男：喔〜不是因為剩貨或者快過期的原因嗎？

女：不，我覺得不是。其他商店會把進貨的商品從箱子裡拿出來擺放對吧。

男：嗯，這點有不一樣嗎？不是因為大量進貨嗎？

女：我覺得不是進貨量的關係。在那裡他們只是打開進貨的箱子直接擺出來而已。

男：也就是說他們節省了人事費用吧。

女子為何說 B 超市的零食便宜？

1　因為是賣剩的商品
2　因為賞味期限很短
3　**因為它的陳列方式不同**
4　因為大量進貨

解說　這間超市與其他店家不同，進貨後就打開箱子直接擺出來。因此，答案是選項 3。

詞彙　消費稅 消費稅｜売れ残り 剩貨｜賞味期限 賞味期限｜仕入れる 進貨｜人件費 人事費用｜節約 節省、節約｜陳列 陳列

5番 Track 2-2-05

コンビニで店長とアルバイトの店員が話しています。今日、おにぎりがよく売れた主な理由は何ですか。

男：あれ！岡本さん、おにぎりがもう2個しか残っていないけど、どうしたの。

女：それが、もう、ほとんど売れちゃったんです。

男：え、それは信じられないね。まだ、10時だよ。今日は全品10％オフの日だからかな。

女：ああ、それもあるかもしれませんが……。

男：どんな人が買って行ったの。

女：そうですね。いつも買ってくれる学生さんとか、今日は主にご夫婦が多かったかな。5個以上買ってくださった方がほとんどでした。

男：ああ、そうだ。うっかり忘れていたけど、今日近くの小学校で運動会があったんだ。

女：ああ、そう言えばそんな感じでしたね。

男：それで売れたのか。ぼくが子供のときは母親の手作り弁当だったのに、今はコンビニのおにぎりか。悲しいやら、うれしいやら。

今日、おにぎりがよく売れた主な理由は何ですか。

1　全品一割引きの日だから
2　学生客が多かったから
3　**近所で運動会があったから**
4　お弁当が品切れだったから

第5題

便利商店的店長和工讀生店員正在交談。今天飯糰賣得好的主要原因是什麼？

男：欸！岡本，只剩下2個飯糰，怎麼回事？

女：那個啊，已經幾乎賣完了。

男：咦？真不敢相信。才10點而已，是因為今天是全品項打九折的日子嗎？

女：啊，或許也有這個原因……

男：是什麼樣的人來買的？

女：嗯，有常來買的學生，今天主要是有很多夫妻吧。大部分的人都買了5個以上。

男：啊，對了，我不小心忘了。今天附近小學有運動會。

女：啊，這麼說來是有這種感覺呢。

男：所以才這麼暢銷啊。我小時候都是媽媽親手做的便當呢。現在是便利商店的飯糰啊。有點難過，也有點高興。

今天飯糰賣得好的主要原因是什麼？

1　因為是全品項打九折的日子
2　因為學生客人很多
3　**因為附近有運動會**
4　因為便當賣完了

解說　附近的小學舉辦運動會，因此買5個以上飯糰的人很多，所以答案是選項3。

詞彙　全品 全品項｜うっかり 不小心｜手作り 親手做的｜割引き 打折｜品切れ 賣完

6番 Track 2-2-06

男の人と女の人が電話で話しています。男の人は女の人に最初にどうしてほしいと言っていますか。

男：はい、ムームードリーム、山本がうけたまわります。

女：あの、そちらのホームページソフトを最近購入した者ですが。

男：はい、ありがとうございます。今日は、どのようなご用件でしょうか？

女：はい、実は購入したソフトがうまくインストールできないんです。

男：あのう、大変申し訳ありませんが、当社のホームページからご相談いただけないでしょうか？

女：え！電話じゃ、聞けないんですか？

男：はい、申し訳ございません。お電話でのご相談は、ソフトを購入予定のお客様のみとさせていただいております。

女：えっ！そうなの。じゃ、ソフトを購入したものはどうすればいいの？

男：はい、ネット上の総合サポートに「よくある質問のコーナー」がございます。それをまず御覧になっていただけますか。

女：そうですか。

男：もし、それでも、解決できない場合は、専用フォームに詳細を記入しておたずねいただきたいのですが。

女：はい、わかりました。とりあえず、やってみます。

男の人は女の人に最初にどうしてほしいと言っていますか。

1 総合サポートセンターに電話をかけ直してほしい
2 ホームページの「質問コーナー」を確認してほしい
3 もう一度、インストールができるか試してほしい
4 ホームページ上の専用フォームから質問してほしい

第6題

男子和女子正在講電話。男子說希望女子先做什麼？

男：您好，我是 Mumu Dream 的山本。

女：那個，我最近有購買你們的網頁軟體。

男：是的，非常感謝。請問今天打來有什麼事情呢？

女：嗯，其實是買來的軟體無法順利安裝。

男：那個，非常抱歉。能否請您至本公司網站詢問呢？

女：咦？不能打電話問嗎？

男：是的，非常抱歉。電話詢問僅限於即將購買軟體的客戶。

女：咦！是這樣啊。那麼已經買了軟體的人該怎麼辦？

男：是的，網站上的綜合協助區裡有一個「常見問答區」，能先請您查看一下那裡的內容嗎？

女：這樣啊。

男：若是還沒有解決，我們希望您在專用表格填寫詳細情形來詢問。

女：好的，我知道了。總之我會先試試看。

男子說希望女子先做什麼？

1 希望女子再打一次電話給綜合協助中心
2 希望女子確認官網的「問答區」
3 希望女子再試一次是否能安裝
4 希望女子在網站的專用表格詢問

解說 在網站上的綜合協助區有一個「常見問答區」，男子希望女子先查看那個部分，所以答案是選項 2。

詞彙 承る「聞く（聽）」和「受ける（接受）」的謙讓語｜購入 購買｜〜のみ 只有〜｜総合 綜合｜ご覧になる 看｜詳細 詳細｜試す 嘗試

問題 3

在問題 3 的題目卷上沒有任何東西，本大題是根據整體內容進行理解的題型。開始時不會提供問題，請先聆聽內容，在聽完問題和選項後，請從選項 1～4 中選出最適當的答案。

例　Track 2-3-00

コーヒーについて男の人と女の人が話しています。

男：ナナエちゃん、ちょっとコーヒー飲みすぎじゃない。いったい、一日何杯飲んでいるの。

女：そうね。私の大好物だから、一日4杯ぐらいかな。

男：へえ、それ胃痛になったりしない。僕なんか1杯から2杯飲んでるけど、2杯飲んでも胃が痛いときあるよ。

女：私は全然平気。ある研究によると、コーヒーは脳や肌にもすばらしい効用があるって。

男：まあ、確かに目は覚めるね。

女：あと、コーヒーには抗酸化物質が含まれているけど、その吸収率が果物や野菜より高いそうよ。

男：抗酸化物質？ そのためにたくさん飲んでるの。僕も量を増やしてみるか。もっと若く見えるのかな。

女：違うよ。コーヒーの効用なんて私はどうでもいいよ。本当は香りが好きなんだ。香りをかぐだけで、幸せな気分になれるし、ストレスも無くなる感じもするの。

男：うん、確かにコーヒーの香りが嫌だという人は今の時代にはいないかもね。

例

男子和女子正在談論咖啡。

男：奈苗，妳咖啡是不是喝太多了？一天到底喝幾杯啊？

女：這個嘛。因為是我最喜歡的東西，一天 4 杯左右吧。

男：是喔，這樣不會胃痛嗎？我大概喝一到兩杯，有時喝兩杯也會胃痛呢。

女：我完全沒問題。根據某項研究，咖啡對腦部及皮膚有非常棒的效果。

男：也是，確實能讓人清醒呢。

女：還有，咖啡裡含有抗氧化物質，它的吸收率似乎比水果跟蔬菜還要高喔。

男：抗氧化物質？因為那樣才喝那麼多的嗎？我也試著增量看看好了。也許看起來會更年輕。

女：不是喔。咖啡的效用我才不在意呢。其實我是喜歡它的香味。只要聞它的香味，就能讓我感到幸福，感覺壓力也不見了。

男：嗯，確實現在這個時代已經沒有討厭咖啡香味的人了。

女の人はコーヒーについてどう思っていますか。	女子對咖啡有何看法？
1 たくさん飲んでも胃痛はないから、どんどん飲む量を増やしたいと思う	1 覺得喝很多也不會胃痛，想要不斷增加喝的量
2 **体に与えるいい効果より、いい気分になれるから飲みたいと思う**	2 **想喝咖啡是因為心情會變好，而不是會對身體帶來很好的效果**
3 コーヒーが体にいい効果をもたらすので、そのために飲むべきだと思う	3 認為咖啡對身體有很好的效果，應該為此而喝
4 ストレスが無くなる効果があるので、そのために飲むべきだと思う	4 認為喝咖啡有排解壓力的效果，應該為此而喝

1番 Track 2-3-01

ビジネスマナーの講師が転職活動の話をしています。

男：転職活動の面接などで企業を訪問する場合、どんな服装が良いのか迷うことはありませんか。面接官に「ビジネスマナーが身に付いている」「TPOをわきまえた行動ができる」と信頼や安心感を与えられるよう、他人の目を意識した服装選びをすることが大切です。あまりに個性的な服装や奇抜なアイテムを身につけてしまうと、面接官に心配な要素として印象に残ってしまう可能性があります。ファッションセンスをアピールする場ではなく、第一印象を良くするためと割り切って、面接官がどんな世代の人であっても受け入れられやすい服装を選ぶことが、自信を持って選考に臨むためにも必要なことだと思います。

講師は転職活動の何について話していますか。

1 **面接での服装を選ぶ基準**
2 面接で好印象を与える方法
3 面接で信頼感を与えるマナー
4 面接官の印象に残る服装選び

第1題

商業禮儀講師在談論轉職活動的事情。

男：拜訪企業進行轉職活動等面試時，是否曾煩惱該穿什麼樣的服裝比較好？選擇衣著時考慮到他人眼光，給面試官留下「具備商業禮儀」「能夠做出考慮到TPO（時間、地點、場合）的行為」的印象，建立信賴和安心感是很重要的。若穿上太有個性的服裝或佩戴奇特的配件，可能會讓面試官留下擔憂的印象。這種場合不是要展示時尚品味，而是要直接給人留下良好的第一印象，選擇一種無論面試官是什麼世代的人都容易接受的服裝，為了能有自信的參加選拔這點也是必要的。

講師正在談論關於轉職活動的那些方面？

1 **選擇面試服裝的標準**
2 如何在面試中留下良好印象
3 在面試中給人信賴感的禮儀
4 選擇能給面試官留下印象的服裝

解說 男子提到面試或訪問企業並不是展現時尚品味的場合，而是要給人留下良好的第一印象。因此建議不要穿得過於個性化或搭配新奇配件。這是有關服裝方面的建議，因此答案是選項1。

104

詞彙 身に付く 掌握（技能）｜ TPO 時間、地點、場合（time・place・occasion）｜ わきまえる 分辨｜ 信頼 信賴｜ 奇抜 奇特｜ 要素 元素｜ 第一印象 第一印象｜ 割り切る 乾脆、果斷｜ 選考 選拔｜ 臨む 面臨

2番 Track 2-3-02

日本人の女子学生と男の留学生が話しています。

女：あら、キムさん、先週先生のお宅に遊びに行ったんですってね。

男：うん、そうなんだ。

女：どうだったの？

男：うん、楽しかったよ。でも、その時、ちょっと疑問に思ったことがあったんだよ。

女：へぇー、そう。どんなこと？

男：帰る時ね、ぼくのくつの向きが、出口の方を向いていたんだよ。

女：ああ、日本では帰りにくつを履きやすいように、くつの先を出口に向けるのよ。

男：そうなんだ。ぼくは、早く帰ってほしいという意味かと誤解しちゃったよ。

女：とんでもない。帰るときも、スッとくつがはけるようにという日本人の配慮よ。

男：そうなの…。じゃ、くつを脱いで部屋に入るときも自分でくつを外にむけて脱いだほうがいいの？

女：そうね。そうすれば、マナーがいい人だと思われるかもね。

男の留学生は先生の家で、何について疑問に感じましたか。

1 靴をはく時の注意
2 靴を脱ぐ時の姿勢
3 靴をはく時の順序
4 **脱いだ靴の置き方**

第 2 題

日本女學生和男留學生正在交談。

女：啊，金先生，聽說你上週去老師家裡玩耍。

男：嗯，是啊。

女：感覺如何？

男：嗯，很開心喔。但那時有件疑惑的事情。

女：哦，是喔。是什麼事情？

男：回去的時候，我的鞋子的方向朝向出口那邊。

女：啊，在日本這是為了回家時更容易穿鞋子，才將鞋子前端朝向出口。

男：原來如此，我還誤解成是希望我早點回去的意思。

女：沒這回事。這是為了讓回家時穿鞋更順暢，是日本人的體貼喔。

男：是這樣啊……那進屋脫鞋時，自己將鞋子朝外脫下來比較好嗎？

女：對的。這樣的話，可能會被認為是有禮貌的人呢。

男留學生在老師家對什麼事情感到疑惑？

1 穿鞋子時的注意點
2 脫鞋子時的姿勢
3 穿鞋子時的順序
4 **脫掉的鞋子的擺放方式**

解說 男留學生回家時發現自己脫下的鞋子朝向出口方向，對此感到疑惑，所以答案是選項 4。

詞彙 向き 方向｜向ける 朝向｜誤解 誤解｜とんでもない 沒這回事｜配慮 體貼、關懷｜姿勢 姿勢｜順序 順序

3番 Track 2-3-03

テレビで女の人が、電動歯ブラシの宣伝をしています。

女：まず、あなたに合った歯ブラシを見つけましょう。今日は電動歯ブラシをご紹介します。この歯ブラシは１０代からお年寄りまで幅広くお使いいただけます。毎日２回２分のブラッシング。口の中を４つに分けてそれぞれの場所を最低３０秒ブラッシングしましょう。フッ素入り歯磨き粉とマウスウオッシュ。フッ素はお口の健康を促進することが明らかになっています。フロスをお忘れなく。みがき残した食べかすや歯石を取り除きましょう。バランスの取れた食生活をして、よい歯磨きの習慣をつけることが一番大切で基本となります。

何の話をしていますか。

1　歯ブラシの使い方
2　歯磨きに必要な物
3　**虫歯を予防する方法**
4　歯磨きと食事の関係

第 3 題

女子正在電視上宣傳電動牙刷。

女：首先，讓我們找到適合您牙齒的牙刷吧。今天我們要介紹電動牙刷。這款牙刷適合 10 幾歲到老年人的廣泛群體使用。每天刷牙 2 次，每次 2 分鐘。將口腔分成 4 個部位，每個部位刷牙至少 30 秒。要使用含氟牙膏和漱口水。氟已被證實能促進口腔健康。不要忘記使用牙線。用它來清除刷漏的食物殘渣或牙結石吧。保持均衡的飲食生活，養成良好的刷牙習慣是最重要和最基本的。

在談論什麼事情？

1　牙刷的用法
2　刷牙所需物品
3　**預防蛀牙的方法**
4　刷牙與飲食的關係

解說 女子一開始是介紹電動牙刷，後面則提到要使用含氟牙膏、漱口水、和牙線來清潔，培養良好的刷牙習慣，這些都是預防蛀牙的方法。所以答案是選項 3。

詞彙 電動 電動｜宣伝 宣傳｜幅広い 廣泛｜フッ素 氟｜促進 促進｜フロス 牙線｜食べかす 食物殘渣｜歯石 牙結石｜取り除く 去除｜バランスの取れた 取得平衡｜虫歯 蛀牙｜予防 預防

4番 🎧 Track 2-3-04

女の人と年配の男の人が話しています。

女：最近、本当に暑いですね。今日も３５度ありますよ。

男：クーラーがなかったら、どうなっちゃうんでしょうね。

女：そうですね。特に、この地域は盆地だから、暑いですよね。

男：ああ、そうですかね。

女：私は東京からこちらに引っ越してきて、こっちはつくづく暑いなって感じますよ。

男：そうですか？　まあ、盆地のせいもあるけど、ぼくが子供の頃はこんなに暑くなかったと思います。

女：こちらでも、そうでしたか。

男：はい、扇風機しかなかったけど、それで十分暑さをしのげたと思います。

女：じゃ、やっぱり、地球温暖化のせいでしょうか。

男：うん、そう思いますね。

女：人間が暑さをつくりだしているってことかしらね。

男：そういうことですね。

男の人はこの暑さについてどう思っていますか。

1　山に囲まれた盆地の暑さだ
2　暑さの原因は人間にある
3　扇風機だけでしのげる暑さだ
4　人間の身体に耐えられない暑さだ

第 4 題

女子和年長的男子正在交談。

女：最近真的很熱呢。今天也有 35 度呢。

男：如果沒有冷氣的話會怎樣呢。

女：對啊。特別是這個地區是盆地，所以很熱。

男：啊，是這樣嗎？

女：我是從東京搬來的，覺得這裡真的很熱。

男：是嗎？嗯，也許是因為盆地的關係，但我小時候沒有這麼熱。

女：這裡也是這樣嗎？

男：是的，雖然只有電風扇，但是已經足夠對付炎熱了。

女：那麼，果然還是因為地球暖化嗎？

男：嗯，我覺得是這樣。

女：可能是人類製造出來的炎熱吧。

男：就是這樣呢。

男子如何看待這種炎熱的天氣？

1　是被山包圍的盆地所帶來的炎熱
2　炎熱的原因在於人類
3　只靠電風扇就能對付的炎熱
4　人類身體無法忍受的炎熱

解說　男子說他小時候沒有這麼熱。認為是人類自己製造出來的炎熱，所以答案是選項 2。

詞彙　ある 有 | 盆地 盆地 | つくづく 深切感到 | 扇風機 電風扇 | しのぐ 對付 | 地球温暖化 地球暖化 | 耐える 承受

5番 Track 2-3-05

男の人と女の人が話しています。

男：岡田さん、ギターの演奏旅行には、来られなかったんだね。

女：ええ、ちょっと用事が重なって家をあけられなくて。

男：それは、残念だったね。すごく盛り上がったよ。

女：へぇー。仙台のギタークラブの方達とジョイントコンサートをしたんですよね。

男：うん、そう。練習時間が足りなくて、演奏はあまり満足のいく出来ではなかったんだけどね。

女：そうでしたか。じゃ、交流会で盛り上がったんですか。

男：そうだね。仙台のクラブの方達が、地元の人しか知らない場所に案内してくれたりしてね。

女：え！それはラッキーでしたね。

男：うん。それに、地元の美味しいお酒と特産品を食べられるお店にも連れて行ってもらってね。

女：へぇー、それはうらやましいですね。

男：うん。ギターの演奏さえうまくできてたら、言う事なしの旅行だったんだけど。

男の人は、ギターの演奏旅行はどうだったと言っていますか。

1 演奏はあまり良くなかったが、有意義な旅行だった
2 演奏もかなりのできだったし、宴会も楽しかった
3 演奏は満足できなかったが、有名な観光地に行けた
4 演奏はまあまあだったが、交流の時間が少なかった

第 5 題

男子和女子正在交談。

男：岡田小姐，妳沒能參加吉他演奏之旅對吧。

女：對，有些事情碰在一起，無法離開家裡。

男：那真是可惜呢。氣氛很熱鬧喔。

女：是嗎？和仙台的吉他俱樂部的人們舉辦了聯合音樂會對吧。

男：嗯，對。練習時間不夠，演奏不太滿意就是了。

女：這樣啊。那麼是交流會很熱鬧嗎？

男：是啊。仙台俱樂部的人們帶我們去了只有當地人才知道的地方呢。

女：哇！那真是幸運呢。

男：嗯。而且還帶我們去能享用當地的美酒與特產的店呢。

女：哇，真是羨慕呢。

男：嗯，若是連演奏都好好完成的話，就是無可挑剔的旅行了。

男子如何評價吉他演奏之旅？

1 演奏不太好，但是旅行很有意義
2 演奏相當成功，宴會也很開心
3 演奏不是很滿意，但去了有名的觀光場所
4 演奏還可以，但交流的時間很少

解說 由於練習時間不足，導致男子對演奏不太滿意，但當地人帶他們去只有當地人才知道的地方，還去了能享用美酒和特產的店，因此交流會氛圍很熱鬧。所以答案是選項1。

> **詞彙** 演奏 演奏｜空ける 離開（家裡或某處）｜盛り上がる 氣氛熱鬧｜出来 結果、成績｜地元 當地｜特産品 特產｜有意義 有意義｜宴会 宴會

問題 4 在問題 4 的題目卷上沒有任何東西，請先聆聽句子和選項，從選項 1～3 中選出最適當的答案。

例 🎧 Track 2-4-00

男：彼女の言い方には人の心を和らげる何かがあるね。
女：1 私もその何かがずっと気になっていました。
　　2 ほんとうですね。人の心はわからないですね。
　　3 そうですね。聞いたら優しい気持ちになりますね。

例

男：她說話的方式帶有一種能夠安撫人心的感覺呢。
女：1 我也一直很在意那個東西。
　　2 真的。人心總是摸不清呢。
　　3 對呀。聽了之後會覺得很溫暖呢。

1番 🎧 Track 2-4-01

男：しまった、課長に企画書渡すの忘れちゃった。
女：1 課長は本当に忘れっぽいから仕方ありません。
　　2 落ち着いてください。鈴木君が提出しました。
　　3 すみません。これから気をつけます。

第 1 題

男：糟了，忘了交企劃書給課長了。
女：1 課長真的很健忘，所以沒辦法。
　　2 請冷靜下來。鈴木交出去了。
　　3 不好意思。接下來我會注意的。

> **解說** 男子表示自己忘記交企劃書給課長，女子回應他已經有同事交出去了是較自然的表達。

> **詞彙** しまった 糟了｜名詞・動詞ます形（去ます）＋っぽい 像～、有～傾向 例 怒りっぽい 易怒／飽きっぽい 容易生膩／子供っぽい 孩子氣／大人っぽい 像個大人似的｜落ち着く 冷靜

2番 🎧 Track 2-4-02

女：森山君、3時に来るはずだったのにどうしたの。
男：1 あ、3時までには必ず行きますので。
　　2 3時に出れば間に合うと思います。
　　3 申し訳ありません、急に来客がありまして。

第 2 題

女：森山，你應該在 3 點來的，發生了什麼事？
男：1 啊，因為一定會在 3 點之前去的。
　　2 我覺得如果 3 點出發也來得及。
　　3 非常抱歉，突然有客人來訪。

| 解說 | 要注意「～はずだった（原本應該是）」這句話。女子詢問森山先生為什麼應該在3點來卻沒來，較適當的回答是說明原因並道歉。因此答案是選項3。

| 詞彙 | 来客 來訪的客人

3番 Track 2-4-03

男：福岡出張、いつからだったっけ？
女：1　来月の下旬になると思います。
　　2　今度の出張先は福岡です。
　　3　出張費はあとで精算してください。

第3題

男：福岡出差，是從什麼時候開始來著？
女：1　我想是下個月下旬。
　　2　下次的出差地點是福岡。
　　3　出差費用稍後請報銷。

| 解說 | 男性詢問出差時間，較適當的回答是說明日期，因此答案是選項1。

| 詞彙 | 下旬 下旬（↔中旬 中旬／上旬 上旬）｜～っけ ～來著？｜精算 精算、報銷

4番 Track 2-4-04

男：退社する前にこの仕事片付けよう。
女：1　え、会社辞めるんですか。どうして急に……。
　　2　明日やってもいいですよ。そんなに急がなくても……。
　　3　食器を先に片付けてください。

第4題

男：下班前把這個工作處理好吧。
女：1　咦？你要辭職嗎？為什麼這麼突然……
　　2　明天做也可以吧。不用那麼著急……
　　3　請先收拾餐具。

| 解說 | 「退社する」有「下班」和「辭職」的意思。男子這句話是指下班之前快點處理好工作。所以同事回應不用那麼著急是較適當的表達。

| 詞彙 | 退社 下班、辭職（↔出社 到公司上班）＋退職 退職（↔就職 就職、找到工作）｜食器 餐具

5番 Track 2-4-05

女：昨日のコンサート、行かなきゃよかった。
男：1　へえ〜、そんなによかったの？予想通りだな……。
　　2　そう？私も行けばよかったな。
　　3　そんなにつまらなかったの？意外だな……。

第5題

女：要是沒去昨天的演唱會就好了。
男：1　咦，那麼棒嗎？跟預想的一樣呢……
　　2　是嗎？要是我也去就好了。
　　3　那麼無聊嗎？真是意外……

解說　「～（なきゃ）なければよかった」的意思是「要是沒有～就好了」。相反的說法是「～ばよかった（要是～就好了）」。這裡是要表達後悔的意思，所以答案是選項3。

詞彙　名詞＋通り 和～一樣　例 計画通り 如計劃的那樣｜時間通り 準時｜予想通り 如預想的一樣｜注文通り 按照訂單

6番 Track 2-4-06

男：今の時間渋滞ひどいから電車で行きましょう。
女：1　でも荷物がこんなにたくさんあるのに……。
　　2　それじゃ車で一緒に行きましょうよ。
　　3　やっぱり車で行った方がはやいですよ。

第6題

男：現在塞車很嚴重，所以搭電車去吧。
女：1　但是有這麼多行李耶……
　　2　那就開車一起去吧。
　　3　果然還是開車去比較快。

解說　現在塞車很嚴重，所以男子建議搭電車去，但行李太多，所以表示有點困難的暗示性回答是較適當的答案。

詞彙　渋滞 塞車

7番 Track 2-4-07

男：あ、ケイタイ落として壊しちゃったよ。
女：1　それじゃ早く拾わなくちゃ。
　　2　新しいの買い換えなくちゃ。
　　3　落としたところよく見なくちゃ…。

第7題

男：啊，手機掉了摔壞了。
女：1　必須快點撿起來。
　　2　必須買個新的來換。
　　3　必須去掉的地方仔細看看。

解說　男子表示手機摔壞了，所以較適當的回應是建議對方買新的來換，因此答案是選項2。

詞彙　壊す 弄壞｜買い換る 買新的來換

8番 Track 2-4-08

男：今揺れたよね？
女：1　え、地震かな？
　　2　また雨かな？
　　3　怖い！津波かな？

第8題

男：現在在搖晃對不對？
女：1　咦？是地震嗎？
　　2　還在下雨嗎？
　　3　好可怕！是海嘯嗎？

解說　聽到「現在在搖晃對不對？」時，較自然的反應是回答「是地震嗎？」因為「津波（海嘯）」是由大地震引起的海浪，與晃動無關。

詞彙　揺れる 搖晃

9番 Track 2-4-09

女：これ手作りのクッキーです。よろしかったらどうぞ。

男：1　おいしそうですね。どこで買いましたか。
　　2　うわ、これ奥さんが直接作りましたか。
　　3　これ高そうですね。いくらでしたか。

第9題

女：這是手作蛋糕。不嫌棄的話請品嘗一下。

男：1　看起來很好吃呢。在哪裡買的？
　　2　哇，這是夫人親手做的嗎？
　　3　這個看起來好貴喔。多少錢？

解説 聽到對方說是手作蛋糕時，一般不會詢問價錢或在哪裡買的，而是詢問「是親手做的嗎？」所以答案是選項2。

詞彙 手作り　手作、自己做的

10番 Track 2-4-10

男：部長は若い女性社員に甘いよね。

女：1　部長、健康を考えて甘いものは控えた方がいいですよ。
　　2　私は甘いものはあまり好きではないんですが。
　　3　そうですね。もっと厳しくした方がいいと思いますが……。

第10題

男：部長都慣著年輕女員工呢。

女：1　部長，考慮到健康，最好少吃甜食喔。
　　2　我也不太喜歡甜食。
　　3　是啊。我認為應該更嚴格一點……

解説 這裡的「甘い」不是指「甜的」，而是「寵溺、縱容」的意思。因此答案是選項3。**例** 子供に甘い親　寵溺小孩的父母

詞彙 控える　控制、節制

11番 Track 2-4-11

男：週末釣りに行くけど、付き合わない？

女：1　すみません。今週末は先約があるので。
　　2　すみません。私付き合ってる人がいるので。
　　3　すみません。私他に好きな人がいるので。

第11題

男：週末要去釣魚，妳要一起嗎？

女：1　不好意思，這週末已經有約了。
　　2　不好意思，我現在有交往的人了。
　　3　不好意思，我有其他喜歡的人了。

解説 這裡的「付き合う」不是指「交往、約會」，而是「一起行動」的意思。因此答案是選項1。

詞彙 釣り　釣魚

12番 Track 2-4-12

女：すっかり真夏日、なかなか手ごわいお天気ですね。
男：1　私もそれ見ましたが、本当に怖かったですよ。
　　2　月日の流れって、本当に早いものですね。
　　3　いや、もう暑くてかなわないんですよ。

第 12 題

女：完全是盛夏之日，相當棘手的天氣呢。
男：1　我也看到那個了，真的很可怕呢。
　　2　時間真的過得很快呢。
　　3　哎呀，已經熱得難以忍受了。

解說　「暑くてかなわない（熱得難以忍受）」是慣用說法，最好記住它。女子表示天氣太熱很棘手，所以回答「熱得難以忍受」是較適當的表達。

詞彙　真夏日 盛夏之日｜手ごわい 棘手｜月日 歲月、時光｜～てかなわない ～到無法忍受

問題 5　在問題 5 中將聽到一段較長的內容。本大題沒有練習部分，可以在題目卷上做筆記。

第 1 題、第 2 題
在問題 5 的題目卷上沒有任何東西，請先聆聽對話內容，接著聆聽問題和選項，再從選項 1～4 中選出最適當的答案。

1番 Track 2-5-01

会社で社長と人事課長が新入社員の面接について話しています。

女：社長、最終選考に4人が残りました。
男：そう。学歴とか留学経験なんかはいいから、自分をアピールする部分があっただろう。そこを教えてくれるかな。
女：はい、わかりました。まず、一人目の鈴木さんですが、「何事にも、熱意をもって、意欲的に取り組みます。」とあります。二人目の川上さんですが、「どの団体の中でも上手くやっていける協調性があります。」と。
男：ほぉー、一人目の鈴木さんは大学でサッカー部に在籍か。二人目の川上さんは女性らしい感性の持ち主みたいだね。協調性は社会では重視されるからね。二人ともよさそうだな。

第 1 題

社長與人事課長正在公司談論新員工的面試情況。

女：社長，最終考核剩下4個人了。
男：是啊。學歷或留學經驗什麼的無所謂，有自我推銷的部分對吧。能告訴我那些方面嗎？
女：好的，我知道了。首先第一位是鈴木先生。他寫道「對任何事情都抱持熱情，積極地全力以赴。」第二位是川上小姐。她寫道「在任何團體內都有良好的協調性。」
男：哦。第一位鈴木先生在大學是足球部的成員啊。第二位川上小姐有著女性般的感性呢。社會上很重視協調性呢。兩個人看起來都不錯啊。

女：そうですね。三人目の田中さんですが、「自分は行動力なら誰にも負けません。」とあります。

男：ほぉー、たいしたもんだね。期待できそうだな。

女：はい、そうですね。最後、四人目の佐藤さんですが、「自分は論理的に物事を考えてから、行動に移すタイプです。」とあります。

男：ほぉー、頭脳明晰で、慎重な人物のようだな。でも、うちが今ほしい人材は、意欲的に熱く行動できる人物だから、まず最初に会うのはこの体育会系の人にしよう。

女：はい、わかりました。

社長は最初にどの人に会うと言っていますか。

1　一人目の人
2　二人目の人
3　三人目の人
4　四人目の人

女：是啊。第三位田中先生寫道「在行動力方面，我不會輸給任何人。」

男：哦。真了不起，感覺可以期待呢。

女：是的，沒錯。最後是第四位佐藤先生，他說「自己是理性思考後才行動的類型。」

男：哦。是聰明、慎重的人呢。但是現在我們想要的人才，是那種積極又能熱情行動的人，所以我還是先見這位體育類型的人吧。

女：好的，我知道了。

社長說要先見哪位人選？

1　第一位
2　第二位
3　第三位
4　第四位

解說　社長最後表示「想要的人才是積極又能熱情行動的人」，更提到「先見這位體育類型的人」，所以答案是選項1。

詞彙　学歴 學歷｜熱意 熱情｜意欲的 積極｜取り組む 全力以赴｜協調性 協調性｜在籍 在籍｜行動力 行動力｜頭脳明晰 聰明｜慎重 慎重｜人材 人才

2番　Track 2-5-02
家族3人が夏休みの旅行について話しています。

男1：ねえねえ、今年の夏休みはどこに連れて行ってくれるの？

女　：そうねえ。ヒロシはどこに行きたいの。

男1：う〜ん、そうだな…。山でキャンプはどうかな。

女　：そうね。でも、キャンプは学校で行くと思うわよ。

第2題

三位家庭成員在討論暑假旅行的事情。

男1：欸欸，今年暑假你們要帶我去哪裡？

女　：是呢，廣志想去哪裡？

男1：嗯，這個嘛……在山上露營如何？

女　：也是呢。不過露營的話我覺得學校會去吧。

114

男1：ああ、そうか。
女 ：ねえ、お父さんは、どうなの？
男2：そうだな、遊園地はどうかな？
男1：遊園地？ そこでも、ぼくはいいけど。お父さんは、遊園地に行きたいの？
男2：そういうわけじゃないんだけど、電車の中の広告で、「富士遊園地、１万発の華麗な花火！」ってあったからね…。
女 ：へぇー、お父さんは花火を見たいのね。それなら、川に行きましょうよ。
男1：ええ！ 花火をする川は、有名な大きい川でしょ。やだよ、そんな川は人が多くて混雑しているから。
女 ：じゃ、海にしない。夜に花火が上がるところはたくさんあるわよ。
男1：うん、ぼくは、川よりそっちがいいな。花火がよく見える旅館に泊まろうよ。
男2：う〜ん、海は暑そうだな…。
女 ：夏なんだから、しょうがないでしょ。
男2：わかりました。しょうがない、妥協するよ。

どこに行くことに決めましたか。

1　山に行く
2　遊園地に行く
3　川に行く
4　海に行く

男1：啊，是嗎？
女：欸，爸爸你覺得呢？
男2：嗯，遊樂園怎麼樣？
男1：遊樂園？那裡我可以啦，但爸爸想去遊樂園嗎？
男2：也不是這樣，只是在電車廣告上寫著「富士遊樂園、一萬發華麗煙火！」
女：哇，爸爸想看煙火嗎？那麼，一起去河邊吧。
男1：咦！會放煙火的河邊是很有名的大河吧。不要啦，那種河人很多又很擠。
女：那就去海邊吧。有很多地方晚上都會放煙火喔。
男1：嗯，我覺得比起河川這裡比較好。去住可以看到煙火的旅館吧。
男2：嗯，海邊好像很熱啊……
女：因為是夏天沒辦法吧。
男2：我知道了。沒辦法，就妥協吧。

決定要去哪裡？

1　去山上
2　去遊樂園
3　去河川
4　去海邊

解說　從對話可以得知三人決定去看煙火，但有人覺得河邊人多又擠，建議去海邊，但爸爸表示海邊好像很熱，但最後還是妥協，所以答案是選項4。

詞彙　遊園地 遊樂園｜広告 廣告｜華麗だ 華麗的｜旅館 旅館｜泊まる 住宿｜妥協 妥協

第 3 題：
請先聽完對話內容與兩個問題，再從選項 1 ～ 4 中選出最適當的答案。

3番 Track 2-5-03

女の人と男の人がインターネットを見ながら、プレゼントの応募に関して話しています。

女：ねぇー、私たちのポイントで、ＵＳＢメモリーとかＰＣのマウスとか交換できるんだけどね。

男：ああ、そうだね。でもそういうの今は要らないね。そうだ、今月のプレゼントに応募してみようか。ポイントがあるから、応募の権利はあるんだし。

女：そうね。ああ、今月は4つの商品があるわね。一つ目は、ミュージカルのチケットよ。二つ目はカメラ。あなた、この間から、やっぱりいいカメラがほしいって言ってたじゃない。

男：どれどれ、あ、ホントだ、有名なメーカーのカメラだからよさそうだね。三つ目は映画のチケットだ。戦争映画だな。ああ、この映画、観たかったんだよ。

女：戦争映画か…。私は当たっても観たくないな。四つ目は、掃除機だわ。

男：掃除機か、いいじゃない。掃除機を買い替えたいって、君、前から言ってたよね。

女：そうなのよ。この掃除機は貯まったゴミが見えるタイプだし、いいと思うわ。

男：どうしようか。応募は1件だけだよね。

女：ううん、私達はポイント数が多いから、2件応募できるわよ。

男：あ、そうか。君は、どうする？

女：私は、好きな星組のスターが出演するから、これにするわ。あなたは？

男：ぼくは、チケットが当たっても君が行かないんじゃ、つまらないし、生活に役立つものにするよ。

女：ありがとう。あなたは、相変わらず優しいわね。

第 3 題

女子和男子邊看網路邊討論報名禮物抽獎的事情。

女：欸，我們的點數可以換 USB 隨身碟或電腦滑鼠之類的。

男：啊，對啊。但是那種東西現在不需要啦。對了，要不要試著參加這個月的禮物抽獎。有點數就有報名的權利。

女：是呀。這個月有 4 種商品呢，第一個是音樂劇的門票喔。第二個是相機。你之前不是一直說想要一台好相機嗎？

男：讓我看看，啊，真的耶。是有名廠商的相機，看起來很不錯呢。第三個是電影票。是戰爭電影呢。啊，我想看這部電影呢。

女：戰爭電影啊……就算抽中我也不想看呢。第四個是吸塵器。

男：吸塵器啊，不錯啊。妳之前就說想要買個新的吸塵器替換對吧。

女：對啊。這個吸塵器是能夠看得到之前累積的垃圾的型號，我覺得挺好的。

男：怎麼辦呢？只能報名一次對吧。

女：沒有，我們點數很多，可以報名兩次喔。

男：啊，是喔。妳要選擇哪個？

女：我的話，因為有喜歡的星組明星表演，就決定是這個了。你呢？

男：我的話。就算抽到票你不去也很無聊啊。我會選生活上派得上用場的東西。

女：謝謝，你還是那麼溫柔呢。

116

質問 1	問題 1
女の人はどのプレゼントに応募したいと言っていますか。	女子說想要報名哪一個禮物？

質問 1
女の人はどのプレゼントに応募したいと言っていますか。

1　ミュージカルのチケット
2　カメラ
3　映画のチケット
4　掃除機

問題 1
女子說想要報名哪一個禮物？

1　音樂劇的門票
2　相機
3　電影票
4　吸塵器

質問 2
男の人はどのプレゼントに応募したいと言っていますか。

1　ミュージカルのチケット
2　カメラ
3　映画のチケット
4　掃除機

問題 2
男子說想要報名哪一個禮物？

1　音樂劇的門票
2　相機
3　電影票
4　吸塵器

解說　問題 1：女子表示即使抽中了也不會去看戰爭電影，而且因為自己喜歡音樂劇的表演，所以答案是選項 1。

問題 2：男子表示抽到電影票如果女子不去的話很無聊，因此打算選擇生活上派得上用場的東西，所以答案是選項 4。

詞彙　応募 報名參加｜交換 交換｜買い換える 買新的來換｜貯まる 積存｜星組 星組，指寶塚歌劇團的第四個組｜出演 演出｜相変わらず 依舊、依然

我的分數？

共 ☐ 題正確

若是分數差強人意也別太失望，看看解說再次確認後重新解題，如此一來便能慢慢累積實力。

JLPT N2 第3回 實戰模擬試題解答

第1節 言語知識〈文字・語彙〉

問題1 ①4 ②4 ③1 ④2 ⑤2
問題2 ⑥3 ⑦4 ⑧1 ⑨2 ⑩3
問題3 ⑪2 ⑫3 ⑬2 ⑭1 ⑮2
問題4 ⑯3 ⑰4 ⑱3 ⑲4 ⑳3 ㉑1 ㉒2
問題5 ㉓4 ㉔3 ㉕3 ㉖1 ㉗2
問題6 ㉘2 ㉙1 ㉚4 ㉛2 ㉜2

第1節 言語知識〈文法〉

問題7 ㉝2 ㉞3 ㉟3 ㊱1 ㊲4 ㊳3 ㊴1 ㊵2 ㊶4 ㊷4 ㊸4 ㊹4
問題8 ㊺1 ㊻2 ㊼4 ㊽3 ㊾4
問題9 ㊿3 51.1 52.2 53.3 54.3

第1節 讀解

問題10 55.4 56.1 57.2 58.3 59.2
問題11 60.1 61.4 62.2 63.3 64.4 65.1 66.4 67.2 68.3
問題12 69.1 70.3
問題13 71.3 72.3 73.4
問題14 74.4 75.2

第2節 聽解

問題1 ①1 ②4 ③2 ④3 ⑤1
問題2 ①2 ②4 ③4 ④3 ⑤2 ⑥1
問題3 ①1 ②2 ③3 ④4 ⑤3
問題4 ①2 ②1 ③3 ④3 ⑤1 ⑥2 ⑦1 ⑧2 ⑨3 ⑩1 ⑪2 ⑫3
問題5 ①1 ②4 ③1 1 2 4

第3回 實戰模擬試題 解析

第1節 言語知識〈文字・語彙〉

問題1 請從1、2、3、4中選出＿＿＿＿這個詞彙最正確的讀法。

[1] 私の幼い頃の夢は宇宙飛行士になることだった。
　1　うじゅう　　　2　うじゅ　　　3　うちゅ　　　**4　うちゅう**
我兒時的夢想是成為太空人。

詞彙 幼（おさな）い 年幼｜宇宙（うちゅう）太空｜飛行士（ひこうし）飛機駕駛員

[2] 犯人を捕まえるために警察は建物の周りを囲んでいた。
　1　はさんで　　　2　つつんで　　　3　いどんで　　　**4　かこんで**
為了逮捕犯人，警察圍繞著建築物的四周。

詞彙 犯人を捕まえる 逮捕犯人｜警察（けいさつ）警察｜周（まわ）りを囲（かこ）む 圍繞四周｜挟（はさ）む 插、夾｜包（つつ）む 包上｜挑（いど）む 挑戰

[3] 赤ちゃんは隣の奥さんに抱かれている。
　1　だかれて　　　2　いだかれて　　　3　とどかれて　　　4　はかれて
嬰兒被隔壁的太太抱著。

詞彙 抱（だ）く 用雙臂擁抱 ✚「抱（いだ）く」通常用於表達懷抱夢想、希望、焦慮、恐懼。

[4] 年を取ったら、故郷に帰って快適な日々を過ごしたいものだ。
　1　がいてき　　　**2　かいてき**　　　3　がいせき　　　4　かいせき
等年紀大了之後，我希望回到故郷過著舒適的日子。

詞彙 快適（かいてき）舒適 ▶ 快感（かいかん）快感／愉快（ゆかい）愉快｜ものだ 表示感嘆、驚嘆的語氣

[5] 毎月災害に備えた訓練が行われている。
　1　そびえた　　　**2　そなえた**　　　3　ととのえた　　　4　そろえた
每個月都會舉行應對災害的訓練。

詞彙 災害（さいがい）に備（そな）える 應對災害｜訓練（くんれん）訓練｜そびえる 聳立｜整（とと の）える 整理｜揃（そろ）える 備齊

問題2 請從1、2、3、4中選出最適合＿＿＿＿的漢字。

6 この料理はむして食べるのが一番おいしい。
　1 炒して　　　2 煮して　　　3 蒸して　　　4 揚して
這道料理蒸完再吃最美味。

詞彙　蒸す 蒸 ▶ 炒める 炒 / 煮る 煮 / 焼く 烤 / 揚げる 炸

7 親の遺産をめぐった争いがたえないのは望ましくない。
　1 耐えない　　2 堪えない　　3 切えない　　4 絶えない
為了父母遺產而爭執不休是不樂見的。

詞彙　遺産 遺產 ｜ ～をめぐった 圍繞著～ ｜ 争い 紛爭 ｜ 絶える 停止 ｜ 望ましい 理想的
　　　➕ 「耐える」和「堪える」都是「忍受」的意思。另外「堪える」有三種讀音，分別是
　　　「たえる（忍受，自動詞）」「こらえる（忍受，他動詞）」「こたえる（忍受，自動詞）」。

8 台風の方向に関してのかんそくをし続ける。
　1 観測　　　　2 観則　　　　3 観即　　　　4 観側
將持續觀測颱風的移動方向。

詞彙　観測 觀測 ➕「測」的相關詞彙：測量 測量 / 測定 測定 「則」的相關詞彙：規則 規則 /
　　　法則 法則「側」的相關詞彙：側面 側面

9 そんな発言をするなんてまったく常識にかけている人だ。
　1 掛けて　　　2 欠けて　　　3 賭けて　　　4 懸けて
做出那種發言完全是缺乏常識的人。

詞彙　発言 發言 ｜ まったく 完全 ｜ 常識 常識 ｜ ～に欠けている 欠缺～ ▶ 欠ける 缺少 ｜ 賭ける
　　　賭 ｜ 懸ける 懸掛

10 りょうがえは海外旅行に行く前にしておいた方がいい。
　1 両変　　　　2 両換　　　　3 両替　　　　4 両買
出國旅行前最好先兌換外幣。

詞彙　両替 換錢 ➕ 要注意漢字寫法是「両替」，不是「両換」。

問題 3 請從 1、2、3、4 中選出最適合填入（　　）的選項。

---

11 この店は（　　）成年者の立入が禁止されている。
　1 不　　　　2 未　　　　3 非　　　　4 無

這間店禁止未成年人進入。

詞彙 未成年者 未成年人 ▶ 未解決 未解決 / 未達成 未達成 / 未経験 無經驗 / 未開発 未開發 | 立入 進入 | 禁止 禁止

---

12 地球の大気（　　）は4つの領域に区分されている。
　1 圧　　　　2 層　　　　3 圏　　　　4 流

地球的大氣圏被劃分為4個領域。

詞彙 大気圏 大氣圏 ▶ 東京圏 東京圏 / 首都圏 首都圏 / アジア圏 亞洲圏 / 南極圏 南極圏 / 北極圏 北極圏 | 領域 領域 | 区分 劃分

---

13 最近の若者の言い方は大人（　　）がないというか、幼稚で仕方がない。
　1 感　　　　2 気　　　　3 化　　　　4 味

最近年輕人的說話方式與其說是沒有大人樣，不如說是幼稚到無法忍受。

詞彙 大人気 大人的樣子 | 幼稚 幼稚 | 仕方がない 無法忍受、～得不得了

　➕ 名詞・イ形容詞・ナ形容詞・動詞ます形（去ます）＋気：～的樣子
　　例 人気 有人的樣子 / かわいげ 可愛的樣子 / 不安げ 不安的樣子

---

14 今期のわが社の営業利益は予想を大きく下（　　）。
　1 回った　　2 出した　　3 成った　　4 付いた

我們公司這期的營業利潤大幅低於預期。

詞彙 今期 這期 | わが社 我們公司 | 営業利益 營業利潤 | 予想 預期 | 下回る 低於（↔上回る 高於）

---

15 最近ノートパソコンの調子が悪くて新しいのに買い（　　）と思う。
　1 変えよう　　2 換えよう　　3 交えよう　　4 代えよう

最近筆記型電腦的狀況不太好，想要買新的來替換。

詞彙 調子 狀況 | 買い換える 買新的來替換

　➕「買い換える」是指買新的東西來替換，漢字要使用「換える」。

問題 4 請從 1、2、3、4 中選出最適合填入（　　　）的選項。

16　この緊急事態を（　　　）上司に報告しろ。
　　1　すなわち　　　2　ただし　　　**3　ただちに**　　　4　さて
　　立刻跟上司報告這個緊急情況。

詞彙　緊急事態 緊急情況｜上司 上司｜報告 報告｜すなわち 就是、換言之｜ただし 但是｜ただちに 立刻｜さて 那麼

17　試験に合格できなくて落ち込んでいる彼を（　　　）。
　　1　言い聞かせた　　　2　憧れた　　　3　治めた　　　**4　慰めた**
　　我安慰了因為考試沒及格而感到沮喪的他。

詞彙　落ち込む 沮喪、低落｜言い聞かせる 說給～聽、勸說｜憧れる 憧憬｜治める 平息、平定｜慰める 安慰

18　私のアパートは周りに店しかないが、高層階なので（　　　）だけはいい。
　　1　景色　　　2　夜景　　　**3　眺め**　　　4　展望
　　我的公寓周圍雖然只有商店，但因為在高樓層，所以景緻很好。

詞彙　高層階 高樓層｜景色 景色　例 山頂から見える景色がとてもよかった。從山頂看出去的景色非常好。｜夜景 夜景｜眺め 景緻｜展望 展望

➕「景色」通常用於描述山脈、海洋等自然景觀。但在這個句子中，因為提到自己居住的公寓周圍只有商店，使用「景色」不太合適，所以用來表示整體視野的「眺め」更為貼切自然。

19　平成 21 年調査によると、男の（　　　）寿命は 79.59 歳だそうだ。
　　1　平凡　　　2　平素　　　3　平衡　　　**4　平均**
　　根據平成 21 年的調查，據說男性的平均壽命是 79.59 歲。

詞彙　調査 調查｜寿命 壽命｜平凡 平凡｜平素 平常｜平衡 平衡｜平均 平均

20　何日間も（　　　）で作業を続けると体が持たないのは当然だ。
　　1　夜明かり　　　2　夜通り　　　**3　徹夜**　　　4　徹晩
　　連續好幾天熬夜工作，身體吃不消也是當然的。

詞彙　作業 工作｜体が持たない 身體吃不消｜徹夜 熬夜｜当然 當然

21 親を事故で亡くし（　　　）親のありがたさを知った。
　　1　改めて　　　　2　むしろ　　　　3　再び　　　　4　まことに
父母在事故中去世後，重新體會到父母的可貴。

詞彙 事故 事故｜改めて 重新｜むしろ 反倒｜再び 再次｜まことに 實在、誠然

22 警察は全力を尽くし、犯人を（　　　）。
　　1　突き止めた　　　2　捕まえた　　　3　つかんだ　　　4　握った
警察全力以赴，逮捕了犯人。

詞彙 警察 警察｜全力を尽くす 全力以赴｜犯人 犯人｜突き止める 找到、查明｜捕まえる 抓到、逮捕｜つかむ 抓住、掌握｜握る 掌握

＋「突き止める」比較適合描述找出犯人的地址或藏匿處的例句。

問題 5 請從 1、2、3、4 中選出與 _____ 意思最接近的選項。

23 何の興味もない話をだらだらするのは退屈なだけだ。
　　1　怪しい　　　　2　眠い　　　　3　辛い　　　　4　つまらない
喋喋不休地說著不感興趣的話題只會讓人感到無聊。

詞彙 興味 興趣｜だらだら 喋喋不休｜退屈だ 無聊｜怪しい 可疑的｜眠い 想睡的｜辛い 辛苦的

24 この問題を解決するためにはあらゆる角度から検討すべきだ。
　　1　多様な　　　　2　様々な　　　　3　あるかぎりの　　　　4　一切の
要解決這個問題，應該從各種角度審慎考慮。

詞彙 解決 解決｜あらゆる 各種、所有｜角度 角度｜検討 審慎考慮｜多様だ 各式各樣｜様々 各式各樣｜あるかぎり 全部｜一切 一切

25 あんな行動をした自分に腹が立って仕方がない。
　　1　憎くて　　　　2　足が出て　　　　3　頭に来て　　　　4　そそっかしくて
對做出那種行為的自己生氣得不得了。

詞彙 腹が立つ 生氣｜～て仕方がない ～得不得了｜憎い 憎恨｜足が出る 超支｜頭に来る 憤怒、生氣｜そそっかしい 冒失的、粗心的

26 冬の畑にある白菜をひもでぐるっと縛る。
　　1　結ぶ　　　　　2　繋ぐ　　　　　3　畳む　　　　　4　折る
　　將冬天田地裡的白菜用繩子繞一圈綁起來。

詞彙 畑 田地｜白菜 白菜｜ひも 繩子｜ぐるっと 繞一圈｜縛る 束縛、捆綁｜結ぶ 繫、締結｜繋ぐ 繫、接起來｜畳む 折疊｜折る 折疊

27 この二つは長さと形が等しい。
　　1　同質だ　　　　2　同様だ　　　　3　同級だ　　　　4　同類だ
　　這兩個東西的長度和形狀是一樣的。

詞彙 形 形狀｜等しい 相等、一樣｜同質 同一性質｜同様 同樣｜同級 同年級｜同類 同類

問題 6　請從 1、2、3、4 中選出下列詞彙最適當的使用方法。

28 締め切り　截止、截止期限
　　1　この言葉だけは一生締め切りで忘れません。
　　2　原稿の締め切りが近づいてきていらだっている。
　　3　日本で銀行の締め切りの時間は午後3時です。
　　4　公演の準備は締め切りでやってきた。

　　1　就這句話，我一輩子都不會忘記截止期限。
　　2　臨近原稿的截止期限，讓人感到焦躁。
　　3　在日本，銀行的截止時間是下午3點。
　　4　公演的準備是在截止期限進行的。

解說 選項1不需要「締め切り」這個詞彙。選項3是要表達銀行的營業時間，所以適當的表達應該是「銀行の窓口の営業時間は午前9時から午後3時です（銀行櫃台的營業時間從上午9點到下午3點）」。選項4應改成「こつこつ（埋頭、踏實）」較恰當。

詞彙 一生 一生、一輩子｜原稿 原稿｜近づく 臨近｜いらだつ 焦急、焦躁｜公演 公演｜準備 準備

29 あらかじめ 事先

1 誤って登録データを削除してしまった場合のため、あらかじめバックアップファイルを作っておいてください。
2 それは未だあらかじめ体験したことがなかったので、相当恐ろしかった。
3 個人的な事情であらかじめ大学院への進学を諦めるしかなかった。
4 自信過剰になると、あらかじめ失敗を招きかねない。

1 為了因應不小心刪除註冊資料的情形，請事先製作備份檔案。
2 由於那是尚未有過的事先體驗，因此相當害怕。
3 因個人情況，只好事先放棄就讀研究所。
4 一旦過度自信，就可能事先導致失敗。

解説 選項2應該改成「未だかつて（未曾）」。選項3應該改成「やむを得ず（不得不）」。選項4應該改成「ややもすれば（動不動）」。

詞彙 誤る 搞錯、做錯｜登録 註冊｜削除 刪除｜恐ろしい 可怕｜事情 情況｜諦める 放棄｜自信過剰 過度自信｜招く 招致

30 憧れる 憧憬

1 両親の意見に憧れて学校の先生になろうとする。
2 私がいくらがんばっても彼に憧れることはできないと思う。
3 最近いい家庭を作り、昇進までした彼に憧れて仕方がない。
4 都会生活に憧れて先月東京に引っ越してきた。

1 我憧憬父母的意見，所以想成為學校老師。
2 我想我無論多努力，都無法對他有所憧憬。
3 我對於最近建立美滿家庭，甚至升遷的他憧憬得不得了。
4 我憧憬著都會生活，上個月搬到了東京。

解説 選項1應該改成「従って（按照）」。選項2應該改成「追いつく（追趕）」。選項3「～て仕方がない」常和表示情緒的詞彙一起使用，所以改成「うらやましくて仕方がない（羨慕得不得了）」較為自然。

詞彙 両親 雙親｜いくら～ても 無論～都｜家庭 家庭｜昇進 晉升、高升｜～て仕方がない ～得不得了｜都会 都會｜引っ越す 搬家

31 預ける 暫放、寄放

1 家事は私にだけ預けて、いったい何をしているんだ。
2 荷物なら駅のコインロッカーに預けてもいい。
3 この企画の発表はすべて吉田さんに預けます。
4 あの日どんな事件が起こったか、あなたの想像に預ける。

1　家事都寄放在我這邊，到底在想什麼？
2　如果是行李的話，可以寄放在車站的置物櫃。
3　這個企畫的發表全都要寄放給吉田先生。
4　那天發生了什麼樣的事情，就寄放給你的想像了。

解說　選項1、3、4應該改成「任せる（委託、任憑）」。

詞彙　いったい 到底｜企画 企畫｜発表 發表｜想像 想像

[32] 一斉に　一起、同時
1　残業の手当てを一斉にもらった。
2　ホイッスルが鳴ると、彼らは一斉に立ち上がった。
3　枕を変えてから、一斉にいびきをかかなくなった。
4　洗濯物は週末にまとめて一斉にやっている。

1　我同時收到了加班費。
2　哨聲響起，他們一起站了起來。
3　更換枕頭後，一起不再打呼了。
4　要洗的衣服在週末集中一起洗。

解說　選項1應該改成「まとめてもらった（一次性收到了）。選項3應該改成「一切（完全）」。選項4不需要「一斉に」這個詞彙。

詞彙　手当て 工資、報酬｜ホイッスルが鳴る 哨聲響起｜立ち上がる 站起來｜枕 枕頭｜いびきをかく 打呼｜まとめる 集中

第1節　言語知識〈文法〉

問題7　請從1、2、3、4中選出最適合填入下列句子（　　　）的答案。

[33] 彼女のため（　　　）、彼は何でもできる限りのことをするはずだ。
1　と言えば　　　2　とあれば　　　3　と言ったら　　　4　とあったら

如果是為了她，他應該會盡其所能去做任何事情。

文法重點！
◎ ～と言えば：說到～
◎ 頼み・名詞のため＋とあれば：如果是某人的請求、如果是為了～

詞彙　できる限り 盡可能

[34] 悪天候（　　　）、野球の試合は続けられた。
1　でもかかわらず　2　でもかかわりなくて　3　にもかかわらず　4　にもかかわらないで
儘管天氣惡劣，棒球比賽依然繼續進行。

文法重點！　◎〜にもかかわらず：儘管〜卻

詞彙　悪天候（あくてんこう） 壞天氣

[35] 部下がやった（　　　）、その上司も責任は免れない。
1　として　　2　でしろ　　3　にせよ　　4　としたら
就算是部下所做的事情，上司也無法擺脫責任。

文法重點！　◎〜として：作為〜　◎〜にせよ／〜にしろ：就算〜　◎〜としたら：如果〜就

詞彙　責任（せきにん） 責任｜免れる（まぬがれる） 避免、擺脫

[36] 就職活動をがんばっている（　　　）、なかなかいい仕事が見つからない。
1　ものの　　2　もので　　3　ものが　　4　ものに
雖然努力地找工作，但很難找到好的工作。

文法重點！　◎ものの：雖然〜但是〜　◎もので：由於、因為（表示原因、理由）

詞彙　就職活動（しゅうしょくかつどう） 求職、找工作｜見つかる（みつかる） 找到

[37] 彼の方から先に（　　　）、私も決して仲直りをする気はない。
1　謝ったからでなかったら　　　　2　謝ったからでなければ
3　謝ってからでないなら　　　　　4　謝ってからでないと
如果他不先道歉，我絕對不打算與他和好。

文法重點！　◎〜て（からでないと／からでなければ）：如果不〜就〜

詞彙　決して（けっして） 絕對｜仲直りをする（なかなおりをする） 和好｜誤る（あやまる） 道歉

[38] 工事の経費は200億円を超えるという意見が多い（　　　）、100億円も掛からないという意見もある。
1　一方に　　2　一方が　　3　一方で　　4　一方には
許多人認為工程經費會超過200億日圓，另一方面也有人認為花不到100億日圓。

文法重點！　◎A一方／一方で／一方ではB：A，另一方面B

詞彙　経費（けいひ） 經費｜超える（こえる） 超過

39 多量の二酸化炭素の排出で、地球温暖化は深刻に（　　　）。
　　1　なる一方だ　　　2　なり一方だ　　　3　なるのが一方だ　　　4　なると一方だ
大量二氧化碳排放使地球暖化越來越嚴重。

文法重點！　◎ 動詞辭書形＋一方だ：不斷地～、越來越～
詞彙　多量 大量｜二酸化炭素 二氧化碳｜排出 排放｜地球温暖化 地球暖化｜深刻 嚴重

40 あの女優は40代（　　　）わりと若く見える。
　　1　としては　　　2　にしては　　　3　としても　　　4　にしても
以40幾歲來說，那位女演員看起來格外年輕。

文法重點！　◎ 名詞＋にしては：以～來說
詞彙　女優 女演員｜わりと 格外地｜若い 年輕

41 彼はスポーツ選手（　　　）、きゃしゃな体つきだ。
　　1　わりで　　　2　のわりで　　　3　わりに　　　4　のわりに
他雖然是運動選手，卻是苗條的體型。

文法重點！　◎ 名詞＋のわりに（は）：雖然～卻
詞彙　きゃしゃだ 苗條｜体つき 體格、體型

42 アリバイが明確に（　　　）、彼が犯人だという疑いの目は避けられない。
　　1　なるかぎりでは　　　　　　2　なるかぎり
　　3　ならないかぎりには　　　　4　ならないかぎり
只要沒有明確的不在場證明，他就無法避免被視為犯人。

文法重點！　◎ ～ないかぎり：只要不～、只要沒有～
詞彙　明確 明確｜疑い 懷疑｜避ける 避開、避免

43 名古屋（　　　）、屋根の上にしゃちほこがある名古屋城で有名だ。
　　1　ということなら　　2　というものなら　　3　というなら　　4　といえば
說到名古屋，屋頂上有鯱的名古屋城非常有名。

文法重點！　◎ ～といえば：說到～
詞彙　屋根 屋頂｜しゃちほこ 鯱（擁有虎頭魚尾外形的幻想生物）

| 44 | 電子工学（　　　　）、彼に勝る者はいない。
  1　のかけて　　　　2　のかけては　　　　3　にかけて　　　　**4　にかけては**
  在電子工程學方面，沒有人能夠贏過他。

文法重點! ～にかけては：在～方面

詞彙 電子工学 電子工程學｜勝る 贏過、勝過

問題 8 請從 1、2、3、4 中選出最適合填入下列句子＿＿＿★＿＿＿中的答案。

| 45 | 公務員で　★＿＿　＿＿＿　＿＿＿　＿＿＿　なければならない。
  1　あるかぎり　　　2　日本の　　　　3　遵守し　　　　4　憲法を
  只要是公務員就必須遵守日本的憲法。

正確答案 公務員であるかぎり日本の憲法を遵守しなければならない。

文法重點! ～かぎり／～かぎりは／～かぎりでは：只要～

詞彙 憲法 憲法｜遵守 遵守

| 46 | 彼はお酒を飲んだら　＿＿＿　★＿＿　＿＿＿　悪い酒癖がある。
  1　飲み続ける　　　**2　倒れる**　　　3　最後　　　　4　まで
  他有著一旦開始喝酒就要持續喝到倒下為止的壞酒品。

正確答案 彼はお酒を飲んだら最後、倒れるまで飲み続ける悪い酒癖がある。

文法重點! ～たら最後：一旦～就

詞彙 酒癖 酒品

| 47 | 写真を　＿＿＿　★＿＿　＿＿＿　＿＿＿　と証言した。
  1　見せた　　　　2　間違いない　　　3　犯人に　　　　**4　ところ**
  他看到照片後作證其就是犯人無誤。

正確答案 写真を見せたところ、犯人に間違いないと証言した。

文法重點! ～たところ：～之後

詞彙 証言 作證

| 48 | 上司の ＿＿＿ ＿＿＿ ★ ＿＿＿ できません。
1　もらってから　　2　許可を　　3　でないと　　4　契約は

如果沒有得到上司的許可，就無法簽訂合約。

正確答案　上司の許可をもらってからでないと契約はできません。

文法重點！ ～て(からでないと/からでなければ)：如果不～就～

詞彙　上司 上司 ｜ 許可 許可 ｜ 契約 契約

| 49 | このお寺は60年 ＿＿＿ ＿＿＿ ★ ＿＿＿ 痛んでいない。
1　いるに　　2　経って　　3　ほとんど　　4　しては

以這間廟經過60年的歲月來說，幾乎是毫無損壞。

正確答案　このお寺は60年経っているにしてはほとんど痛んでいない。

文法重點！ ～にしては：以～來說

詞彙　経つ 經過 ｜ 痛む 損壞

問題9　請閱讀下列文章，並根據內容從1、2、3、4中選出最適合填入50～54的答案。

在日本，當寵物離世後，人們認為動物也是和人類一樣珍貴的生命，因此會舉行與人類一樣的葬禮。從生前親近的朋友一起守靈開始，包括火葬、安置骨灰、埋葬到祭祀都在墓園中舉行。

這些費用會因地區和寵物種類而略有不同，但據說在東京，如果是狗的話，舉行儀式大約要花2萬到5萬日圓左右。確實從不養寵物的人的觀點來看，會被認為是誇大且浪費錢的行為，這並不奇怪。

然而，似乎有些人無法將寵物安置在納骨塔等地方，想在自己老家為寵物立墳，以此來療癒傷痛。甚至有人在尋找能與寵物一同安葬的墓園或墓地。然而，要建立與人類相仿的墓地需要花費相當龐大的金額，因此，從那些多年來從寵物身上獲得莫大喜悅的人的角度來看，或許現今的寵物與其說是所愛的動物，不如說更像是家庭中的成員。

詞彙　お葬式 葬禮 ｜ 生前 生前 ｜ 親しい 親近 ｜ 通夜 守靈、守夜 ｜ 火葬 火葬 ｜ 納骨 安置骨灰 ｜ 埋葬 埋葬 ｜ 供養 供養、祭祀 ｜ 霊園 墓園 ｜ 費用 費用 ｜ 地域 地區 ｜ 種類 種類 ｜ 多少 多少、稍微 ｜ 大げさ 誇大 ｜ 無駄遣い 浪費錢 ｜ 納骨堂 納骨塔 ｜ 安置 安置 ｜ 墓を建てる 建立墳墓 ｜ 悲しみ 哀傷、傷痛 ｜ 癒す 療癒 ｜ 墓地 墓地 ｜ 相当な金額 相當大的金額 ｜ 長年 長年

50	1 親しい関係	2 離れない関係
	3 変わらぬ大切な命	4 尊敬すべき命

解説 後面提到「會舉行與人類一樣的葬禮」，可以推測在此應該是要表示「認為動物與人類一樣都是珍貴的生命」。所以答案是選項3。

詞彙 親しい 親近的 ｜ 離れる 分離 ｜ 尊敬 尊敬 ｜ 命 生命

51	1 からはじめ	2 に関わり	3 どころか	4 ばかりか

解説 一般日本葬禮的順序是從守靈開始，接著是火葬、安置骨灰、埋葬到祭祀，因此答案是選項1。

文法重點！
- 〜からはじめ：從〜開始
- 〜に関わり：與〜有關
- どころか：豈止
- ばかりか：豈止

52	1 それに	2 しかし	3 しかも	4 のみならず

解説 前面提到「有人在尋找能與寵物一同安葬的墓園或墓地」。後面則接著表示「要建立與人類相仿的墓地需要花費相當龐大的金額」。所以這裡使用逆接表達較為自然，所以答案是選項2。

文法重點！
- それに：而且
- しかし：但是
- しかも：而且、並且
- のみならず：不僅

53	1 したたかな	2 しみじみの	3 とてつもない	4 言うまでもない

解説 從前後文來看，可以推測這裡應該是要表達寵物帶來的「喜悅程度很大」，因此答案是選項3。

文法重點！
- したたかだ：厲害的、強大的
- しみじみ：深切、感慨地
- とてつもない：出奇、龐大　　例 とてつもない力の持ち主 擁有巨大力量的人
- 言うまでもない：不用說、當然

54	1 今になって	2 今から	3 今時	4 今まで

解説 因為文章在講述人們現在對寵物的看法，所以答案是選項3。

詞彙 今時 現在、現今

第1節 讀解

問題 10 閱讀下列 (1)～(5) 的內容後回答問題，從 1、2、3、4 中選出最適當的答案。

(1)

日本生產性本部發表了針對今年企業新進員工所進行的問卷調查結果。

針對「將來希望成為管理職嗎」這個問題，男性中不想成為管理職的人，其占比為 34.5%，而女性則高達 72.8%。從結果可以發現，最近的年輕世代不願意成為管理職，特別是年輕女性員工中，對晉升持消極態度更為明顯。

女性新進員工不想成為管理職的原因，最主要是「希望能有自由時間」，其次是「希望從事高專業性的工作」，此外也有人提到「想要避免責任重大的工作」等原因。

如果薪水沒變多只有責任變重的話，當然不會想成為管理職。開始重視私生活、希望維持專業職位而非轉為管理職的人似乎變多了。在價值觀和工作方式多元化的今天，「進公司然後出人頭地」的時代似乎已經結束了。

[55] 以下何者符合本文內容？
1. 最近年輕女性重視工作更甚於私生活的傾向較強。
2. 隨著價值觀的轉變，比起工作的專業性，選擇出人頭地的人越來越多。
3. 今年新進女性員工中，多數希望早點成為管理職。
4. **今年度新進男性員工有一半以上希望早點成為管理職。**

詞彙 生産性 生產性｜本部 本部｜企業 企業｜対象 對象｜実施 實施｜調査結果 調查結果｜将来 將來｜管理職 管理職｜上る 高達｜若手 較年輕的人｜昇進 晉升｜消極的 消極的｜最も 最｜次いで 其次｜専門性 專業性｜避ける 避免｜挙げる 列舉｜～まま 維持～｜価値観 價值觀｜働き方 工作方式｜多様化 多元化｜もはや 已經｜出世 出人頭地｜重要視 重視｜傾向 傾向

解說 最近年輕女性更重視私生活而非工作，更嚮往專業技能而非出人頭地，因此女性有 72.8% 的人不想成為管理職。相反的，想要晉升並成為管理職的男性則占了 65.5%，所以答案是選項 4。

(2)

「自製甜點送到您手中」—以樸素的手工製作為傲。

請從宣傳手冊上的商品挑選您所需商品再訂購。由於可能有聽錯的情況，如果可以的話，請使用傳真或電子郵件訂購。此外非常不好意思，由於這裡是製作場所，我們在工作時可能無法接聽電話，敬請見諒。我們會在接到訂單後的 2 天內致電確認訂單。

您所選購的商品將在訂單確認後 2 至 3 天內送達，但由於交通等情況，有可能需要大約一週的時間。(也有無法配送的地區)

運費由敝公司負擔，但若商品總金額不足 5000 日圓時，則需由您負擔。(價格不含消費稅)

56 下列何者不符合本文內容？

1. 這項商品除了海外地區，日本全國各地皆可配送。
2. 如果同時訂購 3000 日圓和 2500 日圓的商品時，可以免運費。
3. 購買這項商品時，有些情況須由客人負擔運費。
4. 由於交通等情況，有可能需要一週左右的時間才能完成配送。

詞彙　自家製 自製｜スイーツ 甜點｜届ける 送達｜素朴 樸素｜自慢 自誇、得意｜希望 希望、期望｜聞き違い 聽錯｜恐れ 畏懼、擔心｜恐れ入りますが 非常不好意思｜製造 製造｜作業中 工作中｜了承 諒解｜手元 手邊｜交通事情 交通情況｜配達 配送｜不可 無法｜地域 地區｜送料 運費｜弊社 敝公司｜負担 負擔｜合計 總計｜金額 金額｜未満 未滿｜消費税 消費稅｜含む 包括｜除く 除了｜同時 同時

解說　由於存在無法配送的地區，因此商品並非日本全國各地皆可配送，所以答案是選項1。

(3)

現在小孩使用電話的方式完全讓人難以理解。明明每天在學校都會見面，卻還用電話聊好幾個小時，只能說很傻眼。

此外，他們也完全不在乎打電話來的時間，似乎半夜幾點打來都沒關係一樣。我不想說我家小孩朋友的壞話，但這種行為只讓人覺得他們完全無視禮儀。

在我這一代，小時候就被父母告知除非是緊急情況，否則晚上九點後不要打電話去別人家。也許因為這樣，即使現在深夜電話鈴聲響起，我也會<u>感到驚訝</u>，覺得出了什麼事。

57 文中提到感到驚訝，原因是什麼？

1. 因為認為在深夜打電話到別人家是失禮的。
2. 因為深夜打來的電話通常是緊急電話。
3. 因為小孩的朋友半夜也若無其事的打電話過來。
4. 因為被深夜打來的電話吵醒。

> **詞彙** 今時 現在、現今 | 苦しむ 難以、苦於 | 顔を合わせる 見面 | あきれる 傻眼 | まったく 完全 | 真夜中 半夜 | 平気だ 若無其事 | わが子 我家小孩 | 礼儀 禮儀 | 思える 認為 | 世代 世代 | 緊急 緊急 | 除く 除了 | 育つ 成長、生長 | 深夜 深夜 | 鳴る 響起 | 目が覚める 醒來

> **解說** 作者小時候就被父母教育除非是緊急情況，否則不要在晚上九點後打電話去別人家。因此深夜打來的電話會被視為緊急情況。所以答案是選項 2。

(4)

> 　　男性和女性，哪一方對同性更寬容呢？美國某大學的研究團隊針對大學生比較了男女對待同性的寬容程度。根據這項研究，發現男性比女性對同性更為寬容。一般認為女性比男性更加社交，更具協調性，但實驗的結果正好相反。
>
> 　　研究團隊透過問卷調查分析受試者對待宿舍同性室友的態度。調查顯示，女性比男性更頻繁更換室友，女性抱怨同性室友，或覺得室友很麻煩的比例較高。
>
> 　　研究表明，即使評價對方「雖然曾破壞一次約定，但平常是可信賴的同性朋友」，但多數男性對一次失誤較為寬容，另一方面，大部分的女性對於破壞約定的同性朋友信任度大幅下降。研究團隊基於這樣的結果，<u>做出「男性比女性對待同性更寬容」的結論</u>。
>
> 　　研究團隊的班森教授表示其原因是「男女在對待同性的寬容度存在差異，這是由於男女對於同性間合作的期望不同」。他並說道「女性比男性更關注負面資訊，而這樣的負面資訊可能會對親密關係造成致命的影響。」

[58] 文中提到做出「男性比女性對待同性更寬容」的結論，以下何者是可能的依據？

1. 因為女性比男性更具社交性及協調性
2. 因為最近美國的年輕世代缺乏協調性
3. **因為男性相較於女性，不太重視負面資訊**
4. 因為許多女性不會再信任破壞約定的人

> **詞彙** 同性 同性 | 寬大 寬容 | 対象 對象 | 男女 男女 | 比較 比較 | 一般的 一般的 | 社交的 社交的 | 協調的 協調性 | 実験結果 實驗結果 | 正反対 完全相反 | 被実験者 受試者 | 寮 宿舍 | 接する 對待 | 態度 態度 | ～を通じて 透過～ | 分析 分析 | 頻繁に 頻繁地 | 文句を言う 抱怨 | 面倒くさい 麻煩 | 割合 比例 | 約束を破る 破壞約定 | 信頼 信賴 | 評価 評價 | 明らか 分明、顯然 | 結論を下す 做出結論 | 協力 協力、合作 | 期待 期待 | 異なる 不同 | 否定的 負面的 | 重点 重點 | 親密 親密 | 致命的 致命的 | 述べる 敘述 | 根拠 根據 | 世代 世代 | 欠ける 欠缺

> **解說** 文中提到大部分的女性對於破壞約定的同性朋友信任度大幅下降，而這是因為當同性之間合作時，女性比男性更關注負面資訊，所以答案是選項 3。

(5)

研究發現，越樂觀思考事物的人，比不是這樣的人有著更健康的心臟。美國伊利諾伊大學的研究團隊針對5100名年齡介於45歲至84歲的成年人進行了心臟與精神健康狀態等調查，得出了這樣的結論。

研究團隊為了檢測實驗參與者的心臟狀態，對血壓、身體質量指數(註)(BMI)、膽固醇以及空腹血糖值、食物、身體活動、吸菸率等進行了分項調查，每個項目以0分（非常不理想）、1分（中等程度）、2分（理想狀態）來評分，並將7個項目的分數相加。

其結果顯示，無論參與者的年齡、種族、收入等狀況為何，樂觀的心理狀態對保持心臟健康有所幫助。同時研究也發現，最樂觀群體其保持健康心臟的機率比最悲觀群體高2倍，整體健康生活的機率也比悲觀群體高出55%。

此外，樂觀主義者的血糖、膽固醇等數值都較悲觀群體更好，身體活動更加積極、BMI指數也更理想，吸菸率也較低。

研究團隊認為「心臟健康與死亡率有直接關係」，並指出「國家為了改善國民的心臟健康，給予國民心理上的穩定感是很重要的。」

（註）身體質量指數：指以體重和身高的關係計算出來，用來表示人的肥胖程度的身體指數。一般稱作BMI（Body Mass Index）。

[59] 以下何者不符合本文內容？
1 個人的經濟能力與健康狀態似乎關聯不大。
2 根據這項研究顯示，白人比黑人更能維持健康的心臟。
3 越是精神狀態不穩定的群體，平均壽命越有可能縮短。
4 為了提升國民健康，國家應該妥善制定政策。

詞彙 物事 事物｜楽観的 樂觀的｜心臓 心臟｜精神 精神｜導く 導出｜実験 實驗｜参加者 參與者｜血圧 血壓｜ボディマス指数 身體質量指數｜および 以及｜空腹時 空腹時｜血糖値 血糖值｜食物 食物｜身体活動 身體活動｜喫煙率 吸菸率｜項目別 按照項目｜調査 調査｜～ごとに 每～｜非常に 非常｜中程度 中等程度｜理想的 理想｜得点 分數｜年齢 年齡｜人種 人種、種族｜収入 收入｜～にかかわらず 無論～｜維持 維持｜明らか 分明、顯然｜保つ 保持｜確率 機率｜悲観的 悲觀的｜楽観主義者 樂觀主義者｜良好 良好｜活発 活躍｜死亡率 死亡率｜直結 直接關聯｜国家 國家｜改善 改善｜心理 心理｜安定感 穩定感｜体重 體重｜身長 身高｜算出 算出｜肥満度 肥胖度｜体格指数 身體指數｜一般に 一般｜白人 白人｜黒人 黑人｜不安定 不穩定｜平均寿命 平均壽命｜危険性 危險性｜向上 提升｜政策 政策｜きちんと 妥善地、確實地

解說 根據研究結果顯示，無論年齡、種族、收入為何，樂觀的心理狀態有助於保持心臟健康。因此答案是選項2。

問題 11 閱讀下列 (1)～(3) 的內容後回答問題，從 1、2、3、4 中選出最適當的答案。

(1)

> 　　在建築、外食、宅配、製造業、零售、運輸等廣泛的行業中，①人手不足的問題正在蔓延中。這是由於勞動力減少、工資便宜，再加上景氣復甦，導致互相搶奪兼職人員的情況。甚至開始出現提高時薪、發放獎金，或是將兼職轉為正式社員的公司。位於東京市中心的牛丼連鎖店「牛丼一」通常是 24 小時營業，但從七月下旬開始縮短營業時間，改為上午 10 點至下午 10 點。這是因為兼職人員辭職，導致無法維持店面運作。此外，經營居酒屋連鎖店「②都民」的 TOTAMI，在今年內將關閉占全部店面一成左右的 50 家店鋪，同時增加每家店的員工，推動改善工作環境。因為長時間工作的緣故，餐飲業本來就被大家敬而遠之，但隨著景氣好轉，其他行業改善了兼職工作條件，導致餐飲業的勞動力被搶走。
>
> 　　人手不足不僅發生在餐飲業。根據總務省的調查顯示，建設業 29 歲以下年輕人的就業比例為 11.8%，低於所有產業的平均比例 17.3%。55 歲以上的比例則是 32.8%，比所有產業的平均高出 4%，正朝向高齡化邁進。
>
> 　　此外，由於司機人手不足和高齡化問題，國土交通省對「物流 2015 年危機」表示擔憂。卡車司機已經 40 歲以上的比例，普通車為 50% 以上、大型車約 70%、牽引車為 70% 以上，高齡化趨勢明顯。根據國土交通省的調查，預計 2015 年將出現 14 萬名司機短缺的情況，並且預計 60 歲以下持有大型車駕照的人數也將減少。原因在於建築工人、卡車司機屬於重體力的勞動，但工資較低，加班時間也較長等等。

[60] 文中提到①人手不足的問題正在蔓延中，以下何者不是原因？
1. 未被僱用為正式員工。
2. 由於景氣復甦，工作增加了。
3. 對工資滿意度較低。
4. 願意就職的人減少了。

解說 從文章可以得知人手不足的原因包括勞動力減少、工資便宜，以及景氣復甦。所以答案是選項 1。

[61] 「②都民」為了改善工作環境做了什麼？
1. 提高兼職的時薪。
2. 縮短店鋪營業時間。
3. 發放獎金給員工。
4. 增加了員工人數。

解說 從文章可以得知都民增加每家店的員工以改善工作環境，所以答案是選項 4。

> [62] 以下何者符合本文內容？
> 1 為了節省開支，一些連鎖店已經關閉部分店鋪。
> 2 建設業的年輕工人的比例低於所有產業的平均。
> 3 持有大型車駕照者的人數預計今後將越來越多。
> 4 由於提高時薪，某種程度上解決了人手不足的問題。

詞彙

建築 建築｜外食 外食｜宅配 宅配｜製造業 製造業｜小売り 零售｜運輸 運輸｜幅広い 廣泛｜業種 行業｜人手不足 人手不足｜広がる 蔓延｜働き手 勞動力｜減少 減少｜低賃金 低工資｜～に加え 加上～｜景気 景氣｜回復 恢復｜奪い合い 互相搶奪｜原因 原因｜時給 時薪｜支給 支付｜正社員化 將兼職員工轉為正式員工｜都心 市中心｜牛丼 牛丼｜通常 通常｜営業 營業｜下旬 下旬｜短縮 縮短｜運営 營運｜全店舗 全部店鋪｜あたる 相當於｜閉店 商店結束營運｜～当たり 每～｜人員 人員｜職場環境 工作環境｜改善 改善｜進める 推進｜長時間 長時間｜労働 勞動｜飲食業 餐飲業｜もともと 原本｜敬遠 敬而遠之｜～がち 容易～、往往～、經常～｜条件 條件｜他業種 其他行業｜奪う 搶奪｜総務省 總務省｜調査 調查｜建設業 建設業｜若者 年輕人｜比率 比例｜産業 產業｜平均 平均｜下回る 低於｜上回る 高於｜高齢化 高齡化｜進む 前進｜国土交通省 國土交通省｜物流 物流｜危機 危機｜懸念 擔心｜割合 比例｜普通車 普通車｜強 表示大於某個數字或比例｜大型車 大型車｜けん引車 牽引車｜未満 未滿｜免許 執照｜保有者 持有者｜予測 預測｜作業員 工人｜重労働 重體力的勞動｜～わりに 雖然～但是｜挙げる 列舉｜雇う 僱用｜賃金 工資｜満足度 滿意度｜職に就く 就職｜引き上げる 提高｜従業員 員工｜経費節減 節省開支｜閉鎖 關閉｜さらに 更加

解說 從內文可以得知連鎖店關閉部分店鋪並非為了節省開支。而持有大型車駕照的人數未來也預計會減少。另外因為加薪的緣故，某種程度上解決了人手不足問題的說法也並不存在，所以答案是選項 2。

(2)

> 北海道的留萌市是距離札幌市約 2 小時 30 分鐘車程的港口城市。人口不超過 2 萬 3400 人的這個城市，引以為豪的是擁有 10 萬冊藏書的「三省堂・留萌 Book Center」。這是由居民共同努力打造的大型書店。
>
> 2010 年 12 月，留萌市唯一的書店因為經營困難倒閉，市內因此成為了「書店空白地區」。連孩子的參考書都買不到，市公所於是和大型連鎖書店「三省堂」協商，開設了限定兩個月的臨時參考書銷售處。
>
> ①以此為契機，居民們開始重建書店。2500 多位居民申請了「三省堂點數卡」，並正式要求三省堂開設書店。被居民的熱情所感動的三省堂，打破了只在人口超過 30 萬以上的都市開店的原則，於 2011 年 7 月開設了一家大型書店。

由於閱讀人口減少以及網路購書等因素，導致地區書店以每天約一家的比例倒閉，②瞭解這個現狀的居民們也積極支持書店。由 20 名志工所組成的「三省堂加油團」，協助人手不足的書店陳列書籍，還在書店中開辦針對孩童的閱讀教室。也為了那些因行動不便而無法前來書店的人或高齡者，在市立醫院與萌留市商店街設置了「流動書籍販售處」，每月共 3 次。

這個團體的代表加藤武義先生認為「能感受到選書的喜悅和活字魅力的書店和醫院一樣，是居民生活中不可或缺的必要設施。」他說「書店能否維持下去，完全取決於居民的閱讀量，因此我們也舉辦一些活動來讓人們瞭解閱讀的重要性。」據說即將到來的 7 月將是書店開店 4 週年，目前也正在準備活動來傳達書籍的魅力。

書店店長野村勉先生表示「大家都很清楚如果出現虧損，書店的經營將會面臨困難，因此大家積極使用書店而非網路購書，對書店經營沒有任何問題。」據他所說，平日有 100 人，週末則有 200 至 300 人造訪書店。

63　文中提到①以此為契機，居民們開始重建書店，這個契機可能是以下何者？
1　每次購買需要的書籍都必須前往其他城市
2　透過網路無法獲得所需的書籍
3　**在當地無法買到所需的書籍**
4　開始認為臨時書店無法取代大型書店

解說　從文章可以得知留萌市唯一的書店關門後，孩子們無法再購買參考書，因此居民選擇重建書店，所以答案是選項 3。

64　文中提到②瞭解這個現狀，是指怎樣的現狀？
1　閱讀人口急遽減少，許多出版社已經消失的現狀
2　年輕人只透過網路購買書籍的現狀
3　除非是人口超過 30 萬以上的都市，否則沒有書店願意開店的現狀
4　**小型書店的經營環境急遽惡化的現狀**

解說　文中提到閱讀人口減少以及網路購書等因素導致書店經營變得困難的現狀，因此答案是選項 4。閱讀人口減少並不意味著出版社消失，而且年輕人只透過網路購書而不去書店的說法並不存在。

65　以下何者符合本文內容？
1　**三省堂開店會考慮人口和都市規模。**
2　原本留萌市有許多間書店在經營。
3　隨著時間流逝，居民對書店的熱情似乎逐漸冷卻。
4　為了因某些因素無法前來書店的人提供送貨到府的服務。

> **解說** 文中提到三省堂原則上只在人口超過 30 萬的都市開設書店，因此答案是選項 1。而且留萌市原本只有一家書店。同時隨著時間的推移，居民對書店的熱情依然不減，並為行動不便者設立了流動書籍販售處。

> **詞彙**
> 港町 港口城市｜過ぎる 超過｜自慢 自誇、得意｜蔵書 藏書｜備える 備置｜大型 大型｜唯一 唯一｜経営難 經營困難｜つぶれる 倒閉｜空白 空白｜地域 地區｜参考書 參考書｜交渉 協商｜臨時 臨時｜再建 重新建設｜突入 投入、進入｜～余り ～多｜申請 申請｜要請 要求｜熱意 熱情｜感心 感動｜破る 打破｜大規模 大規模｜購入 購買｜～軒 ～間｜割合 比例｜現状 現狀｜さらに 更加｜支援 支援｜乗り出す 積極從事｜構成 構成｜陳列 陳列｜高齢者 高齡者｜商店街 商店街｜販売所 販售處｜設ける 設置｜団体 團體｜活字 活字｜魅力 魅力｜～と同様 和～一樣｜欠かす 欠缺｜必須設備 必要設施｜維持 維持｜行事 活動｜開催 舉辦｜催し物 活動｜赤字 赤字、虧空｜困難 困難｜積極的 積極的｜訪れる 造訪｜～を通じて 透過～｜手に入る 入手｜地元 當地｜激減 銳減｜若者 年輕人｜小規模 小規模｜悪化 惡化｜考慮 考慮｜多数 多數｜時が経つ 時間經過｜～につれ 隨著～｜熱情 熱情｜冷める 冷卻｜動詞ます形（去ます）＋つつある 逐漸～｜事情 情形、情況｜届ける 送達

(3)

平成 30 年度員工進修實施相關事項

關於主題事項，我們明年度也將按照以下內容實施，特此通知。

明年度的課程相較於今年度，內容將更加豐富。特別是在英語方面，涵蓋大量商務英語和貿易英語等實踐性內容，請大家踴躍參加。

細節

1. 實施綱要
   (1) 課程內容：請參考附加檔案（A）。
   (2) 申請方法：請填寫附加檔案（B）的申請表，提交至人事課。
   (3) 申請截止期限：2 月 23 日（週五）（課程從 3 月開始）
   (4) 課程費用：每個月 1 萬日圓（從薪水中一次扣除）
2 其他
   (1) 完成員工進修並提交結業證書者，公司將全額補助課程費用。
   (2) 詳細訊息請洽本公司人事課的負責人木村。

---

[66] 這是什麼文件？
1 人事異動通知
2 有效率的英語學習法
3 津貼變更說明
4 企業內部教育相關說明

> **解說** 這是關於員工進修內容的資訊，所以答案是選項 4。

[67] 關於課程費用，以下何者錯誤？
1 每個月從薪水中扣掉。
2 成績優秀的員工可以免除費用。
3 符合一定條件的話，公司會代為支付。
4 每月付款。

解說 從內文可以得知費用將從月薪中一次扣除，而且完成員工進修並提交結業證書者，公司將全額補助費用。不過並未提到成績優秀的員工可以免除費用，所以答案是選項 2。

[68] 以下何者符合本文內容？
1 若提交結業證書，將有助於升遷
2 明年的課程與今年的差別不大
3 這個課程似乎有許多在實際場景中有幫助的講座
4 這個課程全體員工都必須參與

解說 從內容可以得知提交結業證書與否與升遷無關，而且明年的內容比今年更豐富，同時並未要求所有員工都必須參與。所以答案是選項 3。

詞彙 研修 進修｜実施 實施｜主題 主題｜下記 下述｜比べる 比較｜豊富 豊富｜貿易 貿易｜実践的 實戰的｜取り入れる 採用｜ふるって 踴躍、積極｜要綱 綱要｜別添 附加物｜参照 參照｜申込書 申請書｜人事課 人事課｜～あて 寄給～｜締め切り 截止期限｜一括 一次｜天引き 扣除｜終了証書 結業證書｜全額 全額｜補助 補助｜詳細 詳細｜問い合わせる 諮詢｜人事異動 人事異動｜お知らせ 通知｜効率的 有效率的｜手当 津貼｜差し引く 扣除｜満たす 滿足｜昇進 升遷｜つながる 有助於

問題 12 下列文章是關於「信用卡」的諮詢，以及 A 和 B 對此的回答。閱讀文章後回答問題，從 1、2、3、4 中選出最適當的答案。

我是一名男大學生，大家認為一輩子不持有信用卡，也能毫無困難地生活嗎？雖然有人跟我說將來最好持有信用卡，但坦白說，我認為自己不需要信用卡。

A

我認為最好不要持有信用卡，但成為社會人士後，有時可能不得不持有。

至今為止，我都堅持用現金一次支付購物費用，但現實上，無法用現金的情況也越來越多了。現在我持有的信用卡並非出於個人意願持有的，而是公司發放，具備必要信用卡功能的員工卡。因為公司規定在員工餐廳付款或出差旅費等都要用信用卡支付，因此卡片成為了必需品。

此外在私人方面，只能網購的商品，例如電腦軟體付費下載等情況也越來越多。信用卡並非必需品，但確實有的話在各方面都較方便。但是重要的是，要將使用限制在最低必要範圍內，並謹慎使用。

B

信用卡是否必要取決於今後的生活和發生的事情。但我認為即使沒有信用卡也可以生活。

例如，購物支付使用現金，網購付款可以用貨到付款或轉帳，出國旅行時用現金或旅行支票等等，或許有時會感到麻煩，但總會有辦法解決。

即使周圍的人會說他們用信用卡付款購物，累積點數換到了知名餐廳的餐券或免費機票等等，但只要不在意就好了。如果開車，在高速公路上也只需要在收費站停下來付現即可。因此，我認為只要隨時使用現金支付，就不需要信用卡。

69 關於 A 和 B 針對「信用卡」的敘述，以下何者正確？

1　**A 表示依情況不同，可能會需要「信用卡」。**
2　B 說有沒有「信用卡」都無關緊要。
3　A 表示「信用卡」對現代人來說是不可或缺的東西。
4　B 表示雖然有點麻煩，但最好還是持有「信用卡」。

解說　B 表示即使沒有信用卡也可以生活，A 則說有時候不得不持有信用卡，也提到有時候會需要，但不是必需品。因此答案是選項 1。

70 關於 A 和 B 的內容，以下何者正確？

1　A 表示成為社會人士後就必須申辦「信用卡」，B 則說如果一定需要的話可以申辦。
2　A 和 B 都表示在現代社會中沒有「信用卡」是無法生活的。
3　**A 表示如果沒有「信用卡」會有很多麻煩的事情，B 則表示沒有的話也沒有問題。**
4　A 和 B 都表示如果沒有「信用卡」會有很多麻煩的事情。

解說　A 並沒有說成為社會人士就必須申辦信用卡。但有時候與自己意願違背時也必須申辦。而且有信用卡的話在各方面都很方便，所以應該謹慎使用。B 則認為僅使用現金也沒有問題，所以答案是選項 3。

詞彙　回答 回答｜生涯 生涯｜正直 老實｜〜ざるをえない 不得不〜｜支払い 支付｜現金 現金｜一括払い 一次支付｜貫く 堅持到底｜所有 擁有、所有｜勤務先 上班的地方｜機能 功能｜必須 必須｜購入 購買｜有料 付費｜必需品 必需品｜最小限 最低限度｜とどめる 限制｜出来事 發生的事情｜〜次第 取決於〜｜通信販売 網購｜着払い 貨到付款｜振込み 轉帳｜トラベラーズチェック 旅行支票｜面倒だ 麻煩｜たまる 積存｜高速道路 高速公路｜決済 結帳｜不可欠 不可或缺｜さしつかえる 妨礙、有影響

問題 13 閱讀下面文章後回答問題，從 1、2、3、4 中選出最適當的答案。

> 我想探討使用電子郵件傳達敏感內容，或與容易敏感的人聯絡時可能面臨的風險。
>
> 我相信許多使用電子郵件的人都有同感，有時我們會忘記僅顯示文字的電子郵件無法表達出我們的語氣、眼神接觸，或關心對方的心情，以及作為一個人對他人的顧慮等情況。電子郵件會給人一種斷然說出「就是這樣」的感覺。我們只是在鍵盤上輸入自己的想法，然後按下「發送」按鈕。在進行這樣的工作時，我們不會想到對方閱讀這條訊息後會有什麼感受。我們可能會太過直截了當，過於武斷、粗魯，或使用對對方失禮的直接表達，會忽略<u>這些情況</u>。
>
> 因此我想告訴大家，在電子郵件中不要傳遞重要或敏感的內容。這是鐵則。
>
> 實際上，當我們想到自己親手寫信、貼郵票，並親自送到郵筒的時代，這一切感覺都是緩慢而過時的。然而，要完成所有這些事情需要時間。過去因為欠缺思慮的溝通而陷入困境的情況並不像現在這麼常見。
>
> 「如果沒按下『發送』按鈕就好了。」你曾這樣後悔過嗎？
>
> 我希望大家能夠更加意識到這一點。當我們急躁地說話，不加思考地發言，或是沒有考慮到對方會如何解讀我們的話語時，可能就會破壞與客戶、朋友或重要人物之間的關係。
>
> 我們生活在一個能夠立即透過電子郵件回覆的世界，隨時都能透過郵件溝通。但是，過往你是否曾因為立即回覆郵件而感到困擾呢？當你心情不平靜時，先隔個一天，再重新閱讀自己寫的郵件。這樣做就可以讓你寫出更溫和、更容易讓人接受的文字。
>
> 或者，拿起電話實際講個電話，用心和對方交談吧！等心情平靜下來，能夠理性判斷情況後，再打電話討論問題。

[71] 文中提到<u>這些情況</u>，是指什麼事情？
1. 努力只傳達訊息中的事實部分
2. 注意表達方式，使自己的想法能夠傳達給對方
3. **注意對方收信後的反應**
4. 使用優雅的措辭讓對方有好感

解說 「這些情況」是指讀取電子郵件後對方的感受，因為我們可能會過於直截了當、粗魯，或使用對對方不禮貌的直接表達卻沒注意到，所以答案是選項 3。

[72] 作者說電子郵件會造成問題的原因是什麼？
1. 因為太過顧慮對方，導致產生誤解
2. 因為發信和收信所需時間太快
3. **因為容易忘記考慮、照顧收信者的感受**
4. 因為在發信和收信過程中偶爾會發生錯誤

解說 由於缺乏對收信者的顧慮或關心，造成電子郵件出現問題，因此答案是選項 3。

> [73] 以下何者與作者的想法不同？
> 1 傳達容易產生誤解的內容時，電話比較適合。
> 2 電子郵件容易成為單向的傳達方式。
> 3 對於敏感的內容，最好先放一段時間再發送。
> 4 **電子郵件是最適合當下這個忙碌時代的傳達手段。**

解說 敏感的內容或可能引起誤解的內容建議透過電話溝通。電子郵件會給人一種斷然的感覺，寫下自己的想法可能成為單向溝通方式。而且當心情不穩定時，相隔一天再寫更能寫出溫和或容易被接受的句子。文章並未提到電子郵件是最佳溝通方式。所以答案是選項 4。

詞彙 繊細 敏感｜危険性 危險性｜アイコンタクト 眼神接觸｜思いやり 體貼、替他人著想｜気遣い 關心｜言い切る 斷言｜入力 輸入｜頭に浮かぶ 在腦海中浮現｜ぶっきらぼう 粗魯｜言い回し 表達方式｜鉄則 鐵則｜切手を貼る 貼郵票｜時代遅れ 過時｜思慮 思慮｜欠く 欠缺｜窮地に陥る 陷入困境｜せっかちに 性急、急躁｜解釈 解釋｜関係を壊す 破壞關係｜やりとり 往來、交流｜空ける 留出、空開｜穏やかだ 溫和｜受話器 話筒｜受け取る 接受｜配慮 照顧、關懷｜生じる 產生｜伝達手段 傳達方式

問題 14 右頁是旅館的使用指南。請閱讀文章後回答以下問題，並從 1、2、3、4 中選出最適當的答案。

> [74] 田中先生和妻子、兩個小學生為一家四口的家庭，如果要全家一起住宿，費用總共是多少日圓？但請注意，他打算給兩個小孩提供與父母一樣的餐點。
> 1 42,169 日圓
> 2 43,240 日圓
> 3 60,000 日圓
> 4 **68,000 日圓**

解說 成年人費用為 20,000 日圓，父母的費用總共是 40,000 日圓，而兩個孩子符合 A 級別，因此費用是成年人的 70%，為 14,000 日圓，兩個孩子的費用總共是 28,000 日圓。因此總計為 68,000 日圓。

> [75] 關於文章內容，以下何者正確？
> 1 使用這個住宿方案的話，會在床上睡覺。
> 2 **要在這個旅館吃飯，一定要先預約。**
> 3 可以依據喜好選擇住宿的房間。
> 4 提供客房服務，可以在自己房間輕鬆用餐。

解說 旅館是日式房間，所以不提供床鋪，同時無法指定客房無法選擇房間。另外晚餐和早餐都在餐廳用餐，所以答案是選項 2。

在大和旅館度過愉快時光

* 含露天溫泉，住宿1晚附早晚餐最低價！週日～週五限定方案！『伊豆美食』（日式房間・住宿1晚附早晚餐）

1. 方案特色
   ①住宿1晚附早晚餐每人20,000日圓，請好好享受獨占太平洋風景的露天溫泉客房。
   ②週日～週五限定的露天溫泉客房最低價方案。

2. 餐點
   ①晚餐：每人一份燉煮鯛魚，以及附前菜、生魚片、火鍋、蒸煮菜餚、白飯、甜點等餐點的日式定食。
   ②早餐：魚乾、蛋料理、蔬菜料理等日式定食。
   ③用餐地點：晚餐、早餐請在餐廳享用。

3. 房間：請使用附海景專用露天溫泉的12疊日式房間。

4. 入住與退房：入住→15：00／退房→11：00

5. 付款方式：現場支付（接受信用卡）

6. 預約注意事項
   ①我們無法指定房間號碼。週六、假日前一天、國定假日不適用方案。
   ②我們無法在晚上8點後提供晚餐，敬請見諒。
   ③此外，本旅館沒有無預約即可入場的餐廳等設施。

7. 孩童費用：孩童費用請參考下述內容

分類	內容	費用
小孩A	比照成年人提供餐點及寢具	成年人費用×70%
小孩B	提供孩童專用的餐點（兒童午餐等）及寢具	成年人費用×50%
小孩C	只提供寢具（不提供餐點）	3240日圓
小孩D	若為嬰幼兒且不需要餐點、寢具等	2160日圓

詞彙 ほぼ 幾乎｜好み 喜好｜気楽 輕鬆｜露天 露天｜最安値 最低價｜限定 限定｜太平洋 太平洋｜ひとり占め 獨占｜煮付け 燉煮料理｜前菜 前菜｜お鍋 火鍋｜温物 蒸煮菜餚｜干物 魚乾（指魚貝類經鹽漬等處理後，經日曬或風乾脫水，以便日後食用的食品）｜注意事項 注意事項｜指定 指定｜承る 接受（「受ける」的謙讓語）｜及び 以及｜祝祭日 國定假日｜除外日 除外日｜あらかじめ 事先｜ご了承下さい 敬請見諒｜下記 下述｜参照 參照｜区分 區分、分類｜準じる 比照｜寝具 寢具｜提供 提供｜乳幼児 嬰幼兒

第2節 聽解　🎧 Track 3

問題 1　先聆聽問題，在聽完對話內容後，請從選項 1～4 中選出最適當的答案。

例 🎧 Track 3-1

男の人と女の人が探している本について話しています。女の人はこれからどうしますか。

男：はい、桜市立図書館です。

女：もしもし、そちらの利用がはじめてなんですが、そちらの蔵書について電話で伺ってもいいですか？

男：はい。本の題名を教えてくだされば、検索いたします。

女：それが本じゃなくて、外国の新聞とか雑誌なんです。

男：はい、当館では外国の新聞約50種、雑誌を約100種所蔵しております。

女：へえ、すごいですね。

男：詳しくは当ホームページの検索でご確認できます。

女：そうですか。はい、やってみます。あと、私は子供がいて一緒に行きたいんですが、入るとき、年齢の制限とかはありますか。

男：どなたでも自由に入館できます。ただ、当館では児童書は扱っておりません。

女：あ、そうですか。残念ですね。私はぜひ子供に本を読ませたいんですが。

女の人はこれからどうしますか。

1　ホームページで児童書を検索する
2　ホームページで子供に読ませる本を検索する
3　子供も入館できる図書館を探す
4　**子供が読める本がある図書館を探す**

例

男子和女子正在討論找尋中的書。女子接下來要怎麼做？

男：您好，這裡是櫻市立圖書館。

女：喂，我是第一次使用你們那裡的服務，可以用電話詢問關於那裡的藏書嗎？

男：可以的。只要告訴我書名，我來幫您查詢。

女：我要找的不是書籍，是外國的報紙或雜誌。

男：好的，本館館藏的外國報紙約有 50 種；雜誌約有 100 種。

女：哇，真厲害。

男：詳細資訊可以在本館網站搜尋確認。

女：這樣啊。好的，我試試看。還有，我有小孩想要一起去。有入館的年齡限制嗎？

男：任何人都可以自由入館。不過，本館並沒有提供兒童讀物。

女：啊，這樣啊。真可惜。我非常希望讓小孩讀書的。

女子接下來要怎麼做？

1　在網站上搜尋兒童讀物
2　在網站上搜尋適合孩子閱讀的書籍
3　找尋孩子可以入館的圖書館
4　**找尋有適合孩子閱讀的書籍的圖書館**

1番 Track 3-1-01

学生と先生が話しています。学生はいつまでにレポートを提出すればいいですか。

男：先生、今回のレポートのことですが、体の具合が悪くて期間内に出せそうにありません。お医者さんに急性胃炎だと言われました。夜も胃が痛くてよく眠れなくて…。

女：あ、そうですか。それはいけませんね。

男：そういうことで、レポートの提出期間を2週間ぐらい延長していただけませんか。

女：そうですね。でも2週間は遅すぎます。他の学生のことを考えたら、それは平等ではありませんね。

男：けれども、病気のため何を書けばいいのか、ぜんぜん頭に思い浮かばないんです。

女：だからと言って、個人的な理由で2週間も延ばしてあげる、特別待遇はありません。これから5日間でまとめてください。

男：そうですか、わかりました。だったら、今日が8日金曜日で……。あ、土、日は先生が研究室にいらっしゃらないから、その延長期間から除きますね。

女：いいえ、含まれます。後、その日は学会があるので、午後からは席を外しています。

男：はい、わかりました。どうも申し訳ありません。

学生はいつまでにレポートを提出すればいいですか。

1　13日、水曜日、10時
2　13日、火曜日、13時
3　15日、木曜日、11時
4　15日、金曜日、14時

第1題

學生和老師正在交談。學生要在什麼時候之前提交報告？

男：老師，關於這次的報告，我因為身體不適，可能沒辦法在期限內提交。醫生說是急性胃炎，晚上也因為胃痛，無法好好睡覺……

女：阿，這樣啊。情況不太好呢。

男：因為這樣，我可以把報告繳交時間延長兩週左右嗎？

女：嗯，但是兩週太晚了，考慮到其他學生，這不太公平。

男：但是因為生病的關係，我完全想不出來該寫什麼。

女：即便如此，也沒有因為個人原因就給你延長兩週的特別待遇。請在接下來的五天內將報告整理好。

男：這樣啊，我知道了。這樣的話今天是8號週五……。啊，週六、週日老師不在研究室，所以不算在延長期間內吧？

女：不，算在裡面喔。另外，那天有學會，下午我會離開。

男：好，我知道了。真的非常抱歉。

學生要在什麼時候之前提交報告？

1　13日、週三、10點
2　13日、週二、13點
3　15日、週四、11點
4　15日、週五、14點

解說　男學生提到今天是週五，老師要求在接下來的五天內提交，因為週末也算在延長期限內，而老師下午有事不在，所以必須在上午提交。因此答案是選項1。

詞彙 提出 提交 | 急性胃炎 急性胃炎 | 延長 延長 | 平等 平等 | 思い浮かぶ 想起來 | 個人的 個人的 | 特別待遇 特別待遇 | まとめる 整理 | 除く 排除 | 含む 包括

2番 Track 3-1-02

女の人と男の人が本屋で話しています。女の人はこれから何をしますか。

女：見て見て、これが今話題の本だそうよ。

男：「男が求める魅力的な女性」？

女：うん、男性目線では、どんな女性が魅力的に映るのかを正直に書いた本らしい。ああ、どうすれば男性に好かれるのかな。

男：こんな本ばかり見ないで、もっと自分の内面を磨けよ。後、こんな情報ならネット上にも溢れているだろう。あえて本まで買う必要はないと思うけど。

女：そうかな。でも私ファッションとかよく分からないし、メイクのやり方も下手だから、やっぱり本格的に習いたいんだよね。

男：確かに参考になる本があるのはいいかもしれないが、だからと言ってすべての男性が最新の化粧や服装をしている女性に興味を持っているわけではないよ。もっと自分に自信を持てる方法なら、他にもあるだろう。

女：そうかな。

女の人はこれから何をしますか。

1 男の人と相談し、男性にモテる方法を探す
2 ネットで情報を得て、化粧が上手になるための工夫をする
3 男性に魅力的に見えるために自信を持つ
4 心の美しさのために努力しながら、まず自信をつける

第 2 題

女子和男子正在書店交談。女子接下來要做什麼？

女：你看，聽說這就是現在熱門的書籍。

男：「男人所追求的有魅力女性」？

女：嗯，好像是用男性角度坦率地描述了什麼樣的女性看起來很有魅力的書。唉，究竟要怎麼樣才能讓男性喜歡呢？

男：別只看這種書，多磨練自己的內在吧。還有，這種資訊網路上到處都是，我覺得沒必要特地買這些書。

女：是嗎？可是我對時尚不太了解，化妝也不拿手，所以還是會想認真學習。

男：確實有一些有參考價值的書可能是好事啦。但這並不代表所有男性都對化妝或服裝方面都最新潮的女性有興趣喔。或許有其他能讓自己更有自信的方法存在吧？

女：是嗎？

女子接下來要做什麼？

1 和男子討論，尋找受男性歡迎的方法
2 在網路上取得資訊，努力讓化妝技巧提升
3 擁有自信，好讓自己在男性眼中看起來更有魅力
4 努力培養內在美，首先要建立自信

解說 為了成為男性眼中有魅力的女性，男子建議要更加注重內在修養，同時提到並非所有男性都對化妝或服裝方面都最新潮的女性有興趣，因此應該建立自信心。所以答案是選項 4。

詞彙 求める 追求 | 魅力的 有魅力的 | 映る 反映 | 好く 喜歡（通常以「好かれる 讓人喜歡」的形式出現）| 磨く 磨練 | 溢れる 充滿、溢出 | あえて 特地 | 本格的 正式的 | 服装 服裝 | モテる 受歡迎 | 工夫 想辦法

3番　Track 3-1-03

お医者さんと患者が話しています。女の人が一番気をつけなければならないのはどれですか。

男：この薬は胃の調子を整えるので、必ず食前に飲んでください。

女：食後じゃなくて、食前ですか。

男：はい、そうです。正しい飲み方をしないと、効果が出ないので気をつけてください。

女：はい、分かりました。後、食べ物に何か注意しなきゃいけないこととか、ありますか。この病気に玉ねぎや茸がいいと言われたんですが。

男：食べて悪くはないかもしれませんが、信じ込むのは禁物です。そんなものが病気にどれだけ効果があるかはまだ学会に報告されていません。不安だからといって自己判断しないで、医師の指示に従ってください。

女：はい、分かりました。

女の人が一番気をつけなければならないのはどれですか。

1　自分で判断して勝手に飲食しないこと
2　服用の時間を守ること
3　医者を信じて言われたとおりにすること
4　医師の指示に従って不安を持たないこと

第3題

醫生和患者正在對話。女子最該注意的事情是什麼？

男：這個藥會調整胃部狀況，請務必在餐前服用。

女：不是餐後而是餐前嗎？

男：對。若是沒有正確服用，是不會有效果的，請注意。

女：好，我知道了。還有，在飲食方面有必須注意的事項嗎？有人說洋蔥和香菇對這種疾病有幫助。

男：吃了可能不會有壞處，但是對這種事情深信不疑是大忌喔。這些食物對病情有多少功效，尚未被學會確認。就算不安也不要自己判斷，請遵從醫生的指示。

女：好，我知道了。

女子最該注意的事情是什麼？

1　不要自己判斷並隨意進食
2　遵守服藥的時間
3　相信醫生並遵從醫生的指示
4　遵從醫生的指示，不要感到不安

解說 答案在對話初期就已經出現了。為了讓學習者困惑，還提到了不要迷信食物或自己判斷，但答案是選項2。

詞彙 整える 調整 | 信じ込む 深信不疑 | 禁物 大忌 | 従う 遵從

第3回　實戰模擬試題解析　149

4番 Track 3-1-04

女の人と男の人が話しています。女の人はどんな状況になったら出産のことを考えてみますか。

女：少子化、少子化ってうるさいけど、私だって子供がほしいとはまだ思えないよ。

男：だめだよ、出産率が低下すると、社会保障だけでなく、経済全般にも影響があるんだから。

女：一郎君は男だから、簡単にそんなこと言えるかもしれないけど、今の社会の育児はまだ母の責任という認識が残っているからだめなんだよね。子育ては親の共同責任なのに。

男：じゃ、だったら、ナナコちゃんはもし結婚して旦那さんが家事をよく手伝ってくれれば子供を産むつもり？

女：ただ、手伝ってくれるという約束だけじゃ足りないわ。政府や企業からの援助も必要だと思うよ。

男：そしたら援助金のことを言ってるの？

女：そういうことじゃなくて、父親の方に確実に子育てに協力してもらえるよう、休暇をもらってほしいね。なら、まあ、私も子供のことを考えてみようかな。

女の人はこれから、どんな状況になったら出産のことを考えてみますか。

1 政府からの援助金が出たら、子供を産む
2 企業からの休暇があったら、子供を産む
3 **主人が育児の休暇が取れたら、子供を産む**
4 育児は夫婦の共同責任だというような認識になったら、子供を産む

第 4 題

男子與女子正在對話。女子在什麼情況下會考慮生小孩？

女：一直在談少子化、少子化的真囉嗦，但我也還沒想有要孩子啊。

男：不行啦。出生率下降的話，不只會影響到社會保障，還會對全體經濟產生影響。

女：一郎是男生，或許可以輕易說出這種話，但現在社會對育兒依然存在著母親負責的觀念，這樣是不行的。明明育兒是父母共同的責任。

男：那這樣的話，娜娜子如果結婚然後先生常常幫忙做家事的話，妳就會打算生小孩？

女：如果只是約好會幫忙還不夠吧。我覺得政府或企業的協助也是必要的。

男：那妳是在說補助金之類的嗎？

女：不是那個意思，而是為了讓父親能夠確實地協助育兒，我希望他能夠請假。這樣的話，我也可以考慮生小孩的問題了。

女子在什麼情況下會考慮生小孩？

1 如果政府發補助金，就會生小孩
2 如果從公司得到休假，就會生小孩
3 **如果先生能夠取得育嬰假，就會生小孩**
4 如果意識到育兒是夫妻共同的責任，就會生小孩

解說 女子認為育兒是夫妻共同的責任，希望公司能讓先生請育嬰假，所以答案是選項3。

詞彙 少子化 少子化｜出産率 出生率｜低下 降低｜社会保障 社會保障｜全般 全體｜育児 育兒｜認識 認識、理解｜共同 共同｜援助 援助、支援

5番 Track 3-1-05

男の人と女の人が話しています。男の人は自分の目指している企業に就職するために何をしますか。

男：就活はうまくいってるの？

女：わたし最近夜更かししながら、履歴書ばかり書いているの。20個所ぐらい応募する予定だから、すごい時間かかるの。

男：え？20個所の履歴書を全部書くの。大変だね。僕は5個所ぐらいだけ書くつもりなんだ。新聞で読んだら、どうせ採用担当者が履歴書を読む時間は長くても5分や10分だと言ってるし。

女：え？5分や10分？ひどい。人がせっかく書いたのに。でも、5分読んで人を選べるのかな。

男：だから、5分や10分で自分をアピールしなきゃ。

女：わかるけど、そこ落ちたらどうするの、やっぱりみんな不安だからたくさん書いとくでしょう。

男：結局、企業が求めている人材って、ただ英語の点数がよくて、いい大学を出た人より、熱意を持って自分の仕事をやれる人だと思う。だから、僕は自分にできる分野を決めて、その企業だけ狙って研究するつもり。

女：ふーん、自信満々だね。

男の人は自分の目指している企業に就職するために何をしますか。

1　自分にできる仕事をよく考えて、それに当てはまる会社を探す
2　自分の専攻や能力を生かし、自分の将来の分野を決定する
3　企業の研究のため、支援する会社をたくさんは選ばない
4　熱意を持って仕事が出来るように優秀な会社を探す

第 5 題

男子和女子正在交談。男子為了進入自己所追求的公司，要做什麼事情？

男：就業活動進行得還順利嗎？

女：我最近都熬夜在寫履歷表。因為計劃應徵大約 20 個地方，要花很多時間。

男：咦？寫全部 20 個地方的履歷嗎？很辛苦耶！我只打算寫 5 個地方左右。看了一下報紙，上面寫說負責錄取的人閱讀履歷的時間最長也就 5 分鐘或 10 分鐘。

女：咦？5 分鐘或 10 分鐘？真過分，人家辛苦寫了那麼多東西，但是他們讀了 5 分鐘就能挑選人嗎？

男：所以必須要在這 5 分鐘或 10 分鐘內表現自己。

女：我理解，但如果落選了怎麼辦？畢竟大家都很不安，所以可能會寫很多吧？

男：說到底，我覺得企業需要的人才，比起英文分數很高、好大學畢業，應該是那些有熱情能夠做好自己工作的人。所以，我打算先確定自己擅長的領域，再專攻某一家公司進行研究。

女：嗯，你很有自信呢。

男子為了進入自己所追求的公司，要做什麼事情？

1　仔細思考自己擅長的工作，再尋找適合的公司
2　活用自己的專業與能力，確定自己未來的領域
3　為了進行企業研究，不選擇很多支援的公司
4　尋找優秀的公司，以便充滿熱情地工作

| 解說 | 根據最後的對話，男性說要選擇自己擅長的領域，並專心研究該公司，所以答案是選項1。 |
| 詞彙 | 就活 「就職活動（找工作）」的縮寫 ｜ 夜更かし 熬夜 ｜ 応募 應徵 ｜ 熱意 熱情 ｜ 狙う 瞄準 ｜ 当てはまる 合適、符合 ｜ 生かす（＝活かす）活用 ｜ 将来 將來 |

問題 2　先聆聽問題，再看選項，在聽完對話內容後，請從選項 1 ～ 4 中選出最適當的答案。

例　Track 3-2

男の人と女の人が料理を作りながら話しています。男の人は何に注意しますか。

男：寒くなってきたな。食べると体が温まって、簡単でおいしい料理、何かないかな。

女：そうね。うちは家族みんなでよく豚汁食べるけど。作り方教えようか。

男：へえ、どんな料理？　僕は一人暮らしだから、なるべくはやく済ませられる料理がいいけど。

女：すごく簡単だよ。材料は豚肉と大根、じゃがいも、にんじん、みそだけあればいいよ。長さ3センチぐらいに全部の材料を切ってね。まず豚肉を炒めてから野菜を入れて、さらに炒める。

男：順番なんかいいだろう。何を先に炒めようが。

女：よくない。必ず肉を先に炒めてね。それから全体に油がまわったら、水を加え、10分煮る。そこにみそを溶かすとできあがり。

男：へえ。簡単だね。でもさっきの3センチって面倒くさいから、適当に切っていいだろう。

女：でも早く済ませたいんでしょう。材料は大きさをそろえたら、煮やすくなるのよ。

男の人は何に注意しますか。

1　材料は大きさを合わせて切ること
2　材料がそろった後に、はやく煮ること
3　炒める順番を決めること
4　はやく済ませられるように材料をそろえること

例

男子和女子正一邊做菜一邊交談。男子要注意什麼？

男：天氣變冷了呢。有沒有什麼吃了身體就會暖和，既簡單又美味的料理？

女：這樣啊。我們家經常一家人一起吃豬肉清湯。要告訴你作法嗎？

男：哦？是怎樣的料理呢？因為我一個人生活，最好是能快速做完的料理。

女：非常簡單喔。材料只需要豬肉、白蘿蔔、馬鈴薯、紅蘿蔔和味噌即可。將全部的材料都切成長度 3 公分左右。先炒豬肉，再加入蔬菜繼續炒。

男：順序無所謂吧。先炒什麼都行。

女：不行。一定要先放肉炒。然後等整個鍋裡沾滿油，再加水煮 10 分鐘。在這裡加入味噌使其溶解就完成了。

男：是喔。蠻簡單的呢。但剛剛提到切成 3 公分有點麻煩，可以隨便切嗎？

女：不過你想要快速完成吧。材料大小一致的話，煮起來會更容易喔。

男子要注意什麼？

1　材料要切成大小一致
2　準備好材料後要快速烹煮
3　決定炒菜的順序
4　為了快速完成要準備好所有材料

1番 🎧 Track 3-2-01

女の人が電気製品のお店に、電話をしています。女の人のパソコンの調子が悪い原因は何ですか。

男：はい、ヤマカワ電気、技術担当の大川でございます。

女：私、2年前にそちらでパソコンを購入した川野と申しますが。

男：はい、ありがとうございます。本日は、どのようなご用件でしょうか？

女：実は、先週、ＯＳをウインドウズ20にアップデートしたんです。それ以来パソコンの調子が悪いんです。

男：そうですか。それでは、川野さまのパソコンの機種名から教えていただけますか？

女：はい、キタシバのランナー８９７７です。

男：はい、今お調べしますので、少々お待ちください。

男：お待たせいたしました。実は、お客様のパソコンはウインドウズ20に対応する機種に入っておりませんでした。

女：え！じゃ、アップデートするべきではなかったってことですか。

男：はい、そういうことですね。

女の人のパソコンの調子が悪い原因は何ですか。

1　インストール済みのアプリが誤作動を起こしたため
2　アップデートしたソフトが機種に合わなかったため
3　パソコン本体の問題により、不具合をおこしたため
4　アップデートした方法が間違っていたため

第 1 題

女子打電話到電器行。女子電腦出問題的原因是什麼？

男：山川電器您好，我是技術人員大川。

女：我是川野，兩年前在貴店買了電腦。

男：感謝您的惠顧，請問今天有什麼需求呢？

女：其實上週我將 OS 更新到 Windows20，但從那時起我的電腦就出了問題。

男：這樣啊。請問川野小姐能告訴我電腦型號嗎？

女：嗯，是北芝的 Runner8977。

男：好，我現在來查一下，請稍待片刻。

男：讓您久等了。事實上，客人您的電腦並不在 Windows20 的相容範圍之內。

女：咦？所以不應該更新嗎？

男：對，就是這個意思。

女子電腦出問題的原因是什麼？

1　因為已安裝的應用程式出現錯誤操作
2　**更新的軟體不適用該型號**
3　因為電腦本身的問題導致故障
4　因為更新方法錯誤

解說　客人的電腦是無法相容於 Windows 20 的舊型號，因此答案是選項 2。

詞彙　購入 購買｜機種 機種｜誤作動 錯誤操作｜不具合 故障、有問題

2番 Track 3-2-02

韓国語のクラスで、男の先生と女の人が話しています。女の人はいつプサンに行きますか。

男：北村さん、先週はお休みでしたね？

女：ああ、申し訳ありませんでした。ちょっと子供が熱を出してしまって。

男：そうですか。もう大丈夫ですか？

女：はい、今日は学校に行きましたから。

男：先週のクラスの時に、プサンの観光案内のカタログとか、美味しい魚介類のお店の情報などを準備してきたんですけどね。

女：え、そうだったんですか。先生、ありがとうございます。

男：たしか、今週末から韓国に行くんですよね。

女：はい、その予定だったんですが、母の具合が悪かったりで、延期したんです。

男：ああ、そうでしたか。プサンは近いのでいつでもいけますからね。

女：はい、ちょっと家庭の事情が落ち着いたら、行くつもりです。その時はまたいろいろ教えてください。

女の人はいつプサンに行きますか。

1 子供の熱が下がったら
2 お母さんが退院したら
3 来週の週末あたりに
4 **家庭状況が安定したら**

第 2 題

在韓語課堂上，男老師和女子正在交談。女子何時會去釜山？

男：北村同學上週請假對吧？

女：對，真的非常抱歉，上週小朋友有點發燒。

男：這樣啊，已經好了嗎？

女：嗯，今天已經去學校了。

男：上週上課時有準備釜山的觀光指南目錄和美味海鮮店的資訊之類的。

女：咦？這樣啊。謝謝老師。

男：我記得妳是這個週末要去韓國吧？

女：嗯，原本計劃要去的，但是因為母親身體不適，所以延期了。

男：啊，這樣啊。釜山很近，隨時都可以去啦。

女：對啊，我打算等家裡事情穩定一點再去。那時再請老師告訴我各種資訊。

女子何時會去釜山？

1 小孩燒退之後
2 母親出院之後
3 下週末左右
4 **家庭狀況穩定之後**

解說 女子原本這週要去韓國，但因為母親最近身體不適延期了，最後她說要等家裡事情穩定一點再去，所以答案是選項 4。

詞彙 **魚介類** 海鮮類｜**家庭** 家庭｜**事情** 事情、情況

3番 Track 3-2-03

女の人と男の人が電話で話しています。男の人は女の人にどう言っていますか。

第 3 題

女子和男子正在講電話。男子對女子說了什麼？

男：はい、ＢＢ商事、人事課の田村でございます。
女：私、先々週にそちらの受付業務のお仕事に応募させていただきました鈴木と申します。
男：はい、ありがとうございます。きょうは何かお問い合せでしょうか？
女：実は、応募確認のメールをいただきましてから、もう10日も経っておりますが、そちらから何のご連絡もございませんので、お電話いたしました。
男：あ、そうでございますか。鈴木さまの下のお名前を教えていただけますか？
女：「まりえ」と申します。
男：「鈴木まりえ」様ですね。今お調べいたしますので、少々お待ちください。
女：はい、お願いいたします。
男：お待たせいたしました。今回、こちらのミスで鈴木さまへのご連絡が漏れていたようです。一字違いで同じ名前の方がいらっしゃって、それで既に連絡ずみで処理されたようでございます。
女：え、そうだったんですか。それで、もうそのポストは決まってしまったんでしょうか？
男：いいえ、まだ確定ではございません。もしご興味がおありでしたら、面接させていただきますが。
女：はい、ぜひお願いいたします。
男：では、日程の調整をして至急ご連絡いたします。

男：您好，我是 BB 商事人事課的田村。
女：我是上上週應徵貴公司櫃檯工作的鈴木。
男：是的，感謝您的應徵，今天想詢問什麼事情嗎？
女：事實上，自從收到確認應徵的郵件以來，已經過去 10 天了，但我還沒收到貴公司的任何聯絡，所以打了這通電話。
男：啊，這樣啊。鈴木小姐可以告訴我您姓氏後面的名字嗎？
女：我叫「真理恵」。
男：「鈴木真理恵」小姐對吧。我現在查一下，請稍待片刻。
女：好，麻煩了。
男：讓您久等了。這次因為我們這邊的失誤，漏掉了與鈴木小姐的聯絡。由於有個名字只差一個字的應徵者，所以已經被當作聯絡過的樣子。
女：咦，這樣啊。那麼這個職缺已經決定了嗎？
男：不，還沒有確定。如果您有興趣的話，我們會安排面試。
女：好的，請務必幫我安排。
男：那麼在調整日程之後我們會趕快與您聯絡。

男の人は女の人にどう言っていますか。

1 残念だが、書類選考で落ちてしまった
2 一字違いの名前の人に決まってしまった
3 この後、すぐに面接に来てほしい
4 **すぐに面接のアレンジをして連絡する**

男子對女子說了什麼？

1 很遺憾，在書面審查中淘汰了
2 已經確定是名字只差一個字的人
3 希望您之後馬上來面試
4 **我們會立刻安排面試並與您聯絡**

解說 男子表示之前已經與另一位名字相近的人聯絡過，因此漏掉這位女子，但因為還沒確定人選，所以如果女子還有興趣，會安排面試日期再聯絡。所以答案是選項 4。

詞彙 商事 商事、商務｜応募 應徵｜問い合わせ 詢問｜漏れる 漏掉｜既に 已經｜至急 趕快｜書類選考 書面審查

4番 Track 3-2-04

外国人留学生と日本人の女子学生が話しています。日本人はどうして義理でチョコレートをあげると言っていますか。

女1：2月14日のバレンタインデーが近づくと、チョコレート売り場は大賑わいね。

女2：そうね。もう、完全に国民的行事に定着したって感じね。

女1：ミカさんは、何人くらいの人にチョコレートをあげるの？

女2：そうね。10人くらいかな…。

女1：ええ！10人も好きな人がいるの？

女2：ううん、本命は一人よ。後は、ほとんど「義理チョコ」かしらね。

女1：「義理チョコ」って、よく聞くけど…？愛情や好きな気持ちがない人にも義理でチョコレートをあげるってことでしょ。

女2：うん、そう。「愛の告白」では、ないのよ。でもね、いつもお世話になっている人や、これからお世話になりそうな人などに感謝を込めて、贈るのよ。私は結構好きよ、この習慣。

女1：へぇー、「これからもよろしくお願いします。」って感じかしら。

女2：うん、そうね。キャサリンさんにも、あげるわね。

女1：ホントに、うれしい！

日本人はどうして義理でチョコレートをあげると言っていますか。

1　色々なチョコレートが売られているから
2　義理であげれば、必ずお返しが来るから
3　**人間関係を良くするのに役立つから**
4　義理であげないと、後で文句が来るから

第 4 題

外國留學生和日本女學生正在交談。日本人為什麼說送巧克力是出於友情？

女1：一旦接近2月14日的情人節，巧克力賣場就很熱鬧呢。

女2：對啊，感覺已經完全成為國民活動。

女1：美香小姐打算給幾個人巧克力呢？

女2：嗯，10個人左右吧……

女1：欸？妳喜歡的人有10個？

女2：不是啦。真愛只有一個喔。其他的幾乎都是「友情巧克力」。

女1：「友情巧克力」，這個說法好像常常聽到……？但是指即使沒有愛意或喜歡的人，也會出於友情送巧克力的意思對吧？

女2：嗯，就是這樣。不是「愛的告白」喔。但是，我會帶著感謝之情把巧克力送給總是很照顧我的人，以及接下來可能會關照我的人喔。我蠻喜歡這個習慣的。

女1：哦，是「接下來也請多多指教」的感覺吧？

女2：嗯，就是這樣。我也會送給凱瑟琳小姐喔！

女1：真的嗎！好開心！

日本人為什麼說送巧克力是出於友情？

1　因為有販售各式各樣的巧克力
2　因為出於友情給予，一定會有回禮
3　**因為有助改善人際關係**
4　因為如果不是出於友情給予，之後會有人來抱怨

解說　因為送友情巧克力的習慣是要感謝總是照顧自己的人，以及未來可能會關照自己的人，所以答案是選項3。

詞彙　賑わい 熱鬧｜行事 活動｜定着 扎根｜本命 真愛｜感謝を込める 充滿感謝的心情｜贈る 贈送

5番 Track 3-2-05

女の人と男の人が話しています。男の人は、どうしてゴミの捨て方が大変だと言っていますか。

女：もう、新しい地域には慣れた？

男：うん、そうだね。でもゴミ捨てが大変で、やんなっちゃうよ。

女：え、どうして？

男：マキさんの地域は、燃えるゴミにお菓子の袋とかプラスチックの容器とか混ぜてもいいの？

女：そうね。ペットボトルはもちろん別だけどね。ビニール袋とか、お菓子の袋とかでしょ。うん、一緒にして出しているけど、ヒロシさんの所は別々にしないといけないの？

男：そうなんだよ。別々にして、プラスチックゴミの日に出さなくちゃいけないんだ。

女：え！それは、面倒くさそうね。

男：そうだろ。前、住んでいた所は一緒に出してよかったから、ついつい一緒にして燃えるゴミの日に出しちゃうんだよね。そうすると、回収されないんだ。いつまでも、ぼくのゴミだけ残っている。

女：ふ～ん、そうなの。地域によって、ゴミの捨て方が違うのね。早く慣れないとね。

男の人は、どうしてゴミの捨て方が大変だと言っていますか。

1 燃えるゴミと燃えないゴミの日が前と違うから
2 **ゴミの分別方法が前の地域より複雑だから**
3 ゴミの回収方法が前の地域と全く違うから
4 ゴミの分別方法を間違えると苦情がくるから

第 5 題

女子和男子正在交談。男子為什麼說倒垃圾的方法很麻煩？

女：你已經習慣新地方了嗎？

男：嗯，對啊。但是倒垃圾很麻煩，有點討厭。

女：咦？為什麼？

男：真希住的地方，可以把零食包裝、塑膠容器之類的和可燃垃圾混在一起嗎？

女：對，寶特瓶當然要分開，你說的是塑膠袋、零食包裝之類的吧？嗯，我都一起丟，廣志那邊一定要分開嗎？

男：就是這樣！必須分開丟，而且還得在塑膠垃圾回收日那天才能丟棄。

女：欸，這樣好像很麻煩。

男：對吧！先前住的地方可以一起丟，所以我不知不覺就混在一起可燃垃圾日丟掉。結果就是垃圾被拒收了，總是只留下我的垃圾。

女：哦，原來如此，不同的地區，倒垃圾的方法都不一樣呢，你得趕快習慣才行呢！

男子為什麼說倒垃圾的方法很麻煩？

1 因為可燃垃圾和不可燃垃圾的回收日和先前不一樣
2 **因為垃圾的分類方法比先前的地方複雜**
3 因為垃圾回收方法和先前的地方完全不同
4 因為一旦弄錯垃圾分類方法就會收到抱怨

解說 男子之前居住的地方可以把零食包裝和塑膠袋跟可燃垃圾一起丟掉，但現在需要分類處理，因此他覺得麻煩，所以答案是選項2。

詞彙 燃える 可燃｜容器 容器｜混ぜる 混合｜面倒だ 麻煩｜ついつい 不知不覺｜回収 回收｜分別 分類｜苦情 抱怨

6番 Track 3-2-06

男の人と女の人が話しています。女の人は、どうして夜遅く洗濯の準備をしますか。

男：あれ、今、何時だと思っているの？

女：え、ちょうど12時でしょ。

男：うん、こんな遅い時間に洗濯するの？

女：準備しておくだけよ。

男：準備？

女：うん、夜のうちに洗濯物を洗濯機の中につけておくのよ。

男：つけるだけ？これから洗濯するわけじゃないんだね。

女：ちがうわよ。前日からつけておけば、汚れがとれるじゃない。

男：ああ、そうか。洗濯するのは明日ってこと？

女：そうよ、こんな遅い時間に洗濯したら近所迷惑でしょ。

男：うん、そうだね…。

女：まあね。

女の人は、どうして夜遅く洗濯の準備をしますか。

1 汚れが落ちるようにするため
2 洗剤を少しでも節約するため
3 早朝の洗濯は近所迷惑になるため
4 次の日の洗濯が楽になるため

第 6 題

男子和女子正在交談。女子為什麼深夜還準備洗衣服？

男：咦，妳覺得現在幾點了？

女：嗯？剛好 12 點吧？

男：嗯，這麼晚妳還要洗衣服？

女：只是準備而已！

男：準備？

女：嗯，趁晚上把要洗的衣服放到洗衣機裡浸著。

男：只是浸著而已？不是現在要洗喔。

女：不是啦，前一天先浸著，髒污比較容易洗掉不是嗎？

男：喔，這樣啊。所以是明天才要洗？

女：嗯啊，這麼晚洗衣服的話，會打擾到鄰居的。

男：嗯，對啊……

女：嗯啊。

女子為什麼深夜還準備洗衣服？

1 為了讓髒污更容易清洗掉
2 為了節省一點洗衣精
3 因為早上洗衣服會打擾到鄰居
4 為了隔天洗衣服能夠輕鬆一點

解說 女子表示前一天先把衣服浸著，髒污比較容易洗掉。所以答案是選項 1。

詞彙 汚れが取れる 去除髒污 ｜ 近所 鄰居 ｜ 洗剤 洗衣精、洗潔精 ｜ 節約 節約、節省 ｜ 早朝 早上

問題 3　在問題 3 的題目卷上沒有任何東西，本大題是根據整體內容進行理解的題型。開始時不會提供問題，請先聆聽內容，在聽完問題和選項後，請從選項 1～4 中選出最適當的答案。

例 🎧 Track 3-3

コーヒーについて男の人と女の人が話しています。

男：ナナエちゃん、ちょっとコーヒー飲みすぎじゃない。いったい、一日何杯飲んでいるの。

女：そうね。私の大好物だから、一日4杯ぐらいかな。

男：へえ、それ胃痛になったりしない。僕なんか1杯から2杯飲んでるけど、2杯飲んでも胃が痛いときあるよ。

女：私は全然平気。ある研究によると、コーヒーは脳や肌にもすばらしい効用があるって。

男：まあ、確かに目は覚めるね。

女：あと、コーヒーには抗酸化物質が含まれているけど、その吸収率が果物や野菜より高いそうよ。

男：抗酸化物質？　そのためにたくさん飲んでるの。僕も量を増やしてみるか。もっと若く見えるのかな。

女：違うよ。コーヒーの効用なんて私はどうでもいいよ。本当は香りが好きなんだ。香りをかぐだけで、幸せな気分になれるし、ストレスも無くなる感じもするの。

男：うん、確かにコーヒーの香りが嫌だという人は今の時代にはいないかもね。

女の人はコーヒーについてどう思っていますか。

1　たくさん飲んでも胃痛はないから、どんどん飲む量を増やしたいと思う
2　体に与えるいい効果より、いい気分になれるから飲みたいと思う
3　コーヒーが体にいい効果をもたらすので、そのために飲むべきだと思う
4　ストレスが無くなる効果があるので、そのために飲むべきだと思う

例

男子和女子正在談論咖啡。

男：奈苗，妳咖啡是不是喝太多了？一天到底喝幾杯啊？

女：這個嘛。因為是我最喜歡的東西，一天4杯左右吧。

男：是喔，這樣不會胃痛嗎？我大概喝一到兩杯，有時喝兩杯也會胃痛呢。

女：我完全沒問題。根據某項研究，咖啡對腦部及皮膚有非常棒的效果。

男：也是，確實能讓人清醒呢。

女：還有，咖啡裡含有抗氧化物質，它的吸收率似乎比水果跟蔬菜還要高喔。

男：抗氧化物質？因為那樣才喝那麼多的嗎？我也試著增量看看好了。也許看起來會更年輕。

女：不是喔。咖啡的效用我才不在意呢。其實我是喜歡它的香味。只要聞它的香味，就能讓我感到幸福，感覺壓力也不見了。

男：嗯，確實現在這個時代已經沒有討厭咖啡香味的人了。

女子對咖啡有何看法？

1　覺得喝很多也不會胃痛，想要不斷增加喝的量
2　想喝咖啡是因為心情會變好，而不是會對身體帶來很好的效果
3　認為咖啡對身體有很好的效果，應該為此而喝
4　認為喝咖啡有排解壓力的效果，應該為此而喝

1番 Track 3-3-01

試験会場で試験官が説明しています。

男：皆さん、ペットボトルの飲み物はカバンの中にしまってください。許可されるものは鉛筆、鉛筆けずり、消しゴム、腕時計だけです。携帯電話やスマートフォンを時計代わりにしてはいけません。電源は必ず切ってください。音がでない腕時計だけです。あと、受験票を机の右側に置いてください。テッシュペーパーもダメです。目薬なども置かないでください。目薬を使いたい時やトイレに行きたい時は、手をあげてください。

試験官は何についての注意をしていますか。

1 机の上に置いてもよいもの
2 カバンの中に入れるもの
3 トイレに行きたくなった場合
4 携帯電話の電源について

第1題

監考官正在考場中進行說明。

男：各位，寶特瓶飲料請放到包包裡。可以留下的東西只有鉛筆、削筆器、橡皮擦和手錶。不可以用手機或智慧型手機當作時鐘。電源請務必關閉。只能用不會發出聲音的手錶。另外，請將准考證放在桌子的右邊。面紙也不能放在桌上，也不要放眼藥水等物品。想使用眼藥水或是想去廁所時請舉手。

監考官針對什麼事項在提醒大家？

1 可以放在桌上的東西
2 要放到包包裡的東西
3 如果想上廁所的情況
4 關於手機電源

解說 桌上擺放的東西包括鉛筆、削筆器、橡皮擦和手錶。而面紙和眼藥水不能放在桌上，所以答案是選項1。

詞彙 削る 削｜電源 電源｜受験票 准考證｜目薬 眼藥水

2番 Track 3-3-02

男の人と女の人が注文した弁当のことを電話で話しています。

男：はい、東京食品、ケータリング部の佐々木でございます。
女：あ、私、世田谷貿易の井上ですが、お弁当の注文のことでお電話いたしました。
男：この度はご注文ありがとうございます。数は100個でしたね。
女：はい、そのうちの三分の一ほどをベジタリアン用のお弁当にしていただきたいのですが。

第2題

男子和女子正在電話中討論訂購的便當。

男：您好，我是東京食品外燴部的佐佐木。
女：啊，我是世田谷貿易的井上，之前因為訂便當打過電話。
男：感謝您的惠顧。數量是100個對吧？
女：對，其中三分之一想做成素食便當。

男：はあ…。私どもでは、ベジタリアン用のお弁当をご用意した経験がないのですが。

女：え！ そうでしたか…。大丈夫です。お肉やお魚を入れずに、作っていただければ結構なんです。

男：それでは、野菜だけ入れればよろしいでしょうか。

女：そうですね。お肉やお魚を使えないので、代わりにタンパク質を補えるものを使っていただきたいのです。

男：はあ、では、豆腐の加工食品とか、豆類を入れたらよろしいでしょうか。

女：そうですね。一度試作品を作っていただけますか？

男：はい、やってみます。

ベジタリアン用弁当の何について話していますか。

1 弁当の数量
2 弁当の食材
3 食材の栄養
4 弁当の試作

男：嗯……我們沒有準備素食便當的經驗……

女：咦？這樣啊……沒關係，只要做的時候不要放肉和魚就沒問題了。

男：那只放蔬菜可以嗎？

女：是的，因為不能使用肉或魚，所以希望能用其他東西補足蛋白質。

男：嗯，那放些豆腐加工食品、豆類可以嗎？

女：對。可以請你們製作一次樣品嗎？

男：好，我們試試看。

在談論素食便當的哪個部分？

1 便當的數量
2 便當的食材
3 食材的營養價值
4 便當試作

解說 女子希望素食便當不要放肉或魚，並利用能補充蛋白質的食材製作樣品，所以答案是選項2。

詞彙 ケータリング（catering）外燴｜たんぱく質 蛋白質｜補う 填補｜豆腐 豆腐｜加工 加工｜豆類 豆類｜試作 試作｜数量 數量

3番 Track 3-3-03

男の人と女の人が、新規取引に関して電話で話しています。

男：はい、グリーンプロダクト、大木でございます。

女：こちらは、桜クリニックの田村と申します。新規で卸売取引の書類をいただいた者です。

第3題

男子和女子正在電話中討論新交易。

男：您好，我是Green Product的大木。

女：我是櫻花診所的田村，先前跟您們拿了新批發交易文件。

男：はい、ありがとうございます。

女：そちらのお取引条件を読ませて頂きましたが、一つご検討をお願いしたいことがございます。

男：はい、何でしょうか？

女：そちらのお取り扱い商品は種類が多く、うちが必要としているものが多いので、一回の購入額は5万円以上になると思います。

男：ああ、そうでございますか。

女：お宅様の卸の値段は商品によって、2割引きだったり、3割引きだったりしておりますが、全商品を6掛けでやっていただくわけにはいかないでしょうか？

男：6掛けですか…？ 商品によって、こちらも仕入れの値段が変わりますので…。

女：もし、そうしてくだされば、毎月5万円以上の注文をいたします。

男：そうですか。では、ちょっと検討させてください。

女の人は、取引の何について検討してほしいと言っていますか。

1 商品の購入額
2 購入商品の保証
3 **商品の割引率**
4 商品の納入期限

男：是，非常感謝您。

女：我已經閱讀了您們的交易條件，有一件事情想要商量一下。

男：是什麼事呢？

女：您們經營的商品種類繁多，而我們需要的項目很多，因此我們預估每次的購入金額會達五萬以上。

男：啊，這樣啊。

女：您們的批發價會根據商品而不同，有八折、七折等折扣，不知道能否考慮以六折的價格提供全部商品？

男：六折嗎……？根據商品的不同，我們的進貨價格也會改變……

女：如果能夠那樣的話，我們可以每個月訂購5萬日圓以上。

男：這樣啊。那麼請讓我們考慮一下。

女子說她想討論交易的哪些方面？

1 商品的購買金額
2 購買商品的保證
3 **商品的折扣率**
4 商品的交貨期限

解說 女子表示如果能以六折的價格提供全部商品，那她願意每個月訂購5萬日圓以上的商品。所以答案是選項3。

詞彙 新規 新的｜卸売 批發｜取り扱い 經手、處理｜購入額 購買金額｜〜掛け 〜折（「6掛け」即為六折）｜仕入れる 進貨｜保証 保證｜納入期限 交貨期限

4番 Track 3-3-04

レポーターが女の人にペットフードについて聞いています。

男：こんにちは。かわいい子犬ですね。よくこのお店のペットフードを買いに来られるんですか。

女：そうね。ここで買い始めたのは、まだ1か月前ぐらいからでしょうか。

男：へえ、そうなんですか。なにか変わったことはありましたか。

女：そうね。ここのオーガニックのペットフードに変えてから、アレルギー体質が改善されたんですよ。食欲も前よりあるしね。栽培方法や製造方法によって、こうも違うとはね。

男：え！ ほんとうですか。なんだか薬みたいですね。

女：はい、それで、動物病院に行く回数もうんと減ってね。なんだか情緒も安定したみたいなんですよ。

男：へえ！ でも、ここのオーガニックのペットフードは、値段が高いんじゃないですか。

女：そうね。でも、病院にかかる費用も減ったしね。人間と同様に食べ物って本当に大事なんですね。

女の人はここのペットフードに変えてから、どう思っていますか。

1 同じ食べ物だけは良くない
2 高い食べ物ほど健康によい
3 薬と同じ成分のものを選ぶといい
4 良い食べ物から健康は作られる

第4題

記者正向一位女子詢問有關寵物食品的情況。

男：您好。好可愛的小狗喔。您常常來這家店買寵物食品嗎？

女：是的，大概是從一個月前開始在這裡買的吧。

男：哦，這樣啊。有什麼改變嗎？

女：嗯，換成這裡的有機寵物食品後，過敏體質改善了，食慾也比先前好。沒想到栽培方法和製造方法會有這麼大的差異。

男：咦！真的嗎？感覺有點像藥物呢。

女：對啊，因此去動物醫院的次數也大幅減少了，情緒好像也變得更穩定了。

男：哦哦！但是這裡的有機寵物食品價位很高吧？

女：對啊。但是花在醫院的費用也減少了。和人類一樣，食物真的很重要呢！

女子換成這裡的寵物食品後有什麼想法？

1 只吃同樣的食物並不好
2 越貴的食物對健康越好
3 可以選擇與藥物相同成分的食物
4 健康是由優質食物打造出來的

解說 女子更換有機寵物食品後，寵物過敏體質得到改善，食慾也比以前好，寵物去醫院的次數也減少了，這代表和人類一樣，寵物的食物也很重要，因此答案是選項4。

詞彙 体質 體質｜改善 改善｜栽培 栽培｜製造 製造｜情緒 情緒

5番 🎧 Track 3-3-05

ビジネスマナーの研修会で講師が話しています。

男：社会で生きていく限り、人との関係をなくしては何も始まりません。お客様や取引先はもちろん、上司や同僚といった社内の人たちとも「いい関係」を築いてこそ、質が高く効率性に優れた「いい仕事」ができると言えるでしょう。仕事は「人と人」から成り立つことを考えると、信頼関係を構築できるということは、会社にも、あなた自身にも利益をもたらす大切な土台となるでしょう。ビジネスマナーを身につけ実践していくことで確実に信頼関係を作っていくことができるのです。

何について話していますか。

1 社会人としての服装
2 社会人としての頭脳
3 **社会人としての基礎**
4 社会人としての熱意

第 5 題

講師正在商業禮儀的培訓課程講話。

男：只要在社會上生存，沒有人際關係就無法開始任何事情。與客人和交易對象當然不用說，與上司、同事等公司內部人員建立「良好關係」，才能說是能夠實現高品質和高效率的「好工作」。考慮到工作是由「人與人」構成的，建立信任關係是一種重要的基礎，不僅對公司、對你自己都會帶來利益。掌握商業禮儀並且進行實踐，就可以確實地建立信任關係。

這是在談論什麼？

1 作為社會人士的服裝
2 作為社會人士的頭腦
3 **作為社會人士的基礎**
4 作為社會人士的熱情

解說 講師提到在社會上生活，要實現高品質和高效率的「好工作」，就必須建立良好的人際關係。而建立信任關係對自己也是有益的，所以答案是選項 3。

詞彙 築く 建立｜効率性 效率性｜優れる 優秀｜成り立つ 成立｜信頼 信賴｜利益をもたらす 帶來利益｜土台 基礎｜実践 實踐｜頭脳 頭腦｜基礎 基礎｜熱意 熱情

問題 4　在問題 4 的題目卷上沒有任何東西，請先聆聽句子和選項，從選項 1～3 中選出最適當的答案。

例 🎧 Track 3-4

男：彼女の言い方には人の心を和らげる何かがあるね。

女：1　私もその何かがずっと気になっていました。
　　2　ほんとうですね。人の心はわからないですね。
　　3　**そうですね。聞いたら優しい気持ちになりますね。**

例

男：她說話的方式帶有一種能夠安撫人心的感覺呢。

女：1　我也一直很在意那個東西。
　　2　真的。人心總是摸不清呢。
　　3　**對呀。聽了之後會覺得很溫暖呢。**

1番 Track 3-4-01

女：橋本さん、お飲み物は何になさいますか。
男：1　そうですね、コーラにされます。
　　2　そうですね、コーラにします。
　　3　そうですね、コーラをめしあがります。

第1題

女：橋本先生，你要喝什麼飲料？
男：1　嗯，被決定選可樂。
　　2　嗯，我要可樂。
　　3　嗯，請喝可樂。

解說　「なさる」和「される」都是「する」的尊敬語，所以答案是選項2。

詞彙　召し上がる 吃、喝（「食べる」「飲む」的尊敬語）

2番 Track 3-4-02

男：社長が君によろしくと言ってたよ。
女：1　そうですか。それは光栄です。
　　2　じゃ、みなさんによろしくお伝えください。
　　3　それではよろしくお願い申し上げます。

第2題

男：社長請我代為問候你喔。
女：1　是嗎？那真是我的榮幸。
　　2　那麼，請代我向大家問好。
　　3　那麼，還請多多指教。

解說　聽到別人代為問候時，較自然的回應是「這是我的榮幸」。

詞彙　光栄 光榮｜申し上げる 說（「言う」的謙讓語）

3番 Track 3-4-03

女：お茶、お替りいかがですか。
男：1　ほんと。何も変わってないですね。
　　2　じゃ、コーヒーお願いします。
　　3　いいえ、もう十分です。

第3題

女：要不要再加茶？
男：1　真的，一點也沒有變化呢。
　　2　那請給我咖啡。
　　3　不用，已經足夠了。

解說　「お替り」是「再來一杯、再來一碗」的意思，所以答案是選項3。

詞彙　十分 足夠、十分

4番 Track 3-4-04

女：このコート、あと5000円で買えるんだけど。
男：1　5000円も持っているよ。
　　2　そんなに安いの？高そうに見えるが。
　　3　貸してあげようか。ちゃんと返してね。

第4題

女：這件外套，再加5000日圓就能買了。
男：1　我也有5000日圓喔。
　　2　這麼便宜嗎？看起來很貴呢。
　　3　要我借你嗎？但要記得還我喔。

解説 「あと＋数量詞」表示現在的狀態加上一定的數量，即「再有～、還有～」的意思，所以答案是選項3。選項1只是表示自己有5000日圓，沒有明確表達出要借錢的意思。

詞彙 ちゃんと 確實

5番 Track 3-4-05

女：ちょっとコンビニ行って来ます。
男：1　ついでにミルク頼んでいい？
　　2　駅の向かい側にもコンビニできたよ。
　　3　あ、お帰りなさい。早かったですね。

第5題

女：我去一下便利商店就回來。
男：1　可以順便買牛奶嗎？
　　2　車站的對面也開了一家便利商店。
　　3　啊！歡迎回來，真快呢。

解說 「ついでに」的意思是「順便做～」。女性說要去一下便利商店，所以回應對方「可以順便買牛奶嗎」是較自然的表達。

6番 Track 3-4-06

女：どうぞ楽になさってください。
男：1　これけっこう便利ですね。どこで買いましたか。
　　2　ありがとうございます。
　　3　なんのおかまいもできなくて。

第6題

女：請盡情放鬆。
男：1　這個相當方便耶，在哪裡買的？
　　2　謝謝。
　　3　不好意思，沒什麼好招待的。

解說 當對方說「請盡情放鬆」時，表達謝意是最恰當的回答。選項3則是款待客人時的慣用說法。

詞彙 おかまい 招待

7番 Track 3-4-07

男：今日の食事代は私がもちますので。
女：1　いや、そんなわけには…。自分の分は自分で出します。
　　2　これ見た目と違ってけっこう重たいですが……。
　　3　いいえ、女性一人では無理ですよ。

第7題

男：今天的餐費就由我來負責。
女：1　不，這樣不行，我自己付我那部分。
　　2　這個看起來和外表不同，挺重的……
　　3　不，一個女生沒辦法啦。

解說 「持つ」有「承擔（費用）」的意思，所以答案是選項1。當「持つ」表示「拿」的意思時，選項2和選項3才是自然的回應。

詞彙 見た目 外觀 | 重たい 沉、重

8番 Track 3-4-08

男：石田君、昨日のことでまだくよくよしてるようだが…。

女：1　そうですか。たいしたものですね。
　　2　それはお気の毒ですね。気の小さい人ですから。
　　3　やっぱり石田君は頼りになりますね。

第8題

男：石田似乎還在為昨天的事情悶悶不樂……

女：1　這樣啊，真是了不起。
　　2　那還真是遺憾，因為他是個小心眼的人。
　　3　果然石田很可靠。

解說　因為男子表示石田還為了昨天的事情悶悶不樂，所以較恰當的回答是選項2。

詞彙　くよくよ 悶悶不樂 | 大した 了不起 | 頼り 依靠

9番 Track 3-4-09

男：今年の冬物商品の売れ行きはどうですか。

女：1　もっと寒くなりそうで、大変ですよ。
　　2　ひさしぶりにのんびりできてよかったです。
　　3　まあまあといったところですね。

第9題

男：今年冬季商品的銷售情況如何？

女：1　好像還會更冷的樣子，情況很嚴峻。
　　2　很久沒有這麼悠閒了，感覺很好。
　　3　大致上還過得去吧。

解說　「売れ行き」是指商品銷售情況，「まあまあ」則表示「普通、還可以」的意思，因此答案是選項3。

詞彙　のんびりする 悠閒、悠哉

10番 Track 3-4-10

男：昨日の飲み会で課長に2次会に誘われたが断った。

女：1　課長いつもすぐ帰るのに昨日はどうしたのでしょう？
　　2　課長何時に行くことになりましたか？
　　3　みんな2次会にも行くことにしましたね。

第10題

男：昨天聚餐時被課長邀去續攤，但我拒絕了。

女：1　課長平常都很快就回家，昨天怎麼了？
　　2　課長決定要幾點去了嗎？
　　3　大家也決定要去續攤了呢。

解說　男子說被課長邀去續攤，女子回應「課長平常很快就回家，昨天怎麼了」是較自然的表達。所以答案是選項1。

11番 Track 3-4-11

女：これ、ほんの気持ちですが、よろしければお受け取りください。

男：1　ほんと、気持ちよさそうに寝てますね。
　　2　いつもいただいてばかりですみません。
　　3　その本なら、ざっと目を通しただけです。

第11題

女：這是一點小心意，不介意的話請收下。

男：1　真的，看起來很舒服地睡著了呢。
　　2　老是收您的東西，真是不好意思。
　　3　如果是那本書的話，我只是粗略看過而已。

解說　送禮時使用「ほんの気持ちですが」這句話，是要表達「沒有什麼特別，只是一點小心意」的意思，是一種謙虛的表達方式。所以答案是選項2。

詞彙　ざっと 粗略、簡略｜目を通す 過目、看過

12番 Track 3-4-12

女：会議の資料、いつ配りましょうか。

男：1　さしずめ20ページぐらいでいいだろう。
　　2　あ、それね、この前も言ったように横書きにしてくれよ。
　　3　うーん、会議寸前でいい。よろしく頼むよ。

第12題

女：會議資料什麼時候要發放？

男：1　總之大概20頁左右就可以了。
　　2　啊，對了，請跟先前講的一樣幫我用橫書排版。
　　3　嗯，會議快開始前就好了，麻煩妳了。

解說　因為女子詢問什麼時候要發放資料，所以恰當的回應是選項3。

詞彙　さしずめ 總之｜横書き 橫書（↔ 縦書き 直書）｜寸前 即將～之前

問題 5　在問題 5 中將聽到一段較長的內容。本大題沒有練習部分，可以在題目卷上做筆記。

第 1 題、第 2 題
在問題 5 的題目卷上沒有任何東西，請先聆聽對話內容，接著聆聽問題和選項，再從選項 1～4 中選出最適當的答案。

1番 Track 3-5-01

会社で男の人と女の人がホテルの予約について話しています。

男：鈴木さん、あさってから東京出張になったんで、駅に近いホテルを調べてくれるかな？

第1題

男子和女子正在討論旅館預約的事情。

男：鈴木小姐，我後天要去東京出差，可以幫我找一下車站附近的旅館嗎？

女：ずいぶん、急ですね。今、ネットで調べてみますね。予算はどのくらいまでですか？

男：う～ん、そうだな・・・。最近宿泊費の引き締めで、会社からは一泊5千円までしかでないんだよ。あまり、自腹は切りたくないから、なるべく安いのにしてよ。

女：わかりました。ああ、今、4件ヒットしましたけど。1番目のホテルは駅から1分、一泊5千5百円で、2番目のホテルは駅からゼロ分で3500円です。

男：駅からゼロ分で3500円は安いな！

女：でも、これはカプセルホテルだと思いますが。

男：ああ、それは勘弁してほしいな。

女：そうですね。えーと、3番目のホテルは駅から3分で6000円です。

男：そう、朝食付きかな？

女：そうですね。1番目のホテルも朝食付きですよ。パンとコーヒーだけですけどね。

男：そうか。4番目のホテルは駅から徒歩4分で4800円か、朝食は別途料金って書いてあるね。

女：そうですね。これがいいんじゃないですか。自腹を切らないで済みますよ。

男：そうだな…。でも、ホテルの外で朝食を食べても500円以上かかるしな。やっぱり、朝ごはんはホテルで食べたいし、この駅に近いほうを予約しよう。

男の人はどのホテルを予約しますか。

1 1番目のホテル
2 2番目のホテル
3 3番目のホテル
4 4番目のホテル

女：挺突然的呢。我現在就上網查查看。預算大概多少呢？

男：嗯，我想想……最近住宿費縮減了，公司每晚只出5000日圓。不太想自掏腰包，所以盡量找便宜的吧。

女：我知道了。啊，現在有四間符合。第一間是從車站到旅館1分鐘，一晚5500日圓。第二間是從車站到旅館0分鐘，3500日圓。

男：從車站到旅館0分鐘3500日圓好便宜啊！

女：但我想這個是膠囊旅館。

男：啊，那還是饒了我吧。

女：對啊，然後，第三間是從車站到旅館3分鐘6000日圓。

男：這樣啊，有附早餐嗎？

女：有喔，第一間旅館也有附早餐。但只有麵包和咖啡。

男：嗯嗯。第四間旅館從車站出發徒步4分鐘4800日圓嗎？但寫著早餐另外收費耶。

女：對啊，就這個如何？不用自掏腰包就搞定了。

男：嗯……不過在旅館外面吃早餐也要花500日圓以上。早餐我還是想在旅館吃，就預約離車站近的這間吧。

男子要預約哪一間旅館？

1 第一間旅館
2 第二間旅館
3 第三間旅館
4 第四間旅館

解說 男子希望旅館盡量不要太貴，早餐也想在旅館吃。所以答案是選項1。

詞彙 引き締め 緊縮 | ヒット 符合 | 自腹を切る 自掏腰包 | 勘弁 饒恕、原諒

2番 🎧 Track 3-5-02

宅急便の会社で男の人と女の人が宣伝用のチラシについて話しています。

男：伊藤さん、今メール便の宣伝チラシを作っているんだけどね。

女：そう。最近、メール便の利用者が減っているから、グッドタイミングじゃない。

男：うん、ちらしのタイトルは「メール便のここが便利」っていう文句をヘッドにして、便利な内容を箇条書きで入れるつもりなんだよ。

女：そう、4つ書いてあるわね。一番目は「取りに来てくれるから、ラクラク！」、二番目は「配達状況がわかるから、安心！」か。郵便局にはないサービスだからいいわね。

男：そう、よかった。三番目は「A4サイズ、全国一律92円から、安い！！」、四番目は「受取人が留守でも大丈夫！郵便受けに投函します！」以上4つの文を考えたんだけどね。用紙サイズの関係で文を3つにしたいんだよ。伊藤さん、どう思う？

女：そうね。文を一つ削りたいってことね。

男：うん、「A4サイズ、全国一律92円から〜」というのは要らないかな？

女：そうね…。でも、A4サイズを折らないで送りたい方も多いんじゃない？

男：ああ、そうだよね。ずっと考えていると利用者の気持ちがわからなくなっちゃうんだよ。

女：そういうもんよね。ああ、これだけど。郵便がポストに入っているのは、常識でそう思う人が多いんじゃないかな。だから、いらないかも。

男：ああ、そうか。じゃ、この文を削除して完成させることにするよ。

女：そうね。そのほうがすっきりするかもね。

男の人はどの文を削除しますか。

1　1番目の文
2　2番目の文
3　3番目の文
4　**4番目の文**

解說 女子認為信件投到信箱裡對很多人來說是常識，或許不需要這句話。所以答案是選項4。

詞彙 メール便 郵件宅配｜宣伝 宣傳｜箇条書き 條列｜配達 配送｜一律 一律｜受取人 收件人｜郵便受け 信箱｜投函 投進信箱｜常識 常識｜削除 刪除

第3題：
請先聽完對話內容與兩個問題，再從選項1～4中選出最適當的答案。

3番 Track 3-5-03

男の人と女の人がレストランでランチを選んでいます。

男：すみません、ランチメニューをお願いします。

女1：はい、どうぞ。

女2：ランチは4種類あるんですね。お勧めはなんですか？

女1：はい、Aランチのカレーライスです。夏野菜もたっぷりと入っておりまして、今の暑い時期にピッタリです。

男：へぇー、よさそうだな。肉料理のランチは何の肉ですか。

女1：Bランチは、ポークソテーで、Cランチはチキンです。両方とも新鮮な生野菜とスープがついております。

男：そうか。ぼく、豚肉は食べられないんですよ。魚料理はないんですか。

女1：あ、ございます。Dランチは鮭のムニエルでございます。このランチはちょっと少な目で女性に人気のメニューでございます。デザートが付いておりますので。

女2：へえ、デザートは何ですか？

女1：今日は季節のアイスクリームとプリンでございます。

男：へぇー。一番カロリーが低いのはどれですか？ちょっとダイエット中なので。

女1：そうですね。どれも、それほど変わりませんが、チキンのランチが少し低いです。

男：じゃ、ぼくはそれで決まりだね。

第3題

男子和女子正在餐廳選午餐。

男：不好意思，可以給我午餐菜單嗎？

女1：好的，請您看看。

女2：午餐總共有四種呢，你們推薦什麼呢？

女1：是的，我們推薦A套餐的咖哩飯。裡面有很多夏季蔬菜，非常適合現在這種炎熱時期。

男：哇，好像不錯耶。肉類料理的午餐是什麼肉？

女1：B套餐是煎豬排，C套餐是雞肉。兩種都有附新鮮生菜和湯。

男：這樣啊，不過我不能吃豬肉，你們有魚類料理嗎？

女1：啊，有的，D套餐是奶油煎鮭魚。這份午餐分量較少，是很受女性歡迎的菜色，附有甜點。

女2：哇，甜點是什麼？

女1：今天是季節冰淇淋和布丁。

男：哦哦。熱量最低的是哪個？我剛好正在節食。

女1：嗯，雖然每個差距不大，但是雞肉午餐稍微低一些。

男：那我就選那個了。

女1：少々お待ちくださいませ。
女1：お客様、申し訳ございません。チキンは本日もう、終わってしまいました。
男　：え、そうなの。じゃあ、夏の野菜がたっぷりのでいいや。彩さんは、どうするの。
女2：わたしは、もちろんデザートつきに決まっているじゃない。

質問1

男の人はどのランチにしますか。

1　Aランチ
2　Bランチ
3　Cランチ
4　Dランチ

質問2

女の人はどのランチにしますか。

1　Aランチ
2　Bランチ
3　Cランチ
4　Dランチ

女1：請稍待片刻。
女1：客人，很抱歉，雞肉今天已經賣完了。
　男：啊，這樣啊。那有很多夏季蔬菜的那個好了。彩小姐妳呢？
女2：我當然是點附甜點的那個啊！

問題1

男子要點哪一種午餐？

1　A餐
2　B餐
3　C餐
4　D餐

問題2

女子要點哪一種午餐？

1　A餐
2　B餐
3　C餐
4　D餐

解說　問題1：男子最近正在節食，所以選擇了熱量最低的雞肉午餐，但由於已經賣完了，改選了含有大量蔬菜的A餐。

問題2：女子因為要有提供甜點的午餐，所以選擇了D餐。

詞彙　ぴったり 合適｜時期 時期｜お勧め 推薦｜ポークソテー 煎豬排｜両方 兩方、兩者｜鮭 鮭魚｜ムニエル 奶油香煎（將魚肉沾裹麵粉後，再用奶油煎的法式調理手法）｜季節 季節

我的分數？

共 ☐ 題正確

若是分數差強人意也別太失望，看看解說再次確認後重新解題，如此一來便能慢慢累積實力。

JLPT N2 第4回 實戰模擬試題解答

第1節 言語知識〈文字・語彙〉

問題 1 ①3 ②2 ③3 ④1 ⑤2
問題 2 ⑥1 ⑦3 ⑧2 ⑨2 ⑩4
問題 3 ⑪1 ⑫2 ⑬3 ⑭1 ⑮3
問題 4 ⑯2 ⑰3 ⑱3 ⑲1 ⑳1 ㉑3 ㉒3
問題 5 ㉓1 ㉔2 ㉕3 ㉖2 ㉗4
問題 6 ㉘2 ㉙3 ㉚1 ㉛3 ㉜2

第1節 言語知識〈文法〉

問題 7 ㉝1 ㉞2 ㉟4 ㊱3 ㊲2 ㊳1 ㊴4 ㊵3 ㊶3
㊷1 ㊸2 ㊹1
問題 8 ㊺2 ㊻2 ㊼3 ㊽2 ㊾1
問題 9 ㊿4 ⑤1 2 ⑤2 3 ⑤3 2 ⑤4 3

第1節 讀解

問題 10 ⑤5 4 ⑤6 4 ⑤7 3 ⑤8 3 ⑤9 4
問題 11 ⑥0 3 ⑥1 4 ⑥2 1 ⑥3 3 ⑥4 2 ⑥5 4 ⑥6 2 ⑥7 4 ⑥8 4
問題 12 ⑥9 4 ⑦0 3
問題 13 ⑦1 3 ⑦2 4 ⑦3 1
問題 14 ⑦4 3 ⑦5 4

第2節 聽解

問題 1 ①2 ②3 ③1 ④2 ⑤4
問題 2 ①2 ②3 ③4 ④2 ⑤4 ⑥1
問題 3 ①1 ②3 ③2 ④2 ⑤3
問題 4 ①2 ②3 ③4 ④1 ⑤1 ⑥2 ⑦3 ⑧1 ⑨2
⑩3 ⑪1 ⑫2
問題 5 ①1 ②2 ③1 3 2 1

第4回 實戰模擬試題 解析

第1節 言語知識〈文字・語彙〉

問題 1 請從 1、2、3、4 中選出 _____ 這個詞彙最正確的讀法。

---

[1] 6歳<u>未満</u>の児童は入場料が無料になっています。
　　1　びばん　　　　2　びまん　　　　**3　みまん**　　　　4　みばん
　　<u>未滿</u> 6 歲的兒童入場費免費。

詞彙 　未満 未滿 ▶ 未婚 未婚 / 未遂 未遂 / 未亡人 未亡人 | 児童 兒童

---

[2] 「鶴を千羽折ると願いが<u>叶う</u>」という言い伝えがあります。
　　1　そろう　　　　**2　かなう**　　　　3　きそう　　　　4　うばう
　　有一個「折一千隻紙鶴願望就會<u>實現</u>」的傳說。

詞彙 　鶴 鶴 | 千羽 一千隻 | 折る 折 | 叶う 實現（自動詞）▶ 叶える 使實現（他動詞）| 言い伝え 傳說

---

[3] この機械は正確な血圧を<u>測定</u>するのに使う。
　　1　そくじょう　　2　そくじょ　　　　**3　そくてい**　　4　そくて
　　這台機器用於<u>測量</u>準確的血壓。

詞彙 　機械 機器 | 正確 準確 | 血圧 血壓 | 測定 測量 ▶ 観測 觀測 / 計測 測量、計量 / 実測 實測

---

[4] どんな苦しみがあっても乗り越えてみせるという<u>心構え</u>が大切だ。
　　1　こころがまえ　　2　こころぞろえ　　3　こころぞなえ　　4　こころどなえ
　　不管遇到什麼樣的痛苦，擁有克服並展現出來的<u>心態</u>是很重要的。

詞彙 　苦しみ 痛苦 | 乗り越える 跨越、克服 | 心構え 心理準備、心態 ▶ 心得 須知、注意事項 / 心地 心情、感覺

---

[5] その質問に答えるのはとても<u>困難</u>である。
　　1　こんらん　　　**2　こんなん**　　　3　ごんらん　　　4　ごんなん
　　回答那個問題是非常<u>困難的</u>。

詞彙 　困難 困難 ▶ 困惑 困惑 / 貧困 貧困

176

問題 2 請從 1、2、3、4 中選出最適合 ＿＿＿＿ 的漢字。

6 この町には大きな車道が十文字でまじわっている。

1 交わって　　2 掛わって　　3 繋わって　　4 造わって

這個城鎮的大型車道交叉成十字形。

詞彙 車道 車道｜十文字 十字形｜交わる 交叉

7 新製品の開発で見事なぎょうせきをあげたので認められて昇進する。

1 業責　　2 業積　　3 業績　　4 業蹟

由於在開發新產品方面取得了出色的業績，因此獲得認可後升遷。

詞彙 新製品 新產品｜見事だ 出色｜業績 業績｜昇進 晉升、升遷

8 税金を支払うのはすべての国民のぎむである。

1 儀務　　2 義務　　3 議務　　4 犠務

繳稅是所有國民的義務。

詞彙 支払う 支付、付款｜義務 義務

9 彼の研究は化学分野において偉大なあしあとを残した。

1 足蹟　　2 足跡　　3 足距　　4 足後

他的研究在化學領域裡留下了偉大足跡。

詞彙 研究 研究｜化学 化學｜分野 領域｜〜において 在〜方面｜偉大 偉大｜足跡 足跡

10 A：ただいま吉田は席を外しておりますが。
B：では、あらためてお電話します。

1 検めて　　2 再めて　　3 新めて　　4 改めて

A：吉田目前不在座位上。
B：那麼，我會再打電話。

詞彙 席を外す 離開座位｜改めて 再次

問題 3 請從 1、2、3、4 中選出最適合填入（　　）的選項。

[11] 彼の行動は周りの人に（　　）影響を及ぼしている。
1 悪　　　2 不　　　3 反　　　4 非

他的行為對周圍的人造成了**不良**影響。

詞彙：行動 行為｜周り 周圍｜悪影響を及ぼす 帶來不良影響 ▶ 悪感情 惡意／悪趣味 低級趣味

[12] 東南アジア（　　）に含まれる国はミャンマーをはじめ、タイ、カンボジアなどたくさんある。
1 巻　　　2 圏　　　3 権　　　4 件

東南亞**地區**的國家除了緬甸之外，還有泰國、柬埔寨等眾多國家。

詞彙：アジア圏 亞洲地區 ▶「圏」是指一個特定的區域。合格圏 合格範圍／首都圏 首都範圍／大気圏 大氣圏／北極圏 北極圏｜含む 含有、包括

[13] 戦争中みんなの頭にあったのは生き（　　）方法だけではなかったでしょうか。
1 返る　　　2 延びる　　　3 抜く　　　4 出す

在戰爭期間，大家心中所想的只有如何**活下去**吧？

詞彙：戦争 戰爭｜生き返る 復活、甦醒｜生き延びる 保住性命、長壽｜生き抜く 活下去

[14] 取引先のお客さんのために空港まで出（　　）に参ります。
1 迎え　　　2 送り　　　3 合い　　　4 入り

我們將前往機場**迎接**客戶。

詞彙：取引先 客戶｜参る 「行く（去）、来る（來）」的謙讓語｜出迎える 迎接｜出合い 相遇｜出入り 進出

[15] この曲を聞くと、いつも故郷のことが思い（　　）。
1 出す　　　2 付ける　　　3 浮かぶ　　　4 込む

一聽到這首曲子，總是會**想起**故鄉的事情。

詞彙：故郷 故郷｜思い出す 想起｜思い浮かぶ 想起來、回想起來｜思い込む 深信

問題 4 請從 1、2、3、4 中選出最適合填入（　　）的選項。

16 この事業は将来の（　　）が非常に明るいと言える。
1 見渡し　　2 見通し　　3 見晴らし　　4 見過ごし

這個企業可以說將來的前景非常光明。

詞彙 事業 企業、事業｜将来 將來｜見渡し 眺望｜見通し 前景｜見過ごし 忽視

17 人を（　　）際、経営者が押さえなければならないポイントは何がありますか。
1 取り上げる　　2 受け入れる　　3 雇う　　4 抱える

在雇用人員時，經營者必須掌握哪些要點？

詞彙 経営者 經營者｜押さえる 抓住（要點）、掌握｜取り上げる 採納、提起｜受け入れる 接受｜雇う 雇用｜抱える 承擔、抱

18 彼女は緊張したせいなのか、声が（　　）いた。
1 揺れて　　2 振って　　3 震えて　　4 揺らいで

她的聲音在顫抖，可能是因為緊張。

詞彙 緊張 緊張｜揺れる 搖晃｜振る 揮、搖｜震える 發抖、哆嗦｜揺らぐ 晃動｜例 強風で船が揺れる（○）/ 揺らぐ（×）船因為強風而搖晃

19 これはお米や透明な水、菜食で癌を（　　）した人の話です。
1 克服　　2 克明　　3 解放　　4 解除

這是一個透過米飯、純淨水，以及素食來克服癌症的人的故事。

詞彙 透明 透明、純淨｜菜食 素食｜癌 癌症｜克服 克服｜克明 認真仔細｜解放 解放｜解除 解除

20 この問題に対し、（　　）取り組んで解決策を考える。
1 真剣に　　2 真実に　　3 本気に　　4 本心に

要認真對待這個問題，並思考解決方案。

詞彙 取り組む 致力於某事｜解決策 解決方案｜真剣 認真｜真実 真實｜本気 認真｜本心 真心、本心

| 21 | 仕事は大変でも専業主婦でいるより、（　　　）社会生活をした方がいいと思う。
　　　1　かえって　　　2　逆に　　　**3　むしろ**　　　4　どうせ
　　　就算工作很辛苦，但我認為與其做家庭主婦，倒不如參與社會生活比較好。

詞彙　専業主婦 家庭主婦｜かえって 反而、反倒　**例** 勧められたら、かえって行く気がしなくなった。 被推薦後反而不想去了。｜逆に 相反｜むしろ 與其～不如｜どうせ 反正

| 22 | 自分を（　　　）見せるためにわざわざホテルのレストランに行く人もいる。
　　　1　贅沢に　　　2　高価に　　　**3　上品に**　　　4　高級に
　　　有些人會特意去飯店的餐廳，以展現自己的高雅。

詞彙　贅沢 奢侈｜高価 高價｜上品 文雅、高雅｜高級 高級

問題 5　請從 1、2、3、4 中選出與 _____ 意思最接近的選項。

| 23 | あいまいな説明でごまかしてしまうつもりですか。
　　　1　不明確　　　2　不親切　　　3　不特定　　　4　不完全
　　　你打算用含糊不清的解釋來蒙騙過去嗎？

詞彙　あいまいだ 含糊｜ごまかす 蒙騙、敷衍｜不明確 不明確｜不親切 不親切｜不特定 非特定｜不完全 不完全

| 24 | 建てたばかりのこのアパートは新婚夫婦が住むのに手頃だ。
　　　1　妥当だ　　　**2　適当だ**　　　3　充分だ　　　4　豪華だ
　　　剛建好的這棟公寓很適合新婚夫妻居住。

詞彙　新婚夫婦 新婚夫妻｜手頃だ 適合｜妥当 妥當｜適当 適當｜充分 足夠｜豪華 豪華

| 25 | 親の希望に逆らって、明日から歌手としてデビューする。
　　　1　順応して　　　2　適応して　　　**3　反抗して**　　　4　逆行して
　　　違背父母的期望，明天要作為歌手出道。

詞彙　希望 期望｜逆らう 違背｜順応する 順應、適應｜適応する 適應｜反抗する 反抗｜逆行する 逆行、倒退

26 彼女の勘はするどくてどうしても騙せない。
　　1　微妙で　　　　2　鋭利で　　　　3　そうぞうしくて　　4　のろくて
　　她的直覺很敏銳，無論如何都無法欺騙她。

詞彙 勘 直覺｜するどい 敏銳｜騙す 欺騙｜微妙 微妙｜鋭利 鋭利｜そうぞうしい 吵鬧的｜のろい 慢吞吞

27 火事になって周りは煙に包まれていた。
　　1　くるまれて　　2　満たされて　　3　詰められて　　4　取り囲まれて
　　火災發生後，周圍被煙籠罩了。

詞彙 煙 煙｜包む 籠罩、包、裹（整個包圍住）｜包む 包、裹（不一定完全覆蓋整個物體，而是裹著或纏繞著）　例 足を毛布で包む（○）／包む（×）用毛毯包裹腳部／炎に包まれた（×）／包まれた（○）家 被火焰包圍的家｜満たす 充滿｜詰める 塞滿｜取り囲む 包圍、環繞

問題 6　請從 1、2、3、4 中選出下列詞彙最適當的使用方法。

28 さっぱり　清爽、爽快
　　1　いやなことがあっても全部忘れてさっぱりした方がいい。
　　2　さっぱりした気分で初めからやり直そう。
　　3　お風呂に入っていると、とてもさっぱりした気分だ。
　　4　美容院に行ってさっぱりになってもらった。

　　1　即使有討厭的事情，最好全部忘記，保持清爽。
　　2　用清爽的心情重頭再來吧。
　　3　洗完澡後有非常清爽的心情。
　　4　去美容院讓自己感到清爽。

解說「さっぱり」的三種意思：① 清爽、清淡　例 シャワーをあびてさっぱりする 淋浴完感覺很清爽　② 完全　例 約束をさっぱり忘れていた 完全忘記了約定　③ 一點也不（後面接否定）　例 さっぱり見えない 一點也看不出來
選項 3 應該改成「とても気持ちがいい（非常舒服）」。選項 4 應該改成「美容室に行って、きれいにしてもらった（去美容院讓自己變漂亮了）」。

[29] 内緒 祕密、不告訴別人
1 会社の内緒は絶対守ってください。
2 上司の内緒はとても厳しくて誰も逆らうことができない。
3 中学の時、先生に内緒で帰宅してしまったことがある。
4 両国の間に内緒条約が結ばれたことがマスコミに流された。

1 請絕對守護著公司的祕密。
2 上司的祕密非常嚴格，誰都不能違背。
3 國中時期，有一次偷偷回家沒告訴老師。
4 兩國之間簽訂的祕密條約被媒體曝光了。

解說「内緒」通常在口語中使用，不適用於公開事項。選項1和選項4涉及公開內容，改成「秘密（祕密）」較為適當。選項2則不需要使用「内緒」這個詞彙。

詞彙 逆らう 違背｜条約が結ばれる 簽訂條約

[30] たまる 累積、堆積
1 人はストレスがたまっても、親しい人のそばにいるだけで心理的に安定する。
2 この地域は冬になると大雪がたまってしまいます。
3 彼の書斎は専攻に関する本がぎゅうぎゅうたまっていた。
4 経験がたまればいつかは必ず成功するに決まっている。

1 即使人會累積壓力，但只要身邊有親密的人，心理上就會感到穩定。
2 這個地區一到冬天就會累積大雪。
3 他的書房堆滿了與他專業相關的書籍。
4 累積經驗的話，總有一天一定會成功的。

解說「たまる」表示「事物累積、堆積」的意思。例（ストレス・洗濯物・仕事・宿題・借金・ごみ・部屋代の支払い）がたまる 累積（壓力、要洗的衣服、工作、作業、債務、垃圾、房租）

選項2改成「積もって（堆積）」較合適。選項3的「ぎゅうぎゅう」表示「東西塞得滿滿的樣子」，因此應該改成「詰まっている（塞滿）」更適當。選項4表示「經驗累積」要用「経験が積もる」。

詞彙 心理的 心理上的｜地域 地區｜書斎 書房｜専攻 專攻｜経験 經驗｜成功 成功

[31] 惜しい 可惜、令人惋惜
1 そんなに無駄遣いをするなんてお金が惜しいと思いませんか。
2 小さい頃からかわいがってくれた祖母が亡くなって、とても惜しかった。
3 待っている時間が惜しくて、ケータイでニュースを見た。
4 昨日の試合は引き分けに終わってしまい、とても惜しい気分だ。

182

1　那樣亂花錢，不覺得很可惜嗎？
2　從小就很疼愛我的奶奶去世了，非常可惜。
3　覺得等待的時間很可惜，所以用手機看新聞。
4　昨天的比賽以平手結束，心情非常可惜。

解說　「惜しい」是指錯過對自己有價值的事物，或是稍微再努力一點就能實現但未能實現，對此表示遺憾和可惜的心情。選項1要表示珍貴的東西被浪費的遺憾，使用「もったいない（浪費）」較恰當。選項2應該改成「悲しかった（悲傷）」。選項4是對比賽以平手結束感到遺憾，更自然的表達是「とても悔しかった（非常悔恨）」。

詞彙　無駄遣い 浪費錢 ｜ 引き分け 平手

[32]　怪しい　可疑
1　一人で夜道を歩くのはとても怪しいと思う。
2　どこか怪しいところがある宗教は信じない方がいいと思う。
3　私がすべてを乗り越えてこの仕事をやり遂げられるか怪しい。
4　この練習問題の中で怪しい部分があればなんでも聞いてください。

1　我認為一個人走夜晚的道路非常可疑。
2　我認為最好不要相信那些有可疑地方的宗教。
3　我能否克服一切並完成這項工作很可疑。
4　如果在這個練習問題中有可疑的地方，什麼都可以問我。

解說　「怪しい」表示不了解真相或本質而產生不好的感覺。選項1應該改成「危ない（危險）」。選項3應該改成「不安だ（不安）」或「心配だ（擔心）」。選項4應該改成「おかしい（奇怪）」。

詞彙　夜道 夜晚的道路 ｜ 宗教 宗教 ｜ 乗り越える 克服、跨越 ｜ やり遂げる 完成

第1節　言語知識〈文法〉

問題7　請從1、2、3、4中選出最適合填入下列句子（　　　）的答案。

[33]　円高は留学生（　　　）、大きな負担になる。
　　1　にとって　　　2　のとって　　　3　に対して　　　4　の対して
　　日幣升值對留學生來說是一大負擔。

文法重點！　⊙Aにとって：對A（人、對象）來說　　⊙〜に対して：對於〜
詞彙　円高 日幣升值 ｜ 負担 負擔

[34] 国際結婚（　　　）、異文化理解に関する論議が行われた。
　　1　にめぐって　　2　をめぐって　　3　のおいて　　4　において
　　針對國際婚姻進行了有關異文化理解的爭論。

文法重點！
- 〜をめぐって：關於〜、圍繞〜
- Aにおいて：在A（場面、時代、狀況、領域）

詞彙 異文化理解 異文化理解｜論議 議論、爭論

[35] 最近は大人（　　　）おもちゃもよく売れているそうだ。
　　1　を向けた　　2　を向いた　　3　の向きの　　4　向けの
　　據說最近以成人為對象的玩具也很暢銷。

文法重點！
- 向け：以〜為對象
　「向き」也表示「適合」的意思，一般用法是「名詞＋向き」。
　名詞＋向き：適合某人／名詞＋向け：為某人特意製作
- 例 男性（向き／向け）の化粧品：化妝品通常是為女性而製作的，但這裡要表達特意為男性製作的意思，因此「向け」比「向き」更適合。

[36] オリンピックを迎えて、5年間（　　　）工事が行われる予定だ。
　　1　のかけては　　2　のおいては　　3　にわたって　　4　にかかって
　　迎接奧運，計畫進行持續5年的工程。

文法重點！
- 〜にかけては：在〜方面或範圍上
- Aにわたって：在A這段時間持續進行

[37] この機器の操作はマニュアルの内容（　　　）正しく行ってください。
　　1　の沿って　　2　に沿って　　3　の従って　　4　を従って
　　請按照手冊內容正確操作這台機器。

文法重點！
- 〜に沿って：① 沿著〜 ② 按照〜
- 〜に従って：隨著〜

詞彙 操作 操作

[38] 白い肌（　　　）、茶色の瞳（　　　）、母親とそっくりだ。
　　1　にしろ　　2　にしよう　　3　にいい　　4　にいえ
　　無論是白皙肌膚還是棕色瞳孔，都和母親一模一樣。

文法重點！
- 〜にしろ〜にしろ：無論是〜還是〜（不論舉幾個例子都符合這個情況）

詞彙 肌 皮膚｜瞳 瞳孔、眼睛

| 39 | 動物虐待のニュースを見る（　　　）、心が痛む。
1　の関しては　　2　に関しては　　3　のつけては　　**4　につけては**

每當看到虐待動物的新聞，心就好痛。

> **文法重點！**
> - ～に関しては：關於～
> - 動詞辭書形・名詞＋につけ / につけて（は）/ につけても：每當～就會
>
> **詞彙**
> 虐待 虐待｜痛む 悲痛、痛苦

| 40 | 楽しい（　　　）苦しい（　　　）、何の悩みもなかった子供の時が懐かしい。
1　につき　　2　つき　　**3　につけ**　　4　つけ

無論是快樂還是痛苦，沒有任何煩惱的童年時光都令人懷念。

> **文法重點！**
> - 動詞辭書形・い形容詞＋につけ＋動詞辭書形・い形容詞＋につけ：無論～還是～
> - 名詞＋につき：每～（前面接續數量詞）
>
> **詞彙**
> 悩み 煩惱｜懐かしい 懷念

| 41 | 彼女の気を引くために、バッグ（　　　）花（　　　）いろいろプレゼントした。
1　しろ　　2　のしろ　　**3　やら**　　4　のやら

為了吸引她的注意，送了包包啦、花啦各種禮物。

> **文法重點！**
> - 動詞辭書形・い形容詞・名詞＋やら～＋やら：～啦～啦（表示舉例）
> - ～にしろ～にしろ：無論是～還是～（不論舉幾個例子都符合這個情況）
>
> **詞彙**
> 気を引く 吸引注意

| 42 | ワールドカップの開催を祝うため、歌手（　　　）たくさんの有名人が集まった。
1　をはじめ　　2　のはじめて　　3　をめぐり　　4　のめぐって

為了慶祝世界盃的舉辦，以歌手為首，許多知名人士聚集在一起。

> **文法重點！**
> - ～をはじめ：以～為首
> - ～をめぐって：關於～、圍繞～
>
> **詞彙**
> 開催 舉辦｜祝う 慶祝

| 43 | 彼女の寂しそうな目には人の心を引き付ける（　　　）。
1　ものか　　**2　ものがある**　　3　ものだ　　4　ものである

她寂寞的眼睛裡有著吸引人心的東西。

第 4 回　實戰模擬試題解析　185

> 文法重點！
> - ～ものか：絕對不會～（表示堅決否定）
> - 動詞普通形・い形容詞・な形容詞＋ものがある：感到～、覺得有～
> - ～ものだ：本來就～（表示理所當然）

> 詞彙　引き付ける 吸引

---

44 あんな無礼な人と二度と口をきく（　　　）。

1　ものか　　　　2　ことではない　　　　3　わけか　　　　4　はずではない

再也不會和那種無禮的人說話了。

> 文法重點！
> - ～ものか：絕對不會～（表示堅決否定）

> 詞彙　無礼 無禮｜口をきく 說話

問題8　請從1、2、3、4中選出最適合填入下列句子＿＿＿★＿＿＿中的答案。

45 目上の人に　★＿＿＿＿＿＿＿＿＿＿身につけなければなりません。

1　正しく　　　　2　対する　　　　3　敬語の　　　　4　使い方は

必須正確掌握對長輩使用敬語的方式。

> 正確答案　目上の人に対する敬語の使い方は正しく身につけなければならない。

> 文法重點！
> - ～に対する：對於～

> 詞彙　目上 上司、長輩（身分地位比自己高的人）｜敬語 敬語｜身につける 掌握

---

46 口が軽い彼の　＿＿＿＿＿＿＿★＿かねない。

1　企業の　　　　2　漏らし　　　　3　秘密を　　　　4　ことだから

因為他口風不緊，所以可能會洩漏企業秘密。

> 正確答案　口が軽い彼のことだから企業の秘密を漏らしかねない。

> 文法重點！
> - Aのことだから B：因為A的關係，所以B
> - 動詞ます形（去ます）＋かねない：有可能～

> 詞彙　企業 企業｜秘密 祕密｜漏らす 洩漏

---

47 あなたの無理な　＿＿＿＿＿★＿＿＿と思います。

1　かねる　　　　2　主張は　　　　3　納得し　　　　4　誰にでも

我認為你的無理主張任何人都無法認同。

正確答案 あなたの無理な主張は誰にでも納得しかねると思います。

文法重點! ✓ 動詞ます形（去ます）＋かねる：無法～、很難～

詞彙 主張 主張｜納得 同意、理解

---

[48] 私がその資格をとったなんて、＿＿＿ ＿＿＿ ★ ＿＿＿ なかった。
  1 その   2 たとえ   3 うれしさは   4 ようが

我取得了那個資格，心中的喜悅無法形容。

正確答案 私がその資格をとったなんて、そのうれしさはたとえようがなかった。

文法重點! ✓ ～ようが（も）ない：無法～

詞彙 資格 資格｜たとえる 比喻

---

[49] 子供では ＿＿＿ ★ ＿＿＿ ＿＿＿ ほどがある。
  1 まいし   2 わがままを   3 ある   4 言うのも

又不是小孩子了，說任性話也要有分寸。

正確答案 子供ではあるまいし、わがままを言うのもほどがある。

文法重點! ✓ 名詞＋ではあるまいし：又不是～

詞彙 わがまま 任性

問題9 請閱讀下列文章，並根據內容從1、2、3、4中選出最適合填入 50～54 的答案。

　　人類或許都曾經想像過「如果能搭時光機器回到自己的過去會怎樣……」。生活無法按照計畫進行，若對自己的現狀不滿意時，可能有人會後悔地想著「原本不該是這樣的」。在 50　　　　　　　　　　　　　51
這種時候，就會產生希望搭時光機器回到自己失敗之前，並改正錯誤的心情吧。

　　如果在大學考試失敗了，就會想回到高中生時期，在婚姻中感到後悔結婚，就會想回到相親的時候，如果因為受傷住院，就會想回到事故發生之前的……每個人想要回到過去的時期應該都不同。

　　然而，我突然想到。如果貪心的人追求更好的人生，可以不斷回到過去的話，那麼人們 52
現在是否還需要努力呢？重新開始好幾次的人生抵達的未來就一定幸福嗎？ 53

　　過去的失敗經驗積累成為了現在的自己，正因為是只有一次無法重來的人生，我們才在 54
努力。換言之，為了不留下後悔而努力奮鬥的此刻，正是你最期盼的時光。

詞彙 過去 過去｜現状 現狀｜後悔 後悔｜誤りを直す 改正錯誤｜お見合い 相親｜怪我 受傷｜ふと思う 突然想到｜求める 追求｜引き続き 連續｜動詞ます形（去ます）＋直す 重新～｜未来 未來｜経験が積る 累積經驗｜だからこそ 正因為如此｜悔い 後悔｜望む 期望

50　1　思ったまま　　2　考えたまま　　3　要求どおり　　**4　予定どおり**

解説　在此是要表達「生活中有許多計畫和安排，但事情並不總是按照預期的方式發展」，因此答案是選項4。

文法重點！　◎ ～たまま：維持～狀態　　◎ 名詞＋どおり：按照～

詞彙　要求 請求｜予定 預定

51　1　こんなはずじゃない　　　　　**2　こんなはずじゃなかった**
　　　3　これは正しくないはずだ　　　4　これは違うはずだ

解説　「こんなはずじゃなかった」意味著當某事不如預期或意圖進行時，回顧過去並到遺憾，表示「原本不該是這樣的」。因此，答案是選項2。

52　1　自分勝手　　2　気まぐれ　　**3　欲張り**　　4　わがまま

解説　選項1和選項4意思相似，因此是答案的可能性較低。在此是要表達「即使回到過去修正錯誤的部分，由於人的貪心將無法滿足」。所以答案是選項3。

詞彙　自分勝手 任性、隨便｜気まぐれ 反覆無常｜欲張り 貪心｜わがまま 任性

53　1　完成した　　**2　たどり着いた**　　3　思い切った　　4　夢に描いた

解説　「たどり着く」表示「經過了一番辛苦過程後，終於抵達目的地或達成目標」。前面提到無論是考試失敗、後悔婚姻選擇，還是遭遇意外傷害，人們都會在後悔中回顧過去，所以這裡指的是「經過多次修改，歷經艱辛最終到達的未來」，因此選項2最合適。

詞彙　たどり着く 好不容易才抵達｜思い切る 下定決心｜夢に描く 描繪夢想

54　1　何もかも努力次第の　　一切都取決於努力的
　　　2　後悔や苦しみがある　　後悔和痛苦的
　　　3　取り戻せない一度きりの　　只有一次無法重來的
　　　4　目的を探している　　正在找尋目的的

解説　在此是要表達「因為人生只有一次，無法回到過去，所以我們正在努力」，所以答案是選項3。

詞彙　名詞＋次第だ 取決於～｜取り戻す 恢復、取回

第1節 讀解

問題 10 閱讀下列 (1) ～ (5) 的內容後回答問題，從 1、2、3、4 中選出最適當的答案。

(1)

　　業界大型行銷調查專門公司 A 公司，彙整了今年的「上班族零用錢實際情況調查」。

　　根據這個結果顯示，上班族的零用錢金額時隔兩年再次上漲，此外午餐費、酒錢連續兩年上漲。平均零用錢金額為 39,570 日圓，較前一年增加 1,105 日圓，雖是時隔兩年的上漲，卻是自 1979 年開始調查以來第四低的金額。

　　相比之下，上班族理想的零用錢金額是 68,950 日圓，與現實有很大的差距。

　　按照年齡劃分來看，20 歲和 30 歲族群手頭比較緊，另一方面，40 歲和 50 歲族群則較為寬裕，顯示出兩極化的趨勢。

　　從整體來看，「30,001～50,000 日圓」的人數最多，占比 29.8%，「20,001～30,000 日圓」次之，占比 25.4%，「低於 20,000 日圓」的人數也達到 17.5%。在經濟不景氣之下，被房貸及教育費緊逼的各個家庭，要提高丈夫的零用錢似乎很困難。另一方面，女性員工的零用錢金額為 36,712 日圓，比男性員工低了 2,860 日圓。

55　以下何者符合本文內容？
1. 幾乎沒有上班族花比平均金額少的零用錢。
2. 大多數上班族似乎對目前的零用錢金額感到滿意。
3. 因為年輕一代單身者比例較高，在零用錢方面似乎有更多的餘裕。
4. **在嚴峻的經濟狀況下，現實與理想的零用錢金額存在差距。**

詞彙 業界 業界｜大手 大型｜お小遣い 零用錢｜実態調査 實際狀況調查｜上昇 上昇｜連続 連續｜開始 開始｜金額 金額｜理想 理想｜現実 現實｜隔たり 差距｜余裕 餘裕｜二極化 兩極化｜追う 追趕｜家庭 家庭｜経済狀況 經濟狀況｜開き 差距

解說 平均零用錢金額為 39,570 日圓，但也有人使用比這更少的金額。上班族理想的零用錢金額為 68,950 日圓，表示他們對目前的零用錢並不滿意。20 歲、30 歲群體相較於 40、50 歲群體較不寬裕，因此答案是選項 4。

(2)

　　昨天政府發表了今年度「出口振興政策」草案。為了恢復日本企業的出口能力，強調必須開發高等級機器人，並在工廠等地方加以利用，以及支持在特定領域具有高世界占有率的中小企業。

　　特別是在草案中，對於日本企業曾席捲世界市場的「電器產品」，其去年貿易盈餘相比 10 年前減少了約 70% 的情況表達了危機感。分析指出，這是因為智慧型手機與太陽能板等

從海外大量進口所致。還指出由於日本企業的生產工廠轉移到海外等原因，導致日本的出口難以增長的結構性問題。

此外，作為恢復日本企業出口能力的對策，強調了在工廠引入機器人以提高生產效率的必要性。

56 關於「出口振興政策」草案內容，以下何者不正確？
1. 為了日本企業的未來，開發機器人是不可欠缺的。
2. 「電器產品」的貿易盈餘大幅減少對日本經濟來說是不樂見的。
3. 生產工廠轉移到海外對日本經濟產生不良影響。
4. 為了提升生產效率，確保優秀人才是不可欠缺的。

詞彙 政府 政府｜振興 振興｜政策 政策｜原案 草案｜回復 恢復｜高度 高度｜占有率 占有率｜支援 支援｜強調 強調｜かつて 曾經｜席卷 席捲｜黒字 盈餘（↔赤字 虧損）｜危機感 危機感｜太陽光 太陽能｜大量 大量｜分析 分析｜移転 轉移｜構造 結構｜指摘 指出｜導入 引入｜効率 效率｜向上 提高｜図る 企圖｜欠かす 缺少｜幅 幅度｜激減 銳減｜望ましい 期望的、最理想的｜確保 確保｜不可欠 不可或缺

解說 文中並沒有提到為了提高生產效率需要確保優秀人才，而是強調應該引進機器人，因此答案是選項4。

(3)

前幾天我去了附近的大型超市，發現他們正在舉辦各種折扣活動。其中吸引我注意的是尿布折扣活動。配合聖誕節期間進行的這個活動，除了尿布折扣之外，同時還提供玩具，我認為這會讓為了聖誕節禮物而煩惱的父母們感到高興。果然，當天就全部賣完了。受長期不景氣的影響使家計負擔增加，許多父母在孩子的聖誕節禮物上也感到壓力，因此玩具贈送活動的效果似乎相當不錯。此外，考慮到在網路上購買育兒用品的需求增加，他們還提供了在網路上購買時的額外折扣。

作為父母，無論是誰都希望盡可能滿足自己孩子的願望，這是人之常情吧。雖說經濟不景氣，但有這麼多父母在買對嬰兒來說必不可少的尿布和玩具時感到如此沉重的負擔……讓人忍不住希望景氣盡快恢復。

57 以下何者符合本文內容？
1. 如果在這家超市購買尿布，可以得到各種不同類型的贈品。
2. 只要是這家超市的商品，無論購買什麼都能參加贈送玩具的活動。
3. 在這家超市不僅可以以優惠價格購買尿布，還能獲得玩具。
4. 在這家超市，即使透過網路購買尿布也能獲得玩具作為贈品。

詞彙 大型(おおがた) 大型｜各種(かくしゅ) 各種｜割引(わりびき) 折扣｜開催(かいさい) 舉辦｜目(め)を引(ひ)く 吸引目光｜おむつ 尿布｜提供(ていきょう) 提供｜案(あん)の定(じょう) 果然｜売(う)り切(き)れる 賣完｜長引(ながび)く 拖長｜不況(ふきょう) 不景氣｜家計(かけい) 家計｜負担(ふたん) 負擔｜贈呈(ぞうてい) 贈送｜効果(こうか) 效果｜育児用品(いくじようひん) 育兒用品｜購入(こうにゅう) 購買｜需要(じゅよう) 需要｜考慮(こうりょ) 考慮｜追加(ついか) 追加｜願望(がんぼう) 願望｜叶(かな)える 實現｜人情(にんじょう)の常(つね) 人之常情｜いくら～とはいえ 雖說～但｜欠(か)かす 缺少｜一刻(いっこく) 一刻、片刻｜望(のぞ)む 希望｜～ないではいられない 忍不住～｜景品(けいひん) 獎品｜贈(おく)る 贈送

解說 這個活動是購買尿布可以獲得玩具贈品，但在網上購買並沒有贈送玩具，而是提供額外折扣，所以答案是選項 3。

(4)

> 一般餐廳供應的飯量平均約為 200 克（336 卡路里），但在大阪某家辦公室設備公司的員工餐廳，每餐提供的飯量被控制在 100 克。其理由說是為了避免攝取過多的熱量，因此將飯量控制在 100 克。
>
> 起初也有聽到一些人說「有點不夠」，但該公司相關人士表示，只要花點巧思即可感受到飽足感。
>
> 首先是將菜單設計成定食類型。藉由米飯、味噌湯和多樣化的熟食等構成的定食型態，就能獲得滿足感。其次是仔細咀嚼並慢慢進食。將蔬菜切大塊，或是煮硬一點，花點心思就容易有飽足感。第三是控制鹽分與調味料的使用。若味道濃厚，有可能會吃太多米飯，因此以清淡口味來品嘗食材本身的風味。
>
> 據說這樣做可以控制熱量，同時較能耐餓，也能均衡地享用配菜和米飯，因此能提升滿足感。

[58] 以下何者符合本文內容？
1. 這家公司的餐廳提供 100 克的米飯是出於經費問題。
2. 這家公司的餐廳提供肉類來讓人感到飽足。
3. 這家公司的餐廳雖然米飯分量較少，但提供各種副食。
4. 這家公司的餐廳讓員工自行調整飯量。

詞彙 一般(いっぱん) 一般｜提供(ていきょう) 提供｜量(りょう) 量｜平均(へいきん) 平均｜事務機器(じむきき) 辦公室設備｜抑(おさ)える 控制｜過剰(かじょう) 過剩｜摂取(せっしゅ) 攝取｜工夫(くふう) 想辦法｜満腹感(まんぷくかん) 飽足感｜多種多様(たしゅたよう) 各式各樣｜惣菜(そうざい) 熟食｜固(かた)め 偏硬的｜ゆでる 煮｜塩分(えんぶん) 鹽分｜調味料(ちょうみりょう) 調味料｜薄味(うすあじ) 口味淡｜腹持(はらも)ちがいい 耐餓｜おかず 配菜｜経費(けいひ) 經費｜背景(はいけい) 背景｜副食(ふくしょく) 副食｜調整(ちょうせい) 調整

解說 文章並未提到提供 100 克米飯是因為經費問題，也不是透過肉類讓人感到飽足。而餐廳並未讓員工自行調整飯量，所以答案是選項 3。

(5)

　　如果作為職業運動員活躍的男性與雄性黑猩猩進行腕力比賽,誰會贏呢?雄性黑猩猩的身高即使成年後也僅約 90 公分,體重僅約 40 公斤,相當於小學低年級的學生。也許你會認為人類不可能輸,但黑猩猩 100% 會贏。以黑猩猩為首的所有靈長類動物,擁有非常強壯的肌肉,比人類的力量強了 2、3 倍。

　　人類之所以力量較弱,是因為為了大腦而犧牲了體力。大猩猩的腦神經約有 33 億個,黑猩猩約 28 億個,而人類則有 86 億個腦神經,腦神經越多,大腦越大,也消耗更多能量。通常脊椎動物攝取的熱量僅有 2% 會使用於大腦,靈長類動物則會消耗總能量的 9%。然而,人類的大腦卻消耗了攝取總能量的 20%。也就是說,人類的大腦越發達,人類的體力就會變得越來越弱。

[59] 以下何者不符合本文內容?
1　靈長類的體力與人類相比之下非常優秀。
2　大腦的大小取決於腦神經的數量。
3　人類為了大腦功能,放棄了體力部分。
4　**大腦消耗的熱量越多,力量就越強大。**

詞彙 活躍 活躍｜腕相撲 腕力比賽｜霊長類 靈長類｜筋肉 肌肉｜脳 大腦｜犠牲 犧牲｜脳神経 腦神經｜費やす 耗費｜通常 通常｜脊椎 脊椎｜摂取 攝取｜消費 消費｜すなわち 也就是說｜弱まる 變弱｜優れる 優秀｜あきらめる 放棄｜人類 人類｜消耗 消耗

解說 文章提到總攝取能量中大腦消耗增加,體力將會減弱的觀點,因此答案是選項 4。

問題 11　閱讀下列 (1)～(3) 的內容後回答問題,從 1、2、3、4 中選出最適當的答案。

(1)

　　為了給予勞動者充足的睡眠時間,有人主張必須將上班時間延後至上午 10 點後,或者彈性調整工作時間。上班時間延遲 1 小時後,勞動者可以有充足的睡眠,容易消除疲勞,也有助於提升工作效率。這種情況也同樣適用於學生。

　　美國賓州大學醫學系的研究團隊針對 12 萬 4517 名成年人進行了睡眠和工作習慣的分析,得出這樣的①結論。這份數據是從 2003 年至 2011 年間針對美國人的時間分配問卷調查中獲得的。

　　根據研究團隊的分析結果,早上 6 點之前開始工作的人,平均睡眠時間為 6 小時。另一方面,上班時間為上午 9 點至 10 點的人,平均睡眠時間為 7 小時 29 分。研究團隊②建議對那些因慢性睡眠不足而煩惱的勞動者採取彈性的工作時間等措施。因為工作場所的工作時間是導致睡眠不足的最主要因素。

睡眠時間少於 6 小時的人，每週平均工作時間比其他人多了 1.55 小時，此外，研究表明這個群體的勞動者，早上很早開始工作，工作到很晚。研究團隊還指出，睡眠時間非常短的傾向，最常見於擁有多份工作，包含兼職工作的族群。

根據美國疾病管理中心的統計，約有 30% 的美國勞動者每天睡眠時間不足 6 小時。美國睡眠醫學會的提摩西摩根戴羅博士在這次賓州大學的研究結果相關討論中表示「要維持勞動者身心最佳狀態，至少需要每天睡眠 7 小時以上」。

[60] 關於①結論的內容，以下何者正確？
1. 當勞動者感到疲憊時，企業方應給予休假。
2. 大多數美國成年人都因睡眠不足而煩惱。
3. **考慮到工作效率，必須彈性運用工作時間。**
4. 美國的工作環境越來越容易讓人累積壓力和疲勞。

解說 文章提到延後上班時間，或者彈性調整工作時間，可以讓人有足夠的睡眠，容易消除疲勞，進而提高工作效率，因此答案是選項 3。

[61] 文中提到②建議，是建議了什麼事情？
1. 勞動者至少每天要睡眠 7 小時 29 分鐘以上
2. 工作應在上午 9 點至 10 點之間開始
3. 個人的睡眠時間不應少於 6 小時
4. **彈性管理工作時間，以提高工作效率**

解說 建議對因為慢性睡眠不足而煩惱的勞動者，採取彈性的工作時間等措施，因此答案是選項 4。

[62] 以下何者不符合本文內容？
1. **縮短工作時間提升工作效率，還能確保在家放鬆的時間。**
2. 藉由彈性管理工作時間，可以提高工作效率。
3. 顯然有兩份以上工作的人容易出現睡眠不足的情況。
4. 美國有三成的勞動者每天睡眠不足 6 小時，應該要再增加。

解說 文章提倡將工作開始時間延後 1 小時或彈性安排工作時間，目的是擺脫睡眠不足，而非主張縮短工作時間，因此答案是選項 1。

詞彙 労働者 勞動者｜睡眠 睡眠｜運営 管理｜提起 提出｜効率 效率｜同様 同樣｜語る 講述｜分析 分析｜導き出す 導出｜配分 分配｜得る 得到｜開始 開始｜平均 平均｜慢性的 慢性的｜悩む 煩惱｜勧告 勸告｜もたらす 帶來｜明らかだ 顯然｜非常に 非常｜傾向 傾向｜含める 包含｜複数 複數｜疾病管理 疾病管理｜統計 統計｜博士 博士｜精神面 精神面｜

維持(いじ) 維持 ｜ 述(の)べる 敘述 ｜ 動詞ます形（去ます）・名詞＋ぎみ 有～傾向 ｜ 企業側(きぎょうがわ) 企業方 ｜
能率(のうりつ) 效率 ｜ 考慮(こうりょ) 考慮 ｜ 弾力的(だんりょくてき) 彈性的 ｜ 運用(うんよう) 運用 ｜ 柔軟(じゅうなん)に 靈活 ｜ 図(はか)る 企圖 ｜ くつろぐ
放鬆 ｜ 確保(かくほ) 確保

(2)

在日本的中高年男性族群中，悄悄掀起了鋼琴熱潮。根據某家鋼琴製造公司表示，該公司在全國約 120 個地點開設的鋼琴教室，近幾年男性會員，尤其是 40、50 歲族群的人數明顯增加。特別是前年秋天開始的「成人鋼琴教室」，最初只有約 100 人名左右的中高年男性會員，但到了去年底驟增到 1500 人左右。新會員半數是 45 歲以上的男性，甚至有人需要排隊等候加入。54 歲的大久保先生從本月開始上課，他說「我們這一代人沒有餘裕學習鋼琴。但我從年輕時就一直夢想著自己彈鋼琴的樣子。直到這個年紀，這個夢想才終於實現了。」

中高年男性族群不是從鋼琴基礎開始練習，而是先以彈一首自己喜歡的曲子為目標。身為公司職員的川人先生說「要達到享受鋼琴樂趣的程度，我的技術還遠遠不夠。」他從今年 1 月開始上課，每週上兩次課，以精通比利‧喬艾爾的《鋼琴人》為目標。雖然不知道會持續多久，但多虧家人與周圍人的支持，他說在家裡也從未間斷每天 1 小時的練習。經營餐廳的石川先生說，女兒結婚後家裡留下一台沒人彈的鋼琴，這成為他開始上課的契機。他表示這也有助於緩解工作等方面累積的壓力。

鋼琴教室的宣傳部門分析說「中高年世代對包括鋼琴在內的樂器有一種潛在的嚮往。隨著年齡增長，有更多人在金錢上有餘裕並開始去鋼琴教室。」這或許是這波熱潮背後的原因之一。

63 為什麼在中年以後開始上鋼琴教室，可能的原因是什麼？
1. 因為認為再過些年紀就無法去上鋼琴教室了。
2. 因為看到排隊等候的人數眾多，自己也想要學習。
3. **因為希望能彈鋼琴，而且經濟上也變得富裕。**
4. 因為難得家裡有鋼琴，覺得讓它閒置太浪費。

解說 文章提到中高年世代對包括鋼琴在內的樂器有一種潛在的嚮往，隨著年齡增長，有更多人在金錢上有餘裕並開始去鋼琴教室。因此答案是選項 3。

64 中高年男性族群在年幼時未曾去鋼琴教室，可能的原因是什麼？
1. 當時的日本鋼琴教室尚未普及。
2. **當時的日本經濟貧困，沒有學習鋼琴的餘裕。**
3. 當時的日本存在男孩不宜學鋼琴的觀念。
4. 當時的日本尚未出現鋼琴熱潮。

解說 54 歲的大奧久保先生說「我們這一代人沒有餘裕學習鋼琴。」所以答案是選項 2。

| 65 | 以下何者不符合本文內容？
1. 這股鋼琴熱潮，可以說也是中高年男性族群夢想的體現。
2. 鋼琴教室的新會員大多數都是40、50歲族群，尤其男性變多了。
3. 鋼琴教室的新會員中，大叔族群是最近幾年開始增加的。
4. **從中高年的年齡來看，最好還是從基礎課程開始扎實地學習。**

解說 文章提到中高年男性族群不是從鋼琴基礎開始練習，而是先以彈一首自己喜歡的曲子為目標。所以答案是選項4。

詞彙 製造 製造 | 開く 開設 | 順番待ち 排隊等候 | 余裕 餘裕 | 夢が叶う 夢想成真 | 基礎 基礎 | ものにする 掌握、完成 | 目標 目標 | 程遠い 差距相當大 | 腕前 能力 | 欠かす 欠缺 | 広報部 宣傳部 | 憧れ 憧憬、嚮往 | 潜む 潛藏 | 年を重ねる 年紀增長 | 金銭的 金錢上的 | 背景 背景 | 分析 分析 | 普及 普及 | 現れ 體現 | 踏まえる 根據、立足於～

(3)

　　如果飯店住客未使用客房內的拋棄式產品等物品，飯店會將相應金額捐贈給環境保護團體的「造林運動」正廣為流行。

　　飯店因為大量使用拋棄式產品，一直以來都被批評是給環境帶來負擔的產業。然而最近，隨著對環保社會的關注不斷增加，住客的意識也在改變。

　　①這種意識轉變產生了這個「造林運動」。其目的是透過減少飯店每天大量使用的牙刷、刮鬍刀等拋棄式產品，從身邊做起，為「造林運動」做出貢獻。許多②機制是向使用自己盥洗用具的客人發放客房專用卡片或優惠券，以便統計捐贈金額。

　　位於福岡的「千禧年福岡飯店」放置了「環保卡」在客房內。未使用拋棄式產品的客人將卡片提交給櫃檯，飯店再根據張數捐款給「造林運動」協會。據飯店表示，許多出差的商務人士「因為未使用客房的盥洗用品」，願意配合。

　　而「西急飯店」在全國西急品牌飯店導入了類似的「綠色優惠券」。透過「造林運動」協會，這些飯店將資金用於亞洲兒童種植樹苗的費用，以及邀請兒童來日本進行交流與參觀學習等費用。

　　此外，也有包含捐款的方案。廣島市的「廣島飯店」推出了「環保連續住宿」計畫，當住客連續入住時，客房清潔頻率將減少為兩天一次，但價格則為正常房價的60%。每位住客會由飯店捐贈600日圓給「造林運動」協會。

　　近年來，人們對於建立環境友善的永續社會的關注日益增加，因此可以看出住客的意識從「奢侈享樂」轉向了「希望對環境更友善」。

| 66 | 文中提到①這種意識轉變，是如何變化的？
    1 開始認為在日本必須增加拋棄式產品等生產。
    2 **不僅在飯店，在生活中也開始努力不使用拋棄式產品。**
    3 開始認為不應該允許在飯店客房內使用盥洗用品等。
    4 開始認為飯店消耗的拋棄式產品應該由飯店直接生產。

解說 雖然住客在飯店大量使用拋棄式產品，但考慮到環境認為應該減少拋棄式產品的使用，所以答案是選項 2。

| 67 | ②機制是什麼樣的機制？
    1 客人使用客房盥洗用品等物品後，將客房內的優惠券等提交給飯店，飯店會進行統計再捐款。
    2 飯店會將客人支付的部分住宿費捐贈給「造林運動」協會，以促進與其他國家兒童交流等活動。
    3 若飯店住客使用了客房的盥洗用品等，飯店會將相應金額加入住宿費用再結算。
    4 **若住客未使用客房的盥洗用品，而是自己的物品，提交專用卡片後，飯店會進行統計再捐款。**

解說 從文章可以得知使用自己攜帶的盥洗用品的住宿客人，如果將客房內的專用卡片交給飯店，飯店會統計捐款金額，所以答案是選項 4。

| 68 | 以下何者符合本文內容？
    1 「造林運動」協會是透過地區居民活動團體的合作和財政援助來運作的。
    2 「造林運動」是由政府主導，落實後取得碩大的成果。
    3 「造林運動」協會的活動僅限於日本國內，完全沒有在海外進行活動。
    4 **「造林運動」會扎根主要是由於人們對於環境意識的改變所造成的。**

解說 「造林運動」不是由地區居民活動團體提供財政援助運作的，也不是由政府主導，而且也有在海外進行活動，涉及亞洲兒童種植樹苗的費用支出。因此答案是選項 4。

詞彙 宿泊客 住客｜使い捨て 用完即丟、拋棄式｜寄付 捐款｜広がる 蔓延、傳開｜大量 大量｜負荷をかける 帶來負擔｜批判 批判｜配慮 關懷｜高まる 高漲｜削減 削減｜身近 身邊｜貢献 貢獻｜集計 總計｜仕組み 機制｜応じる 按照｜同様 同樣｜導入 導入｜植える 種植｜苗木 樹苗｜交流 交流｜充てる 用於、作為｜組み込む 納入｜連泊 連續住宿｜清掃 清掃｜近年 近年｜持続可能 可持續｜ぜいたく 奢侈｜生産 生產｜許可 許可｜消費 消費｜図る 企圖｜請求 索取｜専用 專用｜金銭的 金錢上的｜援助 援助｜主導的 主動的｜役割を果たす 盡到～責任｜根付く 扎根

問題 12 下列 A 和 B 各自是關於「婚禮」的文章。閱讀文章後回答問題，從 1、2、3、4 中選出最適當的答案。

A

　　我是 32 歲的男性，預計明年春天結婚。但是，我只想辦理結婚登記，不想舉行婚禮，特別是不想要婚宴。首先我覺得自己好像會成為一種展示品，也很浪費錢。如果有那些錢，我想用在新婚生活，買齊家電家具，或是未來孩子的資金上。

　　順帶一提，我最討厭的是，因為要不要邀請某些朋友來婚禮而引起的人際關係糾紛。因為人數的關係，必須「劃分」朋友，這光是想想就覺得痛苦。如果不舉行婚禮，就不用這麼在意人際關係了。

　　此外，也不須花精力與時間。雖然向周圍的人報告需要一些時間，但不會造成像籌辦婚禮計畫那種巨大負擔。

　　再者，或許這是我的婚姻觀，我不是想舉行婚禮，我只是想與我喜歡的女性在社會和法律上成為家人，並永遠在一起。

　　然而，有時我也覺得能夠一次向親戚、工作上的上司、朋友等人問候的婚禮形式，或許也是不錯的。

　　但是，我仍然對於婚禮和婚宴是否真的有必要感到疑問。

B

　　雖然有許多人因為費用等金錢問題不想舉行婚禮，但我持反對意見。

　　首先，婚禮的好處在於更能了解彼此的「價值觀」。為了婚禮這個重要的一天，逐一做出決定的過程也是理解彼此價值觀的過程。雖然理解彼此的價值觀和想法可能需要時間，但在共同生活上，這將是非常重要的指引。

　　其次，可以更了解彼此的金錢觀念。在有限的預算內安排必要的事項，決定在哪個部分花費多少錢，將有助於理解彼此的金錢觀念。金錢問題總是伴隨著婚姻生活。我認為在婚禮準備階段確實地掌握彼此的金錢觀念，就是非常重要的事情。

　　此外，能夠一次完成問候。雖然發送邀請函會花費一些精力，但透過婚禮這個儀式，可以通知結婚的消息。

　　而且基本上，父母都期待著自己子女的婚禮。從這個意義上來說，婚禮也可以說是一種孝順父母的表現。

　　這樣想的話，我認為舉行婚禮還是比較好。

[69] A 與 B 的文章都有提到的事情是什麼？
1　婚禮如果處理不當，可能會使人際關係變得複雜。
2　婚宴是婚禮中不可或缺的重要活動，朋友都應該參加。
3　在準備婚禮的過程中，能更加了解對方。
4　透過舉行婚禮，可以輕鬆地向周圍的人表達問候。

解說　A 與 B 都有提到能夠在婚禮上向周圍的人表達問候。所以答案是選項 4。

| 70 | 關於A與B的內容,以下何者正確?
1　A基本上贊成舉行婚禮,但也考慮到婚禮不好的一面。
2　B基本上贊成舉行婚禮,但也考慮到婚禮不好的一面。
3　**A基本上反對舉行婚禮,但也考慮到婚禮好的一面。**
4　B基本上反對舉行婚禮,但也考慮到婚禮好的一面。

解說 A基本上反對舉行婚禮,但也考慮到能夠一次向朋友問候的婚禮形式是否也有其好的一面。而B則支持舉行婚禮,沒有考慮其中的負面因素,因此答案是選項3。

詞彙 婚姻届 結婚申請書｜披露宴 婚宴｜見せ物 展示品｜もったいない 浪費｜回す 運用｜揃える 湊齊｜もつれる 發生糾紛｜線引 劃分｜手間 時間、勞力｜周囲 周圍｜負担 負擔｜法律的 法律上｜親戚 親戚｜いまだに 仍然｜疑問 疑問｜金銭的 金錢上的｜感覚 感覺｜しぼる 縮小範圍｜手配 安排｜付きまとう 糾纏｜把握 把握｜済ませる 解決｜儀式 儀式｜いわば 可以說、換言之｜親孝行 孝順父母｜触れる 提到｜ややこしい 麻煩、複雜｜手軽 輕鬆｜否定的 否定的｜考慮 考慮｜肯定的 肯定的

問題13　閱讀下面文章後回答問題,從1、2、3、4中選出最適當的答案。

我家公寓的停車場是可以停放20輛車的機械式停車場。有三層樓。

有一天,當我要開車出去時,一位看起來像歐美旅客的年輕男子站在立體停車場前擺好相機。我有些驚訝地走近他,心想「拍這樣的立體停車場照片有趣嗎?」我用英語問他「你對這個感興趣嗎?」他用英語回答說「是的,很厲害!我第一次看到。」據說他來自英國,他又問我「在日本,這樣的停車場很多嗎?」我回答說「嗯……?在土地狹小無法設置停車位的地方,會建造這樣的立體停車場,可以讓更多車輛停放。但我認為數量並不是非常多。」

男子拍了幾張照片後說「我想看看其他的立體停車場。」然後離開了。我心裡想著「哇!對英國人來說很稀奇啊……」

至於我呢,也是12、3年前從首都地區來到這個關西的奈良,第一次見到這樣的立體停車場。

一開始,我對於將車開進去、開出來、停車都感到害怕。「中途停下來怎麼辦?」「地震時會發生什麼事?」「下雨會不會讓鐵生鏽」種種問題都讓我感到不安。

地震在關西地區比關東地區要少得多,因此立體停車場可能關西比較多。據說發明者來自大阪,在1929年提出了現今立體停車場的雛型,但當時日本的汽車持有率很少,這項發明在1960年後才開始實現。這已經有半個多世紀的歷史了。

一開始我很擔心,但維護似乎是2、3個月進行一次,我想在12、3年的使用期間,遇到問題大約只有2到3次。即使打電話給緊急聯絡處,等待維修人員前來也需要一個半小時甚至兩個小時。修理需要時間,讓我深感在著急時會很困擾。

但是,對於像日本這樣土地狹小卻擁有許多汽車的地方,這樣理想的停車場讓人感到佩服不已。而且對於外國人來說,這或許是一項「有效利用狹小國土的出色技術」吧。

71 英國人詢問「在日本，這樣的停車場很多嗎？」的原因是什麼？
1. 因為在自己的國家從未看過，也擔心車子掉下來會很恐怖
2. 因為自己的國家也有，但外觀不佳所以被禁止建造
3. **因為在自己的國家從未看過，一直認為車子應該停在地面上**
4. 因為想在日本拍攝在自己國家已被廢棄的立體停車場的照片

解說 因為英國人第一次看到這種立體停車場。而且他並未提到它在英國已被廢棄。文章也沒有提到車子掉落會讓人害怕，所以答案是選項3。

72 作者目前對於這個停車場的安全性有什麼感受？
1. 在下降到地面時停住或故障頻繁，所以感到害怕。
2. 由於關西地區比關東地區更常發生地震，覺得需要迅速採取安全對策。
3. 除了故障等修理需要花時間之外，感覺很安全，所以很佩服。
4. **當然會有故障等不便，但感覺比想像中安全。**

解說 從文章可以得知在過去12、3年中只有2到3次故障，所以故障不算多。而且關西地區地震比關東地區少。另外作者並不是在讚嘆其安全性，而是因為日本這樣狹小土地上有這種恰到好處的停車場，所以答案是選項4。

73 作者認為這個停車場對外國人來說有何優點？
1. **利用有限的土地來增加汽車持有率，展現了日本人的智慧與技術**
2. 即使地震頻繁仍建造立體停車場，展現了日本人的勇氣
3. 即使故障與意外頻繁仍持續改善，展現了日本人的毅力
4. 設置比地面更安全的立體停車場，展現了日本人的機械技術

解說 文章最後提到日本這種土地狹小卻擁有許多汽車的地方，有這樣理想的停車場讓人感到佩服不已。而且對於外國人來說或許是「有效利用狹小國土的出色技術」。所以答案是選項1。

詞彙 我が 我的｜可能 可能｜機械式 機械式｜欧米系 歐美風｜立体駐車場 立體停車場｜構える 擺出某種姿勢｜近づく 接近｜土地 土地｜〜風 〜樣子｜立ち去る 離開｜珍しい 罕見｜かくいう私も 這麼說我也｜首都圏 首都地區｜鉄が錆びる 鐵生鏽｜関西地方 關西地區｜関東地方 關東地區｜圧倒的 壓倒性地｜原型 原型｜考案 規劃、研究｜保有台数 持有車輛數｜現実化 實現｜半世紀 半世紀｜メンテナンス (maintenance) 維護、保養｜緊急 緊急｜修理 修理｜つくづく 深切感到｜うってつけ 合適｜感心する 佩服｜国土 國土｜有効 有效｜素晴らしい 極好的｜外観 外觀｜廃止 廢除｜故障 故障｜早急 火速、緊急｜安全対策 安全對策｜不都合 不方便｜補う 填補｜知恵 智慧｜勇気 勇氣｜根気 毅力

問題 14 以下是富士小學體育設施開放的資訊。請閱讀文章後回答以下問題，並從 1、2、3、4 中選出最適當的答案。

74 以下哪個時間段無法使用富士小學的體育設施？
1 暑假的下午 2 點到下午 6 點
2 週末的上午 11 點到下午 3 點
3 **春假的下午 2 點到下午 6 點**
4 週三的下午 7 點開始到晚上 9 點

解說 春假和寒假的開放時間是上午 9 點到下午 5 點，無法使用到下午 6 點。因此，答案是選項 3。

75 關於文章內容，以下何者不正確？
1 個人無法使用這個體育設施。
2 在使用這個體育設施期間受傷時，校方將不負責。
3 無法在這個體育設施舉辦寺廟的活動。
4 **開始使用後，須將登記團體會員名冊提交給校方。**

解說 這個體育設施僅供團體使用，如果發生意外，學校不負責任。此外宗教團體不能使用此設施。同時須事先提交登記團體會員名冊，所以答案是選項 4。

富士小學體育設施開放

1. 開放目的：促進地區居民參與體育活動，以增強市民體力，增進健康。
   但僅在不影響學校教育及活動範圍內開放體育設施。

2. 開放期間：
   ①日間開放：週末、國定假日、暑假期間為上午 9 點～下午 6 點
   　　　　　　春假、寒假期間為上午 9 點～下午 5 點
   ②夜間開放：每週三　晚上 6 點～晚上 9 點

3. 使用對象團體：團體是指在市內居住、工作、就學的人，為了進行運動而組成的 10 人以上的團體。但政治、宗教、營利性質的團體不在使用範圍內。
   另外夜間開放時，原則上僅限成年人使用。
   年齡未滿 20 歲的團體（包括小學生、國中生、高中生等團體）必須有 20 歲以上的負責人。在使用時必須有 20 歲以上的負責人在場陪同。

4. 使用方法：請向富士小學體育設施開放管理委員會提出申請。
   須事先提交體育設施使用登記團體申請書（請於官網下載）和登記團體會員名冊給學校開放管理委員會。

5. 使用費用：免費

6. 使用團體責任：使用期間發生的意外事故，使用團體須承擔責任，富士小學不承擔此責任。同時，使用結束時應將使用場所、器具等恢復原狀，若設施、器具等有損壞情形，則須進行賠償。

詞彙 体育 體育｜施設 設施｜開放 開放｜時間帯 時段｜個人的 個人的｜負傷 受傷｜行事 活動｜開く 開設｜名簿 名冊｜促進 促進｜増進 增進｜支障 妨礙｜範囲 範圍｜在住 居住｜組織 組織｜宗教 宗教｜営利 營利｜原則 原則｜立ち会う 在場｜委員会 委員會｜申し込む 申請｜申請書 申請書｜責任を負う 負責任｜器具 器具｜原状に復する 恢復原狀｜破損 破損｜弁償 賠償

第2節 聽解　🎧 Track 4

問題 1　先聆聽問題，在聽完對話內容後，請從選項 1～4 中選出最適當的答案。

例　🎧 Track 4-1

男の人と女の人が探している本について話しています。女の人はこれからどうしますか。

男：はい、桜市立図書館です。

女：もしもし、そちらの利用がはじめてなんですが、そちらの蔵書について電話で伺ってもいいですか？

男：はい。本の題名を教えてくだされば、検索いたします。

女：それが本じゃなくて、外国の新聞とか雑誌なんです。

男：はい、当館では外国の新聞約50種、雑誌を約100種所蔵しております。

女：へえ、すごいですね。

男：詳しくは当ホームページの検索でご確認できます。

女：そうですか。はい、やってみます。あと、私は子供がいて一緒に行きたいんですが、入るとき、年齢の制限とかはありますか。

男：どなたでも自由に入館できます。ただ、当館では児童書は扱っておりません。

女：あ、そうですか。残念ですね。私はぜひ子供に本を読ませたいんですが。

例

男子和女子正在討論找尋中的書。女子接下來要怎麼做？

男：您好，這裡是櫻市立圖書館。

女：喂，我是第一次使用你們那裡的服務，可以用電話詢問關於那裡的藏書嗎？

男：可以的。只要告訴我書名，我來幫您查詢。

女：我要找的不是書籍，是外國的報紙或雜誌。

男：好的，本館館藏的外國報紙約有 50 種；雜誌約有 100 種。

女：哇，真厲害。

男：詳細資訊可以在本館網站搜尋確認。

女：這樣啊。好的，我試試看。還有，我有小孩想要一起去。有入館的年齡限制嗎？

男：任何人都可以自由入館。不過，本館並沒有提供兒童讀物。

女：啊，這樣啊。真可惜。我非常希望讓小孩讀書的。

女の人はこれからどうしますか。	女子接下來要怎麼做？
1　ホームページで児童書を検索する	1　在網站上搜尋兒童讀物
2　ホームページで子供に読ませる本を検索する	2　在網站上搜尋適合孩子閱讀的書籍
3　子供も入館できる図書館を探す	3　找尋孩子可以入館的圖書館
4　**子供が読める本がある図書館を探す**	4　**找尋有適合孩子閱讀的書籍的圖書館**

1番 Track 4-1-01

女の人と男の人がパーティーについて話しています。女の人は来週のパーティーに何を着て行きますか。

女：ねえ、ねえ、来週の金曜日友だちのパーティーに誘われたんだけど、何を着て行ったら無難かしら。

男：そうね、パーティーの場所によって違うと思うけど、雰囲気を壊さないくらいでいいんじゃないの。

女：でも女性なら、スカートや清潔感のある色のワンピースでしょう。でも、私、イブニングドレスとかそんなの持ってないし。

男：イブニングドレス？それは大げさだよ。ああ、やっぱり女の人は服とかにこだわってよくわからない。招待状にはドレスコードとか書いてないの。

女：特に書いてないわよ。

男：じゃ、今のスーツの格好で誠意を表しただけでいいんじゃないの？

女：そうね。来週のパーティーは主役がいると聞いたから、その人を引き立たせた方がいいわね。

女の人は来週のパーティーに何を着て行きますか。

1　地味で、誠意を見せる洋服
2　**あまり目立たなくて、誠意を見せる正装**
3　ドレスコードにふさわしい洋服
4　主役を立たせるようなドレス

第1題

女子和男子正在討論派對的事情。女子下週派對要穿什麼衣服去？

女：那個那個，下週五我被邀去朋友的派對，穿什麼衣服去比較安全呢？

男：嗯，我覺得根據派對地點而異，但只要不破壞氣氛就可以了。

女：可是女性的話，應該穿裙子或有清爽感的連身裙吧。但是我沒有晚禮服之類的衣服。

男：晚禮服？那太誇張了。啊啊，果然女人對衣服的堅持總是很難理解。邀請函裡沒有寫服裝要求之類的嗎？

女：沒有特別寫喔。

男：那妳穿現在的套裝表示誠意不就可以了嗎？

女：對耶，聽說下週派對還有主角，還是突顯那個人比較好。

女子下週派對要穿什麼衣服去？

1　樸素而展現誠意的服裝
2　**不太顯眼，但展現誠意的正裝**
3　適合著裝要求的服裝
4　能夠突顯主角的禮服

> **解說**　男子最後提到穿現在身上的套裝表示誠意即可，而女子也覺得突顯主角比較好。所以答案是選項2。

詞彙 無難 安全、保險｜壊す 破壊｜清潔感 清潔感、清爽感｜大げさ 誇張｜こだわる 堅持｜誠意を表す 表現誠意｜主役 主角｜引き立つ 襯托｜地味 樸素｜目立つ 顯眼｜正装 正裝｜ふさわしい 適合

2番　Track 4-1-02

男の人と女の人が結婚の費用について話しています。男の人は結婚費用の節約のためにどうしますか。

男：付き合っている彼女と結婚を考えているんだけど、ぼくお金をあまり貯めてなくて心配なんだ。

女：結婚トレンド調査によると、結納や婚約から新婚旅行まで、およそ400万円ぐらいはかかるそうよ。その中でも挙式や披露宴に一番たくさんのお金がかかるらしいね。

男：400万円、僕、そんな大金持ってないよ。どうしよう。やっぱり銀行で借りた方がいいのかな。

女：今からそんなに焦ることないんじゃない。まず親同士は会わせたの？

男：それもまだ……。

女：そしたら、まずそれから始めないと。そして、費用は節約したいと思うなら、いくらでもできるよ。披露宴で招待客一人あたり、平均して2万ぐらいだと言ってるから、披露宴にどれだけの人を呼ぶかが、費用を節約する鍵になるね。またそれについて、彼女や両親に正直に相談してみたらどう。

男の人は結婚費用の節約のためにどうしますか。

1　彼女と会い、銀行で結婚費用を借りられる方法を相談する
2　彼女と会い、招待客を減らす方法を見つけ出す
3　両家が話し合い、招待客の人数などを事前に決める
4　両家が結婚費用の内訳を話し合う

第2題

女子和男子正在討論結婚費用。男子為了節省結婚費用會怎麼做？

男：我正考慮跟交往中的女朋友結婚，但我沒有存很多錢，我很擔心。

女：根據結婚趨勢的調查，從聘禮、訂婚到新婚旅行，大約需要花費400萬日圓左右。在那當中，婚禮和喜宴似乎需要最多錢。

男：400萬日圓，我沒有那麼多錢。該怎麼辦呢？還是跟銀行借錢比較好嗎？

女：現在不需要那麼焦慮吧。首先雙方父母見過面了嗎？

男：那個也還沒有……

女：這樣的話，首先必須從那個開始。而且，如果你希望節省費用，實際上有很多方法可以做到。據說喜宴上，平均每位賓客的費用大約是2萬日圓，所以邀請多少人將會成為節省費用的關鍵。另外關於此事，你誠實地和女朋友及雙方父母商量看看如何呢？

男子為了節省結婚費用會怎麼做？

1　與女朋友見面，討論在銀行借貸結婚費用的方法
2　與女友見面，找出減少邀請賓客的方法
3　兩家商量後，事前決定好邀請賓客的人數等事項
4　兩家討論結婚費用細項

解說 在喜宴上邀請多少賓客是省錢的關鍵,所以雙方應協商決定邀請的賓客數。因此,答案是選項 3。

詞彙 節約 節儉｜貯める 存錢、儲蓄｜結納 聘禮｜およそ 大約｜挙式 婚禮｜披露宴 喜宴｜焦る 焦慮｜両家 雙方家庭｜見つけ出す 找出｜事前 事前｜内訳 細項、明細

3番 Track 4-1-03

女の人と男の人が話しています。女の人はケータイのエラーを解決するためにはどうしますか。

女：ねね、ちょっと私のケータイ、見てくれない。昨日から急にスクリーンショットが撮影できないんだ。

男：お前、機械音痴だからな。そんなの端末の電源ボタンと音量ダウンボタンを同時に長押しするだけだろう。

女：もう〜、ほんとに馬鹿にしないで。だから、いつもはそういうやり方でやってきたわよ。でもこのアプリでスクリーンショットの撮影しようとしたら、このエラーが表示されるんだもん。

男：どれどれ、「空き容量が足りないか、アプリまたは組織によって許可されていないため、スクリーンショットは撮れません。」なんだ、お前、けっこう要らないアプリーダウンロードしまくっただろう。

女：違うわよ。杉本君の言う通り、私、そんなに機械に得意じゃないし。

男：だったらこれはアプリ側で画面撮影を禁止する仕組みになっているからだよ。

女：じゃ、っていうことは。

女の人はケータイのエラーを解決するためにはどうしますか。

1 アプリ側の仕組みなので、エラーの解決はできない
2 アプリケーションの管理を行い、アプリをアップデートする
3 不足している容量を確保するため、新しくアプリを設定する
4 組織の許可を得るためにアプリを再起動する

第 3 題

女子和男子正在交談。女子為了解決手機的錯誤要怎麼做?

女：那個,可以幫我看一下手機嗎?從昨天開始突然就不能螢幕截圖了。

男：妳是機器白癡嘛,那個只要同時長按電源鍵和音量減小鍵就好了吧。

女：吼,真的不要把我當笨蛋,我平常就是那樣按的,但是當我嘗試在這個應用程式截圖時,就會出現這個錯誤嘛。

男：我看看⋯⋯「空間容量不足,或未經應用程式或組織許可,無法截圖。」喔,妳下載了很多不需要的應用程式對吧?

女：才沒有,就像杉本你說的,我又沒那麼擅長機器這些的。

男：這樣的話就是應用程式設置了禁止截圖的機制了。

女：那這意味著⋯⋯

女子為了解決手機的錯誤要怎麼做?

1 因為是應用程式的機制,所以無法解決錯誤
2 進行應用程式管理,並更新應用程式
3 為了釋放足夠的空間,重新設定應用程式
4 為了取得組織許可,重新啟動應用程式

解說 無法進行螢幕截圖是應用程式端的機制所致，並未提及要更新應用程式、重新設定應用程式或重新啟動，因此答案是選項 1。

詞彙 撮影 攝影、照相｜機械音痴 機器白癡｜端末 終端｜電源 電源｜音量 音量｜長押し 長按｜表示 顯示｜空き 空間｜容量 容量｜組織 組織｜動詞ます形（去ます）＋まくる 反覆～、狂～｜禁止 禁止｜仕組み 機制｜管理 管理｜設定 設定｜再起動 重新啟動

4番 Track 4-1-04

男の人と女の人が話しています。男の人はこれからどうしますか。

男：この映画のように人間と会話を交わしたり、人の感情を認識したりするロボットがあったらいいね。

女：え～、本当？そんなのが家にあったら、プライバシーなんかないんじゃないの。まるでパソコンにカメラがついている感じじゃない。人の個人情報がもっと世界に配信されるばかりでしょう。

男：そうかな。ずいぶん悲観的な考え方だね。僕は本や漫画を見ながら、ロボットと会話ができる未来を楽しみにしていたのにな。

女：そんな漫画やおもちゃばかり買い集めるのに、いったいいつまでお金を使うつもり？

男：将来はロボットが料理や掃除を全部やってくれる時期が絶対来るって。

女：はい、はい。でもあなたが開発するわけでもないから、一応週末ぐらいはちゃんと家事を手伝ったら？

男：分かった。普段から手伝うよ。その代わり…明日はロボット専門館に行かせてよ。

女：もう、仕方ないね。

男の人はこれからどうしますか。

1 今家事を手伝ってから、明日ロボット専門館に行く
2 週末だけじゃなく、平素から家事を手伝う
3 平日家事を手伝いながら、ロボットの専門店に通う
4 ロボットに関する漫画や本を買うのを止めて、お金を節約する

第 4 題

女子和男子正在交談。男子接下來會怎麼做？

男：如果有像這部電影裡一樣能與人對話、理解人類情感的機器人就好了。

女：咦？真的嗎？要是家裡有這種東西，不就完全沒有隱私了嗎？就像電腦帶著攝影機一樣的感覺。個人資訊只會被更加散播到世界上。

男：是這樣嗎？真是悲觀的想法呢！我可是期待一邊看書和漫畫，一邊能與機器人對話的未來啊。

女：你老是花錢收集那些漫畫和玩具，到底要花錢到什麼時候？

男：將來肯定會有機器人全程負責煮飯和打掃的時候。

女：是，是，但是既然也不是你開發的，週末姑且好好幫忙做家事如何？

男：知道了，平常也會幫忙喔。作為交換，明天就讓我去機器人專門館吧。

女：吼，真拿你沒辦法。

男子接下來會怎麼做？

1 現在幫忙做家事，明天去機器人專門館
2 不只是週末，平常也幫忙做家事
3 平常幫忙做家事的同時，去機器人專門館
4 停止購買關於機器人的漫畫或書籍，節省金錢

解說 男子答應不只是週末,平時也會幫忙,所以答案是選項2。

詞彙 交わす 交換｜感情 感情｜認識 認識、理解｜配信 傳送、發布訊息｜悲観的 悲觀的｜開発 開發｜普段 平時｜平素 平常｜節約 節約

5番 Track 4-1-05

男の人と店員が話しています。男の人はこれからどんなアクセサリーを買いますか。

男：彼女にプレゼントするアクセサリーを買いたいんですが、どんなものがいいですか。

女：こちらが新製品でございますが、来月のクリスマスを迎えてこちらのネックレスやペンダントトップとかいかがでしょうか。こちらのブレスレットも最近変わったデザインですごく売れている商品でございます。

男：あ、彼女専門職でいつもスーツ姿なので、ブレスレットなどじゃらじゃらつけるのも職場にふさわしくないし、これはちょっと避けたいですね。

女：あ、そうですか。でも女性の場合、気分転換でアクセサリーをつける方も多いですし、デートの時のちょっとおしゃれしたいという気持ちもありますから、きっと喜ばれると思います。

男：うん……。でもやっぱりブレスレットはちょっと。今年はネックレスの方を選ぼうかな。

女：そしたら普段着ている服装の雰囲気と合わせて、あまり目立たないこちらの商品はいかがでしょうか。こちらのチェーンは今とても評判がいいですよ。

男：あ、でもよく考えてみたら、さっきの店員さんのおすすめもよさそうですね。そうします。

男の人はこれからどんなアクセサリーを買いますか。

1　スーツにふさわしいゴージャス系のネックレス
2　職場の雰囲気を考えた、あまり華やかじゃないブレスレット
3　気分転換のためにつけられるネックレス
4　**普段の気分を変えられるようなブレスレット**

第5題

男子和店員正在交談。男子接下來要買什麼樣的飾品?

男：我想買送女朋友的飾品,有什麼合適的嗎?

女：這是我們的新產品,考慮到下個月的聖誕節,這款項鍊或墜子怎麼樣呢?這款手鍊是最近特別的設計,也是非常暢銷的商品。

男：啊,我女朋友從事專業工作,工作時一直穿套裝,戴手鍊之類的會發出匡噹匡噹的聲音,不適合工作場所,我想避開這個。

女：喔,這樣啊。不過女生的話,很多人會配戴飾品來調整心情,約會時也會有想要打扮一下的心情,我覺得她一定會喜歡的。

男：嗯……但手鍊還是不太適合。今年我選項鍊好了。

女：這樣的話,配合平常穿著的氛圍,這款不太顯眼的產品您覺得如何?這款鍊子現在也大受好評喔。

男：啊,但是仔細想想,剛剛店員小姐推薦的好像也不錯耶,就選那個吧。

男子接下來要買什麼樣的飾品?

1　適合套裝的華麗項鍊
2　考慮到工作場所的氛圍,不太華麗的手鍊
3　可以轉換心情的項鍊
4　**可以改變日常心情的手鍊**

解說 根據最後對話內容，男子覺得店員推薦的也不錯，決定按照店員的建議選擇能轉換心情，又可以在約會時稍微打扮一下的手鍊。所以答案是選項4。

詞彙 変わる 改變（「変わった」的意思是「特別、與眾不同」）｜じゃらじゃら 鈴鐺或金屬碰撞發出的聲音｜ふさわしい 適合｜避ける 避開｜気分転換 轉換心情｜おしゃれ 打扮｜普段 平常｜服装 服裝｜雰囲気 氛圍｜目立つ 顯眼｜評判 評價｜ゴージャス系 華麗風格｜華やかだ 華麗

問題 2 先聆聽問題，再看選項，在聽完對話內容後，請從選項 1 ～ 4 中選出最適當的答案。

例 Track 4-2

男の人と女の人が料理を作りながら話しています。男の人は何に注意しますか。

男：寒くなってきたな。食べると体が温まって、簡単でおいしい料理、何かないかな。

女：そうね。うちは家族みんなでよく豚汁食べるけど。作り方教えようか。

男：へえ、どんな料理？ 僕は一人暮らしだから、なるべくはやく済ませられる料理がいいけど。

女：すごく簡単だよ。材料は豚肉と大根、じゃがいも、にんじん、みそだけあればいいよ。長さ3センチぐらいに全部の材料を切ってね。まず豚肉を炒めてから野菜を入れて、さらに炒める。

男：順番なんかいいだろう。何を先に炒めようが。

女：よくない。必ず肉を先に炒めてね。それから全体に油がまわったら、水を加え、10分煮る。そこにみそを溶かすとできあがり。

男：へえ。簡単だね。でもさっきの3センチって面倒くさいから、適当に切っていいだろう。

女：でも早く済ませたいんでしょう。材料は大きさをそろえたら、煮やすくなるのよ。

男の人は何に注意しますか。

1 材料は大きさを合わせて切ること
2 材料がそろった後に、はやく煮ること
3 炒める順番を決めること
4 はやく済ませられるように材料をそろえること

例

男子和女子正一邊做菜一邊交談。男子要注意什麼？

男：天氣變冷了呢。有沒有什麼吃了身體就會暖和，既簡單又美味的料理？

女：這樣啊。我們家經常一家人一起吃豬肉清湯。要告訴你作法嗎？

男：哦？是怎樣的料理呢？因為我一個人生活，最好是能快速做完的料理。

女：非常簡單喔。材料只需要豬肉、白蘿蔔、馬鈴薯、紅蘿蔔和味噌即可。將全部的材料都切成長度 3 公分左右。先炒豬肉，再加入蔬菜繼續炒。

男：順序無所謂吧。先炒什麼都行。

女：不行。一定要先放肉炒。然後等整個鍋裡沾滿油，再加水煮 10 分鐘。在這裡加入味噌使其溶解就完成了。

男：是喔。蠻簡單的呢。但剛剛提到切成 3 公分有點麻煩，可以隨便切嗎？

女：不過你想要快速完成吧。材料大小一致的話，煮起來會更容易喔。

男子要注意什麼？

1 材料要切成大小一致
2 準備好材料後要快速烹煮
3 決定炒菜的順序
4 為了快速完成要準備好所有材料

1番 🎧 Track 4-2-01

会社で女の人と男の人が話しています。女の人はどうして新製品の価格を変更したいと言っていますか。

女：佐藤さん、新製品のことなんですが。

男：うん、何？

女：はい、販売促進プランを作っていて、設定価格が高いんじゃないかと思い始めたんです。

男：ああ、そうかもしれないね。上からは、ちょっと高めにしてほしいと言われているからね。

女：はい、でもこの製品のターゲットは私達ぐらいの若い世代ですよね。だから、この価格ではちょっと負担が大きいと思うんです。

男：う〜ん、そうだな…。うまくアピールして高級イメージを作っても、この価格を受け入れてもらえるかってところかな。

女：はい、ジャパン商事の同じ機種に比べても、割高感がぬぐいきれないんですよね。

男：そうかもしれないね。

女：はい、デザインの斬新さだけでは、消費者を引き付けることはできないと思います。

男：うん、そうだね。じゃ、来週の会議にかけて、再検討してもらうことにするよ。

女の人はどうして新製品の価格を変更したいと言っていますか。

1　価格の割に高級感に欠けるから
2　**対象としている世代には高いから**
3　他社のものよりデザインが劣るから
4　消費者は価格の安い製品を買うから

第1題

女子和男子正在公司交談。女子為什麼希望變更新產品的價格？

女：佐藤先生，關於新產品……

男：嗯，什麼事？

女：是的，我正在制定促銷計劃，開始擔心設定價格是否太高了。

男：啊，可能是吧。因為上面有人交待了，希望價格稍微提高一點。

女：是的，但這款產品的目標客群是像我們這樣年輕的一代。所以我覺得這個價格有點負擔太重了。

男：嗯，這樣啊……即便成功宣傳，塑造高級形象，能否讓人接受這個價格可能也是一個問題吧。

女：是的，與日本商事的相同機種相比，還是無法消除那種價格較貴的感覺。

男：可能是這樣吧。

女：嗯，我認為只憑設計的新穎，無法吸引消費者。

男：嗯，是啊。那下週會議上再重新審視這個問題。

女子為什麼希望變更新產品的價格？

1　因為以價格來說欠缺高級感
2　**因為對目標客群的年齡層來說價格太高**
3　因為設計比其他公司的產品差
4　因為消費者傾向於購買價格較便宜的產品

解說　即使產品塑造出高級形象或是設計新穎，但由於對年輕一代而言價格過高，負擔太重，因此女子建議降低價格，所以答案是選項2。

詞彙　新製品 新產品｜変更 變更｜販売促進 促銷｜設定 設定｜負担 負擔｜アピール 宣傳｜受け入れる 接受｜機種 機種｜割高感 價格較貴的感覺｜拭う 消除｜動詞ます形（去ます）＋切る 完全〜、徹底〜｜斬新 新穎｜引き付ける 吸引｜劣る 差、不如

2番 Track 4-2-02

二人の女の人があるお店について話しています。女の人達はこの店の何がいいと言っていますか。

女1：あら、そのブラウス、かわいいわね。

女2：そうでしょ。あなたのスカートも履きやすそうね。

女1：うん、軽くて、履きやすくて、安いのよ。

女2：どこで、買ったの？

女1：ああ、この先の商店街の小さな洋服屋。

女2：え、そうなの。私のもそこで買ったのよ。オーナーはあまり愛想がよくないけどね。

女1：ああ、そうね。でも無理にすすめないし、私もあの店、気に入っているのよね。

女2：私もよ。千円以下の洋服でも、前開きの服が多くて、ポケットも付いているし、すごく便利に着られるわね。

女1：そうね。種類は多くないけど、着やすい普段着を買うならもってこいの店だわね。

女の人達はこの店の何がいいと言っていますか。

1 商品は高目だが、種類が多いこと
2 オーナーが親切でハンサムなこと
3 商品が安くて、機能的なこと
4 他の客とも情報交換ができること

第 2 題

兩位女子正在討論某家商店。她們說這家商店哪些方面很好？

女1：噢，那件罩衫好可愛。

女2：是呀，妳的裙子看起來也很好穿。

女1：嗯，又輕又好穿，還很便宜。

女2：在哪裡買的？

女1：啊，就在前面商店街上的小型服飾店。

女2：咦，是嗎？我的也是在那買的。老闆不太親切就是了。

女1：嗯，對啊。但是不會強迫推銷，我也很喜歡那家店的。

女2：我也是。即便是一千日圓以下的衣服也有很多開襟款式，還有附口袋，穿起來非常方便。

女1：對啊，雖然種類不多，但是如果想買好穿的日常衣服，這家店最適合呢。

她們說這家商店哪些方面很好？

1 商品雖然較貴，但種類多
2 老闆親切又帥氣
3 商品便宜且功能性強
4 能與其他客人交流資訊

解說 從對話可以得知這家店種類不多，老闆不太親切，而且並未提到與其他客人交流資訊的內容。所以答案是選項 3。

詞彙 商店街 商店街｜愛想 親切｜すすめる 推薦｜前開き 開襟｜便利 方便｜普段着 日常衣服｜もってこい 適合｜機能的 功能性｜情報交換 交流資訊

3番 Track 4-2-03

女の学生と男の学生が話しています。男の学生はどうして試験に落ちたと言っていますか。

女：日本語試験の結果がきたでしょう。どうだったの？

第 3 題

女學生和男學生正在交談。男學生說他為什麼考試沒通過？

女：日語考試的結果出來了吧？如何？

男：ダメだったよ。落ちちゃった…。

女：え、ハンさんが、落ちたなんて信じられない。すごく勉強してたじゃない。

男：うん、ぼくはついてないんだよ。

女：え？どういう意味？試験中体調でも悪くなったの？

男：ううん、そうじゃないんだ。試験はちょっと難しかったんだけど、8割はできていたんだよ。

女：うん、その試験は6割できれば合格でしょ。

男：そう。実はね…。最後の試験中に電話の音がしたんだよ。ぼくのスマホからだったんだ。

女：えぇ！スマホの電源を切らなかったの？

男：うん、つい、うっかりしていたんだ。それで、失格ってことだよ。

女：ほんとに、ついてなかったわね。

男の学生はどうして試験に落ちたと言っていますか。

1 試験が思ったより難しかったから
2 試験中にお腹が痛くなったから
3 勉強は十分したが、試験に弱いから
4 試験中に違反行為があったから

男：不行，我沒通過……

女：咦？韓同學竟然沒通過，我真不敢相信。你不是很努力讀書嗎？

男：嗯，我的運氣不太好。

女：嗯？什麼意思？考試的時候身體不舒服嗎？

男：不，不是那樣。考試雖然有點難，但我做對了8成左右喔。

女：嗯，那個考試有6成就合格了吧。

男：對，其實……在最後一場考試時，有電話響了，結果是我的手機。

女：咦！你沒關手機的電源嗎？

男：嗯，我不小心忘記了。因此就失去考試資格了。

女：真的運氣很不好呢！

男學生說他為什麼考試沒通過？

1 因為考試比想像中的困難
2 因為考試中肚子痛
3 因為雖然有充分準備，但是不擅長應付考試
4 因為考試時有違規行為

解說 男學生在最後一場考試時手機響起，導致考試資格被取消。所以答案是選項4。

詞彙 結果 結果 ｜ ついてない 運氣不好 ｜ 体調 身體狀況 ｜ 合格 合格 ｜ うっかりする 不小心 ｜ 失格 失去資格 ｜ 違反行為 違規行為

4番　Track 4-2-04

男の学生と女の学生が話しています。女の学生はどうしてバスの中でスマートフォンを使わないのですか。

男：今日、大学までのバスの中で、スマホを忘れて来たのに気づいたんだよ。

第4題

男學生和女學生正在交談。女學生為什麼在搭公車時不使用智慧型手機？

男：今天在來大學的公車上，發現自己忘記帶手機。

女：あ、そうなんだ。バスの中でスマホしようとしたら、なかったのね。
男：そう。それでひまだから、他の人達のことを見回していたらね。ほとんどの人がスマホをしているんだよ。
女：ああ、そうでしょ。スマホを触ってないと、みんな落ち着かないのかしらね。
男：そうかもしれないね。ぼくも、今日はなんか手持ち無沙汰でね。でも、忘れたおかげで、人間ウォッチングができてよかったよ。
女：そうよ。私はバスの中では、スマホはしないようにしているの。気持ち悪くなるのよね。
男：そうなんだ。揺れるからかな？電車の中では大丈夫なの？
女：そうね。電車の中では、平気ね。

女の学生はどうしてバスの中でスマートフォンを使わないのですか。

1　他のことを考えるから
2　車酔いするから
3　人間観察するから
4　外の景色を見るから

女：啊，這樣啊。你想在公車上用手機，但找不到嗎？
男：對啊，所以因為很閒，就看向其他人，幾乎每個人都在用手機呢！
女：嗯嗯，對吧。不碰一下手機，大家就靜不下來嗎？
男：可能吧。我今天也是覺得閒得無聊，但是多虧忘記帶手機，我能觀察人們，挺不錯的。
女：對啊，我在公車上盡量不用手機，因為我會覺得不舒服。
男：原來如此，是因為搖晃的緣故嗎？電車上就沒問題嗎？
女：嗯，電車上就沒問題。

女學生為什麼在搭公車時不使用智慧型手機？

1　因為在想其他的事情
2　**因為會暈車**
3　因為在觀察人群
4　因為在看外面的景色

解說　女子說在公車上晃動會讓她感到不舒服，所以答案是選項2。

詞彙　気づく 發現｜見回す 環視、張望｜触る 觸摸｜落ち着く 冷靜｜手持ち無沙汰 閒得無聊｜揺れる 搖晃｜平気 沒問題｜車酔い 暈車｜観察 觀察｜景色 景色

5番 🎧 Track 4-2-05

男の人と女の人が話しています。男の人はどうしてバスの運転手に怒られたと言っていますか。

男：今日、大阪空港からリムジンバスに乗って帰ってきたんだけどね…。
女：うん、何かあったの？
男：それが、バスの運転手に怒られちゃったんだよ。恥ずかしかったよ。

第5題

男子和女子正在交談。男子為什麼說自己被司機罵？

男：今天我是從大阪機場搭乘利木津巴士回來……
女：嗯，發生什麼事了嗎？
男：就是，我被公車司機罵了，很丟臉。

女：どうしてお客が運転手に怒られるのかな？バスの中でお酒でも飲んでたんじゃないの？	女：為什麼客人會被司機罵？你在巴士上喝酒了嗎？
男：ちがうよ。自分でもよくわからなかったんだけどね。運転手が「まだ席に座っていてください。」って、マイクを通してきつく言うんだよ。	男：不是啦。我自己也不太清楚為什麼。司機透過麥克風說「請繼續坐在位子上。」
女：ふ〜ん、トイレにでも行こうとしたの？	女：嗯，你是想去廁所嗎？
男：いいや、もうすぐ到着するから、降りる準備をして立ち上がったんだよ。そうしたら怒られたんだ。	男：沒有，因為快到站了，所以準備下車站起來，結果就被司機罵了。
女：ああ、リムジンバスはつり革もないし、危ないからじゃないの？	女：哦哦，利木津巴士沒有拉環，這樣不會很危險嗎？
男：まあ、そうだね。ちゃんとバスが止まってから、降りる準備をしてくださいという注意だね。	男：嗯，也是啦。應該是提醒要等巴士停下來後再準備下車。
女：そうね。でも、マイクで言われたら他の乗客にも聞かれちゃうし、恥ずかしいわね。	女：對啊，不過透過麥克風說的話，其他乘客也會聽到，很難為情耶。
男：そうなんだよ。	男：就是啊。
男の人はどうしてバスの運転手に怒られたと言っていますか。	男子為什麼說自己被司機罵？
1　バスの中でお酒を飲んだから	1　因為在巴士上喝酒了
2　バスが停止中にトイレに行ったから	2　因為在巴士停靠時去廁所
3　バスの席にじっと座っていなかったから	3　因為沒有坐在巴士的座位上
4　バスが停止する前に席を立ったから	**4　因為在巴士停好之前就從位子上站起來**

解說　男子提到自己在巴士停好之前就準備下車站起來，所以答案是選項4。

詞彙　通す 透過 ｜ きつい 嚴厲 ｜ 準備 準備 ｜ 立ち上がる 站起來 ｜ つり革 拉環 ｜ 停止 停止

6番　Track 4-2-06

マンションの郵便受けの前で女の人と男の人が話しています。郵便配達の人はどうして郵便物が届けられないと言っていますか。

女：あ、ちょうどよかった、うちの郵便いただいていきますね。

第 6 題

男子和女子正在公寓信箱前交談。郵差為什麼說郵件無法投遞？

女：啊，正好。我要領取我家的信。

男：はい、何号室ですか？

女：ああ、705号室の前田です。

男：はい、3通きています。でも、奥さんの所はちゃんと名前が郵便受けに書いてあるからいいですよ。

女：え？ ああ、そういえば、ほとんどの郵便受けには名前が書かれていないわね。これじゃ、困るでしょ。

男：そうなんですよ。宛先の部屋番号だけが頼りですね。部屋番号が無かったら、届けられませんよ。

女：そうですよね。郵便が配達されなかったら困るでしょうにね。届けられなかった郵便物はどうするんですか？

男：はい、差出人に戻しますけどね。そんなに個人情報を隠したいんですかね。

女：本当にね。私も隣に住んでいる若い家族の名前は知らないわ。玄関に表札がないしね。

男：ちょっと、行き過ぎで、私達も困っていますよ。

男：好的，請問是幾號房？

女：啊，是705號房的前田。

男：好的，有三封信。太太你們家信箱上有好好寫上名字，所以沒問題。

女：咦？啊，這麼說起來，大部分的信箱上都沒有寫名字耶。這樣很困擾吧？

男：對啊。只能靠收件地址的房間號碼。如果沒寫房間號碼，郵件就無法投遞。

女：對耶。如果郵件無法投遞會很困擾吧。無法投遞的郵件該怎麼辦？

男：會退回給寄件人。大家是很想隱藏個人資訊嗎？

女：真的耶。我也不知道住在隔壁的年輕家庭的名字，因為門口沒有名牌。

男：有點太過分了，這會讓我們很困擾啊。

郵便配達の人はどうして郵便物が届けられないと言っていますか。

1 受取人の氏名や部屋番号が分からないから
2 差出人が受取人の部屋番号を書かないから
3 受取人側が郵便物の受け取りを断るから
4 差出人も受取人も個人情報を隠したがるから

郵差為什麼說郵件無法投遞？

1 因為不知道收件人的名字和房間號碼
2 因為寄件人未寫收件人的房間號碼
3 因為收件人拒絕收取郵件
4 因為寄件人和收件人都想隱藏個人資訊

解說 男子說信箱上沒寫名字會導致郵件投遞困難，而且如果沒有房間號碼就無法投遞。所以答案是選項1。

詞彙 ～通 ～封（文件的數量詞）｜郵便受け 信箱｜宛先 收件人的姓名地址｜頼り 依靠｜届ける 投遞｜配達 配送｜差出人 寄件人｜隠す 隱藏｜表札 名牌、門牌｜行き過ぎ 做得太過分｜受取人 收件人

問題 3 在問題 3 的題目卷上沒有任何東西，本大題是根據整體內容進行理解的題型。開始時不會提供問題，請先聆聽內容，在聽完問題和選項後，請從選項 1～4 中選出最適當的答案。

例 🎧 Track 4-3

コーヒーについて男の人と女の人が話しています。

男：ナナエちゃん、ちょっとコーヒー飲みすぎじゃない。いったい、一日何杯飲んでいるの。

女：そうね。私の大好物だから、一日4杯ぐらいかな。

男：へえ、それ胃痛になったりしない。僕なんか1杯から2杯飲んでるけど、2杯飲んでも胃が痛いときあるよ。

女：私は全然平気。ある研究によると、コーヒーは脳や肌にもすばらしい効用があるって。

男：まあ、確かに目は覚めるね。

女：あと、コーヒーには抗酸化物質が含まれているけど、その吸収率が果物や野菜より高いそうよ。

男：抗酸化物質？そのためにたくさん飲んでるの。僕も量を増やしてみるか。もっと若く見えるのかな。

女：違うよ。コーヒーの効用なんて私はどうでもいいよ。本当は香りが好きなんだ。香りをかぐだけで、幸せな気分になれるし、ストレスも無くなる感じもするの。

男：うん、確かにコーヒーの香りが嫌だという人は今の時代にはいないかもね。

女の人はコーヒーについてどう思っていますか。

1　たくさん飲んでも胃痛はないから、どんどん飲む量を増やしたいと思う

2　体に与えるいい効果より、いい気分になれるから飲みたいと思う

3　コーヒーが体にいい効果をもたらすので、そのために飲むべきだと思う

4　ストレスが無くなる効果があるので、そのために飲むべきだと思う

例

男子和女子正在談論咖啡。

男：奈苗，妳咖啡是不是喝太多了？一天到底喝幾杯啊？

女：這個嘛。因為是我最喜歡的東西，一天4杯左右吧。

男：是喔，這樣不會胃痛嗎？我大概喝一到兩杯，有時喝兩杯也會胃痛呢。

女：我完全沒問題。根據某項研究，咖啡對腦部及皮膚有非常棒的效果。

男：也是，確實能讓人清醒呢。

女：還有，咖啡裡含有抗氧化物質，它的吸收率似乎比水果跟蔬菜還要高喔。

男：抗氧化物質？因為那樣才喝那麼多的嗎？我也試著增量看看好了。也許看起來會更年輕。

女：不是喔。咖啡的效用我才不在意呢。其實我是喜歡它的味道。只要聞它的香味，就能讓我感到幸福，感覺壓力也不見了。

男：嗯，確實現在這個時代已經沒有討厭咖啡香味的人了。

女子對咖啡有何看法？

1　覺得喝很多也不會胃痛，想要不斷增加喝的量

2　想喝咖啡是因為心情會變好，而不是會對身體帶來很好的效果

3　認為咖啡對身體有很好的效果，應該為此而喝

4　認為喝咖啡有排解壓力的效果，應該為此而喝

1番 🎧 Track 4-3-01

外国人の男の人と女の人が玄関で話しています。

男：こんにちは。隣のラオです。

女：はあい。ラオさん、こんにちは。

男：ちょっと教えていただきたいことがあるんです。

女：あら、どんなこと？

男：実は、日本人の友達のお父さんがお亡くなりになって、明日お葬式に行くことになったんです。

女：あら、そうなの。ラオさんは日本のお葬式に行くのは初めてなの？

男：はい、そうなんですよ。それで、どんな服を着ていったらいいんでしょうか？

女：そうね。基本的に黒い色の服を着ていけばいいわね。

男：実は、ぼく、黒い服持ってないんです。紺色じゃダメですか？

女：そうね。紺色か…？白いワイシャツは持っているの？

男：はい、持っています。

女：ちょっと待っていて。うちの主人のを貸してあげるわよ。多分着られると思うわよ。

男：え、よろしいんですか。

男の人は、何をしに来ましたか。

1　お葬式に着る服について聞くため
2　お葬式に着る紺色の服を見せるため
3　お葬式に着る黒い服を借りるため
4　お葬式に着るワイシャツを借りるため

第 1 題

外國男子和女子正在玄關交談。

男：妳好，我是隔壁的拉歐。

女：啊，拉歐先生你好。

男：我想請教一件事情。

女：哦？是什麼事？

男：其實，我日本朋友的父親去世了，我明天要去參加他的葬禮。

女：哦哦！這樣啊。拉歐先生是第一次參加日本的葬禮嗎？

男：是的，沒錯。所以應該穿什麼樣的衣服？

女：嗯，基本上只要穿黑色的衣服就可以了！

男：老實說，我沒有黑色的衣服。深藍色不行嗎？

女：嗯，深藍色……？你有白色襯衫嗎？

男：嗯，我有。

女：你等我一下，我借你我先生的，我想或許穿的下。

男：咦，可以嗎？

男子是來做什麼的？

1　為了詢問葬禮服裝的事情
2　為了展示葬禮穿的深藍色衣服
3　為了借葬禮要穿的黑色衣服
4　為了借葬禮要穿的白色襯衫

解說　外國男子第一次參加日本的葬禮，他要詢問應該穿著哪種服裝。所以答案是選項1。

詞彙　玄関 玄關 ｜ お葬式 葬禮 ｜ 紺色 深藍色 ｜ 多分 大概、或許

2番 Track 4-3-02

ラジオで留学生がインタビューに答えています。

男：アラジーさんのお国から、日本に来られる方は大変珍しいと思いますが。

女：そうですね。私の国で留学というと、ほとんどヨーロッパの国に行きます。日本はちょっと遠いですからね。私の場合は、子供の頃に日本のアニメをたくさん見ていましたし、私の家族からも日本が安全な国だと勧められていました。それに、特に広島は「平和の街」として有名であるため平和活動をしている人が多いですし、国際的な問題について研究している人も多いので、私も勉強できると思ったからです。

留学生は何について話していますか。

1 子供の時に見た日本のアニメ
2 日本を留学先に選ばない理由
3 日本を留学先に決めた理由
4 日本での留学生の平和活動

第 2 題

留學生正在廣播節目中接受採訪。

男：我認為從阿蘭吉小姐的國家來到日本的人是非常罕見的。

女：對啊，在我的國家，說到留學大多去歐洲的國家。因為日本有點遠。對我來說，我在小時候看了很多日本動畫，家人也推薦日本是一個安全國家。而且因為廣島以「和平之城」聞名，有許多人從事和平運動，也有很多人研究國際議題，所以我認為可以學到東西。

留學生正在談論什麼？

1 小時候看的日本動畫
2 不選擇去日本留學的理由
3 決定去日本留學的理由
4 在日本的留學生和平運動

解說 這位留學生從小就看日本動畫，而且家人也推薦日本是一個安全的國家。她特別提到廣島有許多研究國際議題的人，因此她認為自己也能學到東西，所以選擇日本作為留學地，答案是選項 3。

詞彙 珍しい 罕見 | 安全 安全 | 勧める 推薦 | 平和 和平 | 研究 研究

3番 Track 4-3-03

大学の就職活動の相談コーナーで留学生と女の人が話しています。

男：今までに 5 社エントリーして、筆記試験までは合格するんですが、面接試験で落ちてしまうんです。

女：そうですか。日本語でのコミュニケーションは苦手ですか？

男：はい、そうですね。あまり自信がないので、緊張してしまうんです。

第 3 題

留學生和女子正在大學的求職活動諮詢區交談。

男：目前為止我已經投了 5 家公司，雖然通過筆試，但面試都被淘汰了。

女：這樣啊，你不擅長用日語溝通嗎？

男：對，沒錯。我不太有信心，所以會感到緊張。

女：よく、わかりますよ。周りの日本人の雰囲気に圧倒されてしまって、緊張しすぎて、うまく話せない人が多いですよ。
男：そうですか。ぼくだけじゃないんですね。
女：はい、安心してください。面接は慣れですからね。
男：そうでしょうか。
女：でも、対策は立てましょうね。緊張しないで話せるように、周りの先生や友人に協力してもらって、面接の練習をしてみたらどうでしょう。そのうちに慣れていきますよ。

女の人は、面接試験についてどう思っていますか。

1 リラックスすること
2 慣れることが大切
3 謙虚になること
4 練習するしかない

女：我非常理解。許多人都會被周圍日本人的氛圍壓倒，過於緊張，無法流暢地講話。
男：這樣啊，不是只有我而已啊。
女：是的，請放心，面試就是熟練就好。
男：是這樣嗎？
女：但我們來制定對策吧！讓自己能夠不緊張地說話，找身邊的老師或朋友幫忙，進行面試練習如何呢？慢慢地你就會熟練的。

女子對面試有什麼看法？

1 要放鬆
2 熟練很重要
3 要謙虛
4 只能練習

解說 女子認為面試的關鍵在於熟練，建議尋求周圍的幫助進行練習，因此答案是選項2。

詞彙 エントリー 報名參加｜筆記試験 筆試｜苦手 不擅長｜圧倒 壓倒｜緊張 緊張｜慣れ 熟練｜協力 配合、合作

4番 Track 4-3-04

テレビで野球選手がインタビューに答えています。

女：山川選手、最高のホームランでしたね。まだ現役を続行できるのではないでしょうか？
男：ありがとうございます！実はこの試合ではまだ、引退するか、現役を続行するかは自分では決めていませんでした。
女：え！そうだったんですか…。
男：はい、野球界で最年長の41才を迎えた今年は、結果的にシーズン中に1試合も出場する機会がありませんでした。そんな中、球団側はこの試合を最後の舞台として用意してくださいました。実は、現役を続けたかったんです。

第4題

棒球選手正在電視上接受採訪。

女：山川選手，那支全壘打真是太精彩了！你覺得自己還能繼續球員生涯嗎？
男：謝謝，其實在這次比賽中，我還未決定是要引退還是繼續球員生涯。
女：咦！是這樣啊……
男：是的，在我迎來棒球界最年長的41歲這一年，就結果來說，在整個賽季我沒有機會參加任何一場比賽。在這種情況下，球團安排了這場比賽作為最後的舞台。其實我是想繼續留在球場上的。

でも、ホームランを打った後に引退を決意しました。バッターボックスに立ったら、超満員のファンの方達から「山川コール」が起こりました。そのおかげで、ぼくはホームランを打てたんです。このホームランの大声援を聞いたときに「これ以上の感動は今後もう作り出せないだろうな」と思い、引退を決断できました。

この選手は何の話をしていますか。

1 引退するか悩んだ日々
2 引退を決めたホームラン
3 ファンの大歓声へのお礼
4 感動的だった野球人生

但是，在打出全壘打後我決定引退了。當我站上打擊區時，全場爆滿的球迷喊出了「山川加油」。多虧了他們，我才能打出全壘打。聽到這次全壘打的熱烈喝采時，我心想「今後我再也無法創造出比這更令人感動的瞬間了。」於是我做出了引退的決定。

這位選手在談論什麼？

1 猶豫是否要引退的日子
2 決定引退的全壘打
3 感謝球迷熱烈的歡呼聲
4 充滿感動的棒球人生

解說 這位選手一開始並未決定是要引退還是繼續球員生涯，但因為聽到球迷們熱烈的歡呼聲，感覺再也無法創造更多感動，所以他決定退休。因此答案是選項2。

詞彙 現役 現役 | 続行 繼續進行 | 引退 引退 | 出場 出場 | 球団 球團 | 舞台 舞台 | 用意 準備 | バッターボックス 打擊區 | ホームランを打つ 打出全壘打 | コール 粉絲或支持者對藝人或政治人物等發出的歡呼聲 | 超満員 爆滿 | 大声援 熱烈聲援 | 決断 決斷 | 悩む 煩惱、猶豫

5番 Track 4-3-05

ラジオで、職場での上司の呼び方に関する調査の結果を話しています。

女：皆さんは、会社で上司のことをどう呼んでいますか。ある調査では例えば、田中さんという部長さんの事を、「田中部長」と呼ぶ人が６５％で、役職名を付けないで「田中さん」と呼ぶ人は34％でした。年齢別にみると、若くなるにしたがって役職名を付けないで、「さん付け」で呼ぶ人が増えていました。その人達の意見は、「上司との距離感が縮まり、社員同士の一体感が生まれる。」「意見などを自由に言える環境ができる。」などでした。一方、反対派からも、「年上の人に対して「何々さん」と呼ぶのは馴れ馴れしいし、公の仕事の場では、統制が効かなくなる」など、多くの意見が出されました。

第 5 題

在收音機中，正在談論關於職場上如何稱呼上司的調查結果。

女：大家在公司裡是如何稱呼上司的？根據一項調查，比如田中部長，有 65% 的人會稱呼為「田中部長」，而有 34% 的人直接稱呼為「田中先生」，不加上職稱。從年齡分組來看，隨著年輕化趨勢，越來越多人不使用職稱，而改用「先生／女士」這樣的稱呼。他們的意見是「能縮短與上司的距離，產生員工之間的整體感。」「能夠打造自由表達意見的環境。」等等。另一方面，反對派也有許多意見，例如「對年長者使用『某某先生／女士』的稱呼太過親密，而且在公共場合工作時，會失去控管能力。」

上司の呼び方の何についての調査ですか。	這是關於上司稱呼方式的什麼調查？
1 重要性	1 重要性
2 マナー	2 禮儀
3 長所と短所	3 優點和缺點
4 移り変わり	4 變遷

解說 調查指出如果在公司稱呼上司時不加職稱，能縮短與上司的距離、打造自由表達意見的環境；然而對於年長者而言，只用「～先生 / 女士」的稱呼可能會過於親密，而且在公共工作場所可能難以控管也是缺點之一。因此答案是選項 3。

詞彙 役職 職務｜年齢 年齡｜距離感 距離感｜縮まる 縮短｜～同士 ～之間｜一体感 整體感｜反対派 反對派｜馴れ馴れしい 過分親密｜公 公共｜統制 管制｜移り変わり 變遷

問題 4
在問題 4 的題目卷上沒有任何東西，請先聆聽句子和選項，從選項 1～3 中選出最適當的答案。

例 Track 4-4-00

男：彼女の言い方には人の心を和らげる何かがあるね。
女：1 私もその何かがずっと気になっていました。
　　2 ほんとうですね。人の心はわからないですね。
　　3 そうですね。聞いたら優しい気持ちになりますね。

例

男：她說話的方式帶有一種能夠安撫人心的感覺呢。
女：1 我也一直很在意那個東西。
　　2 真的。人心總是摸不清呢。
　　3 對呀。聽了之後會覺得很溫暖呢。

1番 Track 4-4-01

女：駅前にもう一つ駐車場できるって。
男：1 駅前ならもっとよかったのに。
　　2 それで違法駐車が減ればいいんだけどね。
　　3 大きな駅なのにどうして駐車場がないんだろうね。

第 1 題

女：聽說車站前要再蓋一座停車場。
男：1 明明在車站前更好的。
　　2 要是這樣能減少違規停車就好了。
　　3 那麼大的車站為什麼沒有停車場呢。

詞彙 違法駐車 違規停車

2番 Track 4-4-02

女：課長がまいりますまで、しばらくお待ちいただけますか。
男：1　大変長らくお待たせしました。
　　2　いいえ、お待ちいただけません。
　　3　では、待たせていただきます。

第2題

女：在課長過來之前，能請您稍候一下嗎？
男：1　讓您久等了。
　　2　不，我不能等。
　　3　那麼，我就在這裡等候。

解說　「～（さ）せていただきます」的意思是「請讓我做～」，是描述說話者自己的行動。

詞彙　大変 非常、很｜長らく 長時間

3番 Track 4-4-03

男：今度の土曜日、うちで食事でもどうですか。
女：1　いいえ、もうおなかいっぱいです。
　　2　あ、よろしいですか、じゃ喜んで。
　　3　それでは、私がお引き受けします。

第3題

男：下週六在我家吃飯如何？
女：1　不用，我已經吃飽了。
　　2　啊，可以嗎？那我很樂意。
　　3　那麼，就由我來接手。

詞彙　喜んで 樂意地｜引き受ける 接受、承擔

4番 Track 4-4-04

男：その本、面白いですか？
女：1　はい、一度読み出したらやめられません。
　　2　そうですね、ありふれた本なんですよ。
　　3　はい、あくびが出るぐらい退屈ですよ。

第4題

男：那本書有趣嗎？
女：1　是的，一開始讀就停不下來。
　　2　是啊，很普通的一本書喔。
　　3　是的，無聊到讓人打呵欠。

詞彙　あくびが出る 打呵欠｜退屈だ 無聊

5番 Track 4-4-05

女：ゴルフはよくなさいますか。
男：1　好きですが、なかなか時間が取れなくて。
　　2　それが、思い通りにいかなくて手を焼いています。
　　3　大して得意っていうわけでもありませんよ。

第5題

女：你經常打高爾夫球嗎？
男：1　很喜歡，但很難抽出時間。
　　2　無法照預期進行，有點棘手。
　　3　也不能說我很擅長啦。

220

解說 要注意女子不是詢問打高爾夫球打得好不好，而是詢問是否經常打高爾夫球。

詞彙 思い通りにいく（事情）照預期進行 ｜ 手を焼く 棘手 ｜ 得意 擅長

6番 Track 4-4-06

女：これつまらないものですが、お礼の印です。
男：1 そんなことありません。けっこう面白いですよ。
　　2 おそれいります。
　　3 いや、まだつまっていないんですよ。

第6題

女：這是一點小東西，聊表心意。
男：1 沒有那回事，挺有趣的。
　　2 不敢當，謝謝。
　　3 不，還沒有填滿喔。

解說 「つまらない」是「微不足道」的意思，「つまる」則是表示「填滿」。注意不要混淆。

詞彙 お礼 感謝 ｜ 印 心意 ｜ おそれいります 不敢當（用於表示「感謝」之意）

7番 Track 4-4-07

男：気が進まなければ無理に来ることはないですが……。
女：1 いや、無理かどうかわかりません。
　　2 いいえ、無理に来るわけないですよ。
　　3 じゃ、今回は遠慮させていただきます。

第7題

男：如果你不情願的話，就不用勉強來了……
女：1 不，我不知道是不是勉強。
　　2 不，不可能勉強來的。
　　3 那麼，這次就容我謝絕了。

詞彙 気が進む 願意做 ｜ 遠慮 謝絕、辭讓

8番 Track 4-4-08

男：どこか悪いの？
女：1 朝から頭がずきずきするんです。
　　2 おなかがぺこぺこです。
　　3 なんだか胸がわくわくします。

第8題

男：哪裡不舒服嗎？
女：1 從早上開始頭就不斷抽痛。
　　2 肚子餓扁了。
　　3 總覺得心情有點興奮。

詞彙 ずきずき 抽痛 ｜ ぺこぺこ 肚子餓 ｜ わくわく 興奮

9番 Track 4-4-09

女：加藤さん、甘いものお好きですか。
男：1　いいえ、甘いものは得意なんですよ。
　　2　はい、甘いものには目がないんですよ。
　　3　きっと甘いものにはきりがないんですよ。

第 9 題

女：加藤先生喜歡甜食嗎？
男：1　不，我很擅長甜食喔。
　　2　對，我對甜食沒有抵抗力。
　　3　對甜食沒完沒了。

詞彙 名詞＋に目がない 對～沒有抵抗力｜きりがない 沒完沒了

10番 Track 4-4-10

女：めっきり涼しくなりましたね。
男：1　こんなときは冷たいビールがいいですね。
　　2　もうすぐ花見のシーズンですね。
　　3　ええ、ついこの間まで暑かったのにね。

第 10 題

女：天氣明顯變涼了呢！
男：1　這種時候喝冰啤酒最好了。
　　2　馬上就是賞花的季節了。
　　3　對啊，前段時間都還很熱的。

詞彙 めっきり 顯著地、明顯地｜つい 剛剛（表示時間或距離上非常接近）

11番 Track 4-4-11

女：そろそろ就活考えなくちゃいけないわ。
男：1　もう4年生か、月日って早いもんだね。
　　2　転職先が決まりしだい知らせてくれよ。
　　3　書類選考の結果はまだわからないのか。

第 11 題

女：差不多必須考慮找工作了。
男：1　已經是四年級學生了嗎？時間過得真快。
　　2　確定新工作的地點要通知我喔
　　3　還不知道書面審查的結果嗎？

詞彙 月日 時光、歲月｜書類選考 書面審查

12番 Track 4-4-12

女：先生、原稿の締め切りが明日に迫ってるんですけど。
男：1　僕はつめがよく伸びる方ですよ。
　　2　必ず今日中に仕上げるからご心配なく。
　　3　締め切りはもうこれ以上延ばせませんよ。

第 12 題

女：老師，原稿的截稿日期就在明天。
男：1　我是指甲長很快的人喔。
　　2　我一定會在今天完成，別擔心。
　　3　截稿日期不能再延期了。

詞彙 締め切り 截止日期｜迫る 逼近、鄰近｜伸びる 變長、長長｜仕上げる 完成｜延ばす 延長、推遲

222

問題 5 在問題 5 中將聽到一段較長的內容。本大題沒有練習部分，可以在題目卷上做筆記。

第 1 題、第 2 題
在問題 5 的題目卷上沒有任何東西，請先聆聽對話內容，接著聆聽問題和選項，再從選項 1～4 中選出最適當的答案。

1番 🎧 Track 4-5-01

男の人と女の人が電話でホームページのサーバーについて話しています。

男：はい、日本テクニカルサービスでございます。

女：私、伊藤と申します。メールで、そちらのサービスが終了になるとのお知らせをいただきました。

男：はい、ご迷惑をおかけして申しわけありません。他のサーバーへのお引越しをご検討ください。

女：はい、4つご提案くださるとのことで、特徴を簡単に教えていただけますか。

男：はい、かしこまりました。まず、1番目のサーバーはホームページ作成ツールが付いておりますので、リニューアルしたい方にお勧めです。2番目のサーバーは、現在のホームページの引っ越しが簡単で便利でございます。

女：そうですか。両方とも電話サポートがあるんですね。

男：はい、ご安心ください。3番目のサーバーは現在のホームページを引っ越しさせる際のサポートが充実しております。これも、電話サポートがございます。

女：そうですか。全部有料ですよね。

男：はい、1番目と2番目はただ今キャンペーン中で3か月間は無料でございます。その後は毎月500円のお支払いです。3番目のは開始の月から400円かかります。

女：う～ん、それは、キャンペーン中じゃないのね。

男：はい、最後の4番目のサーバーでございますが、こちらは、中、上級者向けなので電話サポートがございません。ですが、無料でございます。

第 1 題

男子和女子正在電話中討論網站的伺服器。

男：您好，這裡是日本技術服務。

女：我叫做佐藤。我透過郵件收到通知，說您們的服務即將結束。

男：是的，非常抱歉給您造成麻煩，請考慮遷移到其他伺服器。

女：好的，我聽說有提供 4 個選擇，可以請您簡單說明一下特點嗎？

男：好的，我知道了。首先，第一個伺服器配備了網頁製作工具，適合想要進行更新的人。第二個伺服器可以簡單方便地遷移現有網站。

女：這樣啊，這兩個都有電話支援嗎？

男：是的，請放心。第三個伺服器則是在遷移現有網站時提供充分支援。這個也有電話支援。

女：這樣啊，全部都是付費服務吧？

男：是的。第一個和第二個目前正在促銷期間，三個月免費，之後每個月要支付 500 日圓。第三個是從開始使用月份起，每個月 400 日圓。

女：嗯，那個不在促銷期間啊。

男：是的，最後是第四個伺服器，這是針對中階、進階使用者，所以沒有電話支援服務，但是是免費的。

女：へぇー、ただなんですか。いいわね。でも、私の場合は電話のサポートがないと無理だわ。

男：お客様は、ホームページの内容をそのままにして、お引越しされますか？

女：そうですね。半分くらいは変えたいと思っているんです。

男：それでは、作り直しに便利な機能がついているほうがよろしいと思います。

女：そうね。じゃ、それにします。

女の人は、どのサーバーを利用することにしましたか。

1　1番目のサーバー
2　2番目のサーバー
3　3番目のサーバー
4　4番目のサーバー

女：哦，是免費的啊，挺好的。但是對我來說沒有電話支援就有點困難。

男：客戶您是要將網頁內容原封不動的遷移過去嗎？

女：嗯，大概有一半的內容想要改變一下。

男：那麼，我認為有方便重新製作的功能會比較好。

女：嗯，那就選那個吧。

女子選擇使用哪個伺服器？

1　第 1 個伺服器
2　第 2 個伺服器
3　第 3 個伺服器
4　第 4 個伺服器

解說　女子提到如果沒有電話支援會有點困難，而且想要將網站內容改變一半左右，因此對於希望進行更新的人來說，第一個伺服器較合適。因此，答案是選項1。

詞彙　終了 結束｜検討 審慎考慮｜提案 建議｜作成ツール 製作工具｜充実 充實｜支払い 支付｜上級者 進階者

2番　Track 4-5-02

会社で男の人と女の人がPRセミナーについて話しています。

男：今度のイベントでやるPRセミナーの件だけど、何時からがいいかな？

女：ああ、そうですね。たくさんの方が参加してくださるといいですね。

男：そうだね。時間の候補は4種類で、一番早いのは午前10時から。

女：ちょっと、早いかもしれませんね。うちは台所用品のPRで、専業主婦が対象だから。

第 2 題

男子和女子正在公司討論公關研討會。

男：關於這次活動要辦的公關研討會，幾點開始比較好啊？

女：啊，我想想噢。希望能有很多人來參加。

男：對啊。時間選擇有 4 個選項，最早的是早上 10 點開始。

女：可能有點早了。我們是廚房用品的公關，目標是全職家庭主婦。

男：ああ、主婦は朝忙しいからね。次の時間は午後2時から。お昼ごはんを食べてから来られるし、いいんじゃない。でも、なんか眠くなりそうな時間だね。

女：う～ん、そうですね。次の時間は午後4時からですね。家に帰ったらすぐに夕飯の支度をしなくちゃいけないから、気ぜわしいかな。

男：なるほどね。最後の時間は夜の7時から。この時間帯だと夕飯の支度を早目にして、来てもらうことになるかな…？でも、あとは自由時間ってことになるよ。

女：ほんとですね。ねらいは、新しい台所用品に関心を持ってもらって、購入に結び付けることですから。

男：そうだね。そうすると、食事の支度をした後のほうがいいんじゃないかな？

女：そうすれば、こんな商品を買えば、もっと食事作りが効率的に楽しくなるって気づくんじゃないかってことですか？

男：うん、そう思うんだけど。だから夜にするのはどうかな？

女：そうですね。やっぱり昼の時間帯にしましょうよ。お友達も誘いやすいと思うし。

男：うん、わかった。女性の意見を尊重して、その時間からにしよう。

男の人はPRセミナーは何時からすることにしますか。

1　午前10時から
2　午後2時から
3　午後4時から
4　午後7時から

男：啊啊，家庭主婦早上都很忙碌呢！下一個時間是下午兩點開始。可以吃過午餐再來，應該不錯。不過這感覺是有點想睡的時間。

女：嗯，對啊。下一個時間是下午4點開始，回家後馬上要準備晚餐，可能會很忙亂。

男：原來如此，最後的時間是晚上7點開始。這個時間，是不是能讓他們提早準備晚餐再過來呢？不過這之後就是自由時間了。

女：確實是啊！我們的目標是讓他們對新的廚房用品感興趣，並且促成購買。

男：對啊，這樣一來，準備完餐點後比較好嗎？

女：這樣的話，他們會不會意識到，透過這樣的消費，可以讓烹飪變得更有效率和有趣呢？

男：嗯，我是這樣想的。所以晚上舉辦怎麼樣？

女：嗯，還是白天舉辦好了，我覺得也比較容易邀請朋友。

男：嗯，我知道了。尊重女性的意見，就從那個時間開始吧。

男子決定公關研討會要從幾點開始？

1　從上午10點開始
2　從下午2點開始
3　從下午4點開始
4　從晚上7點開始

解說　男子表示尊重女子的意見做決定，而女子建議選擇白天容易邀約朋友的時段，所以答案是選項2。在日本，通常下午4點會被認為是晚餐時間，所以要注意不是選擇4點。

詞彙　専業主婦 全職家庭主婦｜対象 對象｜気ぜわしい 慌張、忙亂｜狙い 瞄準、目標｜購入 購買｜結び付ける 連結、結合起來｜効率的 有效率的｜誘う 邀請｜尊重 尊重

第 3 題：
請先聽完對話內容與兩個問題，再從選項 1～4 中選出最適當的答案。

3番 Track 4-5-03

男の人と女の人が引っ越しの時期について話しています。

男：そろそろ、引っ越しの時期を考えなくちゃいけないね。

女：そうね。3月から新しいマンションに入居ができるのね。

男：いつがいいかな。3月は会社の決算で忙しいから、それ以降だね。

女：ああ、そうか。私はできたらすぐ入りたいと思ってるんだけどね。

男：じゃ、4月にどうかな？

女：え！4月になると、新入社員が入ってくるし、私はその研修の講師をしなくちゃならなくて、ちょっと、忙しくて落ち着かないわね。

男：そう、じゃ5月か6月だね。6月になると梅雨に入るし、5月のほうがいいんじゃない？

女：そうね。でも、5月って気候は良くなるけど、なんとなく気分的に落ち込むからね。

男：そんなこと言ってたら、引っ越しできないじゃない。

女：そうか。6月は湿度も高くなるし、雨の日の引っ越しはさけたいわ。

男：そうだよ。梅雨に入る前の爽やかな時期に済ませちゃった方がいいと思うよ。

女：でもね…。もう2、3日考えてみましょうよ。

男：うん、それでもいいよ。

第 3 題

男子和女子正在討論搬家的時期。

男：差不多該考慮搬家的時期了。

女：對耶，從 3 月開始可以入住新公寓呢。

男：什麼時候比較好呢？因為 3 月是公司決算很忙的時候，所以要在那之後。

女：啊，這樣啊。可以的話我倒是希望馬上入住。

男：那 4 月如何？

女：咦！4 月會有新員工加入，我必須擔任培訓講師，有點忙，不太穩定耶。

男：嗯，那就是 5 月或 6 月吧。6 月就進入梅雨季節了，5 月比較好吧？

女：嗯，但是 5 月天氣雖然變好了，但感覺有些情緒低落。

男：這樣說的話，就搬不了家啊。

女：也是。6 月溼度也會變高，想避開在雨天搬家。

男：對啊。我覺得在梅雨來臨前的涼爽時期搞定比較好。

女：但是啊……再考慮 2、3 天好了。

男：嗯，也可以。

質問 1	問題 1
男の人はいつがいいと言っていますか。	男子說什麼時候比較好？
1　3月	1　3月
2　4月	2　4月
3　5月	**3　5月**
4　6月	4　6月

質問 2	問題 2
女の人はいつがいいと言っていますか。	女子說什麼時候比較好？
1　3月	**1　3月**
2　4月	2　4月
3　5月	3　5月
4　6月	4　6月

解說　問題1：男性表示想要在梅雨季節之前搬家，因為他喜歡涼爽時期。所以答案是選項3。

問題2：女性表示希望盡快入住，所以答案是選項1。

詞彙　入居 入住｜決算 決算｜研修 培訓｜講師 講師｜落ち着く 穩定｜梅雨 梅雨｜気候 氣候｜落ち込む 低落｜爽やかだ 清爽｜済ませる 完成、做完

我的分數？

共 ☐ 題正確

若是分數差強人意也別太失望，看看解說再次確認後重新解題，如此一來便能慢慢累積實力。

JLPT N2 第5回 實戰模擬試題解答

第1節 言語知識〈文字・語彙〉

問題1 [1] 3 [2] 1 [3] 4 [4] 3 [5] 1

問題2 [6] 2 [7] 2 [8] 1 [9] 3 [10] 4

問題3 [11] 2 [12] 1 [13] 4 [14] 2 [15] 1

問題4 [16] 3 [17] 1 [18] 2 [19] 3 [20] 4 [21] 2 [22] 3

問題5 [23] 3 [24] 2 [25] 3 [26] 1 [27] 2

問題6 [28] 1 [29] 3 [30] 1 [31] 2 [32] 3

第1節 言語知識〈文法〉

問題7 [33] 2 [34] 3 [35] 2 [36] 1 [37] 1 [38] 2 [39] 3 [40] 4 [41] 4 [42] 3 [43] 1 [44] 2

問題8 [45] 4 [46] 1 [47] 1 [48] 1 [49] 4

問題9 [50] 1 [51] 3 [52] 1 [53] 4 [54] 3

第1節 讀解

問題10 [55] 2 [56] 1 [57] 1 [58] 3 [59] 3

問題11 [60] 2 [61] 4 [62] 1 [63] 4 [64] 1 [65] 2 [66] 2 [67] 3 [68] 4

問題12 [69] 1 [70] 1

問題13 [71] 2 [72] 4 [73] 4

問題14 [74] 1 [75] 2

第2節 聽解

問題1 [1] 1 [2] 1 [3] 3 [4] 4 [5] 1

問題2 [1] 1 [2] 3 [3] 4 [4] 4 [5] 2 [6] 2

問題3 [1] 2 [2] 1 [3] 2 [4] 4 [5] 3

問題4 [1] 2 [2] 1 [3] 1 [4] 3 [5] 1 [6] 2 [7] 3 [8] 1 [9] 3 [10] 2 [11] 3 [12] 1

問題5 [1] 3 [2] 2 [3] 1 2 2 4

第5回 實戰模擬試題 解析

第1節 言語知識〈文字・語彙〉

問題1 請從1、2、3、4中選出 _____ 這個詞彙最正確的讀法。

① 馬が走っているのを見るとすっきりした気分になる。これが競馬に夢中になる理由じゃないでしょうか。
　1　むじゅう　　　2　むうじゅう　　　**3　むちゅう**　　　4　むうちゅう
看到馬奔跑時，心情就會變得很舒暢。這可能就是著迷於賽馬的原因吧。

詞彙 すっきり 舒暢｜競馬(けいば) 賽馬｜夢中(むちゅう) 熱衷、著迷 ▶ 悪夢(あくむ) 惡夢／吉夢(きちむ) 吉祥的夢

② やはり山の頂上にたどり着いたら「ヤッホー」と叫びたくなりますね。
　1　ちょうじょう　　　2　ちょうじょ　　　3　ちょじょう　　　4　ちょじょ
果然好不容易走到山頂時，會想要呼喊「呀鶘～」。

詞彙 頂上(ちょうじょう) 山頂 ▶ 頂点(ちょうてん) 最高處｜たどり着く 好不容易走到｜叫(さけ)ぶ 呼喊

③ 両国の首脳会談はアメリカで行われる可能性が高くなっている。
　1　じゅのう　　　2　ずのう　　　3　しゅうのう　　　**4　しゅのう**
兩國首腦會談很可能在美國舉行。

詞彙 首脳会談(しゅのうかいだん) 首腦會談 ▶ 首相(しゅしょう) 首相／首席(しゅせき) 首席、第一位／首都(しゅと) 首都

④ 何かを決めるとき、他人の意見に左右されやすい。
　1　ひだりみぎ　　　2　ざゆう　　　**3　さゆう**　　　4　さう
要做出決定的時候，容易被他人的意見左右。

詞彙 左右(さゆう) 支配、左右 ▶ 左翼(さよく) 左派、左翼

⑤ たくさんの雪に埋もれて、逆の方向に進んでしまった。
　1　うもれて　　　2　つつもれて　　　3　ほうもれて　　　4　とじこもれて
被大量的雪埋住，走向了相反的方向。

詞彙 埋(う)もれる 被埋沒、被埋住（＝埋(うず)もれる）｜逆(ぎゃく) 相反｜閉(と)じこもる 閉門不出

230

問題 2 請從 1、2、3、4 中選出最適合 ＿＿＿＿ 的漢字。

---

⑥ 彼の意思はこの文章ではっきりあらわれている。

1　現れて　　　　2　表れて　　　　3　著れて　　　　4　評れて

他的想法在這篇文章中清楚地表現出來。

詞彙　意思 想法、意思｜現れる 現身、被揭露　⑨ 犯人が現れる 犯人現身｜表れる 表現

---

⑦ 展示会では作品にさわらないように気をつけてください。

1　障らない　　　2　触らない　　　3　拭らない　　　4　投らない

在展覽會上，請注意不要觸碰作品。

詞彙　触る 觸碰

---

⑧ その時代はしょくりょうが不足して大勢の人が死亡した。

1　食料　　　　　2　食両　　　　　3　食量　　　　　4　食領

那個時代食物短缺，許多人死亡。

詞彙　食料 食物｜不足 缺乏｜死亡 死亡

---

⑨ 心理学から見ると、相手のたいどは自身の反映だそうです。

1　体渡　　　　　2　体度　　　　　3　態度　　　　　4　態渡

從心理學的角度來看，對方的態度據說是自己內心的反映。

詞彙　心理学 心理學｜態度 態度｜反映 反映

---

⑩ このきょうそう社会で生き残るために、必要なリーダーシップとは何でしょうか。

1　脅浄　　　　　2　脅争　　　　　3　競浄　　　　　4　競争

要在這個競爭社會生存下來，需要的領導力是什麼？

詞彙　競争 競爭｜生き残る 保住性命

問題 3 請從 1、2、3、4 中選出最適合填入（　　）的選項。

11 このリゾートでは一日自由に使える利用（　　）を買ったほうがいい。
　　1　権　　　　2　券　　　　3　圏　　　　4　巻

　　在這個度假村最好購買一張可以自由使用一整天的入場券。

詞彙　利用券 使用券 ▶ 入場券 入場券 / 乗車券 車票 / 食券 餐券

12 新しく開発された新薬は、（　　）作用もなく非常に効果がいいということだ。
　　1　副　　　　2　福　　　　3　不　　　　4　反

　　新開發的新藥據說沒有副作用，而且非常有效。

詞彙　開発 開發 | 新薬 新藥品 | 副作用 副作用 ▶ 副産物 副產品 | 非常に 非常 | 効果 效果

13 彼女には男性を振り（　　）、魅力的なところがある。
　　1　付ける　　2　込む　　3　出す　　4　回す

　　她有一種玩弄男性的迷人一面。

詞彙　魅力的 有魅力的 | 振り付ける 設計舞蹈動作 | 振り込む 撥入 | 振り出す 搖出、晃出 | 振り回す 玩弄、折騰

14 どんな困難があっても一緒に乗り（　　）幸せになろう。
　　1　上げて　　2　切って　　3　越して　　4　移って

　　無論遇到什麼困難，我們都要一起克服，追求幸福。

詞彙　困難 困難 | 乗り切る 克服、突破 | 乗り上げる 擱淺 | 乗り越す 坐過站 | 乗り移る 換乘

15 着（　　）という言葉があるほど、京都の人は着物にお金を使う。
　　1　倒れ　　2　込み　　3　飾り　　4　下ろし

　　就如同講究穿著以致傾家蕩產這句話，京都人會花錢在和服上。

詞彙　着倒れ 講究穿著以致傾家蕩產 ▶ 食い倒れ 愛好美食以致傾家蕩產 / 京の着倒れ、大阪の食い倒れ 京都人講究穿著，大阪人講究吃 | 着込み 穿著多層衣服 | 着飾り 打扮

問題 4 請從 1、2、3、4 中選出最適合填入（　　）的選項。

16 仕事ばかりの毎日を送っていたら、人生は（　　）と思いがちだ。
1　手ごろだ　　2　単純だ　　**3　退屈だ**　　4　地味だ
如果每天只是工作，人生很容易覺得無聊。

詞彙 思いがちだ 容易覺得 ▶（名詞・動詞ます形（去ます）＋がち 容易～、往往～、經常～
例 病気がちの子 容易生病的孩子｜曇りがちの天気 經常陰天的天氣／ありがちな行動 經常發生的行動｜手ごろだ 合適 例 手ごろな値段 合適的價格｜単純だ 單純｜退屈だ 無聊｜地味だ 樸素

17 まだ子供だというのに、あまりにも立派な心遣いに（　　）してしまった。
1　感心　　2　同感　　3　共感　　4　感銘
即使還是個孩子，我也對他過於完美的體貼感到佩服。

詞彙 あまりにも 過於｜心遣い 關懷、體貼｜感心 佩服｜同感 同意｜共感 同感、共鳴｜感銘 感動（主要用來表示對出色的書籍或作品印象深刻、深受觸動。）

18 （　　）はとてもおいしそうだったが、実際食べてみると甘すぎた。
1　外見　　**2　見た目**　　3　見出し　　4　外観
外表看起來很好吃，實際嘗試後發現太甜了。

詞彙 外見 外表、外貌｜見た目（看起來）外表｜見出し 標題｜外観 外觀
＋「外見」為書面用語。
例 人を外見で判断してはいけない 不可以貌取人

19 空き部屋を（　　）して書斎を作ろうとしている。
1　建築　　2　再建　　**3　改造**　　4　改装
改造空房間，打算做成書房。

詞彙 書斎 書房｜建築 建築｜再建 重建｜改造 改造｜改装 改換裝潢

20 ネクタイが（　　）息苦しい。
1　きっかりして　　2　きっちりして　　3　するどくて　　**4　きつくて**
領帶太緊，感到呼吸困難。

詞彙 息苦しい 呼吸困難｜きっかり 明顯、分明｜きっちり 緊緊地｜するどい 尖銳的｜きつい 緊緊的、嚴厲的

[21] 短時間の調理で食べられるように加工されたもの、(　　　)インスタント食品は健康に悪い。
　　1　いわば　　　　2　いわゆる　　　　3　但し　　　　4　さて

透過短時間加工以便食用的食品，即所謂的速食食品對健康有害。

詞彙 調理 烹調｜加工 加工｜いわば 換言之｜いわゆる 所謂｜但し 但是｜さて 那麼、好了、接下來

[22] 大勢の人はその判決につき、疑問を(　　　)。
　　1　抱えた　　　　2　抱き締めた　　　　3　抱いた　　　　4　抱きついた

許多人對那個判決懷有疑問。

詞彙 疑問 疑問｜抱える 抱、承擔｜抱き締める 抱住｜抱く 抱、懷有　⑳ 親近感を抱く 有親近感｜抱きつく 抱住、摟住

問題5 請從1、2、3、4中選出與_____意思最接近的選項。

[23] 自分の感情を出さないで黙る人の気持ちはわかりにくい。
　　1　思い込む　　　　2　思い沈む　　　　3　口を開かない　　　　4　口を出さない

不表達自己的情感而保持沉默的人的心情很難理解。

詞彙 感情 感情、情緒｜黙る 沉默不語｜思い込む 深信｜思い沈む 沉思｜口を開く 開口說話｜口を出す 插嘴

[24] 朝から頭がずきんずきんする。どうやら風邪を引いたようだ。
　　1　どうしても　　　　2　どうも　　　　3　何とか　　　　4　何とも

從早上開始頭就劇烈抽痛。好像是感冒了。

詞彙 ずきんずきん 劇烈抽痛｜どうやら 好像、看來、總覺得｜どうしても 無論如何｜どうも 總覺得（常用表達為「どうも～ようだ」）｜何とか 設法｜何とも（後面接否定表現）什麼也

[25] わがままを通すのは人に迷惑をかけることになりかねない。
　　1　意地　　　　2　頑固　　　　3　勝手　　　　4　悪口

要任性可能會給別人帶來麻煩。

詞彙 わがままを通す 要任性 ▶ わがままを言う 說任性話｜迷惑をかける 給人添麻煩｜意地 性情｜頑固 頑固｜勝手 任性｜悪口 壞話

26 彼女は何でも大げさに言う癖がある。
1 過大に　　　2 過小に　　　3 穏やかに　　　4 おしゃれに
她有什麼事都會說得很誇張的習慣。

詞彙 大げさ 誇大、誇張｜過大に 過多｜過小に 過少｜穏やかに 穩健｜おしゃれに 愛打扮

27 洋服を選ぶのに思ったより手間取ってしまった。
1 面倒になって　　　　　　　　2 長引いて
3 延長になって　　　　　　　　4 手続きがかかって
選擇衣服花了比想像中更多的時間。

詞彙 手間取る 費時間、費事｜面倒だ 麻煩｜長引く 拖延、拖長｜延長 延長｜手続きがかかる 需要手續

問題6 請從1、2、3、4中選出下列詞彙最適當的使用方法。

28 うっとうしい 鬱悶
1 本格的な梅雨シーズンになると、うっとうしい気分になりやすい。
2 秋日和の今日、家族連れで公園を散歩したら、とてもうっとうしい気分になった。
3 複雑な人間関係でいらいらしない、温厚で心うっとうしい人になりたい。
4 春になって、自宅の花壇にもうっとうしい色の花が咲き始めた。

1 進入正式的梅雨季節後，心情就容易鬱悶。
2 在秋天天氣晴朗的今天，帶家人去公園散步後，感到非常鬱悶。
3 不想因為複雜的人際關係而焦躁，希望成為溫厚、內心鬱悶的人。
4 到了春天，自家花圃也開始綻放鬱悶顏色的花朵。

解說 選項2改成「すがすがしい（神清氣爽）」較恰當。選項3應該改成「穏やかな人（穩健的人）」。選項4應該改成「鮮やかな色（鮮豔的顏色）」

詞彙 秋日和 秋天晴朗的天氣｜温厚だ 溫厚｜穏やかだ 穩健｜花壇 花圃

29 見込み 預計、前景
1 海外旅行に先立って、経費の見込みをしている。
2 この建物の屋上から見える見込みはまさにすばらしい。
3 お互いの意見が違い、来月までに合意することが困難な見込みとなった。
4 いきなり私の顔を見込みすると驚くでしょう。

1　在海外旅行之前，正在預估經費。
2　從這棟建築物的屋頂可以看到的前景確實很壯觀。
3　彼此的意見不同，預計下個月之前要達成共識很困難。
4　突然預計我的臉會嚇一跳吧。

解説　選項1改成「予算を立てる（制定預算）」較合適。選項2應該改成「眺め（景色）」。選項4應該改成「顔を覗き込む（偷看臉）」。

詞彙　先立つ 在～之前｜屋上 屋頂｜まさに 確實｜合意 意見一致｜困難 困難｜いきなり 突然

[30]　重ねる　反覆

1　練習を重ねていけば、いつかうちのチームも優勝するに違いない。
2　電気代を重ねて払ってしまった。
3　今年は日曜日と祝日が重なることが多い。
4　同じことを重ねて言われて耳にたこができるくらいだ。

1　反覆練習的話，總有一天我們的隊伍也一定會贏得冠軍。
2　反覆支付電費。
3　今年有許多星期天和國定假日反覆的情形。
4　被反覆說著同樣的事情，耳朵都快要長繭了。

解説　選項2是要表達「重複繳納」的意思，所以應該改成「二重払い」。選項3應該改成「重なる（重疊）」。選項4應該改成「繰り返して（反覆、重複）」。

詞彙　優勝 優勝、冠軍｜祝日 國定假日｜耳にたこができる 聽膩了、耳朵長繭了｜繰り返す 反覆、重複

[31]　燃やす　燃燒

1　肉を燃やしすぎて食べられなくなってしまった。
2　ここで木を燃やすことは禁じられている。
3　夏休みに海に行って太陽に燃やされて肌がひりひりする。
4　電車の時間に間に合いそうになくて心が燃やされている。

1　肉燃燒過頭就不能吃了。
2　這裡禁止燃燒木頭。
3　暑假去海邊被太陽燃燒後，肌膚火辣辣地刺痛。
4　好像快要趕不上電車了，心情被燃燒著。

解説　選項1應該改成「焼きすぎて（烤過頭）」。選項3應該改成「日焼けされて（被曬傷）」。選項4改成「いらいらする（焦躁）」較適合。

詞彙　禁じる 禁止｜太陽 太陽｜ひりひりする 刺痛｜間に合う 趕得上

32 とっくに 早就…
1 ここはとっくに住んでいたところだが、今日引越しする。
2 待ち合わせの時間にとっくに遅れて大急ぎで行った。
3 卒業式はとっくに終わって講堂にはもう誰もいない。
4 今日までにレポートを提出することをとっくに忘れていた。

1 雖然我早就住在這裡了，但今天要搬家。
2 約定時間早就遲到了，匆忙地趕去了。
3 畢業典禮早就結束了，禮堂裡沒有任何人。
4 我早就忘了今天之前要交報告。

解說 選項 1 改成「昔から（從以前）」較合適。選項 2 不需要「とっくに」這個詞彙。選項 3 應該改成「すっかり（完全地）」。

詞彙 待ち合わせ 碰面、約會｜大急ぎ 匆忙｜講堂 禮堂｜提出 提交

第1節 言語知識〈文法〉

問題 7 請從 1、2、3、4 中選出最適合填入下列句子（　　）的答案。

33 警察は市民の安全を最優先にする（　　）。
  1 ことだ　　2 ものだ　　3 ばかりだ　　4 わけだ
警察**本來就**要以市民安全為首要任務。

文法重點！
- 〜ものだ：本來就〜（表示理所當然）
- 〜ことだ：應當〜、就該〜

詞彙 安全 安全｜最優先 最優先、首要

34 最近徹夜が続いている（　　）、朝寝坊をしてしまった。
  1 ものなので　　2 わけなので　　3 ものだから　　4 わけだから
就是因為最近一直在熬夜，所以早上睡過頭了。

文法重點！
- 〜ものだから：就是因為

詞彙 徹夜 熬夜｜朝寝坊 早上睡過頭

[35] 理不尽な相手に言いたい文句、言える（　　　）言ってみたい。
　　1　ことなら　　　　2　ものなら　　　　3　ことか　　　　4　ものか
　　如果能對不講道理的人說出我的不滿，我真想說說看。

文法重點！　◎ 動詞可能形＋ものなら：如果能〜
詞彙　理不尽 不講理 ｜ 文句 抱怨、不滿

[36] 壊れたケータイを修理に（　　　）、直せるかどうかは分からない。
　　1　出したものの　　2　出すもので　　　3　出したところ　　4　出すところで
　　雖然把壞掉的手機拿去修理了，但不知道能不能修好。

文法重點！　◎ 〜たものの：雖然〜但是〜　　◎ 〜たところ：〜之後
詞彙　修理 修理

[37] やっと就職が決まった。今まで何回も履歴書を（　　　）。
　　1　書いたことか　　2　書くことか　　　3　書いたものか　　4　書くものか
　　終於找到工作了。至今為止寫了多少次履歷表啊。

文法重點！　◎ 〜ことか：表示令人驚訝，帶有感嘆、驚訝的強烈情緒。
　　　　　　◎ 〜ものか：絕對不會〜（表示堅決否定）
詞彙　履歴書 履歷表

[38] （　　　）、彼女は10種類の資格を持っているそうだ。
　　1　驚くことに　　　　　　　　　　2　驚いたことに
　　3　驚くばかりか　　　　　　　　　4　驚いたばかりか
　　令人驚訝的是，她似乎擁有10種資格。

文法重點！　◎ 〜ことに：〜的是（用來強調說話者的情緒）。例如「困ったことに（困擾的是）／驚いたことに（令人驚訝的是）／嬉しいことに（高興的是）／悲しいことに（悲傷的是）／不思議なことに（不可思議的是）／残念なことに（可惜的是）／ありがたいことに（令人感激的是）／悔しいことに（後悔的是）」。
詞彙　種類 種類 ｜ 資格 資格

[39] 彼は最近休み（　　　）働いているので、疲れがたまるのは当然だ。
1　せずに　　　　2　せずには　　　　3　なしに　　　　4　なしには
他最近沒有休假都在工作，疲勞累積是正常的。

文法重點！　◎ なしに＋肯定句／否定句：沒有～就～、不～而～　◎ なしには：沒有～就～（只能接否定句）

詞彙　疲れがたまる 累積疲勞

[40] 今年になって給料も相当上がったし、母も退院したし、最近はいいこと（　　　）だ。
1　だけ　　　　2　まみれ　　　　3　のみ　　　　4　ずくめ
今年薪水調漲了不少，母親也出院了，最近都是好事。

文法重點！　◎ ずくめ：全是～、都是～（可用於正面或負面）　◎ まみれ：沾滿、都是（液體或塵埃等髒污）
＋「だけ」是用於限定一件事情，所以與最近發生許多好事的意思不符。「のみ」雖然也表示「只有、僅有」的意思，但更常用於書面用語。

[41] 申し訳ございませんが、本日（　　　）閉店致します。
1　の限りに　　　　2　を限りで　　　　3　の限りで　　　　4　を限りに
非常抱歉，營業到今日為止，之後將關門停業。

文法重點！　◎ ～を限りに：到～期限為止、以～時間為限度

詞彙　閉店 結束營業、停業

[42] 今後の努力（　　　）、目標の大学の合格も夢ではない。
1　従って　　　　2　の従って　　　　3　次第で　　　　4　の次第で
取決於今後的努力，考取目標的大學並非夢想。

文法重點！　◎ 名詞＋次第だ（で）：全憑～、取決於～　例 地獄の沙汰も金次第 有錢能使鬼推磨

詞彙　今後 今後｜努力 努力｜目標 目標

[43] 工事をしている（　　　）事故まで起こって、高速道路は大変混雑していた。
1　うえに　　　　2　うえで　　　　3　からには　　　　4　からでは
施工中又發生事故，高速公路非常擁擠。

文法重點！　◎ うえに：不但～而且～(後項句子的內容比前項程度更高)

- うえで：①為了～而～　②先做～之後，才
- ～からには：既然～　例 仕事を引き受けたからには、最後まで最善を尽くさなければならない。既然接下工作，就必須全力以赴到最後。

詞彙 事故 事故｜高速道路 高速公路｜混雑 擁擠

---

44 タバコは体に悪いと（　　　）、いやなことがあったらつい吸ってしまう。
　1 思いつつある　　2 思いつつ　　3 思いつつでも　　4 思いつつにも

雖然想著香菸對身體不好，但碰到不愉快的事情還是會忍不住抽菸。

文法重點！ ～（思い・知り・感じ）＋つつ（も）：雖然（想著、知道、感受著），但～（多是表現後悔的心情）

詞彙 つい 忍不住

問題8 請從1、2、3、4中選出最適合填入下列句子＿＿＿★＿＿＿中的答案。

---

45 まだ判断力がないと思い、＿＿ ＿＿ ＿＿ ★ とした。
　1 我々は　　2 行かせ　　3 彼を　　4 まい

我們認為他還沒有判斷力，因此試圖不讓他去。

正確答案 まだ判断力がないと思い、我々は彼を行かせまいとした。

文法重點！ まい：① 不做～（否定意志）② 應該不會～（否定推測）

詞彙 判断力 判斷力

---

46 ライバルに ＿＿ ＿＿ ★ ＿＿ を得なかった。
　1 苦笑　　2 せざる　　3 1位を　　4 取られ

被競爭對手搶走第一名，只好苦笑。

正確答案 ライバルに1位を取られ、苦笑せざるを得なかった。

文法重點！ ～ざるを得ない：不得不～、不得已只好～

詞彙 苦笑 苦笑

---

47 今までどんなにがんばってきた ＿＿ ＿＿ ＿＿ ★ までだ。
　1 それ　　2 ここで　　3 としても　　4 諦めれば

無論至今為止多麼努力，現在放棄就到此為止了。

> 正確答案　今までどんなにがんばってきたとしても、ここで諦めればそれまでだ。
>
> 文法重點！　◎ ～ばそれまでだ：～的話，就完了
>
> 詞彙　諦める 放棄

---

[48] これは両国の ___ ★ ___ ___ ___ 製作された。

1　平和　　　　　2　規定に　　　　3　条約の　　　　4　基づき

這是基於兩國和平條約的規定製作的。

> 正確答案　これは両国の平和条約の規定に基づき製作された。
>
> 文法重點！　◎ ～に基づき：基於～、以～為基礎
>
> 詞彙　平和 和平 | 条約 條約 | 規定 規定

---

[49] 会話クラスは ___ ___ ★ ___ ___ 分けられる。

1　結果を　　　　　　　　　　2　筆記テストと
3　もとに　　　　　　　　　　4　インタビューの

會話課將根據筆試和面談的結果進行分組。

> 正確答案　会話クラスは筆記テストとインタビューの結果をもとに分けられる。
>
> 文法重點！　◎ ～をもとに：以～為基礎、以～為根據
>
> 詞彙　筆記 筆記

問題 9　請閱讀下列文章，並根據內容從 1、2、3、4 中選出最適合填入 [50]～[54] 的答案。

> 　　在拉麵店擤鼻涕或擦嘴巴的面紙被視為所謂的「髒東西」，因此有人說最好自己帶回去比較有禮貌。
>
> 　　但是，我認為這是對別人不必要的干涉，所以我難以認同。確實，從店員的角度來看，收拾別人的髒東西可能不是一件愉快的事。
> [50]　　　　　　　　　　　　　　　　　　　[51]
>
> 　　雖說如此，但顧客並沒有義務「用餐後收拾自己的垃圾，整理桌面」。我們所認知的常識和禮儀會因時間和場合而異，希望大家能理解這或許只是個人意見。在現代社會中，能普遍約束人們的只有法律和契約。
> 　　　　　　　　　　　　　　　　　　　　　　　　　　　　　　　　　[52]　　　　　　[53]
> [53]
>
> 　　吃熱騰騰的拉麵會流鼻水，或是湯汁濺出，所以人們可能會摀住嘴巴。我認為干涉他人花錢吃飯的行為是不妥的。不過，將髒亂垃圾揉成一團丟棄，以免店員徒手接觸，這樣的溫柔體貼是必要的吧。
> [54]

第 5 回　實戰模擬試題解析　241

詞彙 鼻をかむ 擤鼻涕｜拭く 擦拭｜汚物 髒東西｜干渉 干渉｜同調 贊同｜愉快 愉快｜普遍的 普遍的｜縛る 約束｜汁が跳ねる 湯汁濺出｜押さえる 搗住、按著｜但し 不過｜素手 徒手｜丸める 弄圓、揉成一團

50　1　無用　　2　無礼　　3　無知　　4　無作法

解說 前後文來看，這裡使用「不必要」來接續較為自然。所以答案是選項1。

詞彙 無用 不必要｜無礼 沒有禮貌｜無知 無知｜無作法 沒規矩

51　1　せざるを得ない　　2　しようがなかった
　　　3　しかねる　　　　 4　しかねない

解說 這裡要表達「難以〜」的意思，所以要使用「**動詞ます形（去ます）＋かねる**」。

文法重點!
- 〜せざるを得ない：不得不〜
- しようがない：沒辦法
- しかねる：難以〜
- しかねない：可能會〜

52　1　あくまでも　　2　もはや　　3　ちなみに　　4　すなわち

解說 前面句子提到「我們所認知的常識和禮儀會因時間和場合而異」，所以後面接續「希望大家能理解這或許只是個人意見」較為自然，因此答案是選項1。

文法重點!
- あくまでも：終究只是
- もはや：已經
- ちなみに：順帶一提
- すなわち：換言之

53　1　束縛できる　　2　つなげられる　　3　結び付ける　　4　縛れる

解說 這裡要表達的是「在現代社會中只有法律和契約能普遍約束人們」，所以答案是選項4。「束縛する」是指「剝奪行動自由」，在此並不適用。

詞彙 束縛 束縛、限制｜つなぐ 接上｜結び付ける 繋上｜縛る 束縛、限制

54
1　基本的なしつけは身につけてほしい　　希望養成基本的教養
2　一般的なマナーは守るべきだ　　　　　應該遵守一般的禮儀
3　優しい心遣いは必要だろう　　　　　　溫柔體貼是必要的吧
4　礼儀作法に気をつけないといけない　　必須注意禮法

解說 作者認為應該要有避免店員徒手接觸髒東西的體貼心意，所以答案是選項3。

詞彙 基本的 基本的｜しつけ 教養｜身につける 養成、學會｜一般的 一般的｜マナー 禮儀｜守る 遵守｜〜べきだ 應該〜｜心遣い 體貼｜礼儀作法 禮法｜気をつける 小心、注意

242

第1節　讀解

問題 10　閱讀下列 (1) ～ (5) 的內容後回答問題，從 1、2、3、4 中選出最適當的答案。

(1)

　　我認為在童年時期養成的習慣中，能持續一輩子的是閱讀習慣。當然，因為是孩子的緣故，喜歡漫畫或童話是理所當然的。但無論是漫畫還是童話，從小就閱讀文字豐富的書籍，了解閱讀的樂趣，從兒童的智力發展角度來看是非常理想的。

　　當然，精讀和熟讀也很重要，但在兒童時期，比起這些，閱讀的書籍類型涵蓋多個領域更為重要。例如，偉人傳記、科學技術、歷史、文學、政治等等，常常一本接一本閱讀各種領域的書。這樣孩子就會對閱讀著迷，而且應該能夠持續一輩子。

55 以下何者符合本文內容？
1. 多數在童年時期養成的習慣，在長大成人後就變得不再需要。
2. **童年時期的閱讀最好是廣泛多樣的。**
3. 孩子的閱讀若無法先對書籍產生熱情，就很難養成閱讀習慣。
4. 最好不要讓孩子閱讀漫畫或童話等書籍。

詞彙　身につく 養成、掌握 ｜ 童話(どうわ) 童話 ｜ 活字(かつじ) 活字、鉛字 ｜ 望(のぞ)ましい 理想的 ｜ 精読(せいどく) 精讀 ｜ 熟読(じゅくどく) 熟讀 ｜ 偉人伝(いじんでん) 偉人傳記 ｜ 次々(つぎつぎ)と 一個接一個 ｜ 多岐(たき) 多方面

解說　文章提到閱讀的書籍類型涵蓋多個領域更為重要，因此答案是選項 2。

(2)

分公司經理會議舉辦通知

福岡分公司經理　前田明先生

　　一直以來承蒙關照，我是營業部的木村。關於分公司經理會議的日期已經確定如下。麻煩您於 5 月 23 日（週三）之前回覆能否出席。

日期時間：平成 30 年 6 月 8 日（週五）上午 9 點～11 點

地　　點：本公司 17 樓第 3 會議室

議　　題：① 各分公司去年度業績報告
　　　　　② 新年度經營方針宣布

以上，請多多指教。

ABC 股份有限公司
營業部：木村和男
E-mail：ABC@abcmail.com
TEL：03-1234-5678

| 56 | 收到這封電子郵件的人必須做什麼？

1. **必須彙整平成 29 年度的銷售額等資料。**
2. 必須安排在本公司 17 樓第 3 會議室的事宜。
3. 必須向各分公司通知分公司經理會議的事宜。
4. 必須決定分公司經理會議的日程。

詞彙 開催（かいさい）舉辦｜手数（てすう）麻煩｜可否（かひ）可否｜議題（ぎだい）議題｜方針（ほうしん）方針

解說 會議議題是報告各分公司去年業績，首先需要做的是整理去年的銷售額。所以答案是選項 1。

(3)

在全國各地，在原野和森林等戶外地區設立了越來越多的「森林幼稚園」來照顧學齡前兒童。特別是長野縣已開始積極行動以獲得正式認可。據說，長野縣有全國最多的 16 個團體在展開這項活動。「森林幼稚園」旨在讓幼兒在大自然中盡情玩耍，促進幼兒健康成長，但迄今為止，大多數團體都在未經認可的情況下活動。獲得縣政府的正式認可，似乎能讓這項活動更加蓬勃發展。據說這個「森林幼稚園」的起源是一位丹麥媽媽在森林中照顧自己的孩子和鄰居的孩子，隨後這一概念傳播到北歐、德國等地，並得到丹麥、德國和韓國政府的支持。

| 57 | 以下何者符合本文內容？

1. **在日本，尚未對「森林幼稚園」提供行政支援。**
2. 在長野縣，「森林幼稚園」已獲得正式認可。
3. 「森林幼稚園」的目的是傳達自然的重要性。
4. 「森林幼稚園」已經在全球擴展並深深扎根。

詞彙 野原（のはら）原野｜未就学（みしゅうがく）學齡前｜保育（ほいく）托兒、保育｜正式認定（せいしきにんてい）正式認可｜思い切り（おもいきり）盡情｜健全（けんぜん）健全｜促す（うながす）促進｜認可が下りる（にんかがおりる）獲得認可｜北欧（ほくおう）北歐｜広まる（ひろまる）傳播｜支援（しえん）支援｜根付く（ねづく）扎根

解說 「森林幼稚園」是在北歐和德國等地擴展，並非全球普遍存在。而且丹麥、德國和韓國政府有提供支援，但日本目前尚未提供支援。森林幼稚園的目的是讓幼兒盡情玩耍，促進健康成長。此外，森林幼稚園尚未在日本長野縣獲得正式認可。所以答案是選項 1。

(4)

　　位於東京的天空印刷和 A 大學共同宣布他們開發出一種設備，只需快速翻閱書頁就能製作電子書。這個設備可以在不破壞頁面的情況下，每分鐘讀取約 200 頁書籍內容。他們的目標是在明年使其投入實際應用。

　　三年前，天空印刷的研究人員偶然在影片網站「YouTube」上發現了這個試作品，並提議進行共同開發，隨後展開了研究。這個設備可以自動翻閱書籍頁面，透過特殊相機識別頁面翻動時產生的紙張形狀，並進行拍攝，隨後立即進行修正處理並記錄下來。

　　在歷時兩年的共同開發中，畫像精確度提高了 5 倍左右，使得插圖或照片也能夠如原本一樣被識別。這台開發出來的機器被命名為「Auto YOMI」，於去年 11 月在橫濱舉辦的圖書館綜合論壇上首次公開展示。首先，明年會將其引入天空印刷的工廠內，將用於圖書館和研究機構的藏書電子化服務。以往印刷所有書籍需要大量精力和時間，但有了這一設備，可以在短時間內實現電子化。

[58] 以下何者符合本文內容？
1. Auto YOMI 是由天空印刷獨自開發製作的。
2. Auto YOMI 可以在 10 分鐘內讀取約 500 頁左右的內容。
3. **Auto YOMI 可以節省印刷所需的精力和時間。**
4. Auto YOMI 將在今年內向一般使用者公開。

詞彙 印刷 印刷 | 本をぱらぱらめくる 迅速翻書 | 書籍 書籍 | 裝置 裝置、設備 | 破る 弄破 | 読み取る 讀取 | 試作品 試作品 | 特殊 特殊 | 生じる 產生 | 撮影 攝影 | 即座 立即 | 補正 補正 | 画像 畫像 | 精度 精確度 | 名づける 命名 | 導入 導入 | 蔵書 藏書

解說 「Auto YOMI」是由天空印刷和 A 大學共同開發的，可以在 1 分鐘內讀取 200 頁的內容，明年將用於圖書館和研究機構的藏書電子化服務。因此答案是選項 3。

(5)

　　維持良好人際關係並積極建立社交關係被認為是享受健康和長壽的祕訣。美國健康資訊網站「健康美國」介紹了朋友對人們健康的影響。

　　首先第一點是可以獲得良好睡眠。根據芝加哥大學的研究，孤獨的人無法獲得深度睡眠。越孤獨的人晚上睡眠品質越差，經常整晚輾轉反側。其次是減少生病的次數。維持多樣化人際關係的人，與社交孤立的人相比，不容易罹患感冒等疾病，也很少去醫院。第三點是能夠保持穩定的精神狀態。研究表明接受穩定社會支援可以預防認知能力下降。第四點是能夠長壽。積極參與社交活動的人，其長壽的可能性比不積極者高出 50%。沒有朋友可能會對健康產生嚴重影響，甚至可能縮短壽命，這一點並不亞於抽菸的危害。

| 59 | 以下何者不符合本文內容？

1. 穩定的社會環境能為其成員帶來穩定感。
2. 可以看出越容易寂寞的人越沒辦法熟睡。
3. **可以看出擁有許多好友的人獨立性較強。**
4. 可以看出積極參與社交活動的人，長壽的可能性很高。

詞彙 維持 維持｜長寿 長壽｜享受する 享受｜秘訣 祕訣｜孤独 孤獨｜寝返り 輾轉反側｜縁がない 無緣｜認知 認知｜防ぐ 預防｜弊害 弊病｜～に劣らず 不亞於～｜縮める 縮短｜熟眠 熟睡

解說 文章並沒有提到朋友多的人就會更加獨立，因此答案是選項3。

問題 11 閱讀下列（1）～（3）的內容後回答問題，從 1、2、3、4 中選出最適當的答案。

(1)

在日本的街道上隨處可見的貓咪，對日本人來說是最親近的動物。「招財貓」意指舉起前腳召喚人們的貓，象徵著幸運。此外，日本受歡迎的護身符之一，上面印有貓角色「Hello Kitty」的圖案。在日本人眼中，這是象徵著好運和運氣好轉的護身符。

在這樣對貓特別偏愛的日本，有一個貓比人多的「貓之島」。位於日本本州東北部、面向太平洋的田代島，約有 60 多名居民。平均年齡為 65 歲，大部分從事漁業。這座島之所以被稱為「貓之島」，而不是以原本名字廣為人知，是因為居住在島上的貓數量達到了數百隻，遠遠超過居民的數量。

原本田代島上的居民大多養蠶，從事絲織業，但老鼠造成的損害卻從未間斷。因此為了保護蠶免受老鼠的侵害，居民們將貓帶到了島上。然而，隨著養蠶產業開始衰退，許多居民離開了島嶼。人口急遽減少，但無法控制的貓的數量卻爆炸性地增加。

儘管如此，當地居民們持續照顧這些貓，一直提供飼料。這是因為他們相信這樣做可以為島嶼帶來幸運。雖然這是一個半徑只有 11 公里的小島，但正因為這樣，島上竟然有 10 座為貓咪所建的神社。

目前這座貓之島因為這樣獨特的環境而成為備受矚目的觀光勝地，但要進入這座島嶼有一條絕對必須遵守的規則。那就是絕對不能帶狗上島，因為有可能會刺激到貓。

| 60 | 為什麼田代島被稱為「貓之島」？

1. 因為有許多供奉貓的神社，作為護身符也很受居民歡迎
2. **因為由人們所照顧的貓數量超過居民人數**
3. 因為這座島的許多居民相信貓會守護這座島
4. 因為這座島上出現了受歡迎的貓角色

> **解説** 文章提到居民大約 60 人左右，但由於貓的數量達到數百隻，因此這個地方被稱為「貓之島」，所以答案是選項 2。

[61] 田代島上開始有貓的原因是什麼？
1 因為居民中喜歡貓的人很多
2 因為大多數居民離開這座島，感到寂寞
3 雖然是一時的，但貓角色曾經蔚為流行
4 **為了居民的生計，貓的存在變得必要**

> **解說** 這座島的居民以前大多養蠶，從事絲織業，但因老鼠造成的損害從未間斷，他們便將貓帶到島上，所以答案是選項 4。

[62] 以下何者符合本文內容？
1 **田代島的居民中有許多老年人，很多人從事漁業。**
2 田代島的養蠶產業至今依然興盛。
3 田代島無法飼養貓以外的任何動物。
4 田代島的大多數居民都從事養蠶產業。

> **解說** 文章提到居民平均年齡為 65 歲，大部分從事漁業。而養蠶產業已經開始衰退。另外禁止帶入島上的只有狗。所以答案是選項 1。

> **詞彙** 親しむ 親近、親密｜挙げる 列舉｜象徴 象徵｜縁起 前兆｜向く 轉向、趨向｜格別 特別｜太平洋 太平洋｜面する 面對、面臨｜余り ～多（接尾詞）｜平均年齢 平均年齡｜漁業 漁業｜従事 從事｜達する 到達｜はるかに 遠遠｜カイコ 蠶｜絹を織る 織絲｜携わる 從事｜被害 受害、損失｜絶える 斷絕、停止｜衰退 衰退｜急激 急遽｜爆発的 爆炸性的｜めぐる 圍繞｜半径 半徑｜脚光を浴びる 引起關注｜刺激 刺激｜おそれ 有～危險｜超える 超過｜生計を立てる 維持生計｜高齢者 老年人｜盛んだ 興盛｜飼う 飼養

(2)

最近，醫療現場出現了顯著的人手不足問題。因為有許多女性擁有專業國家資格，例如護理師或看護師，卻因結婚和生產等原因不得不離職。雖然積極推動這些「潛在擁有資格者」回歸工作，但面臨許多挑戰，例如勞動環境的整頓等，因此復職並非易事。

復職最大的難題仍然是空窗期。尤其是護理師，因為醫療現場變化迅速，空白時期越長，就越容易忘記護理技術與知識，對於能否跟上新事物感到不安，因而①<u>喪失了對復職的信心</u>。

因此，東京都護理協會舉辦了針對「潛在護理師」的免費培訓，提供最新的護理技術教育和醫院實習。雖然也有地方政府和醫院自行舉辦的培訓，但據悉約有 4 成以上的受訓者在培訓後成功再就業。

還有許多因為勞動條件而無法復職的例子。「能夠兼顧育兒的就業機會」是首要條件，但要實現這一點相當②困難。舉例來說，許多母親希望能夠只在孩子上托兒所或幼稚園的時間工作，即使是兼職也沒關係，但企業大多招募可以在清晨或夜間工作的人。東京都則對企業提出要求，「希望採用彈性工時制度，招募想從事兼職工作的人」。

而且工資問題也是一大難題。尤其是護理、醫療和托育領域，會聽到有人抱怨「工作辛苦但薪水很低。」因此，即使擁有專業資格，也有許多人因為待遇問題從事與其資格毫無關係的工作。這些工作在社會上是必須的，但僅僅依賴於工作的成就感和犧牲是有極限的。改善待遇是必不可少的。如果能有更靈活的工作方式，不僅可以減少離職人數，也能更容易再就業，進而解決日本人手不足的問題。

---

63 文中提到①喪失了對復職的信心，造成這種情況的可能原因是什麼？

1. 因為長時間休息後再就業非常困難
2. 因為一邊照顧小孩的女性再就業非常困難
3. 因為知道醫療現場的工作有多辛苦
4. **因為在離職期間出現各種最新的護理技術等**

解說 從內文可以得知對護理師來說，因為醫療現場變化迅速，空白時期越長，就越容易忘記護理技術與知識，也會擔心能否跟上新事物。所以答案是選項4。

64 文中提到②困難，原因是什麼？

1. **因為雖然想要自由決定工作時間，但無法如願以償**
2. 因為企業只招募能全天候工作的人
3. 因為正在照顧小孩的女性再就業很困難
4. 因為日本社會尚未落實男女平等

解說 從內文可以得知許多母親只想在孩子上托兒所或幼稚園時工作，但企業希望招募能在清晨或夜間工作的人，雙方希望的工作時間不同。所以答案是選項1。

65 以下何者不符合本文內容？

1. 雖然好不容易取得國家資格，似乎還是有許多閒著的人。
2. **擁有專業國家資格的人只能從事該領域的工作。**
3. 促成離職女性復職的背景似乎存在著人手不足的問題。
4. 即使工作很辛苦，無法得到相應的報酬也是問題。

解說 文章並未提到「擁有專業國家資格的人只能從事該領域的工作」，所以答案是選項2。

詞彙

医療（いりょう）醫療	浮（う）き彫（ぼ）りになる（事態或問題）顯現出來	潜在（せんざい）潛在	復職（ふくしょく）復職	促（うなが）す 促使
整備（せいび）整頓	難題（なんだい）難題	空白（くうはく）空白	主催（しゅさい）主辦、舉辦	実施（じっし）實施	早朝（そうちょう）早晨	取（と）り入（い）れる
採用（さいよう）採用	賃金（ちんぎん）工資	待遇（たいぐう）待遇	まったく 完全	就（つ）く 從事	犠牲（ぎせい）犧牲	不可欠（ふかけつ）不可缺少
柔軟（じゅうなん）靈活	〜はもとより 〜不用說，當然	ひいては 進而

(3)

蚊子很吵。

每年一到夏天，例行和蚊子的戰鬥就開始了。只不過是蚊子用「戰鬥」一詞來形容或許聽起來有點誇張，但我相信很多人會點頭贊同。確實，「雖然只不過是蚊子，但也不能小看」。

我認為現在的蚊子已經完成驚人的①<u>進化</u>。最近的蚊子確實已經適應化學物質並產生耐受性，免疫力也變得更強，導致殺蟲劑的效果不佳。不過，更令我感到驚訝的是，蚊子智力的進化。半夜裡，耳邊被嗡嗡聲吵醒感到很焦躁，開燈查看卻發現沒有蚊子，也聽不到聲音。關燈再躺下又是嗡嗡聲……究竟牠躲在哪裡？蚊子應該沒有腦子這種東西，但無論如何，我總覺得蚊子有著自己的腦子，甚至可能還有智慧。

在這樣的情況下，我在報紙上看到②<u>值得一聽的報導</u>。報導提到開發了一種可以透過基因改造使蚊子滅絕的方法。首先，放出大量含有「致死基因」的公蚊。攜帶「致死基因」的公蚊最多只能生存約 48 小時。與這些公蚊交配的母蚊產下的卵，在這種基因的影響下，在成蟲之前就會死亡。而且據說最終可以徹底根除蚊子這種昆蟲，這無疑是最高興的事情。

然而，對於專家的話也不能光是高興。如果蚊子滅絕了，將對自然生態系產生巨大影響。首先是以蚊子作為食物來源的生物減少。此外，（雖然有點難以置信）據說蚊子在某種程度上對地球環境也有益。蚊子的幼蟲孑孓會分解水中的有機物質，食用細菌，可以說是水中的清潔工。如果沒有孑孓，水質汙染問題將更加嚴重。因此，不僅僅是蚊子，生態系中的昆蟲和動物等，只要有一種缺少，就會影響整個生態系。當然，人類也無法置身事外。

最近，蚊子傳播茲卡熱和登革熱等病毒危害到人類的安全，但還是有人認為蚊子對地球的生態系和環境是必要的，實在只能說是可笑不已。

---

66 文中提到①<u>進化</u>，以下何者是關於進化的正確例子？

1. 人類一開燈，蚊子就能夠意識到自己面臨危險。
2. 蚊子產生耐受性，對殺蟲劑有一定程度的耐受能力。
3. 隨著蚊子的體型增大，逐漸對殺蟲劑產生免疫力。
4. 蚊子已經知道在哪裡藏身，才不會被人類注意到。

解說 文章提到現在的蚊子已經適應化學物質並產生耐受性，導致殺蟲劑的效果不佳。而選項 1 和選項 4 的觀點只是作者的感覺，並不是蚊子真的有大腦而進化。而且對殺蟲劑的耐受性並非隨著蚊子體型增大而產生，所以答案是選項 2。

67 文中提到②值得一聽的報導，這是什麼樣的報導？
1. 蚊子也有大腦，並且蚊子也在某種程度上進化了的報導
2. 已經開發出能夠一次性殺死蚊子的殺蟲劑的報導
3. **能在不使用化學藥品的情況下根除蚊子的報導**
4. 利用蚊子的幼蟲孑孓能對地球環境有益的報導

解說 報導提到如果放出大量含有「致死基因」的公蚊，這些公蚊與母蚊交配後所產下的卵在成蟲之前就會死亡，最終將導致蚊子族群被消滅。因此答案是選項 3。

68 以下何者符合本文內容？
1. 基因改造的公蚊與母蚊交配後，母蚊將無法產卵，可能導致蚊子滅絕。
2. 最近持續進化的蚊子智力提高，似乎比以前的蚊子更難抓。
3. 即使蚊子滅絕，對地球環境的影響似乎並不嚴重。
4. **雖然看似是對人類無用的存在，但似乎對地球生態系的平衡是不可或缺的。**

解說 基因改造的公蚊和母蚊交配後，母蚊也能產卵。同時這並不意味著蚊子已經進化出更高的智力。而且如果蚊子滅絕，對生態系統的影響是巨大的。所以答案是選項 4。

詞彙 恒例 慣例｜たかが 只不過是｜大げさ 誇大、誇張｜うなずく 點頭（表示贊同）｜まさに 確實｜されど 雖然｜遂げる 實現｜耐性 耐受性、抗藥性｜免疫力 免疫力｜殺虫剤が効く 殺蟲劑發揮效用｜耳元 耳邊｜隠れる 隱藏｜脳みそ 腦子｜～てならない 非常～｜耳寄り 值得一聽｜遺伝子組み換え 基因改造｜絶滅 滅絕｜致死 致死｜組み込む 納入｜大量 大量｜放つ 放出｜交尾 交配｜成虫 成蟲｜仕組み 構造、機制｜昆虫 昆蟲｜駆除 驅除、消滅｜喜ばしい 喜悅、高興｜～かぎりだ 表示事物的極限｜生態系 生態系｜餌 餌、食物｜幼虫 幼蟲｜ボウフラ 孑孓｜有機物 有機物質｜食す 吃｜汚染 汙染｜媒介 媒介、傳播｜脅かす 威脅｜滑稽 滑稽、可笑｜退治 消滅、撲滅｜撲滅 撲滅｜さほど 那麼（後面接否定）

問題 12 下列 A 和 B 各自是關於「動物園的存續」的文章。閱讀文章後回答問題，從 1、2、3、4 中選出最適當的答案。

A

我認為動物園仍然應該繼續存在。

動物園並不僅僅是展示動物的地方。它是讓許多人觀察和思考動物行為、生活方式的地方，尤其對孩子們來說，是更有意義的地方。

此外，我認為人類有責任保護因環境破壞、濫捕等人為原因而受害的動物，並將牠們留給後代。事實上，在其他國家設有保護機構來照顧因濫捕或森林砍伐而失去父母的動物，而日本為了朱鷺的野生復育也在佐渡設立了中心。最近，一般動物園也開始展示、保護和繁殖瀕臨絕種的動物，並進行相關研究以確保這些物種的存續。

　　雖然有人常說「動物很可憐」，但動物園的大多數動物都是在動物園出生並在動物園長大的。即使直接放歸自然，牠們也可能無法適應野外環境，甚至難以正常覓食。而且，放歸自然的動物數量過少，還面臨著因環境破壞導致棲息地減少、天敵等許多問題。為了保護這些因人類活動而受到威脅的動物，讓更多人了解牠們的重要性和美妙之處，我認為動物園的存在仍然是不可或缺的。

B

　　說到底動物園存在的理由是什麼呢？首先是讓許多人，特別是孩子們觀賞動物，但如果僅僅是展示，影像應該已經足夠。換句話說，現今的動物園並未發揮其存在的最重要意義，因此我認為應當廢止。

　　再者，現今許多動物是在動物園裡出生的，但牠們的父母大多是從野外捕獲而來的動物。值得這樣做來展示動物嗎？動物最適合的地方應該還是在自然環境中吧？與其如此，我認為提供一個旨在保護瀕臨絕種動物的地方會更加合適。

　　此外，將動物向公眾開放和長途移動可能給動物帶來過多壓力。事實上，也曾聽說有動物因長途移動而衰弱致死的新聞。而且我們也不能忽視因生活環境改變而帶來的動物壓力和損害。

　　因此，動物園是在人類自私的利益下運作，給許多動物帶來巨大負擔。換句話說，動物園本身就是在虐待動物，因此我認為全世界都應該廢止。沒有必要為了人類讓動物承受巨大負擔，以維持動物園的存在。

69 關於 A 和 B 對「動物園」的主張，以下何者正確？
1　A 表示「動物園」的必要性，終究是人類造成的結果。
2　A 表示將動物放歸自然很可憐，所以需要「動物園」。
3　B 表示與在影像中觀賞相比，在「動物園」觀賞真實的動物更好。
4　B 表示「動物園」的管理變得相當嚴格，應該理所當然地廢除。

解說　A 和 B 都提到動物園存在的原因是為了向許多人展示動物。所以答案是選項 1。A 提到有人常說「動物很可憐」，但並未表示將動物放歸自然很可憐，也不是以此作為需要動物園的原因。所以選項 2 不是正確答案。

[70] 關於 A 和 B 的內容，以下何者正確？

1　A 和 B 似乎都擔心面臨瀕臨絕種危機的動物。
2　A 和 B 都表示為了無法適應野外的動物，「動物園」是必要的。
3　A 和 B 都認為動物就應該像動物一樣在大自然中生存。
4　A 和 B 都表示不該流於情緒化，希望大家冷靜考慮「動物園」的存續。

解說　A 有提到最近一般動物園也開始展示、保護和繁殖瀕臨絕種的動物，並進行相關研究以確保物種的存續。而 B 則認為動物園作為保護瀕臨絕種動物的地方是更好的選擇，所以答案是選項 1。

詞彙　存続 繼續存在｜破壊 破壞｜乱獲 濫捕｜犠牲 犧牲｜義務を担う 承擔義務｜トキ 朱鷺｜野生復活 野生復育｜絶滅の危機に立つ 處於瀕臨絕種的危機｜繁殖 繁殖｜なじむ 熟悉、適應｜生息地 棲息地｜天敵 天敵｜脅かす 威脅｜意義を果たす 發揮意義｜廃止 廢止｜捕まえる 捕捉｜一般大衆 一般大眾｜過度 過度｜衰弱死 衰弱致死｜利己心 自私自利｜虐待 虐待｜負荷をかける 給予負擔

問題 13　閱讀下面文章後回答問題，從 1、2、3、4 中選出最適當的答案。

　　雖然有許多商業書籍和自我啟發的書籍，但有許多領域需要努力或持續進行某事。由此可以推測，人們對於這些領域的需求和渴望非常強烈。

　　其中，踏實的努力是非常有效且強大的。

　　不過，你認為自己是天才嗎？不能斷言自己是天才。同樣地，也不能斷言自己不是天才。如果你只是沒有意識到自己是天才，那就<u>沒有比這更可惜的事了</u>。努力無法讓一個人成為天才，但你可以意識到自己是天才。

　　任何才能，如果只有少量是不夠的。只有一件的天才傑作是不存在的。例如畢卡索[註1]的畫作只有一幅的話，即使是畢卡索也無法賣出去。

　　畫商完全不會理會。十幅呢？還不夠。一百幅呢？依然不夠。即使是天才畢卡索也是如此。

　　天才是質量兼備的。然而，單純只有品質的天才是不存在的。

　　你現在是尚未成名的天才。要趁現在累積數量。無論如何，在畫作還未暢銷之前，最重要的就是累積多少作品。

　　畢卡索有 8 萬幅畫作。說起 8 萬幅，那是非常多的數量。畢卡索活了 90 年多年，如果從 10 歲開始畫畫，80 年間畫了 8 萬幅作品，相當於每年 1000 幅。

　　每年 1000 幅意味著每天畫 3 幅。一直持續了 80 年。他也畫耗時的油畫，也製作雕像。因為他是天才，所以才能完成這麼龐大的數量。能夠產出大量作品才是天才。

最有效率的學習方法就是不斷累積數量。雖然我們常想著有沒有更省事的學習方法，但這是效率最低的。首先是數量，當數量持續累積，某個時刻才會轉換成品質。每件事都是微不足道的。雖然看似毫無價值，但不要在意並持續下去。這樣一來，就像在黑白棋^(註2)中白子變成黑子那樣，所有事物都會在瞬間發生變化。

　　天才是指能夠持續努力的人。

（中谷彰浩著《大學時代必做的50件事》鑽石社發行）

（註1）畢卡索：活躍於法國的西班牙天才畫家
（註2）黑白棋：一款供兩人玩的桌遊（使用雙面為黑白兩色的圓形棋子）

---

71 文中提到沒有比這更可惜的事了。是指什麼事？

1. 自己是天才，卻不認為自己是天才
2. **完全沒思考過自己是否是天才**
3. 認為自己是天才，所以不需要努力
4. 認為自己即使努力也無法成為天才

解說 前面句子提到無法斷言自己是否為天才，但如果是天才卻未能意識到這一點，那就沒有比這更可惜的事了。所以答案是選項2。

72 作者認為天才的條件是什麼？

1. 從一開始就堅持品質製作作品
2. 只專注一件作品，並提高品質
3. 設定一個數量目標，在達到之前持續創作
4. **無論如何都能夠持續不斷地累積數量**

解說 者認為天才的條件不是堅持品質或一個作品，而是先逐步增加數量，所以答案是選項4。

73 作者認為成為天才的最有效學習方法是什麼？

1. 嘗試各種不同領域以應對大量內容
2. 常常持續思考不浪費時間的學習方法
3. 一開始處理大量內容，轉換成高品質後再減少數量
4. **即使是微小的努力也要持續累積下去**

解說 文章提到我們常想著有沒有更省事的學習方法，但這是效率最低的。後面則建議先從數量開始，先持續累積數量，之後才會轉換成品質。所以答案是選項4。

| 詞彙 | 数ある 許多｜自己啓発 自我啟發｜継続 繼續｜非常に 非常｜推察 推測｜地道だ 踏實｜
言い切る 斷言｜存在 存在｜画商 畫商｜たとえ～ても 即使～也｜兼ね備える 兼備｜
猛烈 非常｜油絵 油畫｜彫像 雕像｜効率 效率｜こなす 做完｜積み重なる 反覆積累｜
転換 轉換｜ささいだ 瑣碎、微不足道｜値打ち 價值｜こだわる 拘泥、在意｜ぱらぱら
瑣碎、微不足道｜瞬間 瞬間｜ささやかだ 細小

問題 14 右頁是櫻花市假日托育服務指南。請閱讀文章後回答以下問題，並從 1、2、3、4 中選出最適當的答案。

[74] 由美的母親打算從 4 月 5 日開始使用櫻花市的假日服務。可以從什麼時候開始註冊和申請？
1　3 月 5 日開始
2　3 月 10 日開始
3　3 月 15 日開始
4　3 月 20 日開始

解說　文章提到要在使用日期的一個月前至前一天申請，所以答案是選項 1。

[75] 關於文章內容，以下何者正確？
1　小孩子不到 3 人的話，無法使用此服務。
2　年齡滿 11 個月的孩子無法使用此服務。
3　這項服務平日也可以托兒。
4　家長負擔費用可以用信用卡支付。

解說　文章提到滿 1 歲才能使用此服務，所以 11 個月大的孩子無法使用此服務。另外，並無要求子女必須為 3 個或以上。而且此服務只能在週末或假日使用，費用則須以現金支付。因此，答案是選項 2。

櫻花市假日托育服務指南

1. 櫻花市假日托育計畫
   在櫻花市，若家長因工作、生病、受傷或需要休息等原因，於週末和國定假日無法在家中照顧孩子時，我們將在托兒所為您照顧孩子。

2. 可使用的兒童：滿足以下 1 至 3 所有條件的兒童
   ①滿 1 歲至學齡前的兒童
   ②能夠適應集體托育且身體健康的兒童
   ③居住在櫻花市內的兒童

3. 假日托育實施設施

實施設施	所在地	電話號碼	規定人數	對象兒童
櫻花托兒所	櫻花町 7-12	012-345-6789	30 名	滿 1 歲起

4. 使用日期和時間：從 1 月 4 日到 12 月 28 日的週末和國定假日／上午 7 點起至晚上 7 點 30 分（原則上托育時間為工作時間加上通勤時間）

5. 家長負擔費用：每天 3,000 日圓
   （註）請在申請時以現金支付。此外，已支付的費用恕不退還。

6. 申請與註冊
   請填寫申請書上的必要事項，並在使用日期的一個月前至前一天申請。
   另外，必須提前進行註冊。請填寫兒童註冊卡，並攜帶孩子的健康保險卡、嬰幼兒醫療卡（如果持有的話）的影本和母子健康手冊至櫻花托兒所。

7. 受理時間：櫻花托兒所 上午 9 點 30 分至下午 5 點（僅限平日）

詞彙 保育 托兒｜登録 註冊｜申し込み 申請｜利用 利用｜預かる 照顧｜保護者 監護人、家長｜負担金 負擔費用｜クレジットカード 信用卡｜支払う 支付｜事業 事業｜就労 工作｜病気 生病｜児童 兒童｜満たす 滿足｜就学 就學｜集団 集團｜在住 居住｜実施施設 實施設施｜定員 規定人數｜対象 對象｜通勤 通勤｜原則 原則｜現金 現金｜支払い 支付｜返す 歸還｜記入 填寫｜事前に 事前｜必要 必要｜事項 事項｜健康保険証 健康保險卡｜乳幼児 嬰幼兒｜医療証 醫療卡｜持参 帶去

第2節 聽解　Track 5

問題 1　先聆聽問題，在聽完對話內容後，請從選項 1～4 中選出最適當的答案。

例　Track 5-1

男の人と女の人が探している本について話しています。女の人はこれからどうしますか。

男：はい、桜市立図書館です。

女：もしもし、そちらの利用がはじめてなんですが、そちらの蔵書について電話で伺ってもいいですか？

男：はい。本の題名を教えてくだされば、検索いたします。

女：それが本じゃなくて、外国の新聞とか雑誌なんです。

男：はい、当館では外国の新聞約50種、雑誌を約100種所蔵しております。

女：へえ、すごいですね。

男：詳しくは当ホームページの検索でご確認できます。

女：そうですか。はい、やってみます。あと、私は子供がいて一緒に行きたいんですが、入るとき、年齢の制限とかはありますか。

男：どなたでも自由に入館できます。ただ、当館では児童書は扱っておりません。

女：あ、そうですか。残念ですね。私はぜひ子供に本を読ませたいんですが。

女の人はこれからどうしますか。

1　ホームページで児童書を検索する
2　ホームページで子供に読ませる本を検索する
3　子供も入館できる図書館を探す
4　**子供が読める本がある図書館を探す**

例

男子和女子正在討論找尋中的書。女子接下來要怎麼做？

男：您好，這裡是櫻市立圖書館。

女：喂，我是第一次使用你們那裡的服務，可以用電話詢問關於那裡的藏書嗎？

男：可以的。只要告訴我書名，我來幫您查詢。

女：我要找的不是書籍，是外國的報紙或雜誌。

男：好的，本館館藏的外國報紙約有 50 種；雜誌約有 100 種。

女：哇，真厲害。

男：詳細資訊可以在本館網站搜尋確認。

女：這樣啊。好的，我試試看。還有，我有小孩想要一起去。有入館的年齡限制嗎？

男：任何人都可以自由入館。不過，本館並沒有提供兒童讀物。

女：啊，這樣啊。真可惜。我非常希望讓小孩讀書的。

女子接下來要怎麼做？

1　在網站上搜尋兒童讀物
2　在網站上搜尋適合孩子閱讀的書籍
3　找尋孩子可以入館的圖書館
4　**找尋有適合孩子閱讀的書籍的圖書館**

1番 🎧 Track 5-1-01

女の人と男の人が話しています。男の人はこれから何をしますか。

女：今夜は我が家の定番メニューの簡単レシピを紹介するわ。一回ざっと説明してから始めるから、よく聞いてね。

男：うん、分かった。

女：まずはブロッコリーを固めに茹でて皿に敷き詰める。鶏胸肉の両面をフライパンで焼いてちょうだい。

男：火の調節は？ パリッと焼けばいいでしょ。

女：だめ、火を通しすぎないのがポイントよ。次は鶏肉をスライスして、さっきのブロッコリーの上に載せてから、好みのチーズも載せてオーブンで焼けば出来上がり。

男：あ、オーブンで焼くんだ。だからさっき火を通しすぎないようにって言ったのね。

女：うん、焼きすぎると鶏肉がパサパサになるの。

男：野菜は？ ブロッコリーだけなの？ 野菜はたくさん食べた方がいいから、玉ねぎとかピーマンを入れてもおいしそう。

女：あ、そうね。でも色味がきれいなほうがいいから、赤いパプリカを加えよう。じゃ、そろそろ作ってみましょうか。あ、ブロッコリーだけはさっき私が茹でておいたの。私は鶏肉の方を担当するから、翔太君は野菜の方お願いするね。

男の人はこれから何をしますか。

1 すきまのないようにブロッコリーを敷いて、パプリカを洗う
2 ブロッコリーを固めて、皿にきれいに並べる
3 多様な野菜を出し、ゆでてから、色を合わせる
4 色の組み合わせのために赤い色彩の野菜とパプリカを追加する

第1題

女子和男子正在交談。男子接下來要做什麼？

女：今晚要介紹我家的經典菜的簡單食譜。我簡略說明一次再開始做，要仔細聽喔。

男：嗯，我知道了。

女：首先將青花菜燙得稍微硬一點，再鋪滿整個盤子。請在平底鍋中將雞胸肉的兩面煎熟。

男：火力調整呢？煎酥脆一點比較好吧？

女：不行，關鍵是不要煎過頭。接下來將雞肉切片，放在剛才的青花菜上面，然後加上喜歡的起司，放進烤箱烘烤就完成了。

男：啊，要放進烤箱烤啊。所以剛才才會說不要煎過頭。

女：嗯。煎過頭的話雞肉就會柴柴的。

男：蔬菜呢？只有青花菜嗎？多吃蔬菜比較好，放入洋蔥、青椒應該也很好吃。

女：啊，是的。但是顏色漂亮比較好看，放些紅甜椒吧。那麼，差不多該做做看了。啊，青花菜我剛剛已經燙好了。我負責雞肉部分，翔太麻煩你負責蔬菜部分。

男子接下來要做什麼？

1 將青花菜鋪得滿滿的，並清洗甜椒
2 將青花菜燙到稍微變硬，整齊地擺在盤子上
3 拿出多種蔬菜，氽燙後搭配顏色
4 為了色彩搭配，加入紅色蔬菜和甜椒

解說 男子要負責蔬菜部分，因為女子已經根據食譜第一步驟燙熟青花菜了，所以男子只需要將燙好的青花菜鋪滿盤子，再清洗甜椒。所以答案是選項1。

詞彙 定番 經典、基本款式｜ざっと 粗略、簡略｜固め 稍硬一點｜ゆでる 氽燙｜敷き詰める 鋪滿｜火を通す 加熱｜出来上がり 完成｜ぱさぱさ 柴柴的｜色彩 色彩｜固める 使～變硬

2番 Track 5-1-02

女の人と男の人が話しています。男の人はこれからどうするつもりですか。

女：はると、一体いつまで就職しないで、フリーターで生活するつもり？

男：正式に就職しなくても今のままでも充分生活できるよ。
　　僕はまだどこかに束縛されるより、自由に自分の人生を楽しみたいよ。

女：そんな贅沢なこと言ってる場合じゃないでしょう。うちは今経済的にそんなに余裕がないんだよ。お父さんの会社だって資金難なんだから。

男：でもまだ自分が本当にやりたい仕事見つけてないし、いろんな資格も取りたいし。

女：あんた後で取り返しがつかなくなるよ。そんなことばかり言うつもりなら、早くこの家を出て自立しなさい。

男：あ、待って、母さん。実はそんなんじゃないよ。家族に心配かけるから言えなかったけど、今の時期は派遣ぐらいしか行けるところがなくて。
　　一人暮らしはたくさんの出費がかさんで無理だよ。なんとか正社員になるまで、勘弁してよ。

女：ああ、もう仕方がないね～。

男の人はこれからどうするつもりですか。

1 正規雇用になるまで、家族の理解を求める
2 正式な社員になるまで、もうしばらくフリーターの生活を楽しむ
3 常勤の社員になるまで、支出が多くならないように節約する
4 家族に心配かけないように派遣社員として努力する

第2題

女子和男子正在交談。男子接下來打算怎麼做？

女：春人，你到底要不工作到什麼時候？你打算當自由工作者過生活嗎？

男：就算不做正式工作，我現在這樣也足夠生活了。比起被束縛在某處，我更想要自由地享受自己的人生。

女：現在不是說這種奢侈話的時候。家裡現在經濟上並不寬裕，就連你父親的公司也是缺乏資金。

男：但我還沒找到真正想做的工作，也想取得各種資格證照。

女：你再這樣下去以後就無法挽回囉。只會說這些話的話，就早點離開家裡獨立吧！

男：啊，等等，媽媽。其實並非如此。因為怕家裡擔心我才沒說，現在這個時期只能去派遣工作的地方。一個人生活會有很多開支，我無法承擔。在我想辦法成為正式員工之前，饒了我吧。

女：唉，已經沒辦法了……

男子接下來打算怎麼做？

1 在成為正式雇員之前，尋求家人的理解
2 在成為正式員工之前，暫時享受自由工作者的生活
3 在成為正式員工之前，為了不增加支出會節省開支
4 為了不讓家人擔心，努力成為派遣員工

解說 男子現在還無法成為正式員工，希望家人理解。因此答案是選項1。

詞彙 フリーター（「フリーアルバイター」的縮寫）自由工作者｜束縛 束縛｜贅沢 奢侈｜取り返しがつかない 無法挽回｜派遣 派遣｜出費 開支、支出｜かさむ 增多｜勘弁 原諒、饒恕｜常勤 專職｜正規雇用 正式雇用

3番 　Track 5-1-03

女の人と男の人が写真展について話しています。女の人はこれから何をしなければなりませんか。

女：今日の6時、佐藤さんと写真展に行く約束忘れてないよね。佐藤さんと渋谷駅で待ち合わせしているから、仕事が終わったらすぐに来て。

男：場所は？たしか渋谷駅の近くにはギャラリーが二つあったんじゃないの？

女：え？そうだっけ？佐藤さんに電話していろいろ聞いてみたいけど、さっきから電話に出ないのよ。

男：そう。どうしたのかな。あ、それとギャラリーって休館日が月曜日だったりするけど、それも確認してみたの？

女：休館日？全然気づかなかった。じゃ、ホームページで検索してみようかな。あ、でも明確なギャラリーの名前が思い出せない。あ、もうどうしよう。佐藤さんと連絡がつかないから、余計に心配になってくる。

男：そんな情報ぐらい事前に調べておけよ。

女：あ、もう5時過ぎて、佐藤さんもとっくに出発しているはずなのに。

男：まま、落ち着けよ。僕がネットでなんとか調べて問い合わせするから、お前は佐藤さんの方を頼むよ。

女：うん、分かった。じゃ、お願いするね。

第3題

女子和男子在討論攝影展。女子接下來必須做什麼？

女：今天六點要和佐藤先生一起去攝影展的約定，你沒忘了吧。和佐藤先生約在渋谷車站會面，你工作結束馬上過來。

男：地點呢？我記得渋谷車站附近有兩家畫廊吧？

女：咦？是這樣嗎？我想打電話問佐藤先生，但他從剛才就沒接電話。

男：是喔，出了什麼問題嗎？啊，畫廊有可能週一是休館日，這個妳也確認過了嗎？

女：休館日？我完全沒注意到。那我在網頁上查一下吧。啊，但我想不起來畫廊確切的名字了。啊，怎麼辦呢？佐藤先生聯絡不上，我更加擔心了。

男：那些資訊妳應該要事先查好。

女：啊，已經過了5點，佐藤先生應該早就出發了吧。

男：冷靜點。我上網想辦法調查詢問一下，佐藤先生那邊就拜託妳了。

女：嗯，我知道了。那麻煩你了。

女の人はこれから何をしなければなりませんか。	女子接下來必須做什麼？
1 佐藤さんに連絡して、事前にギャラリーの位置を調査する	1 聯繫佐藤先生，事先調查畫廊的位置
2 佐藤さんに電話して、前もってギャラリーの情報を質問する	2 打電話給佐藤先生，事先詢問畫廊的資訊
3 とりあえず佐藤さんとの連絡が取れるようにがんばる	3 總之先努力與佐藤先生取得連繫
4 佐藤さんに電話してギャラリーの名前や休館日を検索する	4 打電話給佐藤先生，查詢畫廊的名稱和休館日

解説 男子會上網查詢畫廊相關資訊，所以請女子協助與佐藤先生聯繫，因此答案是選項3。

詞彙 待ち合わせ 等候、約會｜休館日 休館日｜検索 檢索｜明確 明確｜思い出す 想起｜余計に 更加｜とっくに 早就｜問い合わせる 詢問｜事前 事前｜とりあえず 總之

4番　Track 5-1-04

女の人と男の人が話しています。男の人はこれからどうしますか。

女：これ、全部捨てるの？　後で必要になるんじゃないの？

男：いや、これもう長年捨てられなかったけど、今日こそ思い切って捨てようと思うんだ。

女：不用品だからといって処分して、後悔する人もわりと多いよ。
私の場合、着なくなった服とか、何年か待てば出番がまわってきたり、本なんかも後から気になったりしたよ。

男：そうかな。でもそれは性格に寄るんじゃないの。僕はそんなに物に執着するタイプじゃないから。むしろ捨てるとすっきりして、ストレスの解消にもなるよ。

女：へえ、思い切りがいいね。でも思い出の物とかはお金で解決できるものじゃないから、慎重に決めたほうがいいよ。捨ててしまって惜しいものもそれなりにあるからね、絶対。

第4題

女子和男子正在交談。男子接下來要怎麼做？

女：這些全部都要丟掉嗎？之後可能會需要吧？

男：不。這些東西已經好幾年都沒丟掉，但今天我打算下定決心處理一下。

女：雖然是不需要的物品，但處理後卻有很多人會後悔。就我而言，不再穿的衣服啦，過幾年後可能有機會再穿上，書籍之類的東西後來也可能會感興趣。

男：是喔。但這可能取決於個性吧。我並不是那種對物品非常執著的類型。不如說丟掉後會感到很舒暢，也可以解除壓力。

女：欸，你很果斷耶。但是有些回憶的東西是無法用金錢解決的，所以最好慎重決定。絕對有丟了之後會覺得可惜的東西。

260

男：そうかな。でも最近片付けブームって言われるだろ。捨ててみて自分にとって必要のないものが分かったら、僕はむしろお金の無駄遣いが減ると思うよ。

男の人はこれからどうしますか。

1 物に執着する習慣を直し、要らないものは捨てる
2 物にこだわらないで、これからは何かを購入するとき、自分に本当に必要なものかよく考える
3 要らない物にお金を使うのをやめ、これからも部屋を片付ける
4 何を捨て、何を残すか分かるまで、処分してみる

男：是喔。但是最近據說是整理熱潮，我覺得如果丟掉後發現對自己來說是沒必要的東西，反而能減少金錢的浪費。

男子接下來要怎麼做？

1 改掉對物品執著的習慣，丟掉不需要的東西
2 不再執著於物品，未來買東西時會仔細思考自己是否真正需要
3 停止花錢在不需要的物品上，未來也會整理房間
4 **嘗試清理，直到知道要丟棄什麼，要保留什麼**

解說 男子並未提到要改掉對物品執著的習慣，也沒有說要停止花錢在不需要的物品上。從男子最後所說的話來看，他想要先丟掉一些東西，看看哪些是自己真正需要的，所以答案是選項4。可能會與選項2混淆，但該選項是後來可能會發生的預測，因此不是正確答案。

詞彙 思い切って 下定決心｜不用品 不需要的物品｜処分 處理｜出番 出場｜執着 執著｜むしろ 不如說｜すっきりする 舒暢｜解消 解除｜思い切り 斷念｜慎重 慎重｜惜しい 可惜｜無駄遣い 浪費｜拘わる 拘泥、執著

5番 Track 5-1-05

男の人と女の人が夕食について話しています。女の人はこれから何を作りますか。

男：ね、ね、今日の晩飯のメニューって何？まさか昨日も食べたスープじゃないよね。

女：いや、スープだよ。嫌いなわけ？スープはどこの国でも優しいお母さんの愛がこもった料理って言われてるでしょう。いろんな野菜も食べられて健康的だし、たくさん食べてもあまり太らないからダイエットにも役立つし。

男：いや、もうそんなのはいいんだよ。何日もスープばかり食べさせられて、僕もう食べあきたよ。とりのから揚げとか、肉料理とか、とにかくなんかボリュームのあるものが食べたいな。ちょっといろんな料理の工夫してよ。

第5題

男子和女子正在討論晚餐。女子接下來要做什麼東西？

男：欸欸，今天晚餐的菜單是什麼？不會又是昨天吃過的湯吧？

女：不，是湯喔。你討厭嗎？湯在任何國家都被認為是充滿溫暖母愛的料理喔。能吃到各種蔬菜，健康且吃很多也不太會發胖，對減肥也有幫助。

男：不，我已經受夠了。被迫吃好幾天的湯，我已經吃膩了。我想吃炸雞、肉類料理，總之就是一些有分量感的食物。稍微多花點心思做不同的料理吧。

女：え〜、私もう一週間分も作ってしまったよ。昨日はご飯に掛けたけど、おとといはパンに付けて食べたし、スープの中にだって肉は入ってるよ。

男：だから、今日の晩飯は違う料理が食べたいんだよ。

女：分かった、他の料理にするよ。あ、でもユウコちゃんの離乳食作るの忘れちゃった。いまさら作るのも時間がかかるし、今日はパスタにかけるから、勘弁してね。

男：ああ、もう勝てないな。

女の人はこれから何を作りますか。

1 離乳食
2 肉が入ったパスタ
3 とりのから揚げ
4 スープ

女：欸〜我已經做了一整週的分量。昨天搭配飯，前天沾麵包一起吃，連湯裡面都有放肉啊。

男：所以啊，我今天晚餐想吃不同的料理。

女：我知道了，我會做其他的菜。啊，但是我忘記做優子的副食品。現在再做也要花時間，今天就淋在義大利麵上吧。請見諒吧。

男：啊，我就是贏不了啊。

女子接下來要做什麼東西？

1 嬰兒副食品
2 有肉的義大利麵
3 炸雞
4 湯

解說 男子想吃炸雞等有分量感的料理。但女子忘記準備嬰兒副食品，必須先做副食品。雖然女子最後有提到現在再做也要花時間，但這是指男子想要的料理。所以答案是選項1。

詞彙 愛がこもる 充滿愛｜役立つ 有幫助｜あきる 膩｜から揚げ 炸雞｜工夫 想辦法｜離乳食 嬰兒副食品｜いまさら 事到如今｜勘弁 原諒、饒恕

問題 2 先聆聽問題，再看選項，在聽完對話內容後，請從選項 1〜4 中選出最適當的答案。

例 Track 5-2

男の人と女の人が料理を作りながら話しています。男の人は何に注意しますか。

男：寒くなってきたな。食べると体が温まって、簡単でおいしい料理、何かないかな。

女：そうね。うちは家族みんなでよく豚汁食べるけど。作り方教えようか。

男：へえ、どんな料理？ 僕は一人暮らしだから、なるべくはやく済ませられる料理がいいけど。

例

男子和女子正一邊做菜一邊交談。男子要注意什麼？

男：天氣變冷了呢。有沒有什麼吃了身體就會暖和，既簡單又美味的料理？

女：這樣啊。我們家經常一家人一起吃豬肉清湯。要告訴你作法嗎？

男：哦？是怎樣的料理呢？因為我一個人生活，最好是能快速做完的料理。

女：すごく簡単だよ。材料は豚肉と大根、じゃがいも、にんじん、みそだけあればいいよ。長さ3センチぐらいに全部の材料を切ってね。まず豚肉を炒めてから野菜を入れて、さらに炒める。

男：順番なんかいいだろう。何を先に炒めようが。

女：よくない。必ず肉を先に炒めてね。それから全体に油がまわったら、水を加え、10分煮る。そこにみそを溶かすとできあがり。

男：へえ。簡単だね。でもさっきの3センチって面倒くさいから、適当に切っていいだろう。

女：でも早く済ませたいんでしょう。材料は大きさをそろえたら、煮やすくなるのよ。

男の人は何に注意しますか。

1 材料は大きさを合わせて切ること
2 材料がそろった後に、はやく煮ること
3 炒める順番を決めること
4 はやく済ませられるように材料をそろえること

女：非常簡單喔。材料只需要豬肉、白蘿蔔、馬鈴薯、紅蘿蔔和味噌即可。將全部的材料都切成長度3公分左右。先炒豬肉，再加入蔬菜繼續炒。
男：順序無所謂吧。先炒什麼都行。
女：不行。一定要先放肉炒。然後等整個鍋裡沾滿油，再加水煮10分鐘。在這裡加入味噌使其溶解就完成了。
男：是喔。蠻簡單的呢。但剛剛提到切成3公分有點麻煩，可以隨便切嗎？
女：不過你想要快速完成吧。材料大小一致的話，煮起來會更容易喔。

男子要注意什麼？

1 材料要切成大小一致
2 準備好材料後要快速烹煮
3 決定炒菜的順序
4 為了快速完成要準備好所有材料

1番　Track 5-2-01

男の学生と女の学生が話しています。男の学生はどうしてお金が大切だと言っていますか。

男：やっぱりお金は大切だね…。

女：どうしたの？　急に…。

男：朝から、自分の目標を紙に書き出してみたんだよ。

女：ふーん。目標ね…？　どんな目標？

男：例えば、旅をしたいとか、こんな講座を受けたいとか、こんな活動をしたいとかね。

女：へぇー、川井君はえらいね。

男：そんなことないよ。でも、そのリストを見て、全部お金が必要なことに気がついたんだ。

第1題

男學生和女學生正在對話。男學生為什麼說錢很重要？

男：果然錢很重要呢……

女：怎麼了？突然說這個……

男：早上我試著在紙上寫出自己的目標。

女：嗯？目標嗎……？什麼樣的目標？

男：例如想旅行，想要參加這種講座，或是想要參與這種活動之類的。

女：哇～川井同學真了不起啊。

男：沒那回事啦。但是看了這個清單，就發現所有事情都需要錢。

女：ああ、そうね。旅行に行くにも、講座を受けるにも、お金がいるわね。

男：目標を達成させるにはお金が必要だってことなんだ。

女：じゃ、アルバイトしてお金をかせぐことが先かしらね。

男：うん、それに気が付いてよかったよ。

男の学生はどうしてお金が大だと言っていますか。

1 何をするにも、お金がかかるから
2 お金があれば、何でも買えるから
3 生活するのに、お金がかかるから
4 お金があれば、働かなくてもいいから

女：啊，真的。去旅行、參加講座，都需要錢呢。

男：為了達成目標就需要錢。

女：那就先打工存錢吧。

男：嗯，能意識到這點真是太好了。

男學生為什麼說錢很重要？

1 因為不管做什麼，都需要花錢
2 因為有錢的話，可以買到任何東西
3 因為生活需要花錢
4 因為有錢的話，可以不工作

解說 男子說達成想要實現的目標需要錢，因此答案是選項1。

詞彙 書き出す 摘錄、摘要寫出 | 講座 講座 | 達成 達成 | かせぐ 賺錢

2番 Track 5-2-02

女の人と男の人が話しています。男の人はどうしてやせたいのですか。

女：あら、佐藤さん、今日はお昼ぬきですか？

男：うん、先週からダイエットを始めてね。一日2食にしているんだよ。

女：ええ！そうなんですか。じゃ、朝ごはんと晩ごはんだけですか。

男：うん、そう。入らないズボンが多くなっちゃってさ。困ってるんだよ。

女：ああ、それ。わかるわ。新しく買いかえるのもなんだかしゃくだしね

男：そうだろ。お腹周りがあと3センチ細くなればいいんだよ。

女：だったら、夕飯の時のビールを減らせばいいんじゃないんですか。

第2題

女子和男子正在交談。男子為什麼想要變瘦？

女：哎呀，佐藤先生。今天不吃午餐嗎？

男：嗯，上週開始減肥了。一天吃兩餐喔。

女：蛤！是這樣啊。那就是只吃早餐和晚餐囉？

男：嗯，對。穿不下的褲子變多了，很困擾。

女：啊，那個我懂喔。要買新的也有點生氣。

男：對吧。腹圍再瘦3公分就好了。

女：這樣的話，晚餐時少喝啤酒不就好了嗎？

男：ああ、そうか。でも、それはできないな。

男の人はどうしてやせたいのですか。

1 健康的な体になりたいから
2 新しいズボンを買いたいから
3 ズボンがはけなくなったから
4 女の人にもてたいから

男：啊，是嗎？但是我做不到啊。

男子為什麼想要變瘦？

1 因為想讓身體變健康
2 因為想要買新褲子
3 因為褲子穿不下
4 因為想要受女性歡迎

解說 男子因為褲子穿不下而感到困擾，所以答案是選項3。

詞彙 昼抜き 不吃午餐（～抜き 不～）｜買い換える 買新的來換｜しゃく 憤怒、生氣｜周り 周圍

3番 Track 5-2-03

女の人と男の人が話しています。男の人が商品を回収する理由はなんですか。

女：斎藤部長、実は今日お客様からクレームが入りました。

男：ええ、どんなクレーム？

女：なんでも、商品にカビが生えていたというんです。

男：カビ？ 消費期限が切れちゃって、保管場所が悪かったんじゃないのかな。

女：お客様によると、賞味期限も消費期限も切れていないとおっしゃっていますよ。保管場所も問題はないようです。

男：そう。クレームは今のところ1件だけ？

女：そうですね。今日が初めてです。以前はそんなクレームありませんでしたよね。

男：そうだね。増える可能性があるな…。今回の販売分は仕入れ先が違うんだ。至急その商品を回収しよう。

女：はい、わかりました。

第3題

女子和男子正在交談。男子要將商品回收的原因是什麼？

女：齋藤部長，其實今天我們收到了客戶的投訴。

男：咦？是什麼樣的投訴？

女：據說是商品發霉。

男：發霉？可能是過期，或是存放地點不佳吧？

女：根據客戶表示，賞味期限和消費期限都沒過期喔。存放地點似乎也沒問題。

男：是喔。目前只有一起投訴嗎？

女：是的，今天是第一次。以前都沒有這種投訴。

男：是啊。可能會增加呢……這次銷售的供應商都不同。趕緊回收這些商品吧。

女：好的，我知道了。

男の人が商品を回収する理由はなんですか。	男子要將商品回收的原因是什麼？
1　賞味期限が切れていたから	1　因為超過賞味期限
2　全商品にカビの発生が確認されたから	2　因為所有商品都確認發霉了
3　消費期限が切れていたから	3　因為超過消費期限
4　一部の商品にカビが発生していたから	4　因為有部分商品發霉

解說 從對話可以得知賞味期限和消費期限都未超過，而且只收到一件投訴。所以答案是選項4。

詞彙 なんでも（不太確定）好像｜回収 回收｜カビが生える 發霉｜消費期限 指可以安全食用的食品期限｜切れる 到期｜賞味期限 指可以美味享用的期限｜仕入れ 供應商｜至急 趕緊

4番　Track 5-2-04

会社で男の人と女の人が話しています。女の人はどうして仕事が遅れていると言っていますか。

男：大田さん、お願いしていた仕事、もう出来上がった？

女：すみません。実は、まだ終わっていないんです。

男：え、どうして？ 午前中はお客さんが多いみたいだけど、そのせい？

女：いいえ、ちょっと疲れてしまって…。すみません。

男：そうか。でも悪いけど、明日までには仕上げてほしいんだよ。

女：それは、ちょっと…。実は社長から依頼された仕事と重なってしまって。

男：え、そうだったんだ。でも、ぼくのを優先してよ。

女：はあ、がんばりますので、もう少しお時間をください。

女の人はどうして仕事が遅れていると言っていますか。

1　接客が多く、集中できないため

第4題

男子和女子正在公司交談。女子說她為什麼工作進度延遲了？

男：大田小姐，麻煩妳的工作已經完成了嗎？

女：對不起。其實我還沒完成。

男：咦？為什麼？是因為上午客戶很多嗎？

女：不是，是我有點累了……抱歉。

男：這樣啊。但是不好意思，我希望妳明天之前能完成。

女：這個有點……其實是因為和社長交代的工作衝突了。

男：咦？是這樣啊。但是請優先處理我的工作。

女：呃，我會努力，請再給我一點時間。

女子說她為什麼工作進度延遲了？

1　因為要接待的顧客很多，難以集中精神

2 パソコンの調子が悪いため
3 体の調子が悪く、疲れているため
4 他の仕事も頼まれているため

2 因為電腦狀況不佳
3 因為身體不適，感到疲累
4 因為被委託其他工作

解說 女子提到和社長交代的工作衝突了，表示她被委託其他工作，所以答案是選項4。

詞彙 仕上げる 完成｜依頼 委託｜重なる 重疊、事情趕在一起｜優先 優先｜接客 接待顧客

5番 Track 5-2-05

女の人と男の人が家で話しています。男の人はどうして時計のレビューを書きますか。

女：あら、あなた、何してるの？
男：ああ、レビューを書いているんだよ。
女：へぇー、珍しいじゃない。なにか、特別な特典でもあるの？
男：うん、そうなんだよ。なんだと思う？
女：そうね、ポイントが倍になるとか、他のプレゼントがもらえるとか？
男：ううん、保証期間が普通は1年のところ、7年までになるんだよ。
女：ふ〜ん、でも、インターネットで買ったのはスイスの時計でしょ。そんなに修理が必要になるものかしら？
男：さあ、めったにないと思うけど。安心じゃない。
女：まあ、そうね。

男の人はどうして時計のレビューを書きますか。

1 ポイントが二倍もらえるから
2 保証期間が延長になるから
3 他のプレゼントがもらえるから
4 修理代がずっと無料になるから

第5題

女子和男子正在家中交談。男子為什麼要寫手錶評論？

女：哎呀，你在做什麼？
男：啊，我在寫評論。
女：欸？真稀奇。有什麼特別的福利嗎？
男：嗯，是啊。妳猜是什麼？
女：嗯，點數加倍之類的，或是可以得到其他禮物？
男：不，保固期限通常是一年，這個則是延長到七年。
女：嗯，但是你在網路上買的是瑞士手錶吧。修理會這麼頻繁嗎？
男：這個嘛…我想應該很少需要修理，但還是有些不放心。
女：嗯，也是啦。

男子為什麼要寫手錶評論？

1 因為可以獲得兩倍的點數
2 因為保固期限會延長
3 因為可以獲得其他禮物
4 因為修理費用會一直免費

解說 男子提到保固期限通常是一年，但寫評論的話可以延長到七年，所以答案是選項2。

詞彙 珍しい 稀奇｜特典 福利、優惠｜保証 保固、保障｜延長 延長｜めったに 很少、不常｜修理代 修理費用｜ずっと 一直

6番 🎧 Track 5-2-06

女の学生と男の学生が話しています。女の人が朝の散歩を始めた理由は何ですか。

女：私ね、最近朝の5時に起きて川沿いを散歩してるのよ。

女：私ね、最近朝の5時に起きて川沿いを散歩してるのよ。

男：へぇー、朝寝坊の君が？信じられないな。犬でも飼い出したの？

女：違うわよ。実はね、来月から朝早く起きなくちゃいけなくなったのよ。

男：ふ～ん、何で？

女：うん、友だちに勧められたアルバイトなんだけど、それが朝早いのよ。

男：ふ～ん、そのアルバイトをするのに、朝の散歩が必要なの？

女：そういうことじゃなくて、早起きの習慣をつけたいのよ。

男：なるほどね。それはいいことだよ。ダイエットにもなりそうだし。

女：あら、ほんとね。

女の人が朝の散歩を始めた理由は何ですか。

1　ペットを飼いだしたため
2　アルバイトのため
3　ダイエットのため
4　友達に勧められたため

第 6 題

女學生和男學生正在對話。女子早上開始散步的原因是什麼？

女：我呢，最近早上5點起床在河邊散步喔。

男：欸？早上睡過頭的妳？真是不敢相信，妳是養狗了嗎？

女：錯了喔。其實下個月開始就不得不早起了。

男：哦，為什麼？

女：嗯，是因為有個朋友推薦的打工，是早上很早的。

男：哦，為了那份打工，需要早上去散步嗎？

女：不是這樣，只是想培養早起的習慣。

男：原來如此，那是好事呢。好像也能減肥喔。

女：啊，真的耶。

女子早上開始散步的原因是什麼？

1　因為開始養寵物
2　因為打工
3　因為要減肥
4　因為被朋友推薦

解說　女子需要早起打工，想要養成早起的習慣，所以答案是選項 2。

詞彙　川沿い 河邊｜飼う 飼養｜勧める 推薦｜習慣をつける 培養習慣

問題 3 在問題 3 的題目卷上沒有任何東西，本大題是根據整體內容進行理解的題型。開始時不會提供問題，請先聆聽內容，在聽完問題和選項後，請從選項 1～4 中選出最適當的答案。

例 🎧 Track 5-3

コーヒーについて男の人と女の人が話しています。

男：ナナエちゃん、ちょっとコーヒー飲みすぎじゃない。いったい、一日何杯飲んでいるの。

女：そうね。私の大好物だから、一日4杯ぐらいかな。

男：へえ、それ胃痛になったりしない。僕なんか1杯から2杯飲んでるけど、2杯飲んでも胃が痛いときあるよ。

女：私は全然平気。ある研究によると、コーヒーは脳や肌にもすばらしい効用があるって。

男：まあ、確かに目は覚めるね。

女：あと、コーヒーには抗酸化物質が含まれているけど、その吸収率が果物や野菜より高いそうよ。

男：抗酸化物質？ そのためにたくさん飲んでるの。僕も量を増やしてみるか。もっと若く見えるのかな。

女：違うよ。コーヒーの効用なんて私はどうでもいいよ。本当は香りが好きなんだ。香りをかぐだけで、幸せな気分になれるし、ストレスも無くなる感じもするの。

男：うん、確かにコーヒーの香りが嫌だという人は今の時代にはいないかもね。

女の人はコーヒーについてどう思っていますか。

1 たくさん飲んでも胃痛はないから、どんどん飲む量を増やしたいと思う
2 体に与えるいい効果より、いい気分になれるから飲みたいと思う
3 コーヒーが体にいい効果をもたらすので、そのために飲むべきだと思う
4 ストレスが無くなる効果があるので、そのために飲むべきだと思う

例

男子和女子正在談論咖啡。

男：奈苗，妳咖啡是不是喝太多了？一天到底喝幾杯啊？

女：這個嘛。因為是我最喜歡的東西，一天4杯左右吧。

男：是喔，這樣不會胃痛嗎？我大概喝一到兩杯，有時喝兩杯也會胃痛呢。

女：我完全沒問題。根據某項研究，咖啡對腦部及皮膚有非常棒的效果。

男：也是，確實能讓人清醒呢。

女：還有，咖啡裡含有抗氧化物質，它的吸收率似乎比水果跟蔬菜還要高喔。

男：抗氧化物質？因為那樣才喝那麼多的嗎？我也試著增量看看好了。也許看起來會更年輕。

女：不是喔。咖啡的效用我才不在意呢。其實我是喜歡它的香味。只要聞它的香味，就能讓我感到幸福，感覺壓力也不見了。

男：嗯，確實現在這個時代已經沒有討厭咖啡香味的人了。

女子對咖啡有何看法？

1 覺得喝很多也不會胃痛，想要不斷增加喝的量
2 想喝咖啡是因為心情會變好，而不是會對身體帶來很好的效果
3 認為咖啡對身體有很好的效果，應該為此而喝
4 認為喝咖啡有排解壓力的效果，應該為此而喝

1番 Track 5-3-01

会社で女の人が社員たちの前で話しています。

女：短い間でしたが、皆様には本当にお世話になりました。接客の仕事は初めてでしたので、最初はとても不安でしたが、みなさんに丁寧に仕事を教えていただき、充実した2年間を過ごすことができました。特に、年末の「福袋プロジェクト」は、忘れられない思い出です。お客さまにご迷惑をおかけするなど失敗もありましたが、温かく見守っていただいたことに感謝の気持ちでいっぱいです。職場は離れますが、今後は消費者の立場から、お店のPRに協力できればと考えております。そして、ここでの経験を自分の強みとして、今後の人生に活かしていくつもりです。皆さまのご活躍とご健康をお祈りいたします。

女の人は何のあいさつをしていますか。

1 転勤のあいさつ
2 退職のあいさつ
3 昇進のあいさつ
4 転職のあいさつ

第1題

公司裡，女子正在員工面前講話。

女：雖然時間很短，但我真的非常感謝大家的照顧。因為第一次從事待客的工作，一開始非常不安，但大家很細心地教導我工作，讓我度過了充實的兩年。尤其是年底的「福袋計畫」，這是一個難以忘記的回憶。雖然曾有過給客人帶來困擾等失誤，但大家溫暖地守護著我，我充滿感激之情。雖然將離開這個工作環境，但今後我希望以消費者的立場協助店鋪的宣傳工作。然後打算將在這裡得到的經驗作為自己的優勢，活用於未來的人生。祝願大家在工作中表現出色，身體健康。

女子正在發表哪種致詞？

1 調職的致詞
2 離職的致詞
3 升遷的致詞
4 換工作的致詞

解說 女子提到「雖然將離開這個工作環境」，表示這是離職的情境。所以答案是選項2。

詞彙 接客 接待顧客｜丁寧だ 細心｜充実 充實｜失敗 失敗｜福袋 福袋｜見守もる 守護｜消費者 消費者｜強み 強項｜活す 活用｜活躍 活躍｜祈る 祝願｜転勤 調職｜退職 離職｜昇進 升遷｜転職 換工作

2番 Track 5-3-02

テレビでアナウンサーが107歳で亡くなった偉大な医者について話しています。

男：先生は、1911年に山口県でお生まれになりました。1937年に帝京都大学医学部を卒業され、1941年にセイカ国際病院内科医となられてからは、内科医長、院長代理、院長を経て、セイカ国際大学名誉理事長、セイカ国際病院名誉院長、いきいき・ライフ・センター理事長などを歴任なさいました。早くから予防医学の重要性を指摘し、終末期医療の普及、医学・看護教育に力を尽くされました。成人病とよばれていた病気について「生活習慣病」という言葉を生み出すなど、常に日本の医療の先端を走ってきた方でした。ご冥福をお祈りいたします。

医者のどんなことについて話していますか。

1　経歴とプロフィール
2　プロフィールと活動予定
3　経歴と著書の内容
4　業績と家族への愛情

第2題

電視上播報員正在談論107歲逝世的偉大醫生。

男：醫生於1911年出生於山口縣。1937年畢業於帝國京都大學醫學部，1941年成為聖加國際醫院內科醫生，曾擔任內科主任醫師、代理院長、院長，之後歷任聖加國際大學名譽理事長、聖加國際醫院名譽院長，以及活力生活中心理事長等職位。他早早就指出預防醫學的重要性，致力於末期醫療的普及、醫學與護理教育。他創造了「生活習慣病」一詞來描述過去被稱為「成人病」的疾病名稱，一直走在日本醫療尖端。願逝者安息。

這是在討論醫生的什麼事情？

1　經歷和個人簡介
2　個人簡介和未來活動計畫
3　經歷和著作內容
4　業績和對家人的愛

解說　內容提到此人於1911年出生，並講述他作為一名醫生的職業生涯和成就。由於他已經去世，不會有未來的活動計畫，也沒有提到著作內容，更沒有提到他對家人的愛，所以答案是選項1。

詞彙　内科医 內科醫生｜経る 經歷｜名誉 名譽｜いきいき 生氣蓬勃｜歴任 歷任｜指摘 指出｜終末期 疾病晚期階段｜普及 普及｜看護 護理｜力を尽くす 竭盡全力｜成人病 成人病｜生み出す 創造｜常に 經常｜先端 尖端、先鋒｜冥福 冥福、死後的幸福｜祈る 祈禱、祝願｜著書 著作｜業績 業績｜愛情 愛戀之情

3番 🎧 Track 5-3-03

男の人と女の人が転職について話しています。

男：やっぱり、転職したいの？

女：ええ、新しいところは給料も高いし、私がやりたかった仕事も任せてくれるっていうし。

男：そう。でも、勤務時間も今の職場より長くなるんだろ。体力的に大丈夫なの？

女：そうね。その辺は、家族に迷惑をかけてしまうかもしれないから悩んでいるわ。

男：もちろん、ぼくも協力するし、娘にも協力させるつもりだけど、やっぱり勤務時間が気になるな。

女：飲食業界は夜が遅くなるからね。でも、もうこのチャンスを逃したら、転職は厳しいんじゃないかなって思っているのよ。

男：そうか。年齢的にも、そんなにいい話はなくなるし、今度のところは、やりがいがありそうだしね。

女：うん、そうなのよ。今まで自分が築き上げてきたスキルや経験が十二分に活かせそうだし。

男：君がそこまで考えているなら、やってみたら。

女：うん、ありがとう。

女の人は転職についてどう思っていますか。

1　勤務時間の長さは、家族の協力があればクリアできる
2　**体力面で不安はあるが、やりがいのある仕事がしたい**
3　年齢的にも、今回のチャンスをのがしたくない
4　体力面で不安があるが、給料が高い仕事につきたい

第3題

男子和女子正在討論換工作的事情。

男：妳還是想換工作嗎？

女：嗯，新工作薪水比較高，也能讓我做我想做的工作。

男：是喔。但是工作時間會比現在的工作場所還要長吧。體力上沒問題嗎？

女：是呢。這點我很煩惱，可能會給家人帶來麻煩。

男：當然我也會幫忙，也打算讓女兒幫忙，但工作時間還是令人在意呢。

女：因為餐飲業會工作到很晚。但是如果錯過這個機會，換工作會變得更難吧。

男：是嗎？年齡上來看也不會有這種好機會了，而且這次的工作好像值得一做。

女：嗯，就是這樣。看來我之前累積的技能和經驗都能充分活用。

男：妳如果已經考慮這麼多了，那就試看看吧。

女：嗯，謝謝。

女子對於換工作有什麼想法？

1　如果家人能幫忙，工作時間的長短是可以克服的
2　**雖然對自己的體力感到不安，但想要從事有價值的工作**
3　從年齡來看，也不想錯過這次的機會
4　雖然對自己的體力感到不安，但想要從事薪水高的工作

解說　女子擔心體力方面可能會給家人帶來麻煩，但對話中還是表達出想要從事有價值的工作，活用自己迄今所累積的技能和經驗，因此答案是選項2。

詞彙　任せる 委託｜職場 工作場所｜業界 行業｜逃す 錯過｜年齡 年齡｜やりがい 有價值、值得｜築き上げる 累積｜十二分 充分｜活かす 活用｜仕事につく 開始工作、就業

4番 🎧 Track 5-3-04

女の人と男の人がチップの習慣について話しています。

女：加藤さんは、海外に行って困ることは何ですか？

男：そうだな…。チップの問題かな。

女：ああ、そうですね。私も面倒くさいなって思いますよ。

男：日本では、チップの習慣がないからね。

女：はい、だから、日本では空港からタクシーに乗るときも、チップのことで悩む必要もないし、楽ですね。

男：ほんとだよね。チップ制度のある国ではいつも、小銭を用意しておかなくちゃいけないよね。

女：そうですね。私なんかベッドメーキングのためのチップを忘れることがよくあるんですよ。

男：ああ、ぼくもある。でもね、この間、忘れた分も一緒に置いておいたら、そのお礼に手紙とお菓子がおいてあったんだよ。

女：ああ、そういうのはうれしいですね。あと、チップ制度のいいところもありますよね。

男：ああ、そうだね。チップのために、一生懸命働くしね。

女：そういう面もありますね。日本は、給料制だから労働の中味は関係ないから。

二人は外国でのチップの習慣についてどう思っていますか。

1　小銭がないときは困ってしまう
2　労働意欲を持たせる良い制度だ
3　日本もチップの制度を採用したらいい
4　**わずらわしいけど、良いこともある**

第 4 題

女子和男子正在討論小費的習慣。

女：加藤先生去國外有什麼困擾嗎？

男：這個嘛……可能是小費的問題吧。

女：啊，是啊。我也覺得很麻煩。

男：因為在日本沒有給小費的習慣呢。

女：對，所以在日本從機場搭計程車時也不用為小費煩惱，很輕鬆呢。

男：真的。在有小費制度的國家總是得事先準備零錢。

女：對啊。我經常忘記給整理床鋪的人小費呢。

男：啊，我也有過。但是之前我把忘記的部分一起放在那裡後，發現他們放了一封信和點心表示感謝。

女：啊，遇到那種情況會很高興呢。而且小費制度也有其優點。

男：啊，對啊。為了小費就會努力工作。

女：也有這種情況呢。在日本因為是薪水制，和工作內容完全沒關係。

兩人對國外的小費習慣有什麼想法？

1　沒有零錢的時候很困擾
2　是激發工作動力的良好制度
3　如果日本也採用小費制度就好了
4　**雖然麻煩，但也有好處**

| **解說** | 兩人的共同看法是日本沒有小費制度較輕鬆，但小費制度也有其優點。所以答案是選項4。 |

| **詞彙** | 面倒くさい 麻煩｜悩む 煩惱｜楽だ 輕鬆｜小銭 零錢｜用意 準備｜ベッドメーキング 整理床鋪｜お礼 回禮、感謝｜中身 內容｜わずらわしい 麻煩 |

5番 Track 5-3-05

男の人と女の人が電車の車内放送を聞いています。

男1：本日もJR日本をご利用くださいましてありがとうございました。
車内に落し物やお忘れ物がございませんようご注意ください。
また、この電車は北東京到着後、車内温度を維持する為ドアは自動では開きません。お手数ですがお降りのお客様はドア横の開けるボタンを押してお降りください。
お出口は右側です。ご乗車ありがとうございました。
　　　　　　　…

男2：へえ、降りる時、自分で操作するんだね。こんな電車初めてだよ。

女：私もよ。ボタンってどこにあるの。

男2：ああ、これだな。

電車を降りる時の何についての放送ですか。

1　忘れ物の処理
2　温度の調整方法
3　**ドアの開け方**
4　ドアの閉め方

第5題

男子和女子正在電車上聽車內廣播。

男1：今天感謝您使用JR日本。
　　請注意不要在車廂內遺失物品或忘記帶走東西。
　　此外，本列車抵達北東京後，為了保持車內溫度將不會自動開門。很抱歉給您添麻煩，請下車的乘客按下門邊的開門按鈕下車。
　　出口在右側，感謝您的搭乘。
　　　　　　　…

男2：哇？下車時要自己操作啊。我第一次搭這種電車。

女：我也是，按鈕在哪裡？

男2：啊，就是這個。

下電車時，廣播播放的內容是什麼？

1　忘記帶走東西的處理方法
2　溫度的調節方法
3　**車門的開法**
4　車門的關法

| **解說** | 廣播提到要保持車內溫度，不會自動打開車門，請下車的乘客按下門邊的開門按鈕。所以答案是選項3。 |

| **詞彙** | 放送 廣播｜本日 今天｜落し物 遺失物品｜維持 維持｜お手数ですが 抱歉給您添麻煩｜乗車 乘車、搭車｜操作 操作｜処理 處理｜調整 調整 |

問題 4 在問題 4 的題目卷上沒有任何東西,請先聆聽句子和選項,從選項 1～3 中選出最適當的答案。

例 （Track 5-4）

男:彼女の言い方には人の心を和らげる何かがあるね。

女:1　私もその何かがずっと気になっていました。
　　2　ほんとうですね。人の心はわからないですね。
　　3　そうですね。聞いたら優しい気持ちになりますね。

例

男:她說話的方式帶有一種能夠安撫人心的感覺呢。

女:1　我也一直很在意那個東西。
　　2　真的。人心總是摸不清呢。
　　3　對呀。聽了之後會覺得很溫暖呢。

1番 （Track 5-4-01）

女:このレストラン、いつもがらがらですね。

男:1　うん、値段も手ごろでおいしいからね。
　　2　そうだね、味がいまいちだからね。
　　3　うん、けっこう広いし快適だからね。

第 1 題

女:這間餐廳總是空蕩蕩呢。

男:1　嗯,因為價格適中而且很美味。
　　2　是啊,因為味道還差一點。
　　3　嗯,因為相當寬敞舒適呢。

解說　女子表示餐廳空蕩蕩的,男子提出「因為味道還差一點」作為沒有客人的理由較為合適。所以答案是選項 2。

詞彙　がらがら 空蕩蕩｜手ごろ 合適｜いまいち 還差一點｜快適 舒適

2番 （Track 5-4-02）

女:このプロジェクトが終わってやっと肩の荷が下りましたよね。

男:**1　本当に大変だったが、よくがんばってくれたよ。**
　　2　つかれたよね。肩もんであげようか。
　　3　いや、荷物がこんなに多いとは思わなかった。

第 2 題

女:這個計畫結束了,終於卸下重擔了。

男:**1　真的很辛苦,但妳做得很棒。**
　　2　妳很累吧,我來幫妳揉肩膀吧!
　　3　不,我不認為行李有那麼多。

解說　「肩の荷が下りる」是指「卸下重擔」,所以勉勵或鼓勵對方是較適當的表達方式。

詞彙　肩をもむ 按摩肩膀

3番 Track 5-4-03

男：この服、ちょっと地味すぎるんじゃないですか。
女：1　いいえ、よくお似合いだと思いますが。
　　2　いいえ、着やすそうに見えますが。
　　3　いいえ、本当に地味で質素な感じですが。

第3題

男：這件衣服有點太樸素了吧？
女：1　不會啊，我覺得很適合。
　　2　不會啊，看起來很容易穿的樣子。
　　3　不會啊，真的很樸素，有樸素的感覺。

解說　男子擔心衣服太樸素，所以女子回應「覺得很適合」是較自然的評論。

詞彙　地味 樸素 ｜ 質素 樸素

4番 Track 5-4-04

女：社長、お客様がお見えになりましたが…。
男：1　私にはよく見えないが、どこですか？
　　2　もうお客様が見ましたからけっこうです。
　　3　あ、奥の方に通してください。

第4題

女：社長，客人已經來訪了……
男：1　我看不太清楚，在哪裡？
　　2　我已經見過客人了，不用了。
　　3　啊，請帶客人到裡面。

解說　「お見えになる」是「來訪」的意思，所以答案是選項3。

詞彙　けっこうだ 夠了、不用了 ｜ 通す 領進、引導

5番 Track 5-4-05

男：ごめんください。
女：1　はい、いらっしゃいませ。
　　2　いいえ、とんでもございません。
　　3　なにとぞ、お許しください。

第5題

男：有人在嗎？
女：1　是的，歡迎光臨。
　　2　不，哪裡哪裡。
　　3　請您原諒。

解說　「ごめんください」是拜訪別人時使用的禮貌用語，因此答案是選項1。

詞彙　とんでもない 沒什麼、哪裡的話 ｜ なにとぞ 請 ｜ 許す 原諒

6番 🎧 Track 5-4-06

女：どうも昨日からコピー機の調子がおかしいんですよ。
男：1　私もコーヒーの味がおかしいと思ってました。
　　2　修理業者さんを呼びましょうか。
　　3　ゆっくり休めば、そのうちよくなりますよ。

第6題

女：總覺得從昨天開始影印機就有點奇怪。
男：1　我也覺得咖啡的味道很奇怪。
　　2　要找維修人員來嗎？
　　3　慢慢休息的話，不久就會好轉。

解說　「調子がおかしい」是指「狀況怪怪的」。而在此是指影印機的狀況，不要被「コピー（影印）」和「コーヒー（咖啡）」的發音混淆。

詞彙　修理業者 維修人員｜ゆっくり 慢慢地｜そのうち 不久

7番 🎧 Track 5-4-07

男：あの、この道は一方通行なんですよ。
女：1　道子さんは、やり方がいつも一方的ですね。
　　2　えっ？　なんで通行止めになったんですか。
　　3　すみません。気がつきませんでした。

第7題

男：那個……這條路是單行道喔。
女：1　道子小姐的做法總是單方面呢。
　　2　咦？為什麼禁止通行？
　　3　不好意思，沒有注意到。

解說　「一方通行」是指「單行道」，但也用於描述各說各話或只說自己想說的，例如「話が一方通行（對話是單向的）」。由於「一方通行」之前有「道（道路）」一詞，所以答案是選項1。

詞彙　一方通行 單行道｜やり方 做法｜一方的 單方面｜通行止め 禁止通行

8番 🎧 Track 5-4-08

男：もうこんな生活はたくさんだ。
女：1　私もあきあきしてるんですよ。
　　2　それはうらやましいですね。
　　3　そんなに楽しいですか。

第8題

男：我已經受夠這樣的生活了。
女：1　我也很厭煩了。
　　2　那真讓讓人羨慕呢。
　　3　有那麼開心嗎？

解說　「たくさんだ」在此是指「已經足夠了、不再期待更多、已經厭倦了」。因此答案是選項1。

詞彙　あきあきする 厭煩

第5回　實戰模擬試題解析　277

9番 Track 5-4-09

男：この部屋にいると息がつまりそうだ。
女：1 じゃ、みんなで深呼吸でもしてみますか。
　　2 早く病院行った方がいいんじゃないですか。
　　3 外に出て休憩しましょうか。

第 9 題

男：在這個房間感覺有點呼吸困難。
女：1 那大家試著深呼吸看看？
　　2 是不是應該早點去醫院？
　　3 要不要去外面休息一下？

解說　「息がつまりそうだ」是指「感覺呼吸困難、好像快要窒息」。通常用於描述精神狀態而非身體狀態。建議去外面休息一下是較自然的表達方式。所以答案是選項3。

詞彙　息がつまる 呼吸困難｜深呼吸 深呼吸｜休憩 休息

10番 Track 5-4-10

男：部長に手ぶらで来いって言われたが、手ぶらではちょっと……。
女：1 手にぶら下げた方がいいですよ。
　　2 そうですね、ケーキでも買っていきましょうか。
　　3 近所をぶらぶら散歩でもする？

第 10 題

男：雖然部長說可以空手來，但空著手有點……
女：1 手提著比較好唷。
　　2 對呢，要不要買個蛋糕去呢？
　　3 要不要在附近閒晃散步呢？

解說　「手ぶら」是指「空著手」，「ぶらぶら」則是「閒晃」的意思，注意不要被混淆。

詞彙　手ぶら 空著手｜ぶら下げる 提、拎｜ぶらぶら 閒晃

11番 Track 5-4-11

男：このジャケット、ちょっと窮屈ですね。
女：1 お客様は、もっと派手な方がお似合いだと思いますよ。
　　2 でもこれより小さいと、相当緩くなると思いますが。
　　3 それでは、ワンサイズ上のをお持ちいたしましょうか。

第 11 題

男：這件夾克有點緊呢。
女：1 客人，我覺得更華麗一點的款式比較適合喔。
　　2 但是比這件小的話會相當鬆。
　　3 那麼，我幫您拿大一號的好嗎？

解說　「窮屈」在此是指「衣服緊」，所以答案是選項3。

詞彙　窮屈 窄小、緊｜緩い 鬆、不緊

12番 Track 5-4-12

男：この辺でちょっと一服しようか。
女：1　ええ、一息入れましょう。
　　2　服はあの辺で買いましょうよ。
　　3　きれいな服がいっぱいありますわ。

第 12 題

男：在這附近稍微休息一下吧。
女：1　嗯，稍微喘口氣吧。
　　2　衣服到那邊買吧。
　　3　有很多漂亮的衣服呢。

解說　「一服する」的意思是「稍事休息」。所以答案是選項1。

詞彙　一服 休息一下｜一息入れる 喘口氣

問題 5　在問題 5 中將聽到一段較長的內容。本大題沒有練習部分，可以在題目卷上做筆記。

第 1 題、第 2 題
在問題 5 的題目卷上沒有任何東西，請先聆聽對話內容，接著聆聽問題和選項，再從選項 1 ～ 4 中選出最適當的答案。

1番 Track 5-5-01

ボランティアセンターで男の学生と女の人が話しています。

男：すみません、ボランティアをしてみたいのですが。
女：はい、学生さんですね。どんな分野に興味がおありですか？
男：今、大学生ですが、子供教育に興味があるんです。
女：そうですか。では、まず4つご紹介しますね。
男：はい、お願いします。
女：まず、1番目は経済的理由などで、塾に通えない子供に高校入試のサポートをするボランティアです。
　　もし、教員になりたいとか、教育の格差に関心がある方だったら、ちょうどいいですね。
男：ああ、ぼくは教員志望なんです。

第 1 題

男學生和女子正在志工中心交談。

男：不好意思，我想擔任志工……
女：好的，你是學生吧。對哪個領域比較有興趣呢？
男：我現在是大學生，對兒童教育有興趣。
女：這樣啊，那麼，我先介紹4種。
男：好的，麻煩妳。
女：首先第一種是支援因經濟因素無法去補習的孩子們應對高中入學考試的志工服務。如果想成為老師，或是關心教育差距的人，這正好合適。
男：啊，我立志成為老師。

女：そうですか。2番目のは、主に被災地の中学校の学習支援です。これはWebで行います。パソコンはお持ちですか？ これは、有償ボランティアです。

男：ああ、お金がいただけるのですね。でも、パソコンの画面上からの支援ですよね。

女：はい、そうです。3番目のは、不登校の児童のための家庭教師です。4番目のは、子供食堂の立ち上げです。

男：不登校の子供の家庭教師というと、子どもの話し相手の要素が大事になりますよね。

女：そうかもしれませんね。これは、やりがいがありますよ。

男：そうですか。最後の子供食堂の立ち上げって何ですか？

女：信じられないかもしれませんが、日本の子供の6人に一人は、ごはんを食べていなかったり、一人っきりでごはんを食べているんです。そんな子供達のために、低価格で食べられる食堂の立ち上げに協力するボランティアを募集しているんです。

男：そうなんですか。これもすごく勉強になりそうだな…。でも、ぼくも中学校の時、学校に行くのが嫌で、公園に行ってゲームしていたりなんて経験があるんです。その経験が生かせそうだから、このボランティアに応募してみます。

女：はい、わかりました。

男の人はどのボランティアに応募することにしましたか。

1　1番目のボランティア
2　2番目のボランティア
3　3番目のボランティア
4　4番目のボランティア

女：這樣啊。第二種主要是支援災區的國中學習。這是在網路上進行。你有電腦嗎？這個是有支薪的志工。

男：啊，可以拿到錢嗎？但這是在電腦上提供支援對吧？

女：是的，正是如此。第三種是擔任不去學校的兒童的家庭教師。第四種是成立兒童餐廳。

男：談到不去學校的兒童的家庭教師，孩子的談話對象很重要吧。

女：也許吧，這份工作很有意義喔。

男：這樣啊。最後的成立兒童餐廳是指什麼？

女：也許你很難相信，但是日本的孩子六人之中就會有一人沒吃飯，或是獨自一人吃飯。為了這些孩子，我們正在招募志工，幫助建立一個低價提供食物的餐廳。

男：這樣子啊，這好像可以學到很多……但是我國中的時候，因為很討厭去學校，有去公園玩遊戲的經驗。我好像可以活用這個經驗，那就應徵這個志工看看吧。

女：好的，我知道了。

男子決定應徵哪種志工？

1　第一種志工
2　第二種志工
3　第三種志工
4　第四種的志工

解說 男子最後提到自己國中時討厭去學校，或許可以活用這個經驗擔任不去學校的兒童的家教。所以答案是選項3。

詞彙 分野 領域｜興味 興趣｜塾 補習班｜入試 入學考試｜格差 差距｜志望 志願｜被災地 災區｜有償 有支薪｜支援 支援｜不登校 不去學校｜児童 兒童｜立ち上げ 成立｜要素 要素｜やりがい 價值｜低価格 低價｜協力 協力、合作

2番 Track 5-5-02

空港の案内所で外国人の男の人がホテルまでの行き方をたずねています。

男：すみません、銀座日本ホテルに行きたいんですが、どう行ったらいいでしょうか？

女：ああ、そのホテルまでは4つの方法があります。ご案内しますね。

男：はい、お願いします。

女：1番目の方法は電車で品川まで行って、地下鉄に乗り換えます。40分ぐらいかかって、料金はで700円ほどですね。

男：地下鉄に乗り換えですか…？ ちょっと複雑そうですね。私は外国人だし…。

女：そうですね…。2番目の方法はモノレールに乗って、浜松町という所でJRに乗り換えます。やっぱり、40分ほどで、料金は800円ぐらいです。

男：モノレールですか？ ちょっと乗ってみたいですね。

女：はい、窓から海が見えますし、ぜひ乗ってみてください。それから3番目の方法はそのホテルのリムジンバスが空港から出ています。一日4本ですが、1500円ぐらいです。道路の込み具合が関係するので、1時間ぐらい見た方が良いと思います。あと、4番目の方法ですが、タクシーです。これが一番楽です。

男：ああ、そうですね。タクシー代はいくらぐらいかかりますか。

女：7000円ほどです。

第 2 題

外國男子正在機場服務台詢問前往飯店的方式。

男：不好意思，我想去銀座日本飯店，應該怎麼去比較好？

女：啊，要去那家飯店有四種方法，我來為您說明。

男：好的，麻煩妳了。

女：第一種方法是搭電車到品川，然後換乘地下鐵。大約要花40分鐘，費用是700日圓左右。

男：換乘地下鐵嗎？好像有點複雜，我是外國人……

女：是的……第二種方法是搭乘單軌列車到一個叫做濱松町的地方轉乘JR。同樣的這也是大約40分鐘，費用是800日圓左右。

男：單軌列車嗎？有點想搭看看。

女：是的，可以從窗戶看到海，請一定要搭乘看看。然後第三種方法是搭乘飯店的接駁巴士從機場出發。一天有四班車，大約是1500日圓。因為受到路況影響，最好預留大約1小時左右。還有第四種方法，就是搭計程車，這是最輕鬆的。

男：啊，真的。計程車資大約要花多少錢呢？

女：7000日圓左右。

男：ええ！そんなに高いんですか？
女：はい、そうなんです。ホテルのリムジンバスが一番いいと思いますが、ちょっとお待ちください。
　　ああ、バスはちょうど出たばかりで、次のバスは2時間後です。
男：ああ、ついてないですね。いいです。頑張って海を見ながら行ってみます。
女：はい、お気をつけて。

男の人はどの行き方にしますか。

1　1番目の行き方
2　2番目の行き方
3　3番目の行き方
4　4番目の行き方

男：哇！這麼貴嗎？
女：是，就是這樣。我認為飯店的接駁巴士是最適合的，請稍等片刻。
　　啊，巴士剛剛開走了，下一班巴士是兩小時後。
男：啊，運氣真不好，沒關係。我會努力去看海的。
女：好的，請小心。

男子要選擇哪一種方式前往飯店？

1　第一種方式
2　第二種方式
3　第三種方式
4　第四種方式

解說　男子最後說他會努力去看海，所以他選擇搭乘能夠看到窗外海景的單軌列車。因此，答案是選項2。

詞彙　複雑 複雜｜モノレール 單軌列車｜道路 道路｜ついてない 運氣不好

第3題：
請先聽完對話內容與兩個問題，再從選項1～4中選出最適當的答案。

3番 Track 5-5-03

男の人と女の人が病院の話をしています。

男：今日は、君の定期健診の日かな？
女：ううん、先週診てもらったわよ。お腹の子は順調だって。
男：そう、それはよかった。君が行っている病院は内科もあるんだろう？
女：うん、総合病院だからね。でも、なんで？
男：うん、昨日から喉が痛いんだよ。ちょっと風邪をひいたかな？　今日は君の検診日だとばっかり思っていたから、一緒に行って診てもらおうと思ったんだけどね。

第3題

男子和女子正在討論醫院的事情。

男：今天是妳的定期健檢日嗎？
女：不是，我上週已經去檢查了，醫生說胎兒狀況良好。
男：是喔，那太好了。妳去的醫院也有內科嗎？
女：嗯，因為是綜合醫院。但是怎麼了？
男：嗯，昨天開始喉嚨痛。可能有點感冒了？本來以為今天是妳的檢查日，打算一起去看看。

282

女：うん、でも今日私一緒に行ってもいいわよ。私、朝からお腹の調子が悪いのよ。
男：え、そうなの。大丈夫？
女：うん、一応診てもらった方が、安心でしょ。
男：うん、そのほうがいいよ。ところで、ぼくは内科でいいよね。
女：えーと、あなたは、喉が痛いんでしょ。風邪だとしても、耳鼻咽喉科で診てもらったほうがいいと思うわよ。
男：そうかな。喉だけじゃないけどね。でも、そこでわからなければ、総合病院だから内科に回してくれるよね。
女：そうね。私もまずはいつもの先生に相談してみるわ。妊娠中だからね。
男：そうだね。じゃ、一緒に行こう。

質問1
男の人は病院の何科を受診しますか。
1　内科
2　耳鼻咽喉科
3　外科
4　産婦人科

質問2
女の人は病院の何科を受診しますか。
1　内科
2　耳鼻咽喉科
3　外科
4　産婦人科

女：嗯，但今天我也可以一起去喔。我早上就覺得肚子不舒服。
男：咦？是嗎？妳沒事吧？
女：嗯，總之先去看看比較安心。
男：嗯，這樣比較好。那我看內科就可以了吧。
女：嗯，你喉嚨痛對吧？就算是感冒，我覺得最好還是去耳鼻喉科檢查一下。
男：這樣啊。但是我不只喉嚨呢。不過，如果那邊找不出病因，綜合醫院也會幫我轉到內科吧。
女：對啊，我也會先去和平常看診的醫生討論。因為懷孕中呢。
男：也是。那就一起去吧。

問題1
男子要在醫院的哪一科接受檢察？
1　內科
2　耳鼻喉科
3　外科
4　婦產科

問題2
女子要在醫院的哪一科接受檢察？
1　內科
2　耳鼻喉科
3　外科
4　婦產科

解說
問題1：因為男子喉嚨痛，決定先去耳鼻喉科看醫生，答案是選項2。
問題2：因為女子懷孕中，今天肚子不舒服，但她會先去找平常看診的醫生，所以答案是選項4。

詞彙　定期健診 定期健檢｜順調 順利｜内科 內科｜総合 綜合｜検診日 檢查日｜耳鼻咽喉科 耳鼻喉科｜回す 轉到｜妊娠中 懷孕中｜受診 接受診斷｜外科 外科｜産婦人科 婦產科

JLPT 新日檢 N2 合格實戰模擬題

作　　者：黃堯燦 / 朴英美
譯　　者：陳彥后
企劃編輯：王建賀
文字編輯：江雅鈴
設計裝幀：張寶莉
發 行 人：廖文良

發 行 所：碁峰資訊股份有限公司
地　　址：台北市南港區三重路 66 號 7 樓之 6
電　　話：(02)2788-2408
傳　　真：(02)8192-4433
網　　站：www.gotop.com.tw
書　　號：ARJ001500
版　　次：2025 年 04 月初版
建議售價：NT$579

國家圖書館出版品預行編目資料

JLPT 新日檢 N2 合格實戰模擬題 / 黃堯燦, 朴英美原著；陳彥后
　　譯. -- 初版. -- 臺北市：碁峰資訊, 2025.04
　　　面；　公分
　　ISBN 978-626-324-977-6(平裝)
　　1.CST：日語　2.CST：能力測驗
803.189　　　　　　　　　　　　　　　113019577

商標聲明：本書所引用之國內外公司各商標、商品名稱、網站畫面，其權利分屬合法註冊公司所有，絕無侵權之意，特此聲明。

版權聲明：本著作物內容僅授權合法持有本書之讀者學習所用，非經本書作者或碁峰資訊股份有限公司正式授權，不得以任何形式複製、抄襲、轉載或透過網路散佈其內容。
版權所有‧翻印必究

本書是根據寫作當時的資料撰寫而成，日後若因資料更新導致與書籍內容有所差異，敬請見諒。若是軟、硬體問題，請您直接與軟、硬體廠商聯絡。